智能制造领域高素质技术技能人才培养系列教材

工业机器人系统集成

组　编　北京华航唯实机器人科技股份有限公司

主　编　李金亮　张明奎

副主编　张大维

参　编　郑贵庆　王　超

机械工业出版社

本书以工业机器人系统集成在电子设备制造领域中的应用为背景，围绕集成应用技术，以制造业机械安装调试、电气安装调试、操作编程和运行维护等岗位相关从业人员的职业素养、技能需求为依据，组织资深企业工程师、高职院校的学术带头人、行业专家、一线教师共同编写而成。

本书内容包含机器人工作站系统方案设计、集成系统安装与流程仿真、机器人程序开发与调试、电气程序开发与调试、视觉检测系统应用、集成系统调试与维护 6 个项目，结合 PCB 安装工艺等生产案例进行知识和技能的讲解，内容编排由浅入深。

本书适用于装备制造大类相关专业课程的教学，也可应用于工业机器人集成应用领域相关企业员工的培训。

为方便教学，本书配有电子课件等资源，凡选用本书作为授课教材的教师，均可登录机械工业出版社教育服务网（www.cmpedu.com）免费下载。咨询电话：010-88379375。

图书在版编目（CIP）数据

工业机器人系统集成 / 北京华航唯实机器人科技股份有限公司组编；李金亮，张明奎主编. -- 北京：机械工业出版社，2025. 1. --（智能制造领域高素质技术技能人才培养系列教材）. -- ISBN 978-7-111-77388-7

Ⅰ. TP242.2

中国国家版本馆 CIP 数据核字第 2025DH9774 号

机械工业出版社（北京市百万庄大街 22 号　邮政编码 100037）

策划编辑：高亚云　　责任编辑：高亚云　赵晓峰

责任校对：龚思文　张昕妍　　封面设计：王　旭

责任印制：单爱军

保定市中画美凯印刷有限公司印刷

2025 年 4 月第 1 版第 1 次印刷

184mm × 260mm · 15.25 印张 · 368 千字

标准书号：ISBN 978-7-111-77388-7

定价：49.00 元

电话服务

客服电话：010-88361066

010-88379833

010-68326294

网络服务

机　工　官　网：www.cmpbook.com

机　工　官　博：weibo.com/cmp1952

金　　书　　网：www.golden-book.com

机工教育服务网：www.cmpedu.com

前　言

机器人被誉为“制造业皇冠顶端的明珠”，其产业的蓬勃发展正极大地改变着人类的生产和生活方式，为经济社会发展注入强劲动能。机器人作为技术集成度高、应用环境复杂、操作维护较为专业的高端装备，有着多层次的人才需求。近年来，国内企业和科研机构加大机器人技术研究与本体研制方向的人才引进和培养力度，在硬件基础与技术水平上取得了显著突破，但现场调试、集成应用、维护操作和运行管理等技术技能人才的培养依然有所欠缺。

2023 年 1 月 18 日，工业和信息化部、教育部、公安部等十七部门发布《“机器人 +”应用行动实施方案》。在方案中明确提出，要加大机器人教育引导，完善各级院校机器人教学内容和实践环境，针对教学、实训、竞赛等场景开发更多功能和配套课程内容，强化机器人工程相关专业建设。

国内职业院校陆续看到了工业机器人技术专业在智能制造领域的发展前景。为了满足专业人才需求，陆续开设工业机器人技术专业，旨在为工业制造领域培养更多的专业技术人才，但是从总体的人才培养现状来看，院校在工业机器人技术专业的建设和教育实践中缺乏与市场的有效对接，人才培养效益不高，缺乏有效的实践教学，整体人才技能水平得不到有效锻炼。

党的二十大报告指出，统筹职业教育、高等教育、继续教育协同创新，推进职普融通、产教融合、科教融汇，优化职业教育类型定位。站在新起点，如何创新人才培养模式，在新赛道上探索新航向、在专业建设上注入新动能，特别是如何深化产教融合，培养创新型产业人才，为中国式现代化提供强有力的技术技能人才支撑，是时代赋予职业高校的新命题。

校企协同编写教材是职业院校与行业企业深度产教融合的体现，也是拓展校企合作的形式与内容之一。本书参照国家职业技能标准《工业机器人系统操作员》《工业机器人系统运维员》及《工业机器人集成应用职业技能等级标准》，由淄博职业学院协同北京华航唯实机器人科技股份有限公司采用校企协同的方式共同编写。

本书以智能制造企业中机械安装调试、电气安装调试、操作编程和运行维护等岗位相关从业人员的职业素养、技能需求为依据，采用项目引领、任务驱动理念编写，通过知识沉淀→任务实施→任务评价承载知识和技能，以实际应用中的典型工作任务为主线，配合操作流程，详细地剖析讲解智能制造领域中以工业机器人为主体的集成应用技术岗位所需要的知识和技能，培养具有安全意识、能够根据生产要求实施方案设计、能完成机电集成系统安装和虚拟构建、能遵循规范进行程序开发与调试的产业人才。

本书由淄博职业学院李金亮、张明奎任主编，北京华航唯实机器人科技股份有限公司张大维任副主编，淄博职业学院郑贵庆、北京华航唯实机器人科技股份有限公司王超参与本书编写。山东大学王雷、淄博虹天电器设备有限公司牛振辉等高级工程师和行业专家给予了大力支持和帮助，在此表示衷心的感谢。

由于编者水平有限，书中难免存在不足之处，希望广大读者提出宝贵意见。

编　者

目录

项目 1

机器人工作站系统方案设计

项目导言

由于 3C 产品品目繁杂、订单化生产且产品质量要求高，生产企业在实际制造过程中需要依赖大量的操作工人，操作人员需在规定的较短时间内完成动作单一的重复性工作，劳动强度极大。桌面式低负载工业机器人已广泛应用于 3C 电子产品的生产制作过程中，代替人工完成动作单一、劳动强度大的分拣、安装和检测等工序，提高产品生产效率并保证高良品率。

本项目围绕 PCB（印制电路板）产品的生产工艺需要，学习产品的安装工艺流程，以典型机械和电气设备的选用为例讲解设备的选用方式，基于工作站中设备的通信接口和支持的通信方式设计工作站的控制系统方案。

项目目标

- 能够完成 PCB 生产的安装工艺规划。
- 掌握机械和电气设备的选用方式。
- 能够设计工作站的控制系统方案。

新职业——职业技能要求

工作任务	职业技能要求
工作任务 1.1　PCB 产品安装工艺流程规划	工业机器人系统操作员二级 / 技师：能编制机械、电气系统装调工艺规程和生产工艺流程指导文件
工作任务 1.2　PCB 产品安装工艺设备选择	工业机器人系统操作员一级 / 高级技师：能根据产品特征、车间结构布局、生产节拍、成本等，参与制定机器人系统集成规划方案
工作任务 1.3　工作站控制系统方案设计	工业机器人系统操作员二级 / 技师：能制定搬运、码垛、焊接、喷涂、装配、打磨等机器人工作站或系统的控制方案

工业机器人集成应用职业技能等级要求

工作任务	职业技能等级要求
工作任务 1.1　PCB 产品安装工艺流程规划	工业机器人集成应用（高级）：能根据生产任务需求，进行工艺分析和工艺规划

（续）

工作任务	职业技能等级要求
工作任务 1.2　PCB 产品安装工艺设备选择	工业机器人集成应用（中级）：能根据工业机器人的技术参数，结合集成应用的场景，选择经济、合适的工装夹具；能根据常见品牌的 PLC、触摸屏、电动机等外围设备性能特点，结合不同应用需求，进行集成方案适配；能根据常见品牌的视觉、力觉、接近觉等传感器性能特点，结合不同应用需求，进行集成方案适配
工作任务 1.3　工作站控制系统方案设计	工业机器人集成应用（高级）：能对标工业安全标准，进行控制系统方案设计

职业素养

生产工艺是生产过程中设备工具及材料准备、加工操作、计划调度和技术检查的依据，从业人员须严格执行工艺纪律，不断学习并提高工艺技术水平，以求获得更高的生产价值。

工作任务 1.1　PCB 产品安装工艺流程规划

随着自动化水平不断提升，越来越多先进的工厂已逐步采用工业机器人代替工人完成产品的分拣工作，大大提升了生产效率。

在工业机器人视觉分拣中，有各种各样需要分拣的物料，它们的外观各不相同。目前，普遍采用摄像头采集图像，通过识别物料的外观特征并将之与视觉系统中的设定模板进行对比，对物料进行分拣。

本书应用的主体机器人工作站可用于 PCB 芯片形状和颜色的分类检测与分拣。通过实施各项目中的任务，可实现以下功能：利用工业机器人从异形芯片原料盘拾取芯片，将芯片移动到视觉检测单元进行视觉检测，完成检测后机器人将符合形状和颜色需要的芯片安装到安装检测工装单元的 PCB 上。

在实施任务前，我们先来学习工业机器人在 PCB 制造领域的应用现状和应用方式，为工艺流程规划做准备。

知识沉淀

1. 工业机器人在 3C 行业的应用

3C 产品是计算机类、通信类和消费类电子产品的统称，也称“信息家电”，例如计算机、平板电脑、手机或数字音频播放器等。因为 3C 产品的体积一般不大，所以往往在中间加一个“小”字，统称为“3C 小家电”。3C 产品之所以能发展并较快进入家庭，基础是集成电路与互联网的快速发展。

3C 制造有三大核心步骤，分别是前段零部件加工、中段模块封装和后段整机组装与

检测。工业机器人的应用集中在前段和后段，中段应用较少，且小型六轴工业机器人和平面关节型机器人（SCARA）在前段和后段中应用最多。其中，机器人在零部件加工环节主要应用于抛光打磨、物料操作和喷涂，在整机组装环节主要应用于装配、锡焊和点胶，在检测环节主要应用于功能检测和整机检测等。工业机器人在 3C 行业的应用情况见表 1-1。

表 1-1 工业机器人在 3C 行业的应用情况

工业机器人	3C 行业应用
多关节型工业机器人	以小型六轴机器人为主，广泛运用于喷涂、锡焊、点胶和检测等环节
平面关节型工业机器人	负载小，速度快，集中应用于快速分拣和精密装配环节
直角坐标型工业机器人	结构简单、精度高，可完成焊接、物料搬运和上下料等工作
并联工业机器人	动态性能好、重复定位精度高，可以超高速拾取物品，实现目标物体的快速抓取、分拣等操作
AGV（自动导引车）移动工业机器人	集中用于高效、准确、灵活地完成物料搬运任务

工业机器人早期主要应用于汽车制造业，在汽车生产过程中完成焊接、装配、搬运和喷涂等工作，这些环节对机器人的精度、速度要求并不高。3C 产品具有周期短、体积小、绝对精度要求高和生产非标化等特点，敏捷制造、精益制造和柔性制造成为其未来发展的主要方向。为适应这一趋势，模块化、小型化和柔性化的新型工业机器人在此领域不断涌现。厂商通过对机器人不同模块进行组装，可以得到不同品种、不同功能的产品，以满足市场的各种需求。同时对机器人进行柔性调整，以应对 3C 产品的频繁更新换代，而无须更换生产设备，也不用对生产工人进行新一轮技术培训，解决了 3C 产品多样化与设计制造周期短之间的矛盾，有效地降低成本和提高效率。

PCB 行业情况相对复杂，机器人在 PCB 行业的应用主要体现在各工序的上下料、翻转、分拣、定位和检测等功能上，替代人工配合 PCB 加工设备和检测设备的操作。PCB 具有多样性和复杂性，有单层板、双层板、多层板、柔性板、软硬结合板、无孔板和多孔板等种类，这导致了对前端执行机构要求较多，还有对定位精度和工作节拍的要求，所以对工业机器人技术和集成技术的要求也较高。

2. PCB

PCB 按层数可分为单层板、双层板和多层板。单层板是最基本的 PCB，零件集中在其中一面，导线集中在另一面。单层板通常制作简单、造价低，缺点是无法应用于太复杂的产品。

双层板是单层板的延伸，当单层布线不能满足电子产品的需要时，就要使用双层板了。

多层板由三层以上的导电图形层与绝缘材料相隔层压而成，且其间的导电图形按要求互连。多层板是电子信息技术向高速度、多功能、大容量、小体积、薄型化和轻量化方向发展的产物。

PCB 按材料可以分为软板、硬板和软硬结合板。

3. 工艺流程

工艺流程也称加工流程或生产流程，指通过一定的生产设备或管道，从原材料投入到成品产出，按顺序连续进行加工的全过程。工艺流程是由工业企业的生产技术条件和产品的生产技术特点决定的。

工艺流程设计由专业的工艺人员完成，设计过程中要考虑流程的合理性、经济性、可操作性和可控性等方面。工艺流程设计的内容主要如下。

（1）组织和分析　即说明生产过程中物料和能量发生的变化和流向、应用了哪些生物反应或化工过程及设备，确定产品的各个生产过程和顺序。该部分工作内容通常称为过程设计。

1）工艺流程的组织包括以下六个基本要求：

① 能满足产品的质量和数量指标。

② 具有经济性。

③ 具有合理性。

④ 符合环保要求。

⑤ 过程可操作。

⑥ 过程可控制。

2）我国工艺流程设计越来越注重以下四个方面：

① 确保安全生产，以保证人身和设备的安全。

② 尽量采用成熟、先进的技术和设备。

③ 尽量减少“三废”排放量，有完善的“三废”治理措施，减少或消除对环境的污染，并做好“三废”的回收和综合利用。

④ 尽量实现机械化和自动化，实现稳产、高产。

（2）工艺流程图绘制　工艺流程图分为多个层级，不同层级有着不同的受众，关注的重点不同，要求也各异。基础的工艺流程图要求标明主要物料的流动路径，描述从原材料至成品所经过的加工环节和设备等；更细化的工艺流程图则须用符号标明各个环节的关键控制点，甚至具体到产品的工艺参数等，这类工艺流程图是施工的依据，也是操作、运行和维修的指南。

4. 工作站产品

本书应用的工作站芯片安装模块有两种类型的 PCB 产品待安装，安装前如图 1-1 所示，将异形芯片（见图 1-2）安装到空 PCB 后，得到的 PCB 成品如图 1-3 所示。理想状态下，原料盘（见图 1-4）按照 PCB 安装要求放置了对应形状和颜色的芯片，按照一定顺序拾取芯片后完成 PCB 产品的安装。非理想状态下，原料盘中可能掺杂了各色的芯片或形状不对应的芯片，需要借助视觉检测系统完成芯片颜色和形状的识别，根据检测结果将正确的异形芯片安装到 PCB 的对应位置。

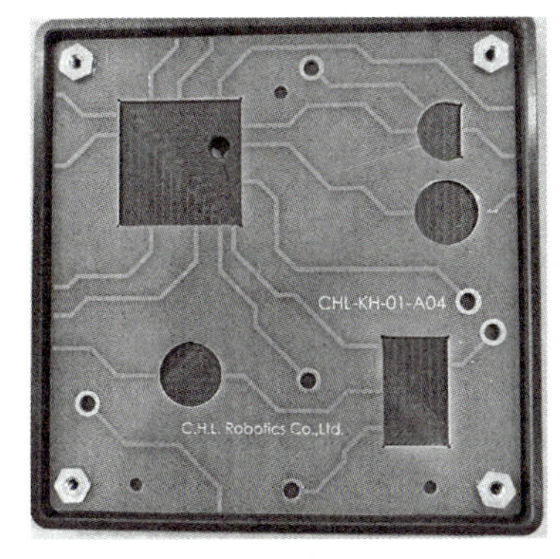

a) A04号PCB

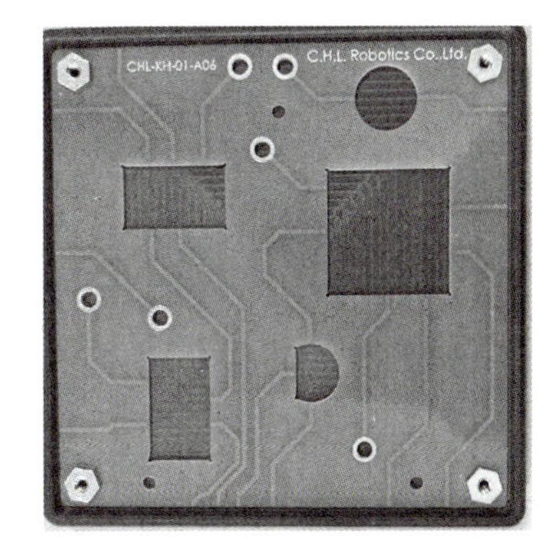

b) A06号PCB

图 1-1　空 PCB

CPU-红色

集成电路-红色

晶体管-黄色

电容-黄色

CPU-浅蓝

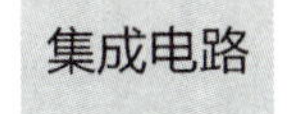

集成电路-浅蓝

晶体管-红色

电容-蓝色

图 1-2　异形芯片

a) A04号PCB

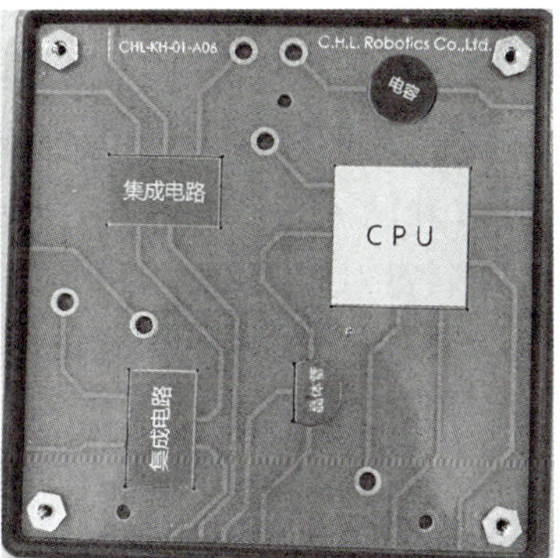

b) A06号PCB

图 1-3　PCB 成品

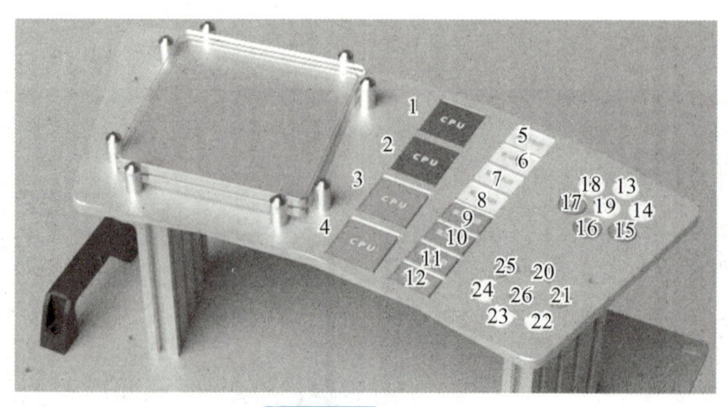

图 1-4 原料盘

任务实施

任务引入

工作站芯片安装模块需要处理两种 PCB 装配场景。场景一，对于 A06 号 PCB，原料盘中的芯片形状和颜色均符合 PCB 要求，可顺序拾取并准确安装至 A06 号 PCB，即顺序安装。场景二，对于 A04 号 PCB，原料盘可能混入异色或异形芯片，例如 CPU 区域混入功能不对应的芯片，再如晶体管和电容芯片有些非黄色，需通过视觉检测系统识别后，将正确芯片安装至 A04 号 PCB，即分拣安装。

进行产品生产设备的设计、应用前，首先需要按照生产需求完成产品安装工艺流程的规划，具体规划如下。

任务实施

1. 顺序安装 A06 号 PCB 的工艺流程规划

（1）放置 PCB 和芯片　人为将未安装任何芯片的 A06 号 PCB 放置到安装工位；将四种芯片放置在原料盘的对应区域，原料盘不设置空位。

（2）芯片拾取　按照芯片编号依次拾取四种芯片。

（3）芯片安装　将芯片装入 A06 号 PCB 的对应空位中。

2. 分拣安装 A04 号 PCB 的工艺流程规划

（1）放置 PCB 和芯片　人为将未安装任何芯片的 A04 号 PCB 放置到安装工位；将四种芯片放置在原料盘对应区域，每个区域均包含两种颜色的同种芯片，原料盘不设置空位，但在 CPU 区域中掺杂了一些集成电路芯片，此为启动工艺流程程序前工作站的初始状态。

（2）芯片拾取　按照芯片编号依次拾取四种芯片。

（3）视觉检测和分拣安装　按照原料盘上的编号顺序逐个吸取芯片，顺序如下。

1）首先吸取 CPU 区域的芯片并运送至视觉检测单元进行检测，通过形状检测，将 CPU 芯片中掺杂的集成电路芯片放回原料盘，并将第一个检测通过的 CPU 芯片装入 A04 号 PCB。

2）将集成电路区域的第一个集成电路芯片直接装入 A04 号 PCB。

3）分别拾取晶体管区域和电容区域的芯片，通过视觉检测单元的颜色检测比对，机器人将检测出的第一个黄色晶体管芯片和前两个黄色电容芯片分别装入 A04 号 PCB，将经检测验证不合格的芯片放回原位。

任务评价

任务	配分	评分标准	自评
PCB 产品安装工艺流程规划	100 分	1）列举工业机器人系统在 3C 行业的应用。（20 分）	
		2）掌握并说明 PCB 的含义。（20 分）	
		3）明确工艺流程包含的内容。（20 分）	
		4）明确工作站成品制作目标。（20 分）	
		5）根据工作站的 PCB 成品制定工艺流程。（20 分）	

工作任务 1.2　PCB 产品安装工艺设备选择

在工业机器人集成系统工作站的开发阶段，需要根据工作站的功能需求，对工作站的结构进行合理设计，对设备进行合理选型，选择经济适用的工装夹具、外围设备和传感设备，从而满足集成系统的全部功能需求。

在工作任务 1.1 中，我们已经了解工作站的 PCB 产品及其工艺流程，本任务将围绕 PCB 产品安装工艺对工作站中典型的机械和电气设备进行选择，设备选择内容如图 1-5 所示。

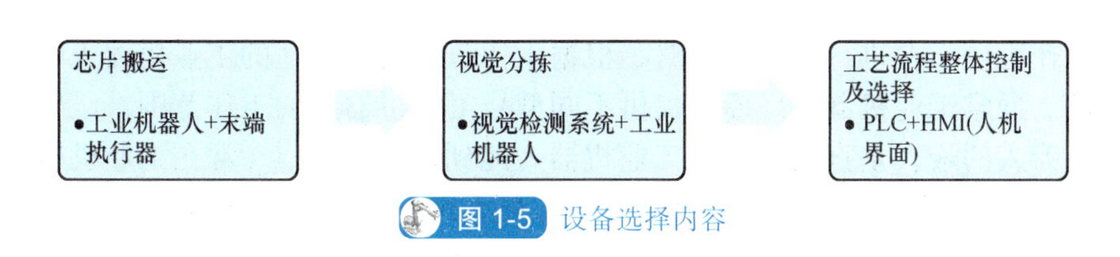

图 1-5 设备选择内容

知识沉淀

1. 支持 PCB 产品安装工艺的工作站组成

工作站包括工业机器人及在操作平台四周合理分布的适用于不同工艺应用的工具和设备。工作站各单元示意图如图 1-6 所示。

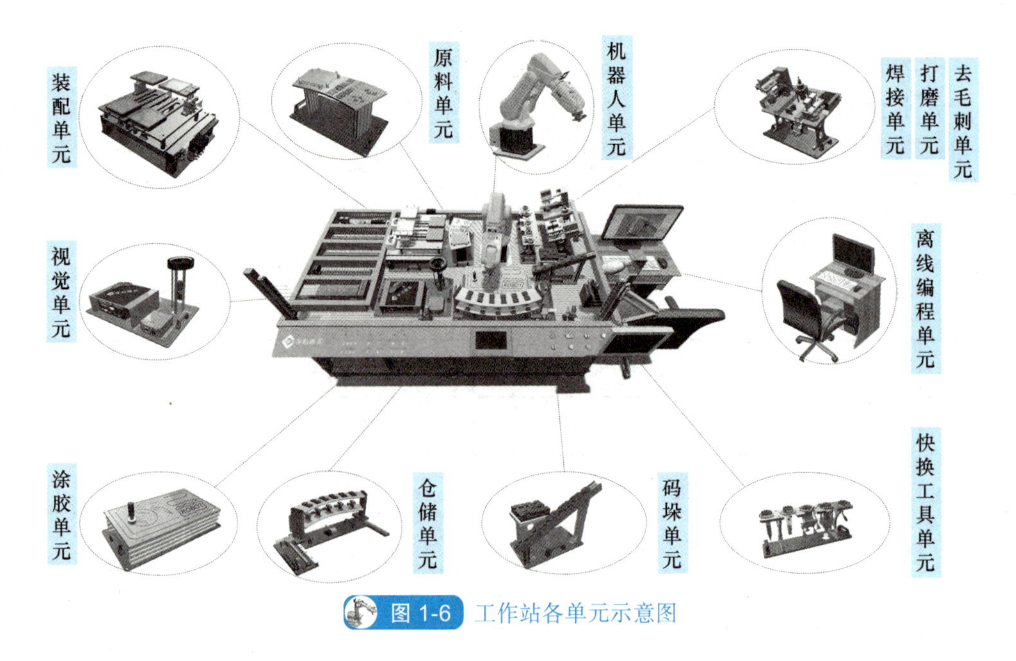

图 1-6 工作站各单元示意图

2. 工业机器人选择

（1）工业机器人类型　需要根据不同的应用场合选择合适的工业机器人类型。常见的工业机器人有并联工业机器人、协作工业机器人、平面关节型工业机器人和多关节型工业机器人，如图 1-7 所示。

a) 并联工业机器人

b) 协作工业机器人

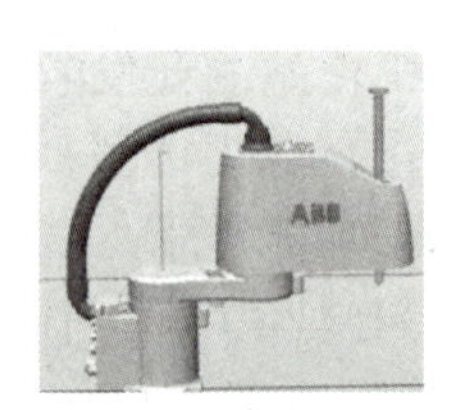

c) 平面关节型工业机器人

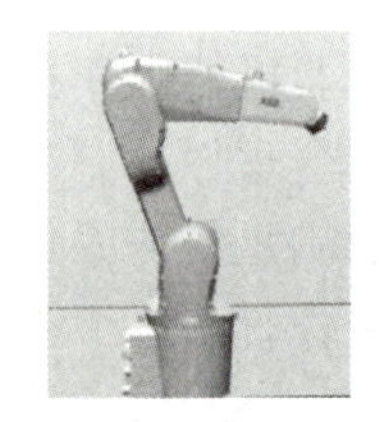

d) 多关节型工业机器人

图 1-7 工业机器人的种类

（2）工作范围　在进行选型评估时，根据工作范围选择合适的工业机器人臂展及其能达到的高度。通常工业机器人厂商会提供不同型号工业机器人的工作范围。

工业机器人的最大垂直高度是从工业机器人能到达的最低点（常在工业机器人底座以下）到手腕可以达到的最大高度的距离（Z），最大水平距离是从工业机器人底座到手腕可以水平达到的最远点中心的距离（X）。工业机器人工作范围示意图如图 1-8 所示，其中 Pos 表示位置。

（3）重复精度　重复精度是指工业机器人每次完成例行的工作任务后到达同一个点的位置偏差量。每次到达同一个点的数据越接近，重复精度越高。

进行工业机器人选择时，需根据应用场合综合考虑各选型参数，并非重复精度越高越好。若工业机器人应用于精密设备的安装，则对工业机器人的重复精度要求较高；若工业机器人应用于非精密加工场合，如码垛、打包等，则对工业机器人的重复精度要求较低。

对于对重复精度有特殊要求的应用场合，工业机器人的重复精度可能不满足要求，这时可以借助机器视觉的运动补偿进行校正，以实现功能需求。

（4）有效负载　工业机器人的有效负载是指工业机器人在其工作空间可以携带的最大负载。一般为 3 ～ 1000kg 不等。计算工业机器人的有效负载时，一般需要考虑工件的重量和工业机器人末端执行器的重量。工业机器人的选型手册会提供负载特性曲线图，图 1-9 所示为 ABB IRB 120 工业机器人的负载特性曲线。只有负载在限定的范围内，才能保证各关节轴运动可以达到最大额定转速且保证工业机器人在运行过程中不出现超载报警等情况。

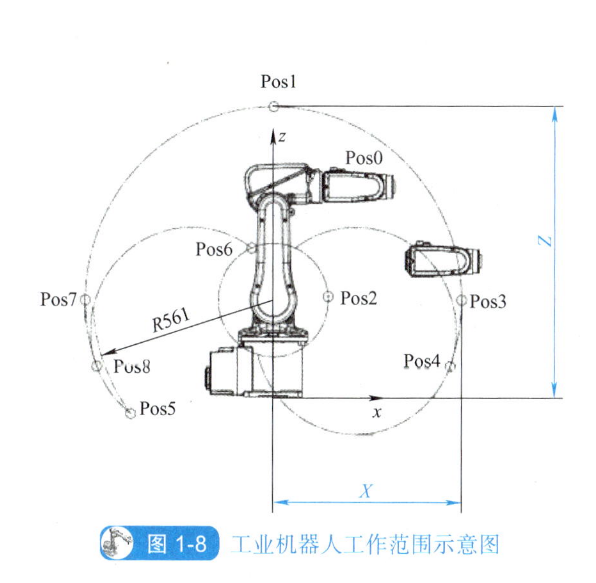

图 1-8　工业机器人工作范围示意图

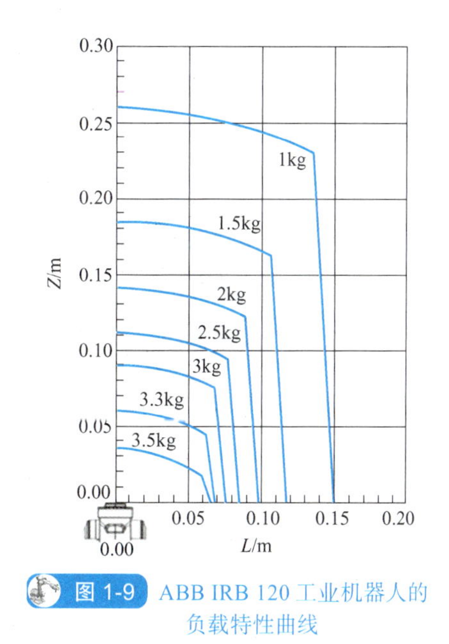

图 1-9　ABB IRB 120 工业机器人的负载特性曲线

（5）使用场合　进行工业机器人选择时，还需要考虑工业机器人的使用场合，例如在粉尘较大的情况下，需要对工业机器人硬件进行防护处理，避免粉尘进入工业机器人，影响其机械机构；避免粉尘进入控制柜，影响其散热等。通常在工业机器人说明书或操作手册中会列出工业机器人的防护等级和防护要求，如 IP40（标准）、IP67（油雾）等。

（6）外部轴配置　根据工位的扩展需求不同，可能需要不同的外部轴配置与工业机器人配合使用，例如现在很多汽车厂都采用了伺服焊枪，局部工位采用了扩展轴。

外部轴配置对通信接口有要求，不可采用定制接口，否则将对设备后期的维护和使用带来困难。

（7）自由度　工业机器人自由度越高，其灵活度也就越高。对于简单的搬运，即只在水平、垂直面上进行的运动，简单的四轴工业机器人就足以应对。若应用场合的空间比较狭小，且工业机器人手臂需要扭曲、转动才能进行取放工件等动作，则需要优先考虑使用六轴工业机器人。对于更高自由度的工业机器人，如弧焊工业机器人，通常会配合变位机使用，以扩展其工作范围。

进行工业机器人选择时，根据需求可以适当选择自由度高一点的工业机器人，以适应后期的应用拓展。当然，自由度越高，其价格就越高，对于功能单一、简单的情况，选择自由度过高的工业机器人是没有必要的，所以进行工业机器人选择时并非自由度越高越好。

3. 末端执行器选择

末端执行器是指连接在机器人边缘（关节）的具有一定功能的工具，如机器人手爪、机器人工具快换装置、机器人碰撞传感器、机器人旋转连接器、机器人压力工具、顺从装置、机器人喷涂枪、机器人毛刺清理工具、机器人弧焊焊枪和机器人点焊焊枪等。机器人末端执行器通常被认为是机器人的外围设备或附件。

（1）末端执行器分类　从使用功能分类，末端执行器分为拾取工具和专用工具。本工作任务所述安装在工业机器人末端的工装夹具是一种拾取工具。

拾取工具可分为机械夹持式和吸附夹持式，如图 1-10 所示，可实现工业机器人对工件的灵活装夹。

a) 机械夹持式　　b) 吸附夹持式

图 1-10 拾取工具

目前在工业生产应用中，机械夹持式拾取工具使用较多。机械夹持式拾取工具多为双指头爪式，按手指的运动形式进行分类，可以分为平移型和回转型；按机械夹持方式进行分类，可以分为外夹式和内撑式；按动力源进行分类，可以分为电动式（电动机驱动）、液压式（液压驱动）、气动式（气压驱动）以及多形式的组合。

电动夹持器以其准确性和速度而闻名，是精确和高效完成任务的理想选择。顾名思义，电动夹持器的手指由电动机驱动，配备快速电动机的先进电动夹具广泛用于机器搬运、看管、拣选和放置等场合。

液压驱动由高精度缸体和活塞一起完成。活塞和缸体采用滑动配合，液压油从液压缸的一端进入，把活塞推向液压缸的另一端，调节液压缸内部活塞两端的液体压力和进入液压缸的油量即可控制活塞的运动。液压驱动适用于承载要求大、惯量大的场合。

气压驱动具有速度快、系统结构简单、维修方便和价格低等优点，但是由于气压装置的工作压强低且不易精确定位，一般仅用于工业机器人末端执行器的驱动。气动手爪、旋转气缸和气动吸盘作为末端执行器可用于中、小负荷的工件抓取和装配。

吸附夹持式末端执行器又称吸盘，有气吸式、磁吸式两种。气吸式末端执行器利用吸盘内负压产生的吸力吸取对象，再由机器人搬运移动；磁吸式末端执行器分为电磁吸盘和永磁吸盘两大类，是指利用磁场作用进行工件拾取的工具。相较于气吸式末端执行器而言，磁吸式末端执行器在应用中具有更高的局限性，因为其作用对象需是具有铁磁性的工件。

专用工具是指只适用于某种制品（零件）的特定工序上的工具，如焊接工具、打磨抛

光工具和喷涂工具等，常见的专用工具如图 1-11 所示。

（2）工具快换装置　工业机器人的工具快换装置是可以使机器人自动更换不同的末端执行器或外围设备的装置，无须人为机械式更换，工具快换装置的应用使机器人更具柔性。工具快换装置通常包含一个主端口，安装于机器人侧，还包括一个被接端口（工具侧），安装在末端执行器上，如图 1-12 所示。

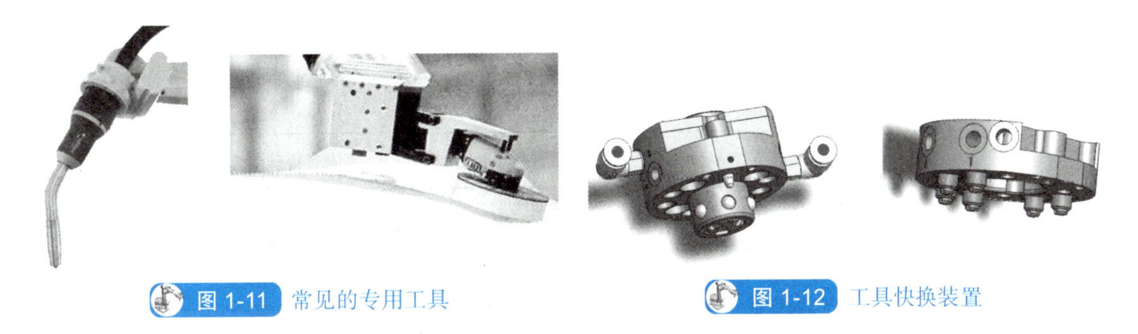

图 1-11　常见的专用工具　　图 1-12　工具快换装置

4. PLC 设备选择

（1）机型选择　PLC 机型选择的基本原则是在功能满足要求的前提下，选择最可靠、维护使用最方便且性价比最优化的机型。对于企业来说，应尽量做到机型统一，从而实现同一机型的 PLC 模块可互为备用，便于备品备件的采购和管理；同时，统一的功能和编程方法也有利于技术力量的培训、技术水平的提高和功能的开发。

在工艺过程比较固定、环境条件较好的场合，建议选择整体式结构的 PLC；其他情况则最好选用模块式结构的 PLC。

对于数字量控制和以数字量控制为主、带少量模拟量控制的工程项目，一般无须考虑其控制速度，因此选用带 A/D（模 / 数）转换、D/A（数 / 模）转换、加减运算和数据传送功能的低档机即可满足要求；对于控制方案比较复杂、控制功能要求比较高的工程项目 [如实现 PID（比例积分微分）控制、通信联网等]，可视控制规模或复杂程序选择中档机或高档机。针对不同的应用对象，PLC 的功能要求和应用场合见表 1-2。

表 1-2　PLC 的功能要求和应用场合

序号	应用对象	功能要求	应用场合
1	替代继电器	继电器触点 I/O（输入 / 输出）、逻辑线圈、定时器和计数器	替代传统使用的继电器，完成条件控制和时序控制功能
2	数字运算	四则运算、开方、对数、函数计算和双倍精度的数学运算	设定值控制、流量计算、PID 调节、定位控制和工程量单位换算
3	数据传递	寄存器与数据表的相互传送等	数据库的生成、信息管理、Batch（批量）控制、诊断和材料处理等
4	矩阵功能	逻辑与、逻辑或、逻辑异或、比较、置位、移位和取反等	这些功能通常按位操作，一般用于设备诊断、状态监控、分类和报警处理等
5	高级功能	表与块间的传递、检验和双倍精度运算、对数和反对数、二次方根、PID 调节等	通信速度和方式、与上位机的联网功能、调制解调器等

（续）

序号	应用对象	功能要求	应用场合
6	诊断功能	PLC 的诊断功能有内诊断和外诊断两种。内诊断是 PLC 内部各部件性能和功能的诊断，外诊断是 CPU 与 I/O 模块信息交换的诊断	—
7	串行接口	一般中型以上的 PLC 都提供一个或以上串行标准接口（RS-232C），以连接打印机、CRT（中央记录终端）、上位机或另一台 PLC	—
8	通信功能	PLC 能够支持多种通信协议，如工业以太网	对通信有特殊要求的用户

（2）I/O 选择　在生产现场中，PLC 与外部生产过程的联系大部分是通过 I/O 接口模块实现的。通过 I/O 接口模块可以检测被控生产过程的各种参数，并以这些现场数据作为控制信息对被控对象进行控制。同时通过 I/O 接口模块将 PLC 的处理结果送给被控设备或工业生产过程，从而驱动各种执行机构实现控制。PLC 的 I/O 类型见表 1-3。

表 1-3　PLC 的 I/O 类型

序号	类型	描述
1	数字量 I/O	通过标准的 I/O 接口可从传感器、开关（如按钮、光电传感器等）和控制设备（如指示灯、气缸等）接收信号。典型的交流 I/O 信号为 24 ～ 240V，直流 I/O 信号为 5 ～ 240V
2	模拟量 I/O	模拟量 I/O 接口一般用来感知传感器产生的信号。这些接口可用于测量流量、温度和压力，并可用于控制电压或电流输出设备。这些接口的典型量程为 -10 ～ 10V、0 ～ 10V、4 ～ 20mA 或 10 ～ 50mA
3	特殊 I/O	选择一台 PLC 时，用户可能会面临一些特殊类型且不能用标准 I/O 实现的特殊类型的 I/O，如定位、快速输入和频率等。有些特殊 I/O 接口模块自身能处理一部分现场数据，从而使 CPU 从耗时的任务处理中解脱出来
4	智能式 I/O	一般智能式 I/O 模块本身带有处理器，可对 I/O 信号做预先规定的处理，并将处理结果送入 CPU 或直接输出，这样可提高 PLC 的处理速度并节省存储器的容量

根据控制系统的要求确定所需要的 I/O 点数时，应再增加 10% ～ 20% 的备用量，以便随时增加控制功能。当一个控制对象采用的控制方法不同或编程水平不同时，I/O 点数也应有所不同。

（3）PLC 存储器类型和容量选择　PLC 所用的存储器基本上由 PROM（可编程只读存储器）、EPROM（可擦可编程只读存储器）和 RAM（随机存储器）三种类型组成，存储容量根据 PLC 的机型有所不同，一般小型机的最大存储容量低于 6KB，中型机的最大存储容量可达 64KB，大型机的最大存储容量可达兆字节。使用时可以根据程序和数据的存储需要选择合适的机型，必要时可专门进行存储器的扩充设计。

PLC 存储器容量选择和计算的方法有两种。第一种是根据编程使用的节点数精确计算存储器的实际使用容量；第二种是估算法，根据控制规模和应用目的，按照表 1-4 给出的 PLC 存储器容量估算公式进行估算，一般会留有 25% ～ 30% 的裕量。

表 1-4　PLC 存储器容量估算公式

序号	控制目的	估算公式	说明
1	代替继电器	$M=K_m$（10DI+5DO）	DI 为数字（开关）量输入信号数量 DO 为数字（开关）量输出信号数量 AI 为模拟量输入信号数量 K_m 为每个节点所占存储器的字节数 M 为存储器容量 N 为采样点
2	模拟量控制	$M=K_m$（10DI+5DO+100AI）	
3	多路采样控制	$M=K_m$[10DI+5DO+100AI+（1+N×0.25）]	

（4）软件选择　进行 PLC 选择时，编程软件的功能也应做相应了解。对于不同的 PLC 编程软件，其指令集不一样。一个应用系统可能包括需要进行复杂数学计算和数据处理操作的特殊控制或数据采集功能。指令集的选择将决定了可以实现的软件任务的难易程度，可用的指令集将直接影响实现控制程序所需的时间和程序执行时间。进行 PLC 选择时，编程软件的可操作性也应考虑。

（5）支撑技术条件　进行 PLC 选择时，有无支撑技术条件同样是重要的选择依据。支撑技术条件见表 1-5。

表 1-5　支撑技术条件

序号	支撑技术条件	描述
1	编程手段	便携式简易编程器主要用于小型 PLC，其控制规模小、程序简单，可用简易编程器 CRT 编程器适用于大中型 PLC，除了可用于编制和输入程序外，还可编辑和打印程序文本
2	程序文本处理	简单程序文本处理以及图、参量状态和位置的处理，包括打印梯形图 程序标注，包括触点和线圈的赋值名、网络注释等，这对用户或软件工程师阅读和调试程序非常有用
3	程序存储方式	对于技术资料档案和备用资料来说，程序存储方式有磁带、软磁盘或 EEPROM（电擦除可编程只读存储器）存储程序盒等，具体选用哪种存储方式，取决于所选机型的技术条件
4	通信软件包	对于网络控制结构或需用上位机管理的控制系统，有无通信软件包是选择 PLC 的主要依据。通信软件包通常和通信硬件一起使用，例如调制解调器等

（6）环境条件　由于 PLC 通常直接用于工业控制，在设计环节要考虑使其具备在恶劣环境条件下进行可靠控制的能力。尽管如此，每种 PLC 都有自己的环境条件，用户在选择时，特别是在设计控制系统时，对环境条件要给予充分的考虑。

一般 PLC 及其外部电路（包括 I/O 模块、辅助电源等）都能在表 1-6 给出的环境条件下可靠工作。

表 1-6　PLC 的环境条件

序号	项目	描述
1	温度	工作温度范围为 0 ～ 55℃，最高为 60℃；贮存温度范围为 -40 ～ 85℃

（续）

序号	项目	描述
2	湿度	相对湿度为 5% ～ 95%，无凝结
3	振动和冲击	满足 IEC（国际电工委员会）标准
4	电源	采用 220V 交流电源，允许变化范围为 -15% ～ 15%，频率为 47 ～ 53Hz，瞬间停电保持 10ms
5	环境	周围空气不能混有可燃性、爆炸性和腐蚀性气体

5. 视觉检测系统选择

视觉检测系统由工业相机、控制器、镜头和光源组合而成，可以代替人工完成条码字符、裂痕、包装、表面图层是否完整和凹陷等检测，使用视觉检测系统能有效地提高生产流水线的检测速度和精度。

（1）光源的颜色　光源的颜色对图像的成像有影响。LED（发光二极管）光源有多种颜色可以选择，包括白色、红色、绿色和蓝色，还有红外、紫外。针对检测物体不同的表面特征和材质，选择不同颜色，也就是不同波长的光源，能够达到更加理想的拍摄效果。

每一种光源都有自己的光谱，而相机的图像都会受到光谱的影响。不同波长的光对物质的穿透力（穿透率）不同，波长越长，光对物体的穿透力越强；波长越短，光在物质表面的扩散率越大。下面以白色光、红色光、绿色光和蓝色光为例说明单色相机成像时，光源的颜色对成像结果的影响。

1）用白色光照射对象时，红色、绿色和蓝色三种对象的反射光亮度相同。用单色相机拍摄，三者没有明暗的区别，不能区分。

2）用红色光照射对象时，照射红色对象的光被反射，绿色、蓝色对象的光被吸收。用单色相机拍摄时，红色对象亮，绿色、蓝色对象暗。

3）用绿色光照射对象时，照射绿色对象的光被反射，红色、蓝色对象的光被吸收。用单色相机拍摄时，绿色对象亮，红色、蓝色对象暗。

4）用蓝色光照射对象时，照射蓝色对象的光被反射，红色、绿色对象的光被吸收。用单色相机拍摄时，蓝色对象亮，红色、绿色对象暗。

从上面不同颜色光源的特征可以发现，某种颜色的光源照射在同种颜色的物体上时，视野中的物体就是发亮的。应用此特征可以过滤掉检测中的无用信息，例如使用红色的光源可以过滤掉红色的文字；同时可以应用互补色增加图像的对比度，例如红色背景使用绿色光源等。

不同颜色光源的适用范围见表 1-7。

表 1-7　不同颜色光源的适用范围

光源的颜色	适用范围
白色	适用性广，亮度高，拍摄彩色图像时使用较多
红色	可以透过一些比较暗的物体，可以用于底材黑色的透明软板孔、绿色 PCB 线路检测，透光膜厚度检测
绿色	红色背景产品、银色背景产品（如钣金、车加工件等）
蓝色	银色背景产品、薄膜上金属印制品

（2）镜头和相机　镜头用于集聚反映待测物体信息的光线，并将待测物体的光学图像成像在相机图像传感器表面，使相机能够采集到内容清晰、边缘锐利、对比度高的图像。镜头是待测物体轮廓和表面信息采集、传递的中转点，其品质好坏将直接影响最终图像的质量和待测物体信息的准确性、完整性。机器视觉镜头 [FA（工厂自动化）镜头] 相比于普通镜头具有更小的光学畸变、更高的光学分辨率和更丰富的工作波长，可以匹配工业场合机器视觉系统广泛的应用需求。

1）选择镜头需要综合考虑以下五个因素。

① 目标尺寸和测量精度。根据目标尺寸，可以确定镜头的视场角和图像传感器的尺寸。目标尺寸需要全部处于镜头视野之中才能形成完整的目标像。

② 工作波长和镜头焦距。常用的光学镜头在指定的波长范围内能力衰减很小，能够在像面上形成清晰的像，其分为可见光波段镜头、红外波段镜头和紫外波段镜头。焦距的物理含义是主点到光线聚焦点的距离，是对光线聚集能力的度量。镜头焦距的长短决定了视场角的大小，也影响着工作距离和放大倍数。变焦镜头使用在放大倍数不变、工作距离变化，或者工作距离不变、放大倍数可调的场合。

③ 普通镜头和远心镜头。由于景深影响、待测物体三维空间位置的变化及加工制造安装误差，要把待测物体的光学像精确调焦到与传感器靶面完全重合，技术实现难度较大，进而导致成像的放大倍率不固定，存在变化，影响测量精度。相比于普通镜头，远心镜头具有高分辨率、超宽景深、超低畸变及独有的平行光设计，使物距和工作距离之差小于景深，光学放大倍数不变，从而实现恒定的测量精度。

④ 分辨率和相机接口。为了使图像传感器能得到充分的利用，保证得到完整的待测物体图像，镜头视野必须大于与之配套的图像传感器的靶面。由于受制于传感器的像元分辨率，系统的分辨率并不会因镜头分辨率的增大而无限增大，因此选择镜头的分辨率只要略高于像元分辨率即可，且安装接口须与相机接口吻合。

⑤ 使用环境要求。应对设备的使用场合进行分析，需考虑是否存在如防尘、防水、防污、温度和振动等使用要求。

2）选择相机一般考虑以下三个因素。

① 分辨率。对于相机每次采集图像的像素（Pixels），数字相机一般直接与光电传感器的像元数对应，模拟相机则取决于视频制式，首先需要知道系统精度要求和相机分辨率，可以通过公式获得：

$$X\text{方向系统精度}=X\text{方向视野范围}/X\text{方向 CCD 芯片像素}$$

$$Y\text{方向系统精度}=Y\text{方向视野范围}/Y\text{方向 CCD 芯片像素}$$

式中，X 方向系统精度即 X 方向像素，Y 方向系统精度即 Y 方向像素，CCD 为电耦合器件。

理论像素的得出要根据系统精度和亚像素方法综合考虑。

② 系统速度。系统速度要求与系统成像（包括传输）速度有如下关系：

$$\text{系统单次运行速度}=\text{系统成像速度}+\text{系统检测速度}$$

虽然系统成像速度可以根据相机异步触发功能、快门速度等进行理论计算，但是最好的方法还是通过软件进行实际测试。

③ 相机与图像采集卡的匹配。

a）视频信号的匹配：黑白模拟信号相机有 CCIR 和 RS170（EIA）两种格式，通常图像采集卡都同时支持这两种格式的相机。

b）分辨率的匹配：每款图像采集卡都只支持某一分辨率范围内的相机。

c）特殊功能的匹配：若要使用相机的特殊功能，则先确定所用图像采集卡是否支持此功能。例如，若要多部相机同时拍照，则图像采集卡必须支持多通道；若相机是逐行扫描的，则图像采集卡必须支持逐行扫描。

d）接口的匹配：确定相机与图像采集卡的接口是否相匹配。接口有 CameraLink、GigE（千兆以太网）、CoaXPress 和 USB（通用串行总线）3.0 等。

6. 触摸屏选择

在进行触摸屏选择时，一般需要结合应用场合，综合考虑以下六个方面。

1）触摸屏硬件规格需求与安装固定方式。触摸屏规格需符合应用场合要求，规格过大将造成资源的浪费，同时也不便于安装；规格过小将造成操作不便等问题。

2）通信与数据传输接口及支持的通信协议。触摸屏设备需具备通用的数据传输接口，以实现触摸屏工程文件的下载和上传备份，同时需具备与工作站中其他设备通信的接口，以实现信息共享。

3）可靠性与稳定性，有无外部保护。例如，是否能在高粉尘和电磁干扰的环境下正常工作。

4）触摸屏工作环境要求，即工作温度和工作湿度。

5）软件的兼容性和开放性。通常触摸屏界面的编写在对应的组态软件中进行，而触摸屏通常与 PLC 协同使用，良好的兼容性与开放性是信息共享的前提。

6）服务和升级。触摸屏使用过程中或多或少都会遇到一些技术问题，能否得到及时的帮助十分重要。另外考虑触摸屏应用设备的升级，触摸屏能否升级以适配升级后的应用场合，也是需要考虑的因素之一。

市面上有多种品牌的触摸屏，如西门子、威纶通、Pro-face 等，均具备满足工作站功能的触摸屏系列。在进行本工作任务触摸屏选择时，考虑到产品一致性和兼容性的问题，在 PLC 确定选择西门子系列后，触摸屏也可以考虑使用西门子系列，这样进行设备组态编程时，可在同一个工程文件中进行。西门子触摸屏具有以下特点：

1）环境耐受力强：西门子触摸屏的使用寿命要比同类产品更长，主要基于其环境耐受力强、防护等级较高，操作、存储和运输温度较为宽泛，耐冲击性强。

2）功能强大：西门子触摸屏大部分支持硬件实时时钟功能，而且支持数据和报警记录归档功能，还有强大的配方管理、趋势显示和报警功能，可轻松实现项目的更新与维护。

3）集成和兼容性强：西门子触摸屏有强大且丰富的通信能力，它集成以太网口，还可连接多型号系列的 PLC，可以同时连接多台控制器，还可连接鼠标、键盘、USB 存储器，支持通过 U 盘（USB 闪存盘）进行数据归档和恢复备份，触摸屏中的项目和数据可进行移植。

任务实施

➢ 任务引入

根据前序任务中产品装配的工艺流程规划，工作站芯片安装模块需要选择的设备如下：

① PCB 芯片搬运主体设备——工业机器人。

② PCB 芯片搬运辅助设备——末端执行器。

③ 多工艺设备控制设备——PLC。

④ PCB 芯片检测设备——视觉检测单元。

⑤ 工作站人机交互设备——触摸屏。

➢ 任务实施

1. 工业机器人选择

（1）自由度选择　从自由度分析，工作站涉及搬运、打磨、去毛刺、涂胶和焊接等工艺应用场合，需要做复杂动作，手臂需要扭曲转动，故选用六轴工业机器人。

（2）工作范围选择　以实现 PCB 产品安装的典型的工业机器人操作与运维工作站布局（见图 1-13）为例，从工作范围分析选择工业机器人。

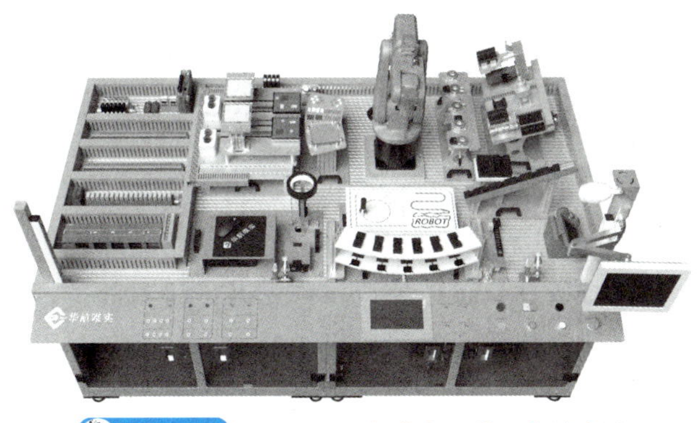

图 1-13　工业机器人操作与运维工作站布局

工业机器人在各个单元内的工作区域都应在臂展范围内，工业机器人的工作范围无须到达工作单元的边界位置，只须覆盖实际的取放工件和工艺加工点位即可。

根据工作站规格数据，六轴工业机器人可选择工作半径达 580mm，底座下方拾取距离为 112mm 的 IRB 120 工业机器人，且其自重仅为 25kg，适合台面安装。

（3）其他参数选择　工作站中工业机器人主要应用于搬运、打磨、去毛刺、涂胶和焊接等工艺应用场合，重复精度在 ±0.5mm 范围内即可满足需求，IRB 120 工业机器人可以满足要求。

另外，IRB 120 工业机器人具备以太网通信、串口通信功能和 USB 存储接口，可以满足与外部设备的通信需求。同时，它具备离线编程软件并携带示教器。

2. 末端执行器选择

（1）功能需求分析　根据 PCB 安装产品工艺流程可知，末端执行器的夹持对象为异形芯片，夹持对象很小，质量也较轻。

（2）末端执行器安装环境　工装夹具是工业机器人末端执行器的一种，需安装在工业机器人末端，工作站中选用的工业机器人型号为 IRB 120，其承重能力是 3kg。工业机器人关节轴六轴处安装法兰的机械接口如图 1-14 所示。

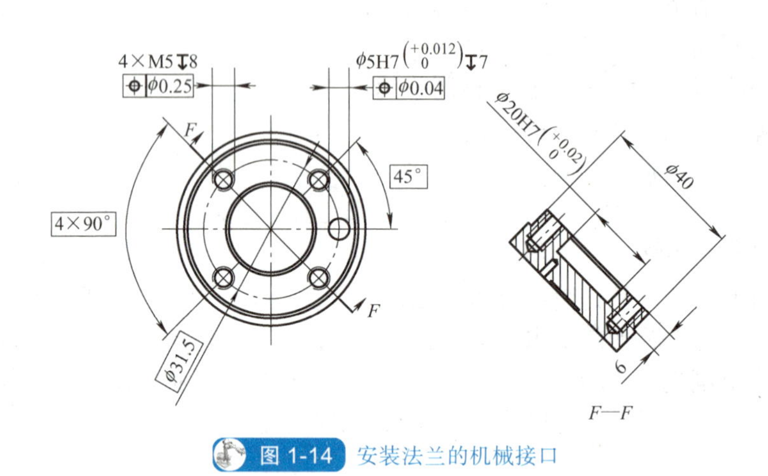

图 1-14　安装法兰的机械接口

根据工艺流程要求，工作站包含多项工艺流程，涉及多个工具交替使用，另外工业机器人本体内部集成了多路气路接口，如使用气体作为动力源，气路的整合集成较为适宜。

（3）工装夹具选择　异形芯片质量较轻、规格较小且表面平整光滑，在此可以选择吸盘工具，如图 1-15 所示。

参照末端执行器的选择方法，可以完成工作站其他工具的选择和设计，将工作站的全部工具放置在工具架上，组成的工具快换单元如图 1-16 所示。

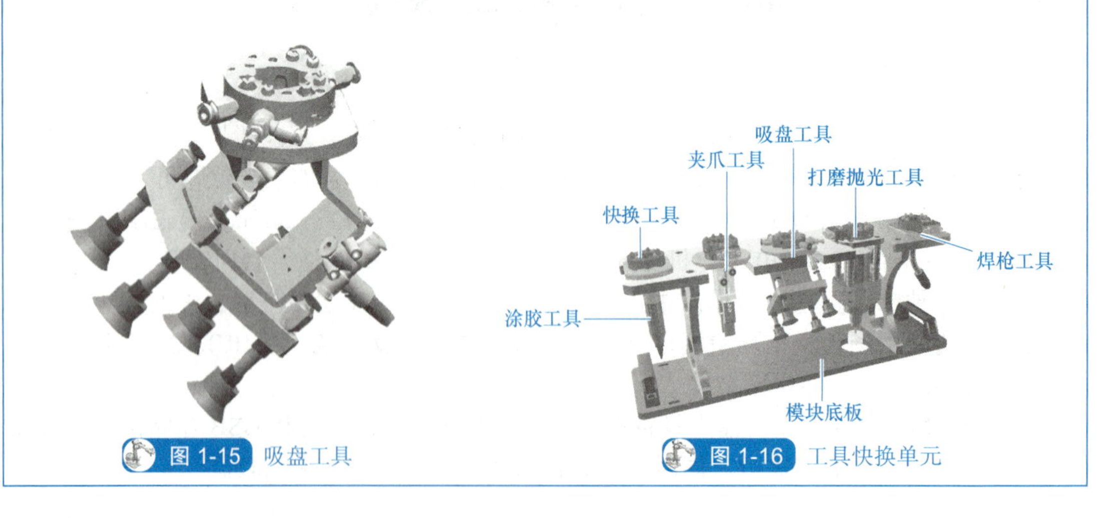

图 1-15　吸盘工具

图 1-16　工具快换单元

3. PLC 选择

（1）功能需求分析　PLC 作为总控制器对工作站整体逻辑实施控制，需要满足以下七个要求：

1）工作站中设备体系庞大，且物理安装为分布式，PLC 需支持分布式控制且可扩展。

2）支持数字量和模拟量 I/O。

3）支持高速脉冲输出，实现对伺服驱动器的位置控制。

4）具备支持 PROFINET 通信的接口，并支持通信模块的扩展。

5）支持与 CCD、工业机器人的通信。

6）响应及时，高效稳定。

7）支持与触摸屏的通信，实现对工作站设备的实时状态监测和控制。

（2）PLC 选择　根据工作站的 PLC 功能需求分析，选择的 PLC 应满足模块化、可拓展性强和灵活度高的要求。PLC 需要与工业机器人、视觉检测系统通信，并且要支持分布式控制，具有支持 PROFINET 通信的 PN 口。目前市面上具备这些功能的 PLC 众多，不同公司在进行方案适配时，会优先考虑比较熟悉的厂商，方便工程师快速使用和调试 PLC。本工作任务选择西门子 PLC，主要是因为西门子 PLC 的软硬件相对成熟，并且稳定性好，中小型 PLC 具有通信能力强、集成度高等优势。

西门子 S7-1200、S7-1500 系列 PLC 均符合工作站功能要求，支持模块化编程，并且支持在线监控、诊断的功能，编程软件集成度较高，操作使用方便。

S7-1200 系列 PLC 属于中低端紧凑型控制器，它的设计紧凑、组态灵活，且具有功能强大的指令集，主要面向简单而高精度的自动化任务。S7-1500 系列 PLC 信号处理更快，系统响应时间短，适合大型复杂的控制应用，但是价格相对 S7-1200 系列 PLC 较高。从经济适用的角度分析，S7-1200 系列 PLC 的功能已经足够满足要求，所以此处优先选用 S7-1200 系列 PLC。

由于工作站设备较多，从安全性考量优先选择故障安全型 CPU 和故障安全信号模块，构建故障安全型控制系统，可确保操作安全。

故障安全型 CPU 在发生故障时，可确保控制系统切换到安全的模式（典型为停止状态）。故障安全型 CPU 还对用户程序编码进行可靠性检验。故障安全型控制系统示例如图 1-17 所示。该系统是一个独立的控制系统，要求 I/O 模块及 PROFIBUS（过程现场总线）通信都具有故障安全功能。当发生某个故障时，普通 CPU 会造成不安全的结果，但是故障安全型 CPU 由于自身的某个安全特性可避免危险。例如，对于一个开关量输入信号，可以组态为应用两个通道同时采集，一旦两个通道同时采集的信号不一致，系统就进行相应特定的处理。

4. 视觉检测系统选择

综合光源颜色、镜头和相机的选择方法，工作站选择白色环形光源，它对彩色图像的成像效果好；视觉控制器选择欧姆龙 FH-L550 视觉控制器，它具备高速、高精度测量功能，并且具有图形化编程的特点，更易懂。

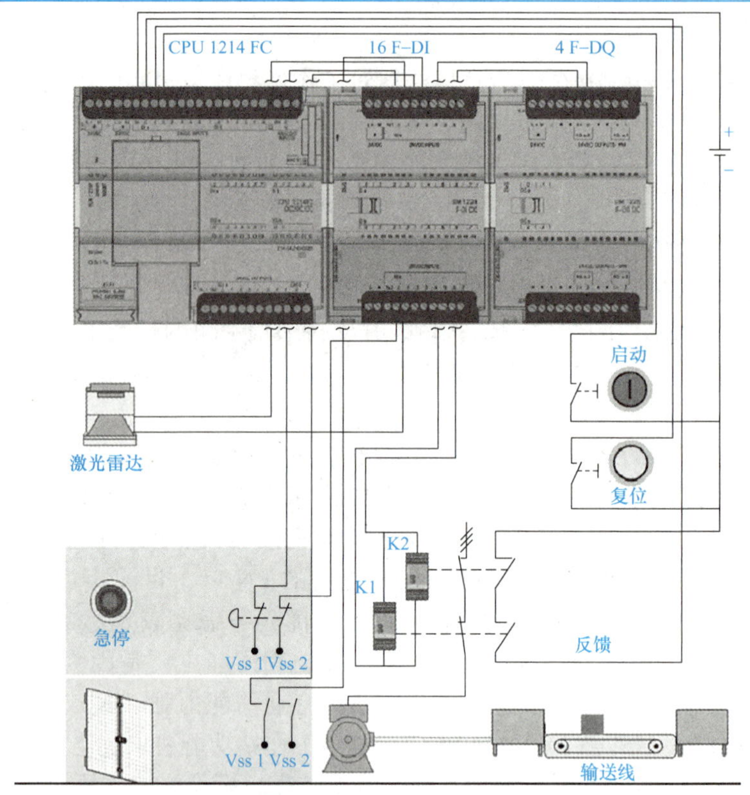

图 1-17 故障安全型控制系统示例

工作站涉及颜色识别，所以搭载 FZ-SC30W 彩色相机，与欧姆龙视觉控制器具有相同接口，所以可以配套。

在镜头选择方面，为与相机配合，选择 C 接口 2/3in（1in=0.0254m）的镜头，焦距选择 12mm，光圈为 F1.4。

5. 触摸屏选择

（1）工作站触摸屏设备的需求

1）具备支持以太网通信的接口，支持 PROFINET 协议通信。

2）触摸屏尺寸适中，太小不利于操作，太大则会超出设备安装位置极限。

3）使用面广，编程操作简单，便于调试人员调试和院校师生学习使用。

（2）触摸屏选择　西门子触摸屏的型号众多，进行触摸屏选择时，还需要从性价比、适用性等方面考虑。西门子触摸屏有三种类型，分别是精简面板、精智面板和移动面板。

精简面板集成有 PN 口，可进行 PROFINET 通信，屏幕尺寸为 3 ～ 15 寸 [1 寸 =（1/30）m]，价格较低并且功能适用。精智面板不仅具备以太网口，还带有 MPI（消息传递接口）/PROFIBUS DP（分布式周边）口，可进行多种协议通信，功能较全，价格相对于精简面板高一些。移动面板是移动式的，不适合固定在工作站上使用，同样价格也相对较高。

综上所述，进行触摸屏选择时，在满足功能要求的情况下，优先选择经济适用的精简面板触摸屏。

任务评价

任务	配分	评分标准	自评
PCB 产品安装工艺设备选择	100 分	1）明确工业机器人系统选择的规则，能够根据工作站使用需求进行工业机器人系统选择。（20 分）	
		2）明确末端执行器选择的规则，能够根据工作站使用需求进行末端执行器选择。（20 分）	
		3）明确 PLC 设备选择的规则，能够根据工作站使用需求进行 PLC 设备选择。（20 分）	
		4）明确视觉检测系统选择的规则，能够根据工作站使用需求进行视觉检测系统选择。（20 分）	
		5）明确触摸屏选择的规则，能够根据工作站使用需求进行触摸屏选择。（20 分）	

工作任务 1.3　工作站控制系统方案设计

工作站控制系统是 SCADA 系统的一种典型应用，进行工作站控制方案设计前，先来认识 SCADA 系统及其设计方法。

知识沉淀

1. SCADA 系统认知

SCADA 是 Supervisory Control And Data Acquisition（监督控制与数据采集）的简称，有些文献也简称为监控系统。SCADA 系统的监控功能是通过 HMI 实现的，即操作人员可以通过 HMI 监视被控系统的运行。从 SCADA 系统的名称可以看出，其包含两个层次的基本功能：数据采集和监控。

SCADA 系统的设计与开发主要包括三个部分的内容：上位机系统设计与开发、下位机系统设计与开发、通信网络的设计与开发。SCADA 系统的设计与开发具体内容会随系统规模、控制对象和控制方式等不同而有所差异，但系统设计与开发的基本内容和主要步骤大致相同。

在进行设计前，要深入了解生产过程的工艺流程、特点；了解主要的检测点和控制点以及分布情况；明确控制对象所需要实现的动作与功能；确定控制方案；了解用户对监控系统是否有特殊的要求，对系统安全性与可靠性的需要，用户的使用和操作要求，以及用户的投资概算等。

在了解以上基本信息后，就可以开始总体设计。首先要统计系统中所有的 I/O 点，包括模拟量输入、模拟量输出、数字量输入和数字量输出等，确定这些点的监控要求，如控制、记录和报警等。在此基础上，根据监控点的分布情况确定 SCADA 系统的拓扑结构，分布情况主要包括上位机的数量和分布、下位机的数量和分布、网络与通信设备等。

在 SCADA 系统中，拓扑结构非常关键，一个好的拓扑结构可以确保系统的监控功能被合理分配，网络负载均匀，有利于系统的功能发挥和稳定运行。拓扑结构确定后，就可以初步确定 SCADA 系统中上位机的功能要求、配置，上位机系统的安装地点和监控中心的设计；确定下位机系统的配置、监控设备和区域分布；确定通信设备的功能要求和可能的通信方式及其使用和安装条件。这三个方面确定后，编写相应的技术文档，与用户及相关的技术人员对总体设计进行论证，以优化系统设计。至此，SCADA 系统的总体设计就初步完成了。

在进行 SCADA 系统设计时，还要注意系统功能的实现方式，即系统中的一些监控功能既能由硬件实现，也能由软件实现。因此在设计系统时，硬件和软件功能的划分要综合考虑，以决定哪些功能由硬件实现，哪些功能由软件完成。一般采用硬件实现速度比较快，可以节省 CPU 大量的时间，但系统会比较复杂，价格也比较高；采用软件实现比较灵活、价格便宜，但要占用 CPU 较多的时间，实时性也会有所降低。所以一般在 CPU 时间允许的情况下，尽量采用软件完成，若系统控制回路较多、CPU 任务较重，或某些软件设计比较困难，则可考虑采用硬件实现。

2. 典型通信方式

学习通信方式前，首先需要明确什么是数据通信，以及数据通信系统的概念。

数据通信是通过对数据编码、传输、转换、存储和处理，实现计算机与计算机、计算机与各地数据终端设备以及设备与设备之间的通信，是计算机技术与通信技术结合而成的产物。

数据通信系统是将计算机和数据终端设备用数据电路连接起来，以实现数据通信的系统。该系统可以使不同地点数据终端实现软件、硬件及信息资源的共享。

（1）I/O 信号分类　I/O 信号分为两大类：数字量信号和模拟量信号。

数字量信号指自变量离散、因变量也离散的信号，如图 1-18a 所示。数字量信号在传输过程中不仅具有较高的抗干扰性，还可以通过压缩，占用较少的带宽，实现在相同的带宽内传输更多、更高质量音频和视频等数字量信号的效果，所以在数字电路中容易被处理，故其应用范围比较广泛。

模拟量信号是指连续变化的信号。模拟量信号的频率、幅度和相位随时间连续变化，如图 1-18b 所示。通常又把模拟量信号称为连续信号，它在一定的时间范围内可以有无限多个不同的取值。

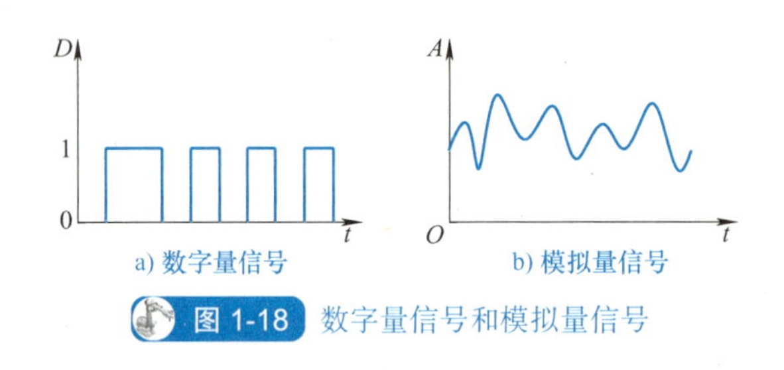

a) 数字量信号　b) 模拟量信号

图 1-18 数字量信号和模拟量信号

（2）并行传输和串行传输

1）并行传输：数据以成组的方式，在多条并行信道上同时传输。传输过程中，每位

数据都有自己独立的线路。

例如，在传输 ASCII（美国信息交换标准码）时，由于 ASCII 编码的符号是由 8 位二进制数表示的，因此需要八条信道。ASCII 编码符号的并行传输如图 1-19 所示，将由“1”和“0”组成的 8 位一组的二进制数同时发送，一次可以传输一个字符。

并行传输适用于距离近、容量大的数据通信，广泛应用于微机系统的信息交互。系统板上各部件之间通常采用并行传输，例如计算机主板与外置网卡、声卡、显卡和调制解调器卡之间通过 PCI（外设部件互连）接口连接并进行并行数据传输。

2）串行传输：数据流以串行的方式在一条信道上一位接一位地传输，每位数据都占据一个固定的时间长度。串行传输如图 1-20 所示。

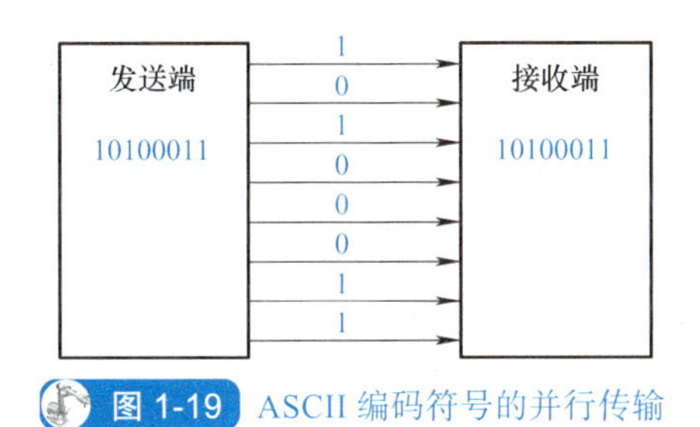

图 1-19　ASCII 编码符号的并行传输

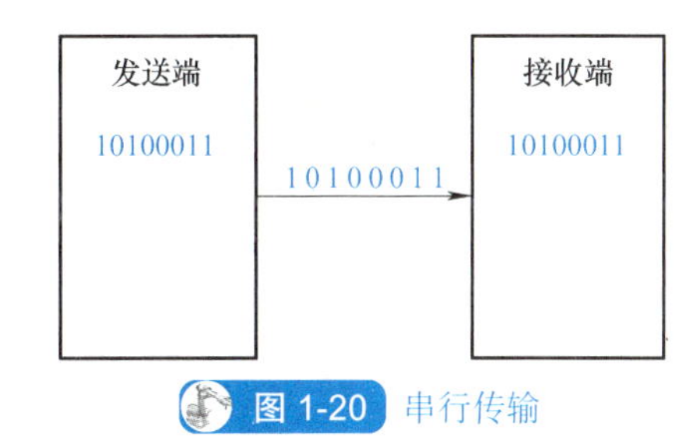

图 1-20　串行传输

串行传输的主要特点如下：

① 串行传输过程中可以使用较高的传输频率，因此可以达到较高的传输速度。

② 所需要的信道少，成本较低，适合远距离通信。

③ 需要保证字符同步，数据的传送控制比较复杂。

④ 按照时序同步方式可以分为同步传输和异步传输。

串行传输被普遍应用在计算机、硬盘等与其他外部设备的信息传输中。

（3）工业网络　工业网络是指安装在工业生产环境中的一种全数字化、双向传输、多节点的通信网络，主要包括现场总线、工业以太网和工业无线等通信网络。工业网络通信一般基于组织或个体开发的网络通信协议、标准或规范，根据网络的开放程度，具体有以下三种类型：专用的封闭型工业网络、开放型工业网络和标准工业网络。

下面介绍现场总线和工业以太网。

1）现场总线。现场总线是面向现场设备之间、现场设备与控制装置之间的数据通信，是一种应用于生产现场的全数字化、双向传输、多节点通信的数据总线。

现场总线的出现使自控系统朝着智能化、数字化、信息化、网络化和分散化的方向进一步发展，形成了新型的网络通信的全分布式控制系统——现场总线控制系统（FCS）。

目前，现场总线还没有形成真正统一的标准，常用的现场总线包括：FF（基金会现场总线）、HAPT（可寻址远程传感器高速通道）、CAN（控制器局域网）、LonWorks（局部操作网络）、DeviceNet（设备网）、PROFIBUS、CC-Link（控制与通信连接）、WorldFIP（世界工厂仪表协议）等。

工作站中工业机器人的 I/O 装置 DSQC 652 标准 I/O 板便是通过 DeviceNet 现场总线协议挂载在 ABB IRC5 Compact 控制器下，如图 1-21 所示。

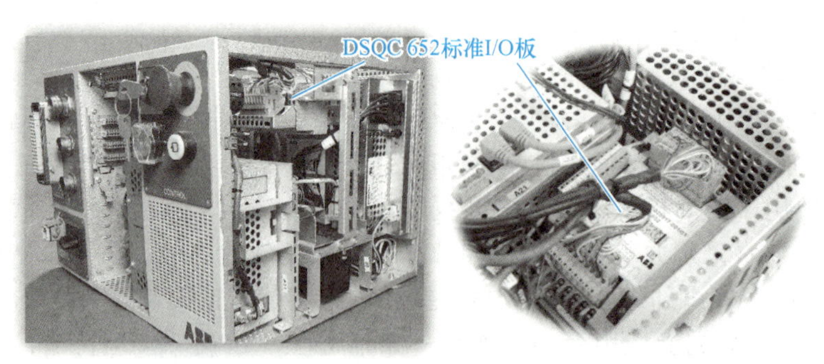

a) 控制器右侧视角　　b) 控制器俯视视角

图 1-21 ABB IRC5 Compact 控制器中的 I/O 装置

DSQC 652 标准 I/O 板具有数字量输入、输出端子各 16 个，同时还有 DeviceNet 总线端子及信号指示灯，如图 1-22 所示。

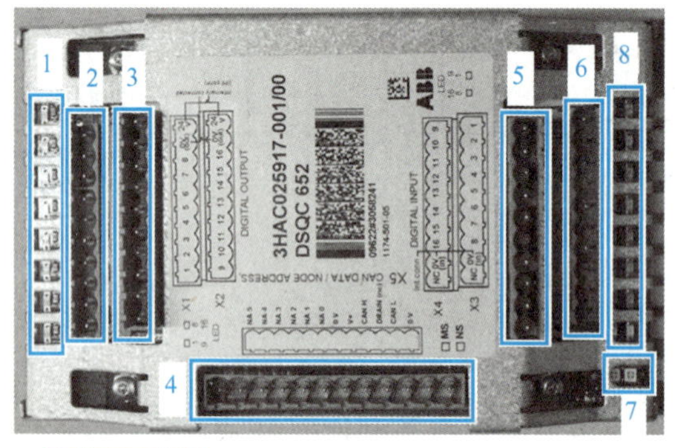

图 1-22 DSQC 652 标准 I/O 板的接线端子

1—X1、X2 信号指示灯（两排）　2—X1 数字量输出端子　3—X2 数字量输出端子　4—X5 DeviceNet 总线端子
5—X4 数字量输入端子　6—X3 数字量输入端子　7—总线状态指示灯　8—X3、X4 信号指示灯

2）工业以太网。工业以太网的本质就是以太网技术由办公自动化走向工业自动化，按照工业控制的要求，发展适当的应用层和用户层协议，使以太网和 TCP/IP（传输控制协议 / 互联网协议）技术真正应用到工业现场控制中。

工业以太网在物理层和数据链路层符合 IEEE 802.3 标准，与商业以太网兼容。它在实时性、可靠性和环境适应性等方面都可以满足工业现场的需要，是适用于工业自动控制和过程控制系统的通信网络。工业网络中，不同的现场设备与控制系统按照一定的通信协议进行数据交换。目前比较主流的工业以太网协议包括 Modbus/TCP、EtherNet/IP（以太网 / 工业协议）、PROFINET 和 EtherCAT（以太网控制自动化技术）等。

PROFINET 由 PROFIBUS 国际组织推出，是基于工业以太网技术、使用 TCP/IP 和 IT（信息技术）标准的自动化通信标准。PROFINET 主要有 PROFINET IO 和 PROFINET CBA（基于组件的自动化）两种数据交换方式。PROFINET IO 主要用于实现控制器与分布式现场设备之间的数据通信。图 1-23 所示为典型的 PROFINET 系统设备组件，其中包括 I/O 监控器 [PC（个人计算机）]、HMI 和 PROFINET IO 系统。I/O 监控器用于调试和诊断，一般采用 PLC 或 PC。HMI 用于操作人员对设备进行操作和

监控。PROFINET IO 系统包括 I/O 控制器、智能设备和 I/O 设备，I/O 控制器用于对连接的 I/O 设备进行寻址，可以自动执行程序，一般采用 PLC 或 PC；智能设备一般作为一个 I/O 设备与 I/O 控制器连接；I/O 设备是连接到 PROFINET 网络中的分布式现场设备，由 I/O 控制器直接控制。

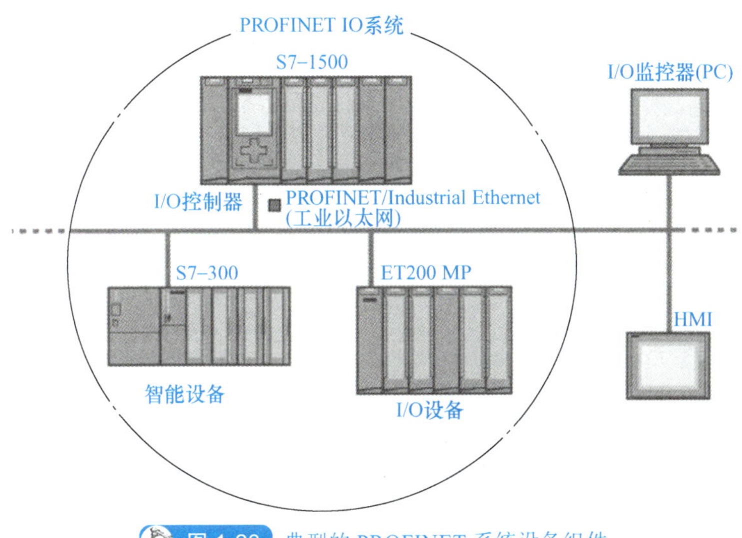

图 1-23　典型的 PROFINET 系统设备组件

TCP/IP 是用于计算机与其他设备在网络上通信的一个协议族，包括 TCP、UDP（用户数据报协议）、IP 和 ICMP（互联网控制报文协议）等多个子协议。基于 TCP/IP 的远程通信技术，可以通过网关或路由器实现信息网络与控制网络的互联，有利于控制网络与信息网络集成的实现。工业控制领域中，许多常见的网络应用都是利用 TCP/IP 进行数据通信的。现在流行的现场总线网络如 FF、LonWords、PROFIBUS 和 Modbus 等都有支持 TCP/IP 的网间互联产品。工作站中的视觉检测系统支持 TCP/IP 通信，连接以太网端口与支持同样协议的外部设备后，经过通信设置即可进行通信。

任务实施

➢ 任务引入

根据工作站的控制需求，设计工作站的控制系统。

工作站的控制需求包括以下两点：

1）PLC 可对其他各单元进行分布式管理控制。

2）控制系统能监视工作站的信号，控制工作站的相关执行元件。

➢ 任务实施

1. 控制需求分析

工作站的通信拓扑如图 1-24 所示，工作站的通信设备包含 PLC、HMI、伺服电动机、视觉检测系统（工业 CCD）、安全监控、ABB IRB 120 工业机器人和 I/O 设备。

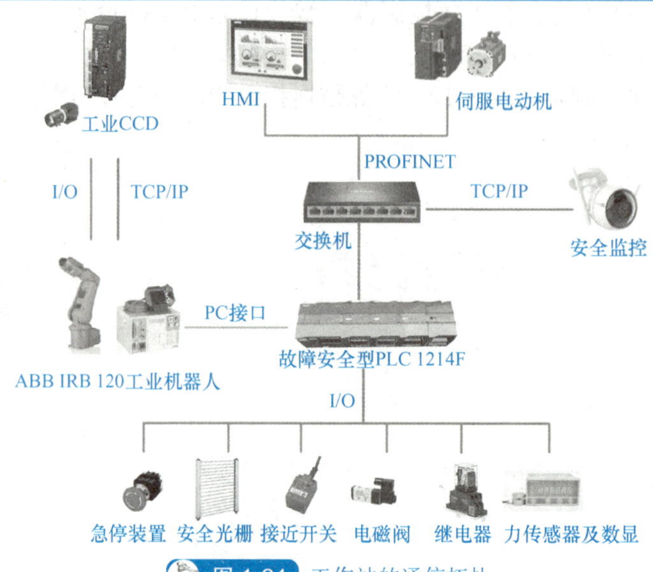

图 1-24 工作站的通信拓扑

2. 工作站设备支持的通信形式分析

ABB IRB 120 工业机器人的控制器设有 Service（服务）、LAN1（局域网 1）、LAN2、LAN3 和 WAN（广域网）端口，如图 1-25 所示，均支持基于 TCP/IP 通信，可根据需要接入的网络范围自行选用。控制器上同时设置了 DeviceNet 通信接口，如图 1-26 所示，工业机器人以 DeviceNet 协议扩展了远程 I/O，以增加机器人的 I/O 点位。

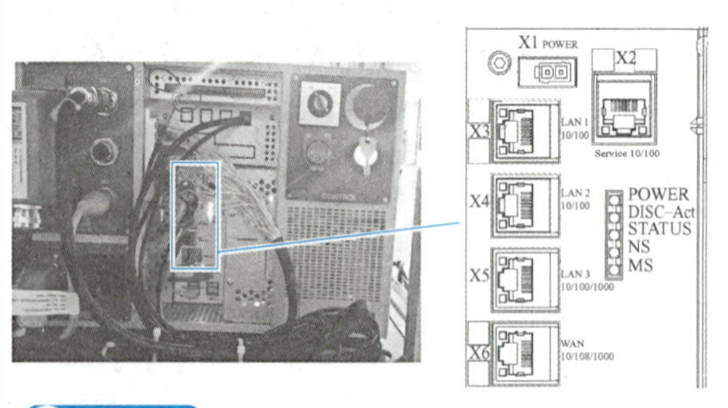

图 1-25 ABB IRB 120 工业机器人控制器端口

X1—电源 X2—Service X3—LAN1（连接示教器）
X4—LAN2（基于以太网） X5—LAN3（基于以太网）
X6—WAN

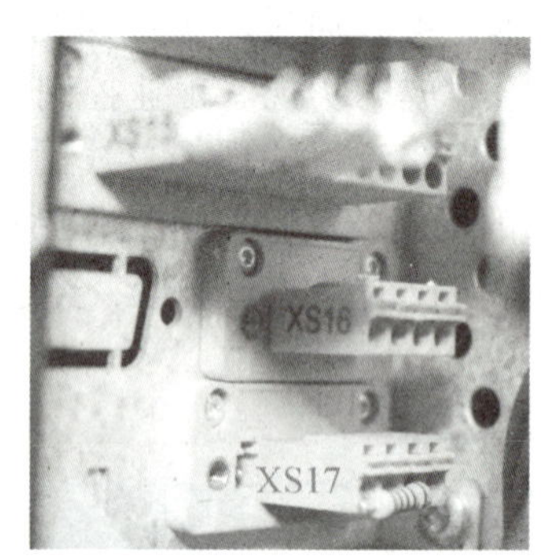

图 1-26 DeviceNet 通信接口

PLC 设备由 CPU、数字量 I/O 模块和故障安全信号模块组成，具备 PROFINET 通信接口，CPU 板载 14 点数字量输入、10 点数字量输出和 2 点模拟量输入接口，附带三个 16 点数字量输入、16 点数字量输出模块和一个故障安全信号模块，用于安全光栅、急停装置等安全传感器信号采集，支持 PROFINET、TCP/IP、ISO-on-TCP 和 S7 通信。PLC 和 I/O 模块如图 1-27 所示。

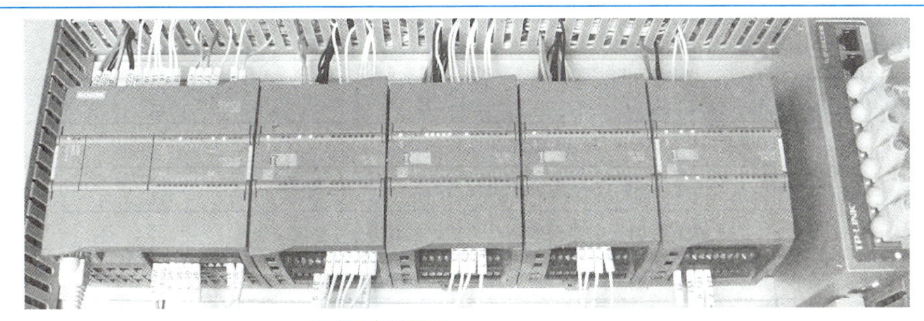

图 1-27　PLC 和 I/O 模块

工作站中的 HMI 是设备的人机交互接口，有 PROFINET 接口。

视觉检测采用工业 CCD 拍照检测，支持串行 RS–232C 和以太网通信，提供 1 点高速输入、4 点高速输出、9 点通用输入和 23 点通用输出的并行通信，提供 DVI–I（数字视频接口 – 混合）监控输出。工业 CCD 控制器如图 1-28 所示。

图 1-28　工业 CCD 控制器

焊接打磨去毛刺单元中设置了 V90 PN 伺服驱动器用于变位用电动机的控制，设置了 RJ45 接口用于与 PLC 的 PROFINET 通信连接，支持 PROFIdriver 驱动控制协议。

工作站中的基础 I/O 设备，如急停装置、安全光栅、接近开关、电磁阀、继电器和力传感器等，可通过典型的 I/O 接线将信号输出到具备控制器的设备中。

工作站中还配备了交换机（Switch），它是用于电信号转发的网络设备，可以为接入交换机的任意两个网络节点提供独享的电信号通路。

3. 控制方案分析

工作站中的 PLC 设备作为总控制端，向上与 HMI 通过 PROFINET 通信，实现数据的展示与传输；与安全监控通过 TCP/IP 通信，实现监控画面的实时显示；与工业机器人通过 PC 接口通信，实现数据的传输。

工业机器人与工业 CCD 通过并行 I/O 的形式通信，进行 CCD 端的控制及数据采集。

急停装置、安全光栅、接近开关、电磁阀、继电器和力传感器等通过 I/O 硬接线连接至 PLC 设备，实现数据的采集与控制。

任务评价

任务	配分	评分标准	自评
工作站控制系统方案设计	100 分	1）明确 SCADA 系统的概念和设计原则。（20 分）	
		2）知道典型 SCADA 系统的设计开发步骤。（20 分）	
		3）了解工业场景中典型的通信方式。（20 分）	
		4）说明工作站中设备具备的通信接口及支持的通信方式。（20 分）	
		5）解读工作站中设备之间的通信关系。（20 分）	

项目工单

姓名		班级		分数	

1. 查阅工业机器人系统资料，简述工业机器人系统 LAN3 端口与其他端口的区别。

LAN3 有两种配置，默认配置时可与外部网络相连，LAN 配置时处于控制器内部网络。WAN 端口是控制器唯一可连接到公共网络的接口，通常使用网络管理员提供的公用 IP 地址连接到工厂网络。LAN1、LAN2 只能配置为控制器的专属内部网络。西门子 PLC 与 ABB 工业机器人进行基于 TCP/IP 的通信时，LAN3 和 WAN 端口均可使用。

2. 查阅资料，说明典型的串行接口有哪些。

串行接口是采用串行通信方式的扩展接口。在串行通信过程中，数据一位接着一位地进行传输，通信线路简单，传输速度较慢。

按照传输的同步方式，串行接口可以分为同步串行接口（SSI）和异步串行接口 [即 UART（通用异步接收发送设备）]。

按照电气标准及协议来分，串行接口包括 RS-232C、RS-422 和 RS-485 等，RS-232C、RS-422 和 RS-485 标准只对接口的电气特性做出规定，不涉及接插件、电缆或协议。

3. 查阅资料，说明视觉检测系统的典型构成。

视觉检测系统的主要工作由三部分组成：图像的获取、图像的处理和分析、输出或显示。视觉检测系统的主要组件包括光源、相机、镜头、图像处理软件和 I/O 单元。

项目 2

集成系统安装与流程仿真

项目导言

完成工作站的方案设计后，即可进行样机的试制，包含非标准件的生产制造、标准件和设备的采购等，以上工作都完成后，即可按照机电设备的安装操作规范进行集成系统的安装以及工作站典型工作流程的仿真，以验证工作站的功能及工艺内容的可行性，确认无误后即可进行工作站的批量生产。

本项目围绕支持 PCB 产品安装的工作站，学习按照机械布局安装工业机器人本体、工业机器人控制器、工业机器人示教器、工业机器人末端执行器和工艺单元的方法；学习在虚拟环境中，进行工作站搭建和典型工艺流程仿真验证的方法。

项目目标

- 能够完成 PCB 产品安装工作站的集成安装。
- 能够完成工作站的虚拟搭建。
- 能够根据工艺需要在虚拟工作站中完成工艺流程仿真。

新职业——职业技能要求

工作任务	职业技能要求
工作任务 2.1　集成系统安装	工业机器人系统操作员四级 / 中级工：能识读机械零部件装配图和装配工艺文件；能根据机械部件装配要求选用装配工具、工装夹具；能按照装配清单准备机械零部件；能安放固定机器人本体；能安装和更换末端执行器或末端执行器自动更换系统；能识别机器人本体、机器人工作站或系统的气源和液压源接口，并连接液压和气动系统；能按照工艺要求检查工装夹具、末端执行器等机械部件的功能；能根据液压与气动原理图检查其回路的功能；能识读机器人工作站或系统的电气原理图、电气接线图、电器布置图等；能对机器人本体、控制器、示教器、末端执行器等进行电气连接；能接通、切断机器人系统的主电源及电气柜电源；能启动、停止机器人及周边配套设备 工业机器人系统操作员三级 / 高级工：能识读机器人工作站或系统的总装配图和装配工艺文件；能根据机器人工作站或系统的装配要求选用装配工具、工装夹具；能按照总装配图及工艺文件，准备总装零部件；能装配搬运、码垛、焊接、喷涂、装配、打磨等机器人工作站或系统的周边配套设备；能安装相机、镜头、光源等机器视觉装置功能部件
工作任务 2.2　工作站虚拟搭建	工业机器人系统操作员二级 / 技师：能结合机器人系统集成方案，使用离线编程软件进行机器人工作站或系统的程序编程与仿真调试；能根据现场条件对离线程序进行在线调整及性能优化
工作任务 2.3　工艺流程时序虚拟仿真	

工业机器人集成应用职业技能等级要求

工作任务	职业技能等级要求
工作任务 2.1　集成系统安装	工业机器人集成应用（初级）：能识读工作站方案说明书，理解工作站的组成；能识读工作站机械装配图，理解机械零部件的装配关系；能识读工作站气动原理图，理解气路连接关系；能识读工作站电气原理图，理解电气元件的接线方式；能根据装配工艺要求，选用经济有效的安装工具，进行工业机器人本体和控制柜的安装和精度调整；能根据机械图纸和工艺要求，选用经济有效的安装工具，进行末端执行器、工装夹具及周边应用系统的安装；能根据电气图纸的要求，结合标准装配流程，进行工作站的电气安装
工作任务 2.2　工作站虚拟搭建	工业机器人集成应用（中级）：能使用离线编程软件，搭建虚拟工作站并进行模型定位和校准；能按照工作站应用要求，查询真实工作站的工具坐标系数据，并在虚拟环境中设定
工作任务 2.3　工艺流程时序虚拟仿真	工业机器人集成应用（中级）：能使用离线编程软件，进行工业机器人运动轨迹的模拟，避免工业机器人在运动过程中的奇异点或设备碰撞等问题；能按照工作站应用要求，进行工作站应用的虚拟仿真

职业素养

能干事，是一种能力；善共事，更是一种本领。在集成系统安装和工艺流程仿真的过程中，需要多领域技术人员的分工协作，从业人员须具备良好的集体意识，相关岗位人员团结协作才能在工作中产生“一加一大于二”的良好效应。

工作任务 2.1　集成系统安装

知识沉淀

1. 工作站及其布局图

工作站整体结构布局图如图 2-1 所示，工作站机械布局图如图 2-2 所示。

（1）装配单元　装配单元可以实现异形芯片的存储、装配和模拟检测过程。装配单元包括 PCB 盖板放置区、异形芯片原料盘和安装检测工装单元。

PCB 盖板放置区和异形芯片原料盘如图 2-3 所示。左侧为 PCB 盖板放置区，右侧为异形芯片原料盘，其中包含四种类型的芯片，有 CPU 芯片、集成电路芯片、晶体管芯片和电容芯片。

安装检测工装单元如图 2-4 所示。安装检测工装单元由两对安装检测工位组成，每对工位包括安装工位、检测工位、检测指示灯、检测结果指示灯（红灯和绿灯）、推动气缸和升降气缸，其中推动气缸和升降气缸都带有限位传感器，安装检测工装单元可以实现对 PCB 的安装和模拟检测。

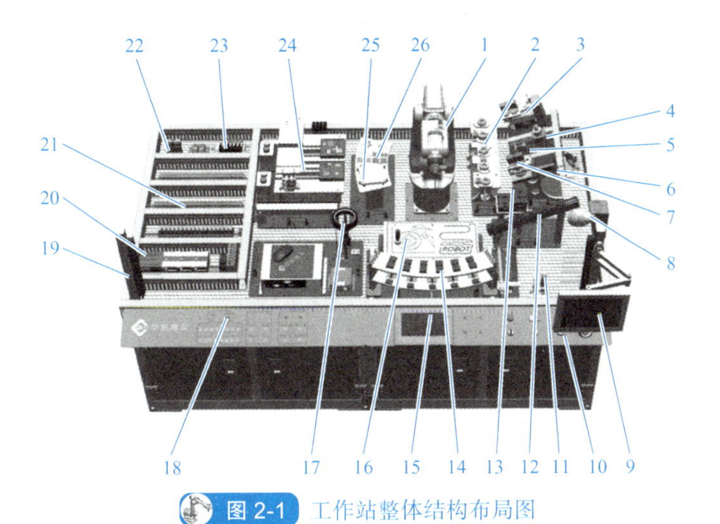

图 2-1 工作站整体结构布局图

1—工业机器人 2—工具架 3—变位机 4—打磨装置 5—待焊接工件 6—压力控制显示器
7—抛光区域 8—监控摄像头 9—视觉检测结果显示屏 10—操作面板 11—单元电路、气路接口 12—码垛平台 A
13—码垛平台 B 14—智能仓储料架 15—触摸屏 16—涂胶台 17—视觉检测单元 18—PLC 的 I/O 接线区
19—光栅传感器 20—PLC 总控单元 21—电路控制接线区 22—压力开关 23—气动控制接线区
24—安装检测工装单元 25—PCB 盖板 26—异形芯片原料盘

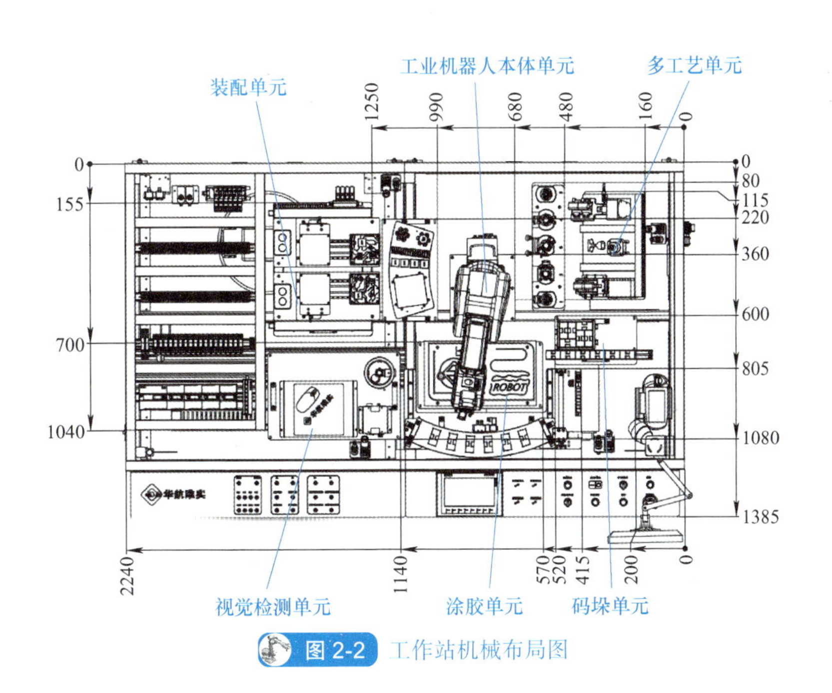

图 2-2 工作站机械布局图

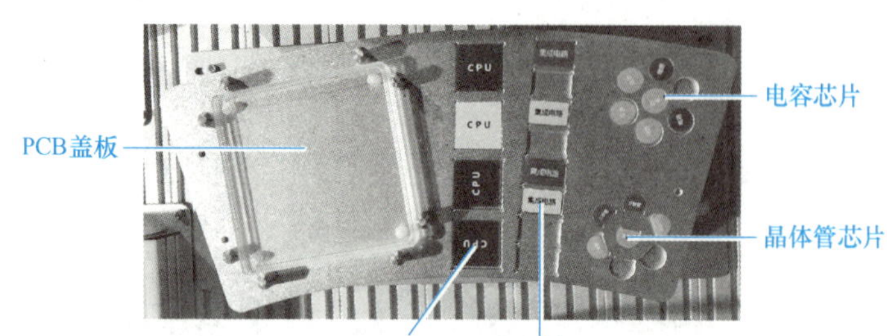

图 2-3 PCB 盖板放置区和异形芯片原料盘

（2）码垛单元　码垛单元可以实现工业机器人装载夹爪工具后，将码垛物料由码垛平台 A 搬运并码垛到码垛平台 B。其中码垛平台 A 模拟传送带，队列式传送码垛物料块，最多可以同时容纳六块码垛物料块；码垛平台 B 分为左右两部分，每个部分单层可容纳三块码垛物料。码垛单元如图 2-5 所示。

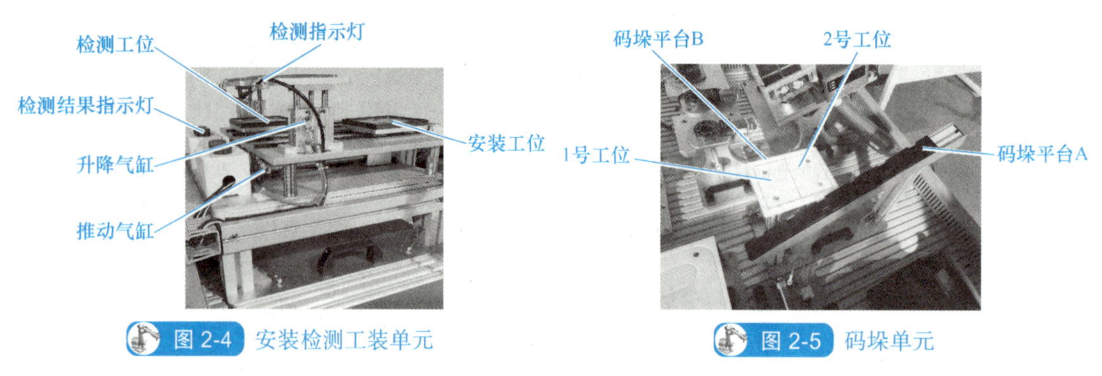

图 2-4 安装检测工装单元

图 2-5 码垛单元

（3）涂胶单元　涂胶单元将工业机器人涂胶工艺功能抽象化，可以实现工业机器人在装载涂胶工具的状态下，沿涂胶台上的不同产品外轮廓轨迹运动，模拟涂胶工艺过程。涂胶单元如图 2-6 所示。

（4）视觉检测单元　视觉检测单元包含光源、相机、镜头和视觉控制器，在该工艺区域可以对工业机器人吸取的异形芯片的颜色、形状等信息进行检测和提取，工业机器人可以根据检测结果对芯片进行分拣和安装。视觉检测单元如图 2-7 所示。

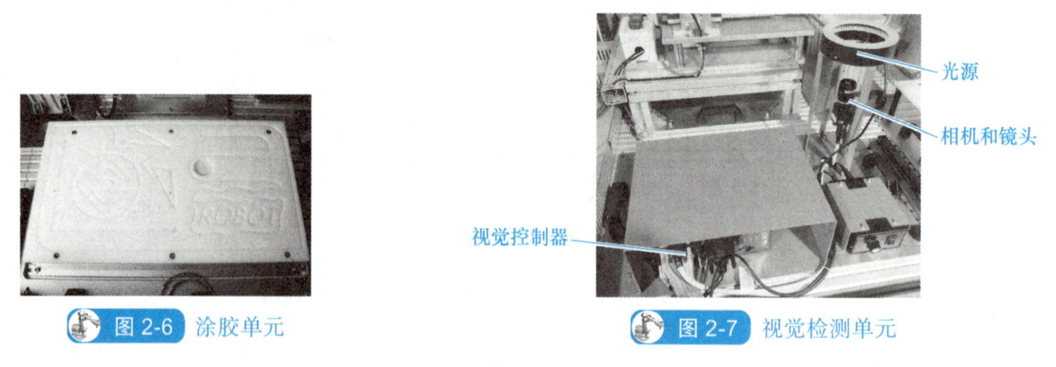

图 2-6 涂胶单元

图 2-7 视觉检测单元

（5）多工艺单元

1）焊接工艺区。焊接工艺区可以实现对工件的模拟激光焊接，工艺区配备变位机，

在变位机的协同作用下可以实现对待焊接工件不同面上接缝的焊接。焊接工艺区如图 2-8 所示。

2）打磨工艺区。打磨工艺区可以实现对工件的打磨。打磨工艺区如图 2-9 所示。

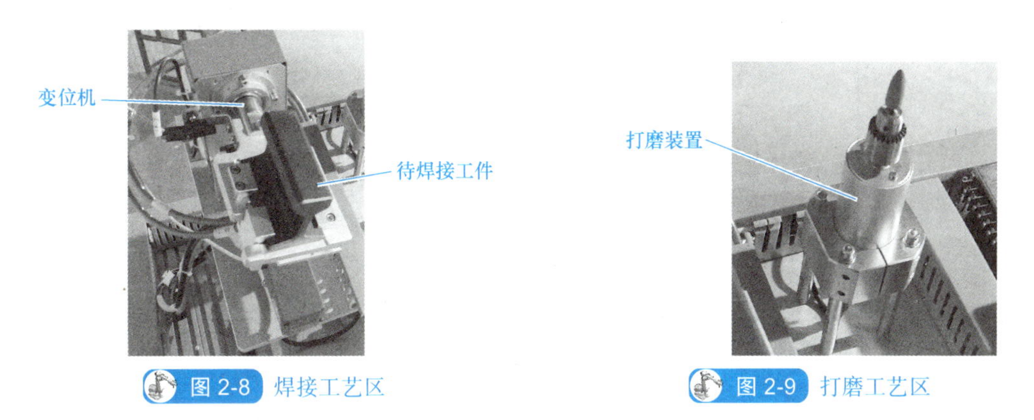

图 2-8 焊接工艺区　　图 2-9 打磨工艺区

3）抛光工艺区。抛光工艺区包含抛光工位夹具、压力传感器和压力控制显示器。在进行工件抛光的过程中，压力传感器会实时监测抛光头对工件的抛光压力，并显示在压力控制显示器上。当抛光压力过大，超出设定的最大值时，出于工作安全的考虑，工业机器人会立即停止抛光加工。抛光工艺区如图 2-10 所示。

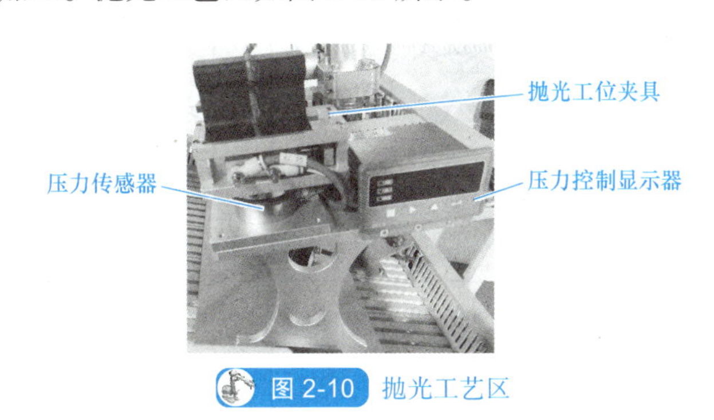

图 2-10 抛光工艺区

（6）智能仓储料架　智能仓储料架分为两层，上层存放码垛物料块，下层存放待焊接工件，伸缩气缸可以带动智能仓储料架沿着导轨移动，当智能仓储料架移动到靠近工业机器人本体一侧时，智能仓储料架进入工业机器人工作范围之内，从而使工业机器人能够取到料架上面的物料。智能仓储料架如图 2-11 所示。

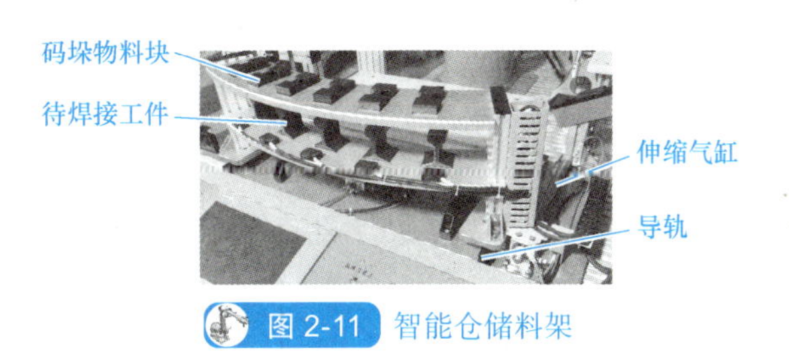

图 2-11 智能仓储料架

（7）工艺加工工具　在本工作站中，为实现码垛、涂胶、异形芯片分拣和安装、打磨、抛光、焊接工艺的应用，需要配备不同的工艺加工工具，工艺加工工具表见表 2-1。

末端执行器的快速更换通过快换工具装置实现。

表 2-1　工艺加工工具表

序号	名称	图片	工具相关说明
1	夹爪工具		夹爪工具位于工具架的 4 号位置，夹爪动作通过气动控制，分为张开和闭合两种状态 该工具可用于码垛工艺中码垛物料块的夹取和焊接工艺中待焊接工件的夹取
2	涂胶工具		涂胶工具位于工具架的 5 号位置，当工业机器人在涂胶板上进行涂胶时，需要使用涂胶工具
3	吸盘工具		吸盘工具位于工具架的 3 号位置，吸盘动作通过气动控制。吸盘工具分为四个大吸盘和一个小吸盘，吸盘动作为吸取和松开两种状态，四个大吸盘用于吸取 PCB 盖板，一个小吸盘用于吸取异形芯片
4	抛光工具		抛光工具位于工具架的 2 号位置，该工具可用于待焊接工件焊接后的抛光加工
5	焊接工具		焊接工具位于工具架的 1 号位置，焊接工具用于对待焊工件进行模拟激光焊接

（续）

序号	名称	图片	工具相关说明
6	打磨装置		打磨装置位于多工艺单元的工作台面上，可以用于对待焊接工件进行激光焊接之前的预处理加工

2. 工业机器人系统和工具快换装置

工业机器人系统由工业机器人本体、控制器、示教器和连接电缆组成，如图 2-12 所示。示教器和控制器通过示教器电缆进行连接，工业机器人本体与控制器通过动力电缆和 SMB 电缆进行连接，控制器通过电源线与外部电源连接以获取供电。

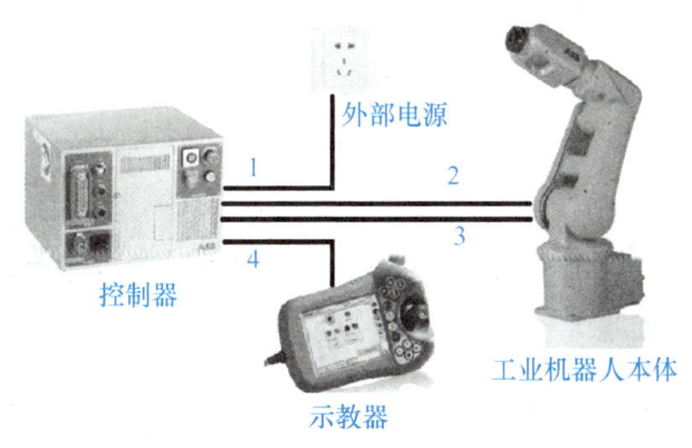

图 2-12　工业机器人系统

1—电源线　2—动力电缆　3—SMB 电缆　4—示教器电缆

工业机器人规格参数见表 2-2，工业机器人动作范围和最大速度见表 2-3。

表 2-2　工业机器人规格参数

轴数	6	防护等级	IP30
有效载荷	3kg	安装方式	地面安装 / 墙壁安装 / 悬挂
到达最大距离	0.58m	机器人底座规格	180mm × 180mm
机器人重量	25kg	重复精度	0.01mm

表 2-3　工业机器人动作范围和最大速度

轴	动作范围	最大速度
1 轴	-165° ～ 165°	250°/s
2 轴	-110° ～ 110°	250°/s
3 轴	-90° ～ 70°	250°/s

（续）

轴	动作范围	最大速度
4 轴	−160° ～ 160°	360°/s
5 轴	−120° ～ 120°	360°/s
6 轴	−400° ～ 400°	420°/s

（1）工业机器人系统安装参数　下面分别讲解工业机器人本体、控制器的安装参数。

1）工业机器人本体的安装参数。工业机器人本体的安装位置通常根据工业机器人的工作范围进行规划，从而保证安装完成后的工业机器人不与工作站上的其他设备相互干涉，并且能够顺利地执行所需操作。

安装工业机器人本体前，需要先掌握工业机器人本体可供固定到基座或底板上的接口和孔配置，从而准备相应工具。固定 IRB 120 工业机器人本体使用的孔配置如图 2-13 所示，工业机器人本体安装完成示意图如图 2-14 所示。

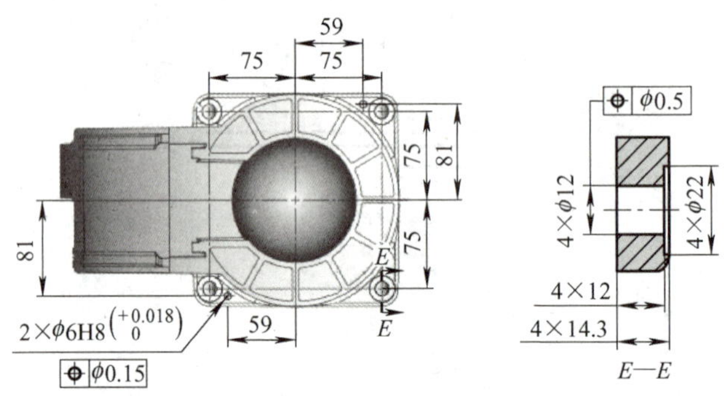

图 2-13　固定 IRB 120 工业机器人本体使用的孔配置

图 2-14　工业机器人本体安装完成示意图

工业机器人本体底座处的接口如图 2-15 所示。

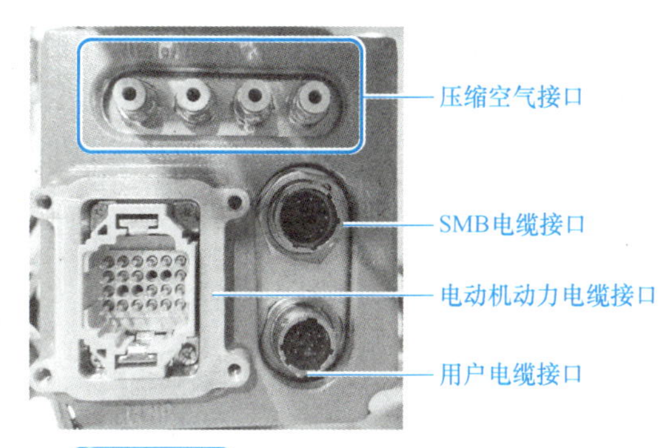

图 2-15　工业机器人本体底座处的接口

2）工业机器人控制器的安装参数。安装控制器前，需要先认识控制器的各个接口，IRC5 Compact 控制器接口如图 2-16 所示。

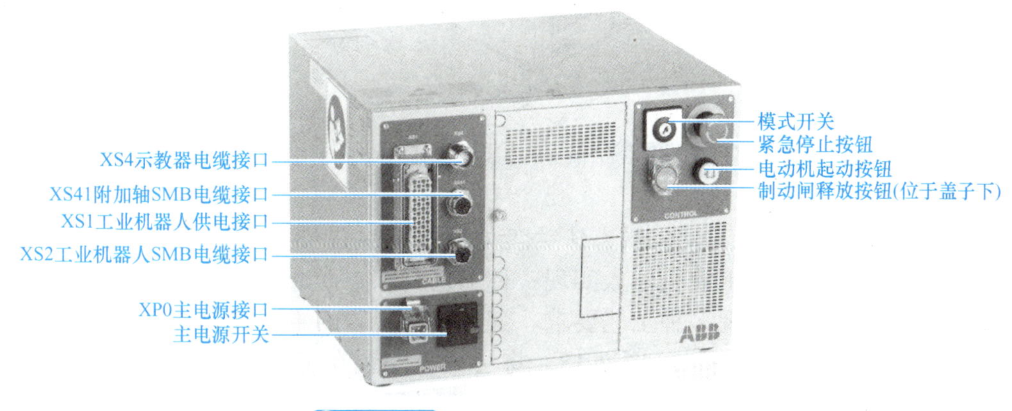

图 2-16　IRC5 Compact 控制器接口

在现场安装 IRC5 Compact 控制器时，需要考虑安装场地的温度、湿度条件是否符合控制器工作时允许的环境温度、湿度，IRC5 Compact 控制器工作时允许的环境温度、湿度见表 2-4，IRC5 Compact 控制器的防护等级见表 2-5。

表 2-4　IRC5 Compact 控制器工作时允许的环境温度、湿度

参数	温度值或湿度值
最低环境温度	0℃（32°F）
最高环境温度	45℃（113°F）
最大环境湿度	恒温下最大为 95%

表 2-5　IRC5 Compact 控制器的防护等级

设备	防护等级
IRC5 Compact 控制器	IP20

此外还需要考虑控制器所需的安装空间，保证控制器工作时能够充分散热。若 IRC5 Compact 控制器装在台面上（非机架安装型），则其左右两边各需要 50mm 的自由空间，控制器背面需要 100mm 的自由空间，如图 2-17 所示。另外，切勿将用户电缆放置在控制器的风扇盖上，这将使检查难以进行，且导致冷却不充分。

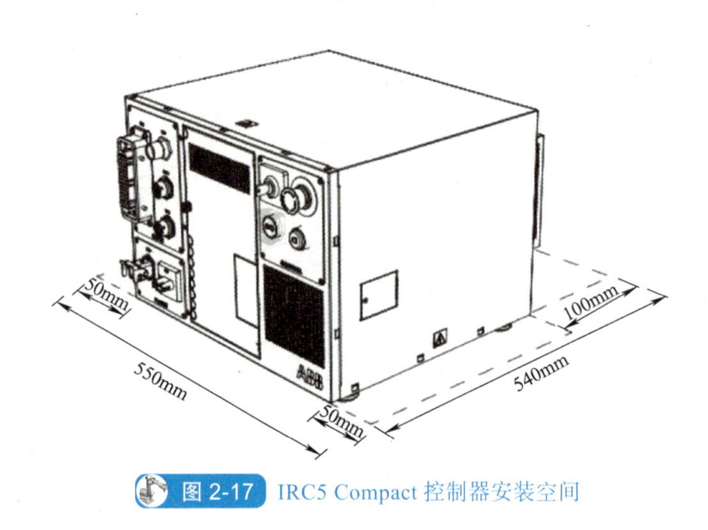

图 2-17 IRC5 Compact 控制器安装空间

（2）工具快换装置　工业机器人法兰盘处通常提供末端执行器的安装接口，直接安装工具可简单便捷地使工业机器人实现一种工艺要求，而通过工具快换装置可以实现不同工具的快速切换，实现多种工艺要求。工具快换装置的主端口通常安装在工业机器人法兰盘上，法兰盘安装图样如图 2-18。将法兰盘安装在工业机器人末端，如图 2-19 所示。工具快换装置如图 2-20 所示，通过气压驱动可将工具快换装置的被接端口安装至主端口上。

主端口与被接端口对接的定位位置有两个：被接端口限位凹槽与主端口限位钢珠之间的定位位置以及被接端口定位销孔与主端口定位销的定位位置，另外也可以通过对齐 U 型口进行辅助定位。此不对称结构的设计可有效防止错误配合，从而实现整个工具快换装置的精准定位。图 2-21 所示为工具快换装置的定位位置。

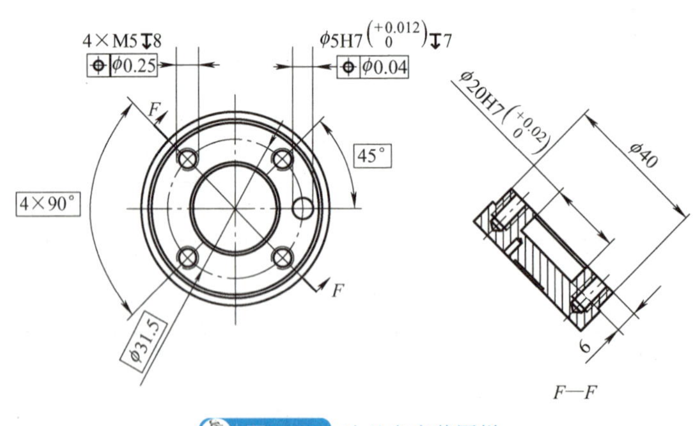

图 2-18 法兰盘安装图样

图 2-19　将法兰盘安装在工业机器人末端

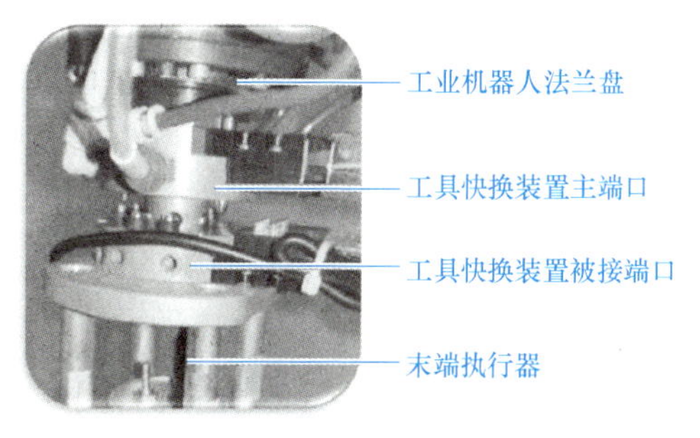

图 2-20　工具快换装置

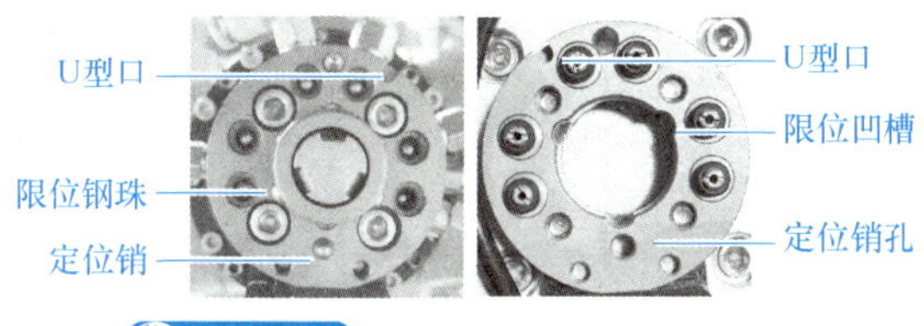

图 2-21　工具快换装置的定位位置

3. 电气原理图、气动原理图识读

（1）电气原理图识读　电气原理图用来表明设备的工作原理及各电气元器件之间的连接关系，一般由主电路、控制电路、辅助电路组成。电气原理图只包含所有电气元器件的导电部件和接线端子之间的相互关系，主要是便于操作者阅读和分析电气线路，并不按照各电气元器件的实际安装位置和实际接线情况绘制，也不反映电气元器件的大小。下面结合工作站电气原理图（见附录 A）说明基本识图方法。

主电路是给用电器供电的电路，受控制电路控制，又称为主回路。主电路如图 2-22 所示。看主电路需要看它的电源类型（如交流、直流）和电压等级（如 380V、220V 和 24V 等），主电路的上面和左面分别包含数字形式的横向区域编号和英文字母形式的纵向区域编号，通过横向数字与纵向字母的组合及电路图的页码，可以查找本电路图中电路分支连接到的相应图样页码，例如 2.1：A 表示电路连接到电路图第 2 页中横向区域 1、纵向区域 A 的位置处。

控制电路是给控制元件供电的电路，控制主电路动作，也可以说给主电路发出信号，又称为控制回路。控制电路如图 2-23 所示。控制电路中控制元件所需的电源类型和电压等级必须与控制电路相符，然后根据主电路各用电器的控制要求，逐一找出控制电路中的控制环节，了解各控制元件与主电路中用电器的相互控制关系和制约关系。

图 2-24 所示为工作站安全输入的辅助电路，在西门子 PLC SM1226 故障安全数字量输入模块上接了急停按钮和光栅，光栅由直流 24V 供电。

（2）气动原理图识读　一般气动原理图有四个作用：充分表达工作站中包含的气动设备和气动元件；气路安装、调试和维修的理论依据；用在自动化集成气路的设计阶段；了解元件连接关系。

图 2-25 所示为工作站执行单元气动原理图，分析图样可以总结出常规的气动原理图包含以下四部分：供气装置；使用标准气动符号表示的气动元件；表示各个气动回路关系的连线；标题栏，说明机器或部件的名称、规格、作图比例、图号和设计、审核人员等。

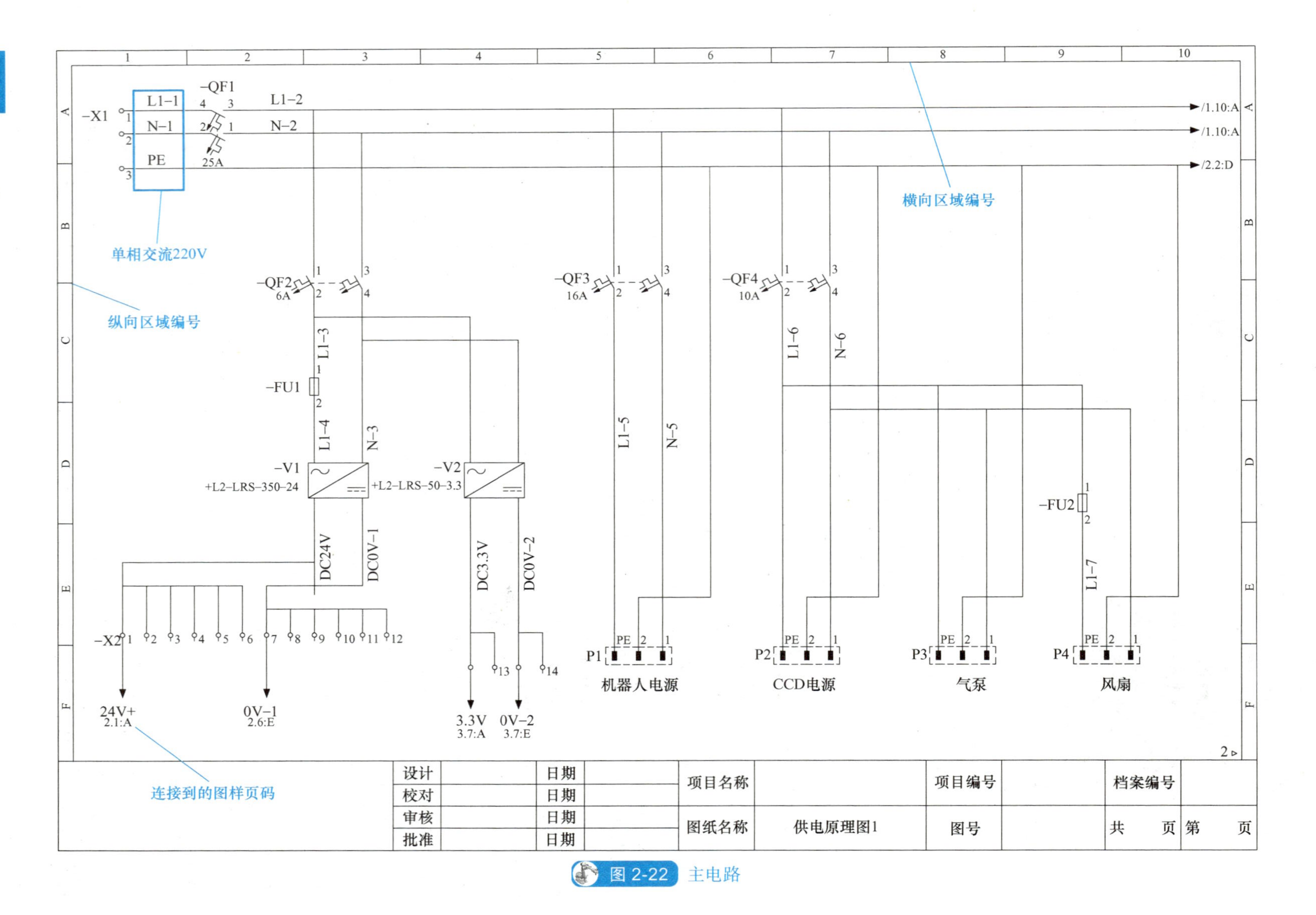
-X1
L1-1
N-1
PE
-QF1
25A
L1-2
N-2
/1.10:A
/1.10:A
/2.2:D
单相交流220V
纵向区域编号
横向区域编号
-QF2
6A
L1-3
-FU1
L1-4
N-3
-V1
+L2-LRS-350-24
-V2
+L2-LRS-50-3.3
DC24V
DC0V-1
DC3.3V
DC0V-2
-X2
24V+
2.1:A
0V-1
2.6:E
3.3V
3.7:A
0V-2
3.7:E
连接到的图样页码
-QF3
16A
L1-5
N-5
P1
机器人电源
-QF4
10A
L1-6
N-6
P2
CCD电源
P3
气泵
-FU2
L1-7
P4
风扇
设计
校对
审核
批准
日期
项目名称
图纸名称
供电原理图1
项目编号
图号
档案编号
共 页 第 页

图 2-22 主电路

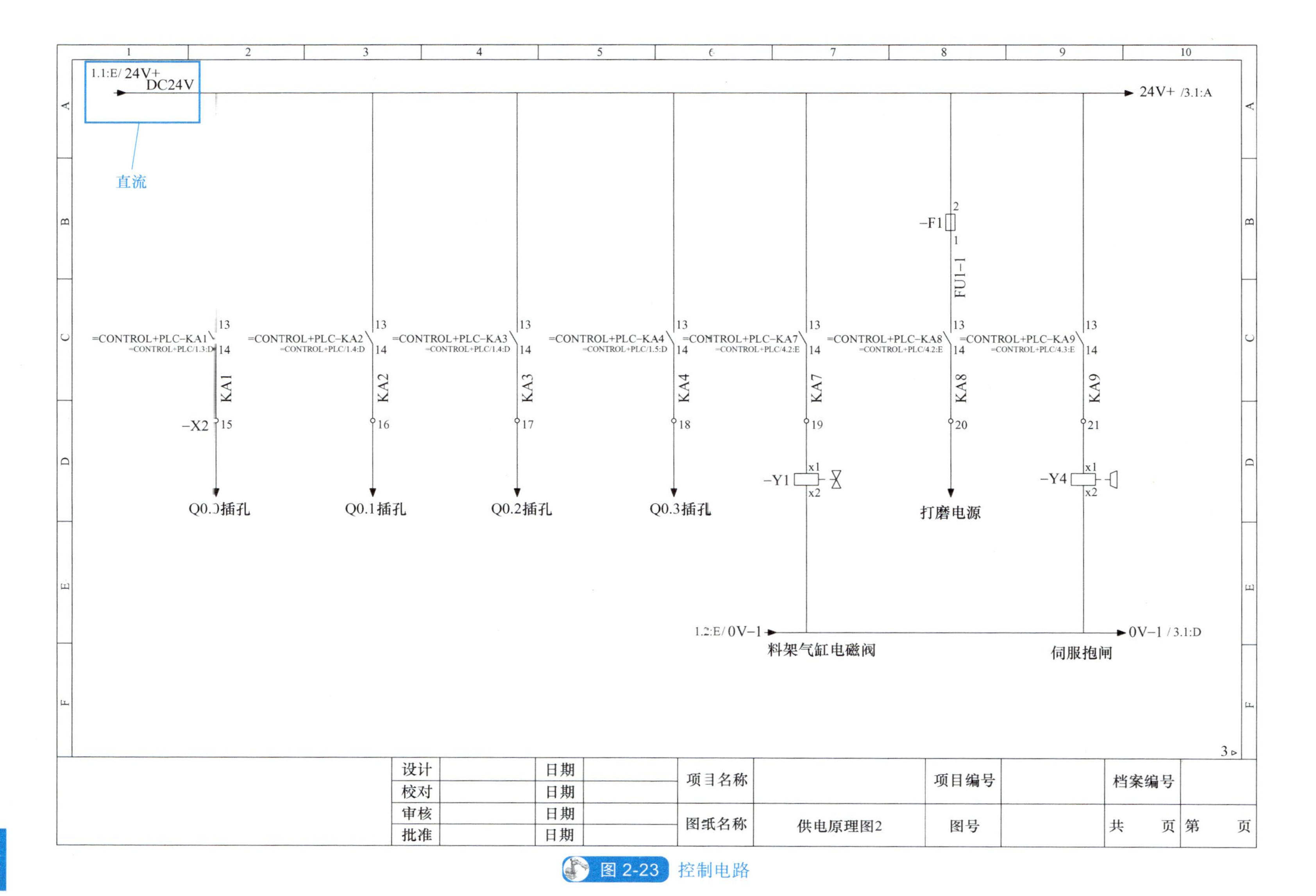
1.1:E/24V+
DC24V
直流
24V+ /3.1:A
=CONTROL+PLC-KA1
=CONTROL+PLC-KA2
=CONTROL+PLC-KA3
=CONTROL+PLC-KA4
=CONTROL+PLC-KA7
=CONTROL+PLC-KA8
=CONTROL+PLC-KA9
KA1
KA2
KA3
KA4
KA7
KA8
KA9
-X2
-F1
FU1-1
-Y1
-Y4
Q0.1插孔
Q0.2插孔
Q0.3插孔
打磨电源
1.2:E/0V-1
料架气缸电磁阀
伺服抱闸
0V-1 /3.1:D
设计
校对
审核
批准
日期
项目名称
图纸名称
供电原理图2
项目编号
图号
档案编号
共　页
第　页

图 2-23　控制电路

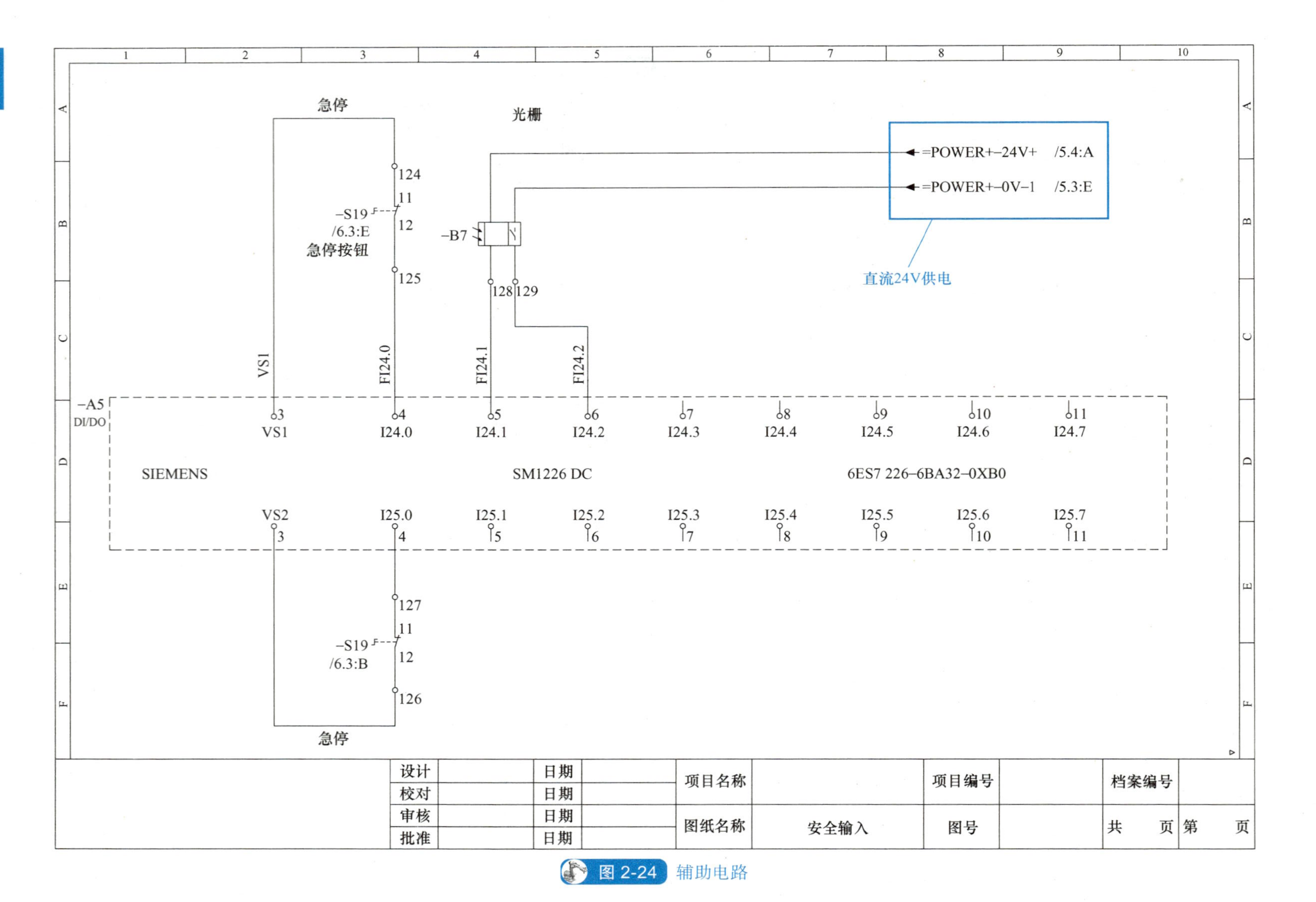
急停
光栅
124
11
-S19
/6.3:E
急停按钮
12
125
-B7
128
129
=POWER+-24V+ /5.4:A
=POWER+-0V-1 /5.3:E
直流24V供电
VS1
FI24.0
FI24.1
FI24.2
-A5
DI/DO
VS1 I24.0 I24.1 I24.2 I24.3 I24.4 I24.5 I24.6 I24.7
SIEMENS
SM1226 DC
6ES7 226-6BA32-0XB0
VS2 I25.0 I25.1 I25.2 I25.3 I25.4 I25.5 I25.6 I25.7
127
11
-S19
/6.3:B
12
126
急停
设计
校对
审核
批准
日期
日期
日期
日期
项目名称
图纸名称
安全输入
项目编号
图号
档案编号
共 页
第 页

图 2-24 辅助电路

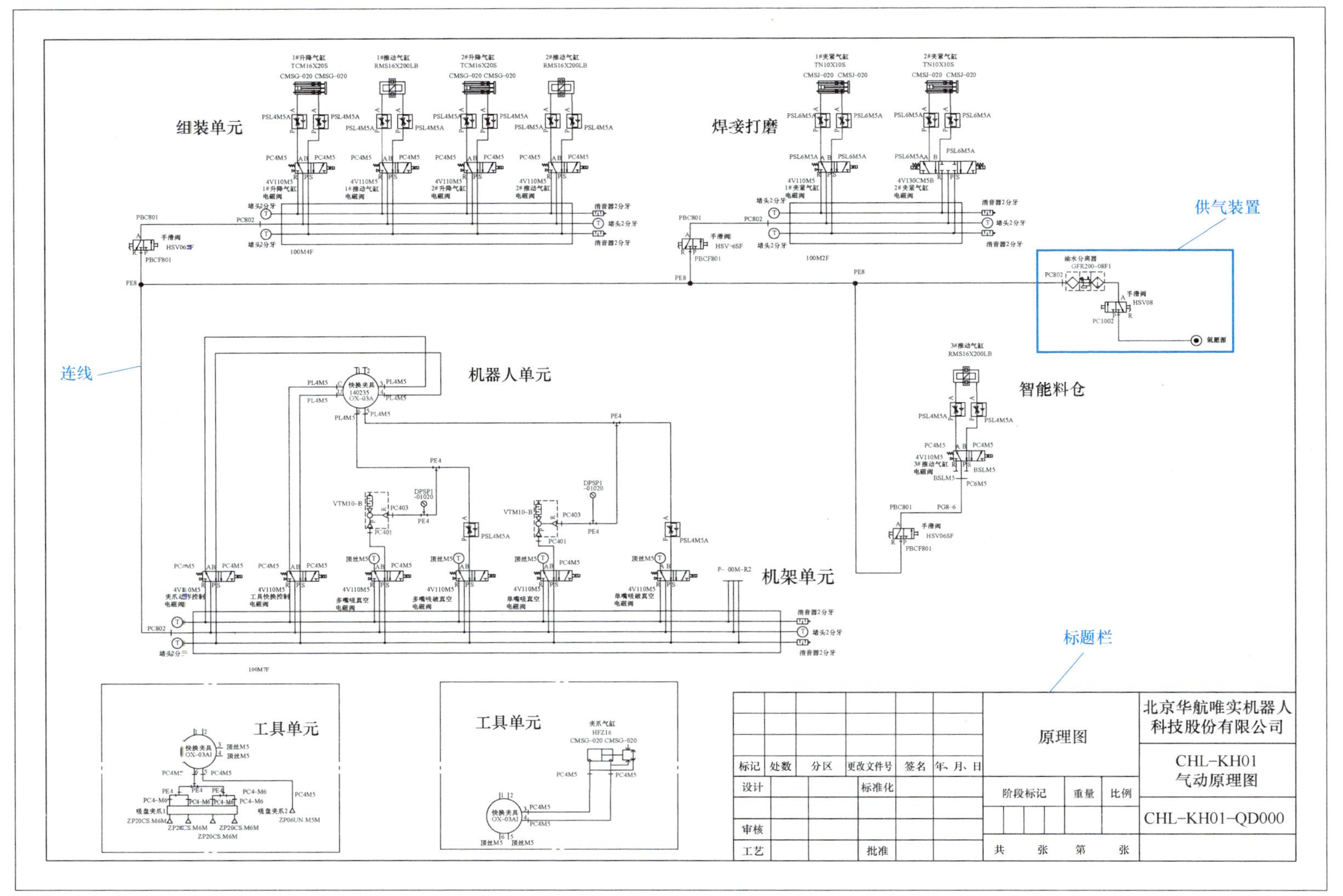

图 2-25　工作站执行单元气动原理图

下面以工具快换装置气动回路（见图 2-26）为例进行气动原理图分析。工具快换控制电磁阀负责工具快换装置主端口处进气、排气状态的控制，在电磁阀通电的情况下，工具快换控制电磁阀 A 口到工具快换装置主端口处 C 口之间的气路为进气气路，工具快换装置主端口处 U 口到工具快换控制电磁阀的 B 口之间的气路为排气气路。

另外，工业机器人本体有预留的四路集成气路，连接后即可完成相应的气路控制。工业机器人集成气路如图 2-27 所示。

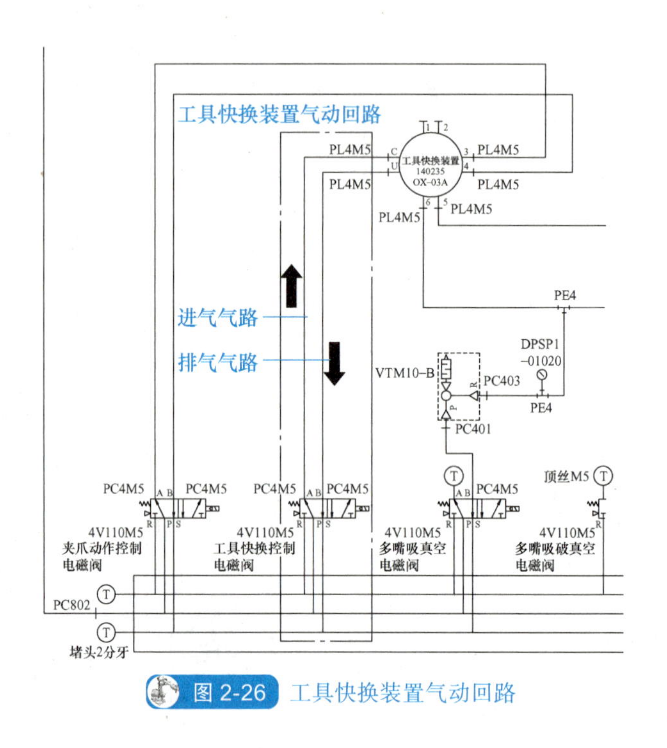

图 2-26 工具快换装置气动回路

图 2-27 工业机器人集成气路

任务实施

1. 工业机器人系统安装

➢ 任务引入

工业机器人系统送到安装现场后，技术人员已经第一时间进行检查核对，确认无误，并完成外包装的拆解（见图 2-28），现在需要根据工作站机械布局图，参照实训指导手册中的流程将工业机器人安装到工作站台面上。

实施任务前，需要准备好以下工具：扭矩扳手、内六角扳手套组、卷尺、十字螺钉旋具，一字螺钉旋具，梅花加长扳手。

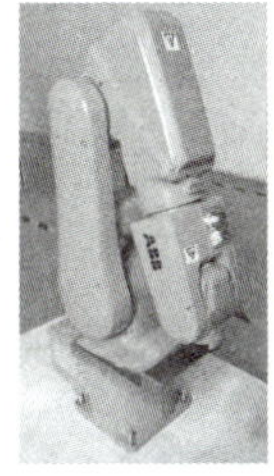
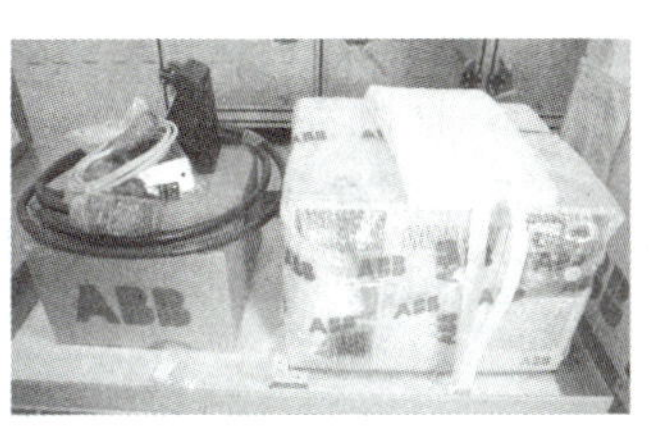

图 2-28　待安装的工业机器人系统

➢ 任务实施

1）查看工作站机械布局图上工业机器人底板的安装位置。

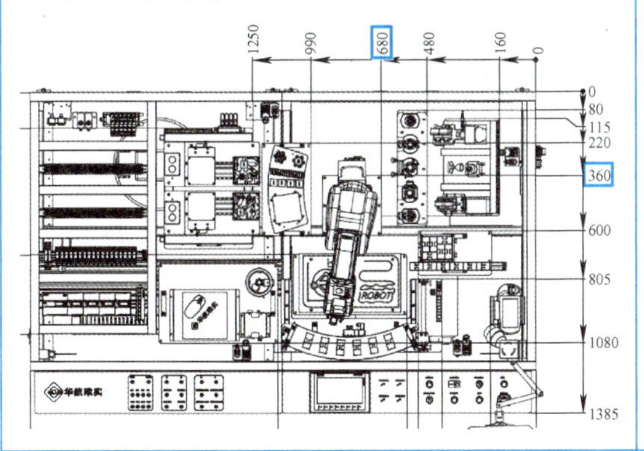

2）用卷尺测量出工业机器人底板的安装位置，并在工作站台面上做好相应的记号。

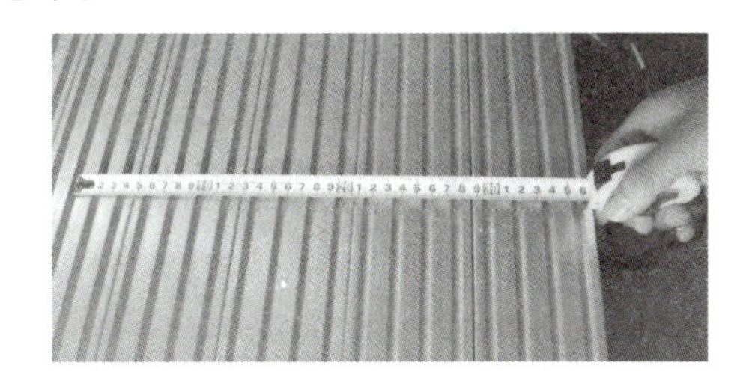

3）将 M5 内六角螺钉、T 型螺母先装到底板的固定孔位上，这样便于后续的安装。

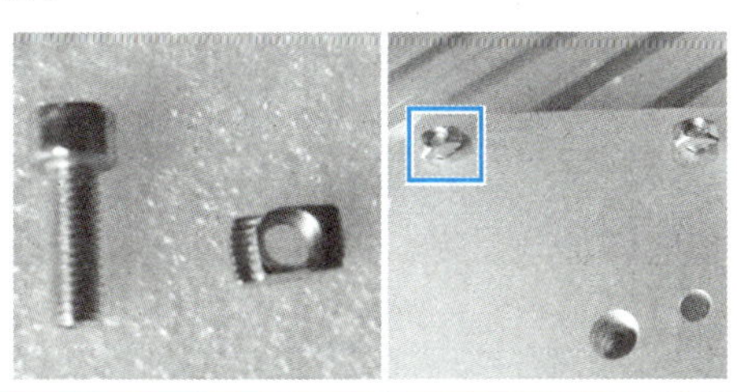

4）将底板放置到已经测量好的台面安装位置上。

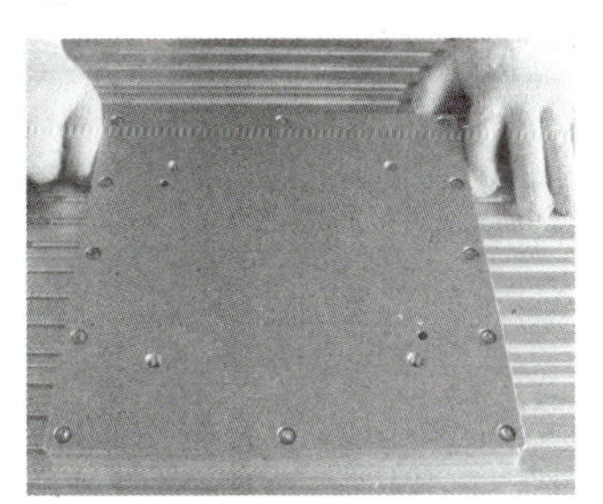

<table>
<tr>
<td>5）使用规格为 4mm 的内六角扳手锁紧螺钉，固定工业机器人底板。考虑到受力平衡的问题，需以十字对角的顺序锁紧螺钉。
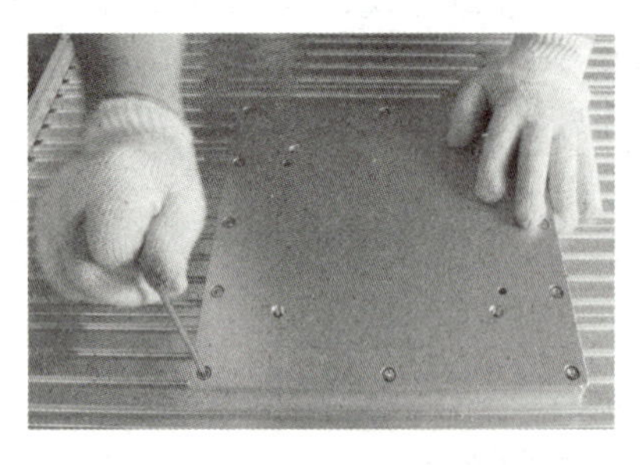</td>
<td>6）安装两个 $\phi 6 \times 20$ 的销钉，对工业机器人进行定位。
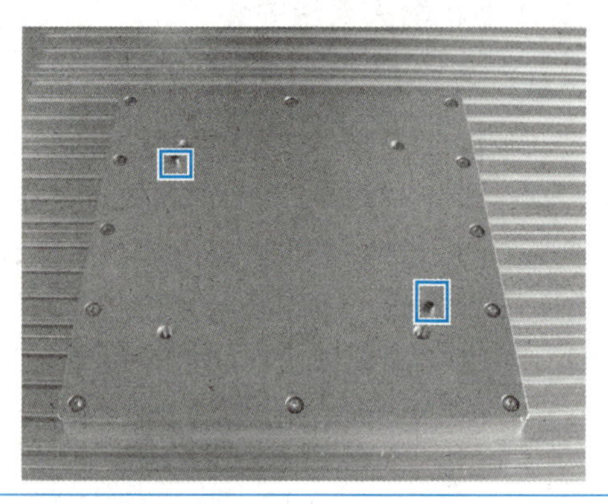</td>
</tr>
<tr>
<td>7）使用高架起重机吊升工业机器人，在工业机器人表面与圆形吊带直接接触的地方垫放厚布，避免对工业机器人的表面造成磨损。
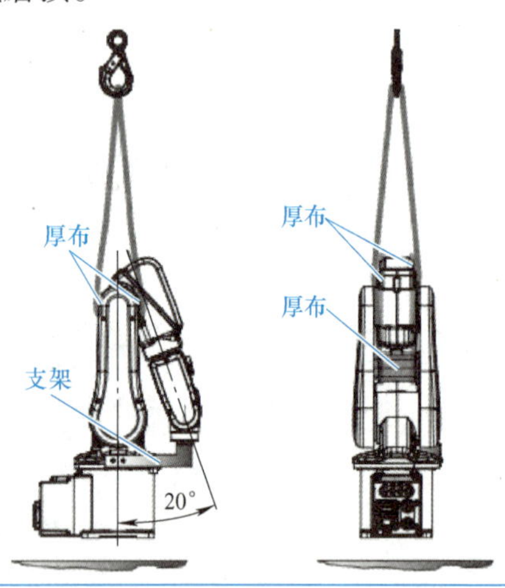
</td>
<td>8）对齐工业机器人底座安装孔位和底板孔位。
</td>
</tr>
<tr>
<td>9）使用扭矩扳手、四个 M10×25 内六角螺钉、弹簧垫圈紧固工业机器人底座与底板。考虑到受力平衡的问题，需以十字对角的顺序锁紧螺钉，锁紧力矩要求达到 35N·m。
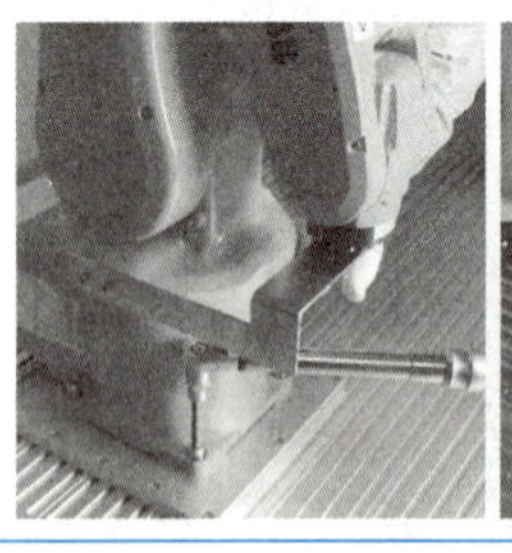 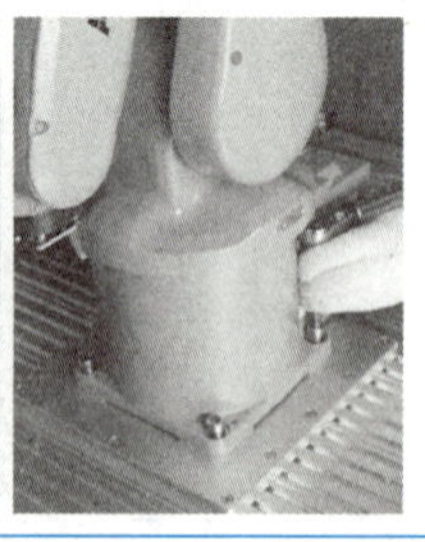</td>
<td>10）最后使用内六角扳手将固定工业机器人姿态的支架拆除。
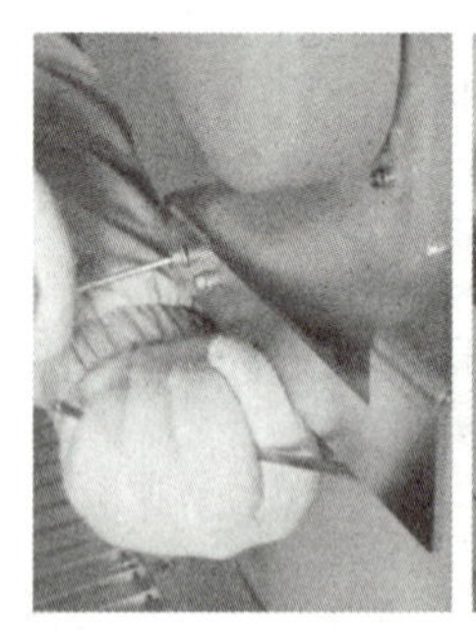 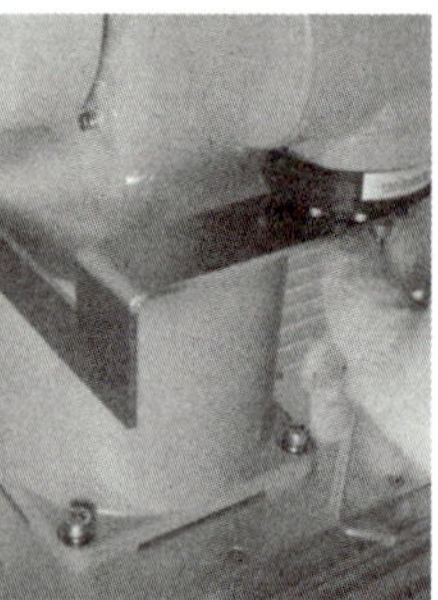</td>
</tr>
</table>

11）将控制器安放到合适的位置，左右两侧和背面留出足够的空间。

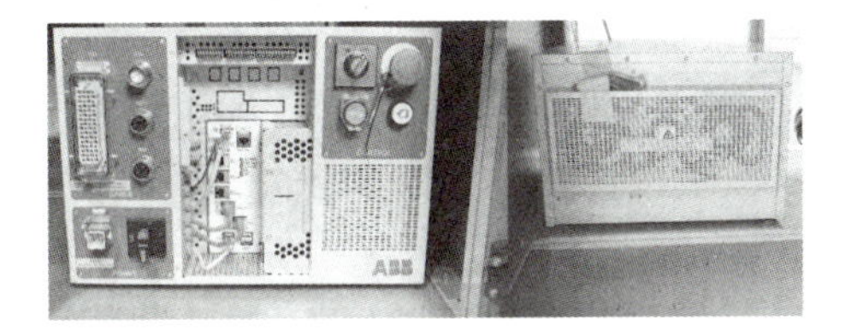

12）将动力电缆标注为XP1的插头插入控制器XS1的接口上，安装时注意插头的插针与接口的插孔对准，并锁紧插头。

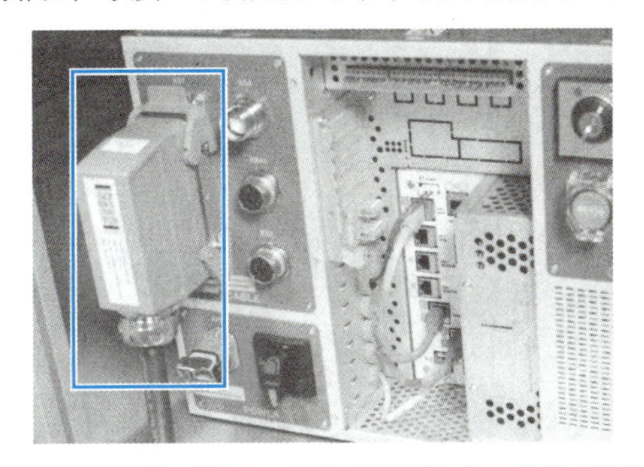

13）将动力电缆另一端的插头插入工业机器人本体底座的R1.MP接口上，安装时注意插针与插孔对准。

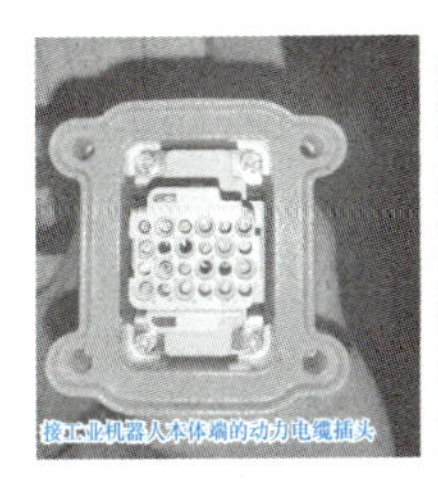

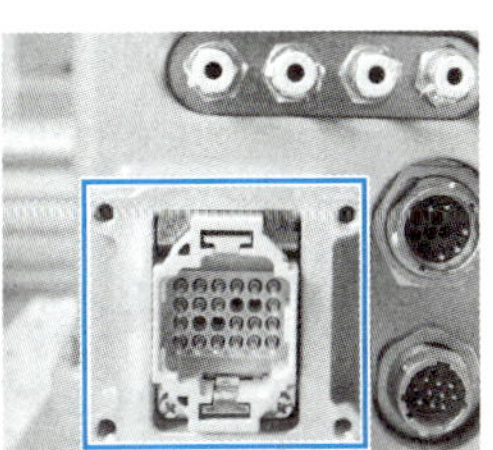

14）使用一字螺钉旋具锁紧螺钉，考虑到受力平衡的问题，需以十字对角的顺序锁紧螺钉。

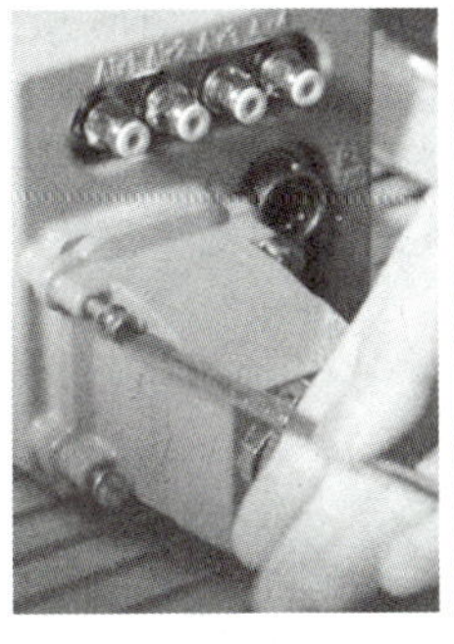

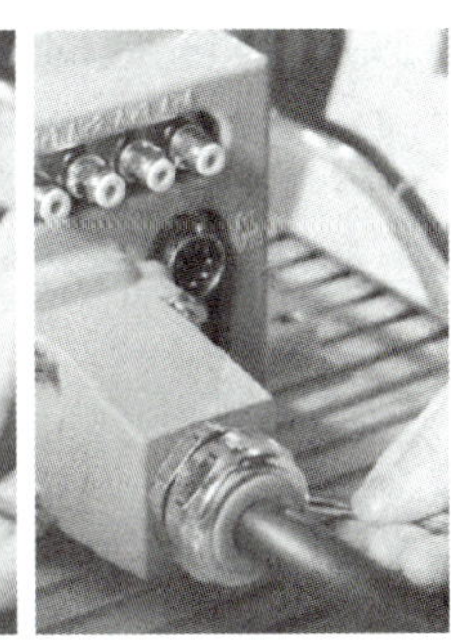

15）将SMB电缆控制器一端的插头插入控制器XS2接口上，安装时注意插针与插孔对准，并且锁紧插头。

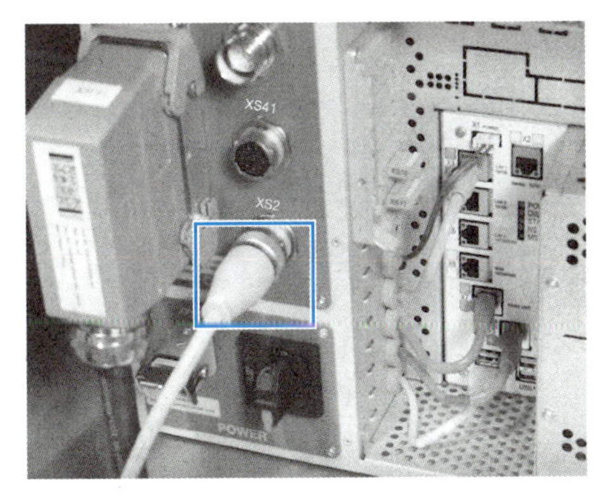

16）将工业机器人本体一端的SMB电缆插头插入工业机器人底座SMB电缆接口上，安装时注意插针和插孔对准，并且锁紧插头。

17）根据工业机器人控制器铭牌得知，IRB 120 工业机器人使用单相 220V 电源供电，最大功率 0.55kW。根据此参数，准备电源线并制作控制器端的接头。

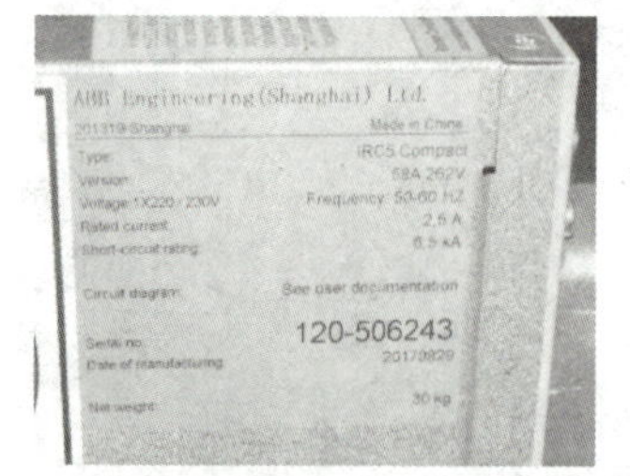

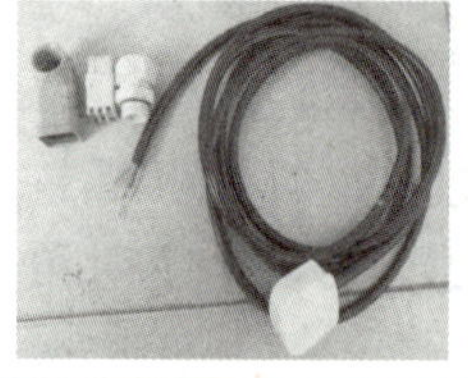

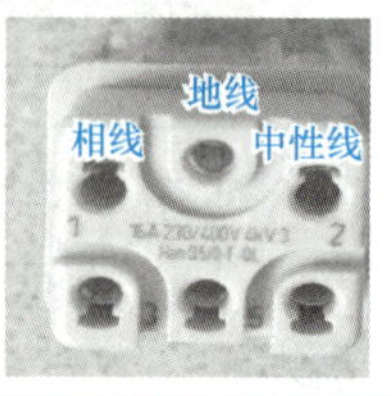

18）根据步骤 17 的相线、地线、中性线（俗称“零线”）的接口定义进行接线，一定要将电线涂锡后插入接口并压紧。

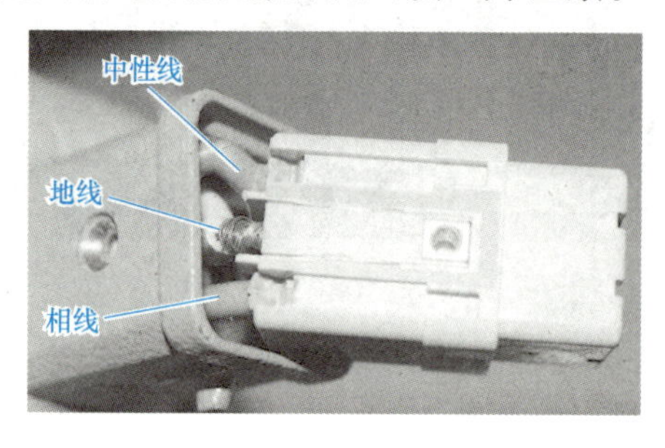

19）制作完成的电源线如下图所示。

20）将电源插头插入控制器 XP0 接口并锁紧，IRC5 Compact 控制器的安装及接线完成。

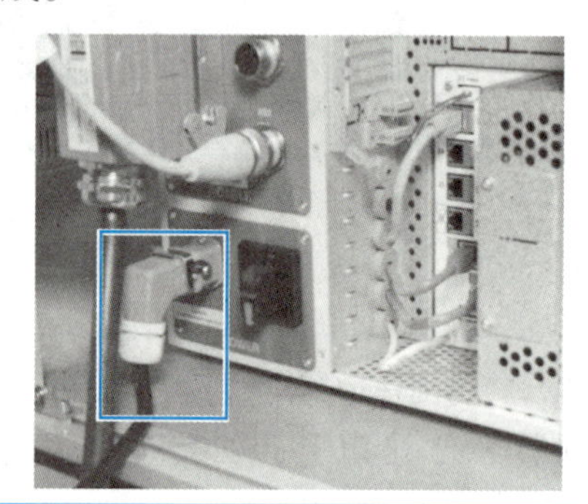

21）将示教器电缆插头插到控制器 XS4 接口上，连接时注意对准插针和插孔，并将锁紧插头。

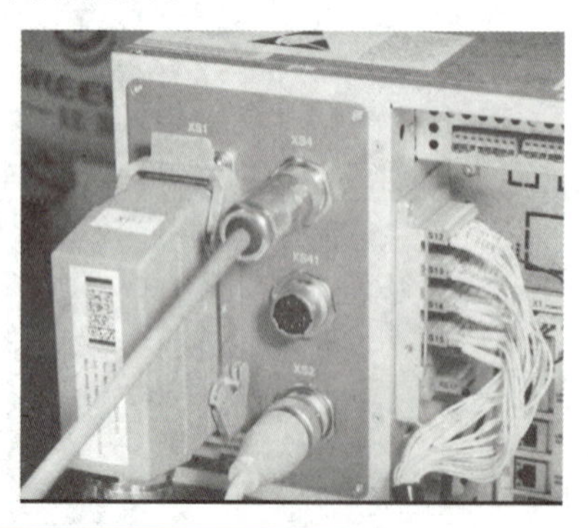

22）整理示教器电缆并悬挂到示教器电缆支架上。

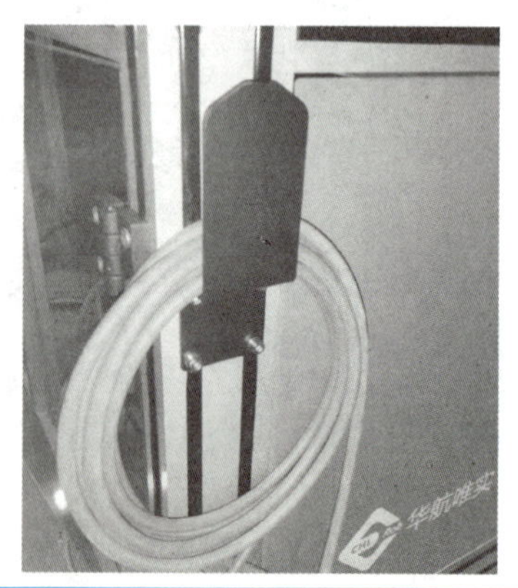

<table>
<tr>
<td>23）将示教器放置到工作站台面的示教器支架上，示教器安装及接线完成。
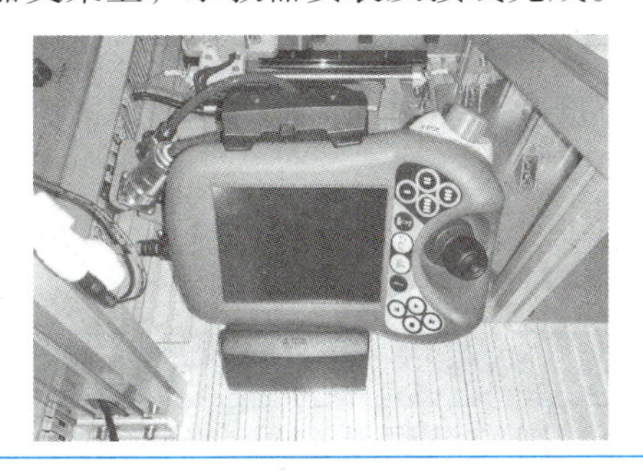</td>
<td>24）起动工业机器人系统之前，需要将电源线的另一端插到插座上。
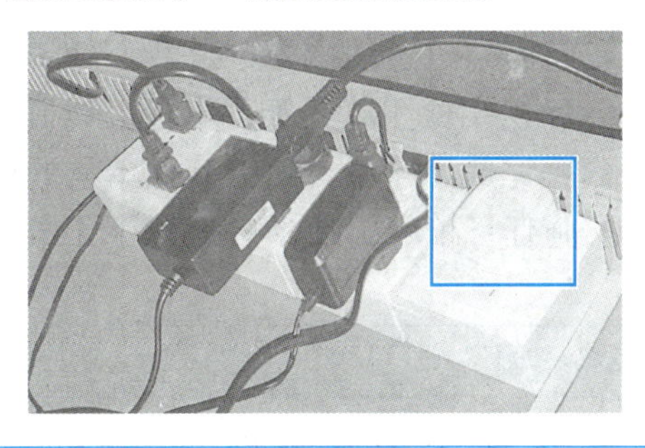</td>
</tr>
</table>

2. 工具快换装置主端口安装

➤ 任务引入

工作站在进行工艺加工之前，需要先进行末端执行器的安装。根据操作规范完成工具快换装置主端口的安装，然后将工作站中所有末端执行器安装到工具快换装置上。

实施任务前，需要准备好以下工具：内六角扳手套组、橡胶锤。

➤ 任务实施

<table>
<tr>
<td>1）将定位销（工业机器人附带配件）安装在 IRB 120 工业机器人法兰盘对应的定位销孔中，安装时切勿倾斜、重击，必要时可使用橡胶锤敲击。
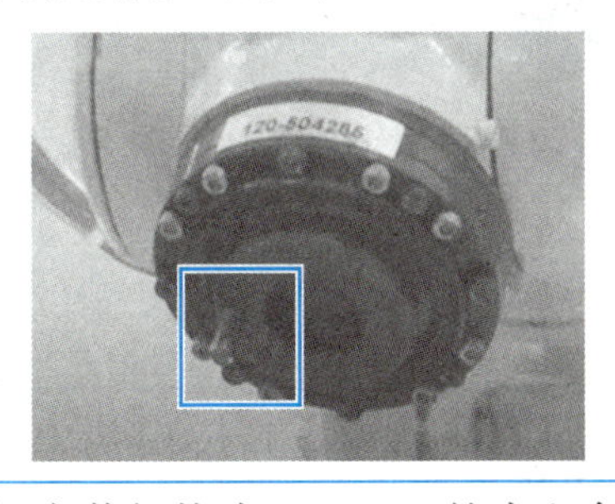</td>
<td>2）对准工具快换装置主端口上的定位销孔与定位销，对齐螺纹安装孔，将工具快换装置主端口安装在工业机器人法兰盘上。
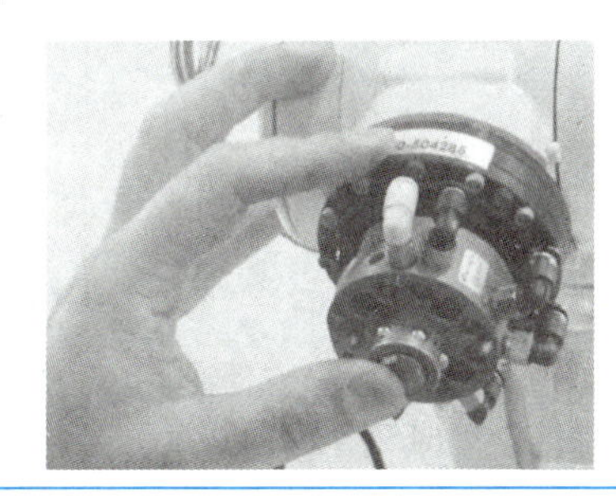</td>
</tr>
<tr>
<td colspan="2">3）安装规格为 M5 × 40 的内六角螺钉，使用规格为 4mm 的内六角扳手预锁紧螺钉，使用扭矩扳手按照要求锁紧螺钉，紧固工具快换装置主端口与法兰盘。考虑到受力平衡的问题，需以十字对角的顺序锁紧螺钉。
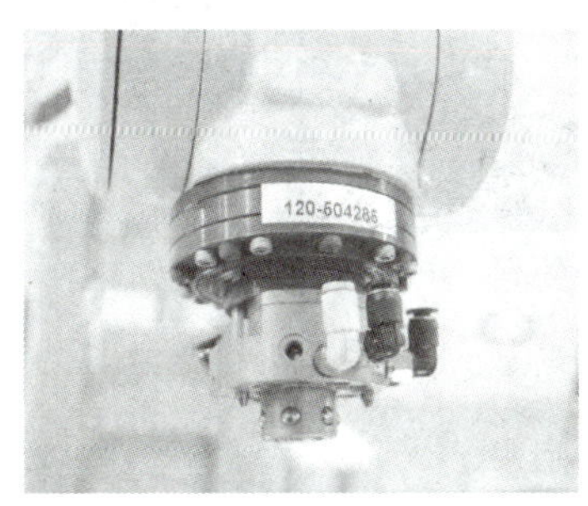</td>
</tr>
</table>

3. 工艺单元机械安装

➢ 任务引入

在前面学习过的内容中，我们知道工作站的工艺单元分为装配单元、码垛单元、涂胶单元和视觉检测单元等，本任务以码垛单元的机械安装为例进行学习，读者可以根据任务内容完成工作站台面中其他单元的机械安装。

实施任务前，需要准备好以下工具：内六角扳手、卷尺、一字螺钉旋具、十字螺钉旋具。

➢ 任务实施

1）查看工作站机械布局图上码垛单元的安装位置。

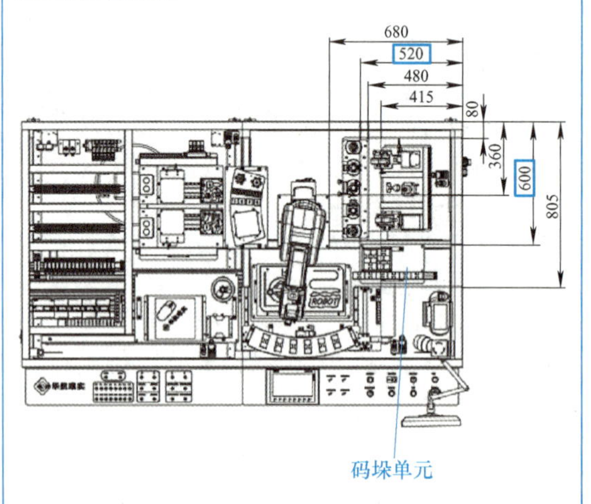

2）用卷尺测量出码垛单元的安装位置，并做好相应的记号。

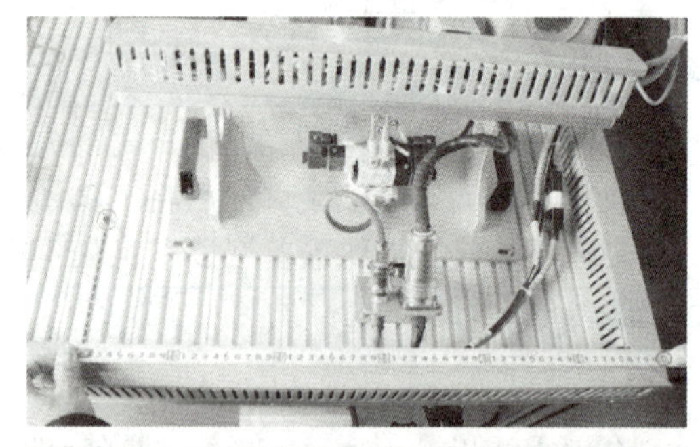

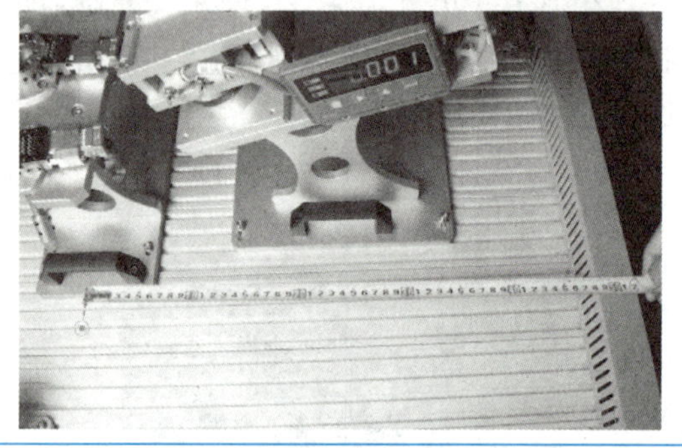

3）将四个 M5 内六角螺钉、弹簧垫圈、平垫圈和 T 型螺母先装到码垛单元底板的四个固定孔位上，便于后续的安装。

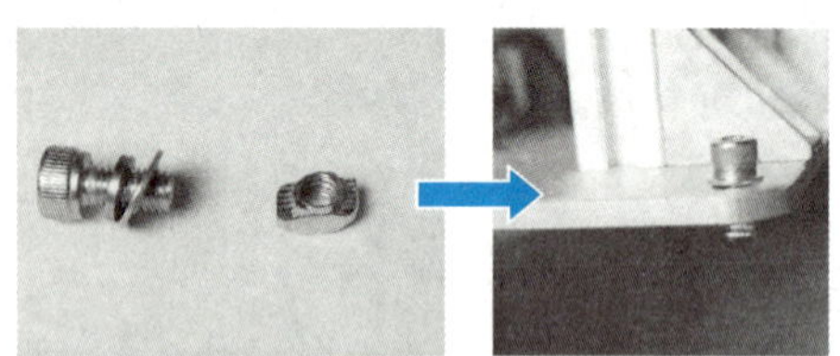

4）将码垛单元整体放置到已经测量好的台面安装位置上。

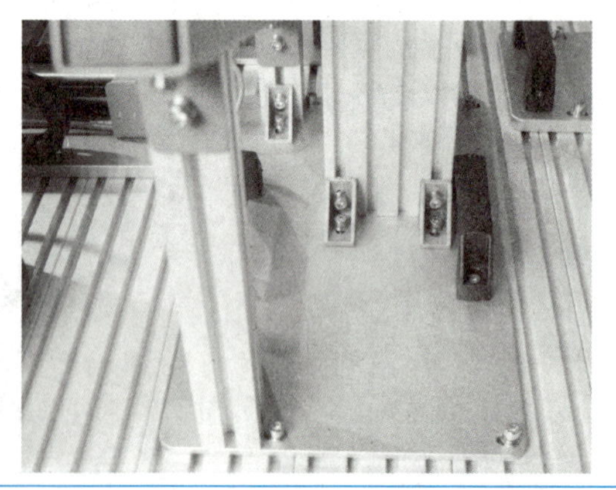

5）使用规格为4mm的内六角扳手锁紧螺钉，固定码垛单元底板，考虑到受力平衡的问题，需以十字对角的顺序锁紧螺钉。

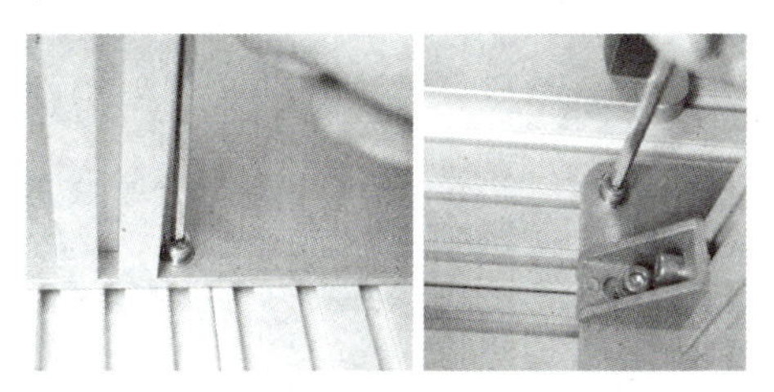

6）完成码垛单元的机械安装。可以参照上述流程完成其他单元的机械安装。

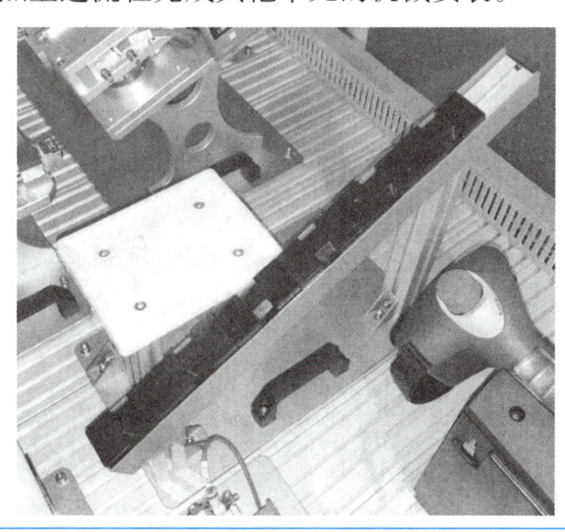

4. 工具快换装置气路连接

➢ 任务引入

通过查看工作站气动原理图（见附录B），完成工具快换装置气路连接，并对气路连接的正确性进行测试。完成本任务后，可根据工作站气动原理图完成其他气路的连接。

实施任务前，需要准备好以下工具：气管、扎线带等。

➢ 任务实施

1）手动操作工业机器人，将工业机器人调整到便于连接和测试气路的位置和姿态。

2）气源到电磁阀的气路系统已经集成，此处需要连接工具快换控制电磁阀到工具快换装置主端口之间的气路。

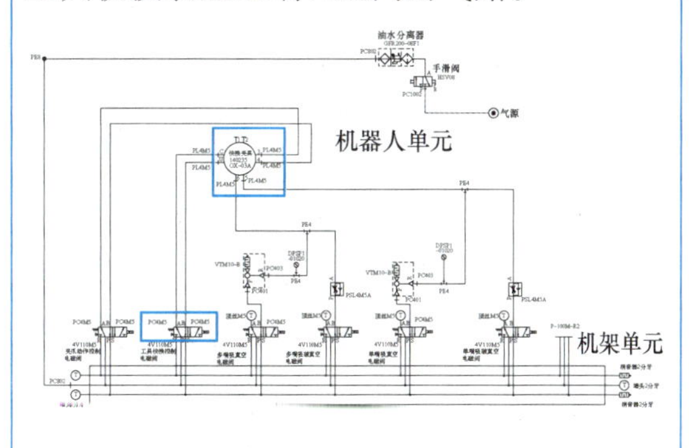

3）使用气管连接工具快换控制电磁阀上的A气管接口和工业机器人底座上的Air1气管接口。

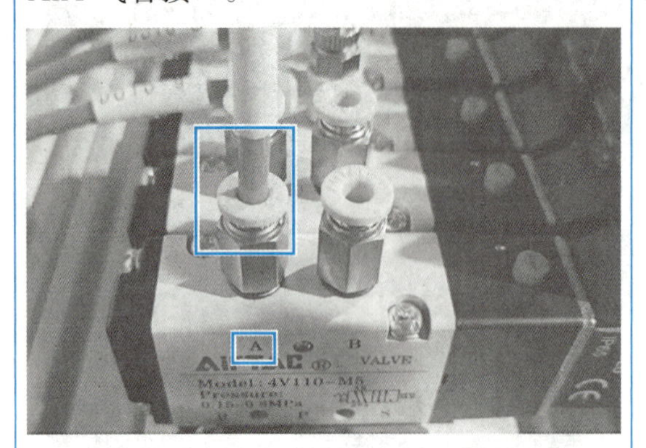

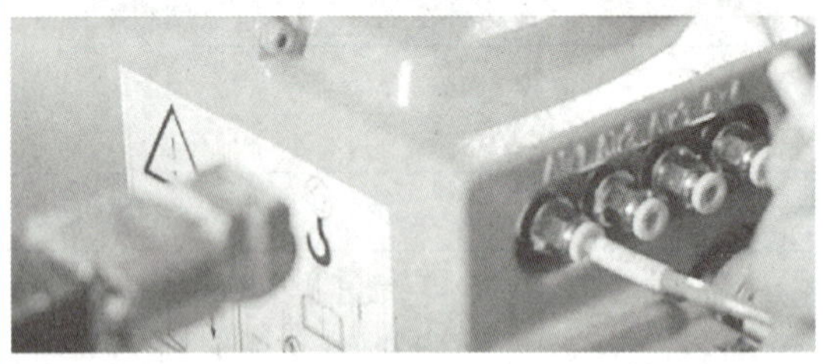

4）使用气管连接工具快换控制电磁阀上的B气管接口和工业机器人底座上的Air2气管接口。

5）使用气管连接工业机器人4轴表面的1号气管接口和工具快换装置主端口上的C气管接口。

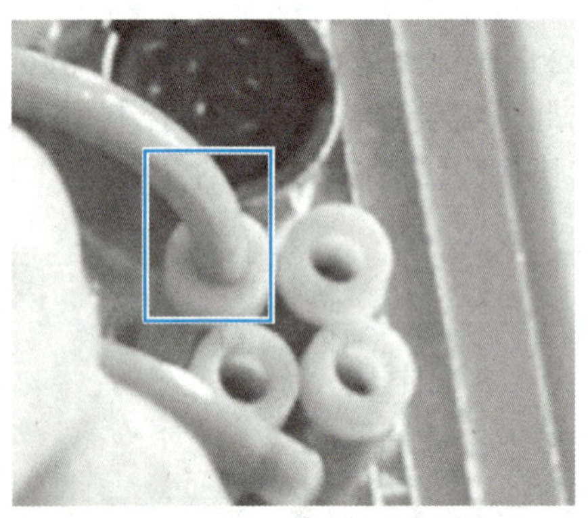

6）使用气管连接工业机器人4轴表面的2号气管接口和工具快换装置主端口上的U气管接口。

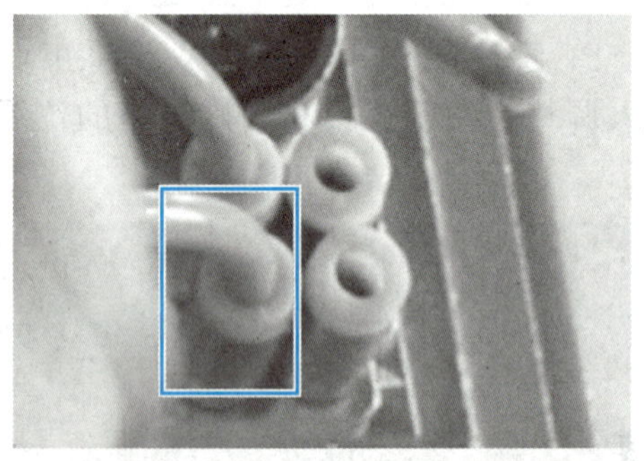

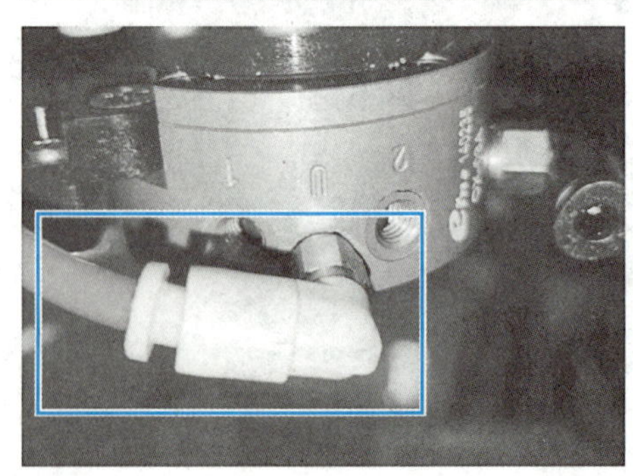

7）确保调压过滤器旁边的手滑阀处于打开状态，将气路压力调整到 0.4 ～ 0.6MPa。

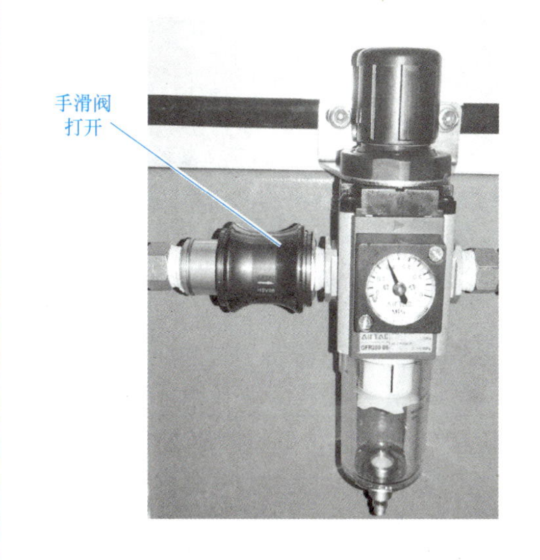

8）通过按压工具快换控制电磁阀上的手动调试按钮，测试工具快换装置主端口里活塞是否会上下移动，从而使快换钢珠缩回或弹出。

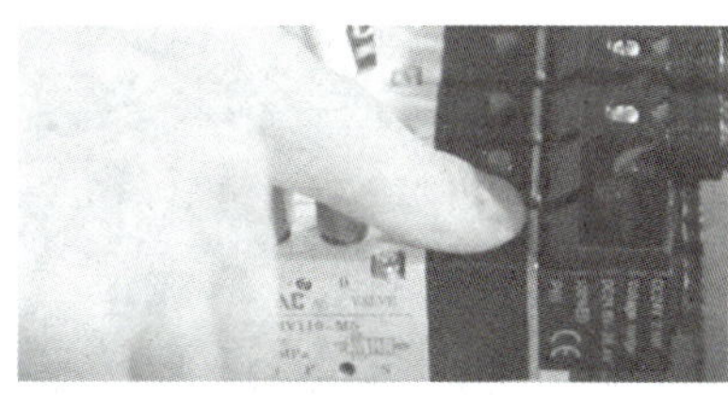

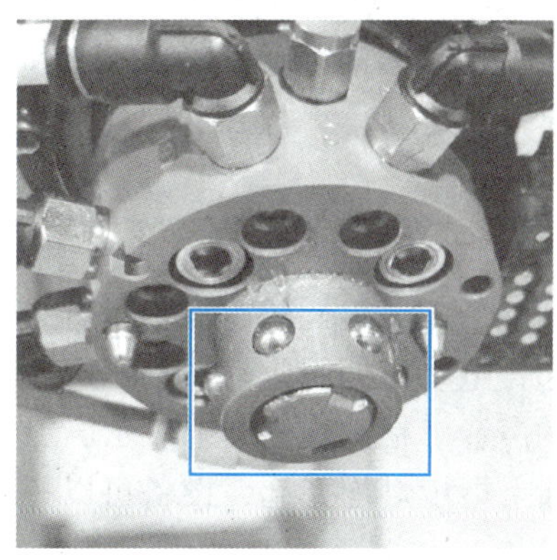

5. 工作站电气系统的连接和检测

➢ 任务引入

本任务需要完成工作站电气系统的连接，包括工作站各个工艺单元航空插头的连接、工作站设备供电线路的接线、变位机伺服电动机与伺服驱动器之间的电气接线。

在进行电气系统的连接之前，需要使用万用表根据电气原理图检查电气控制柜中已有接线的正确性。

➢ 任务实施

1）分别把码垛单元、多工艺单元、装配单元的电缆航空插头与工作站台面上的航空接口进行连接，连接时注意对准插针和插孔，不要损伤插针，保证插头插紧，没有松动后锁紧插头。

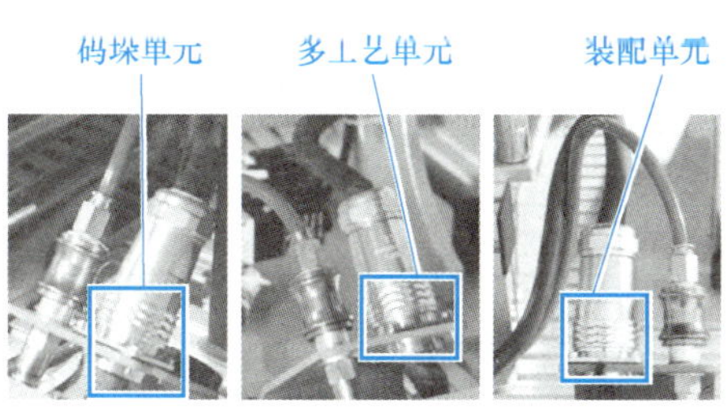

2）连接多工艺单元伺服电动机与伺服驱动器之间的电动机编码器电缆、电动机动力电缆和电动机抱闸电缆。

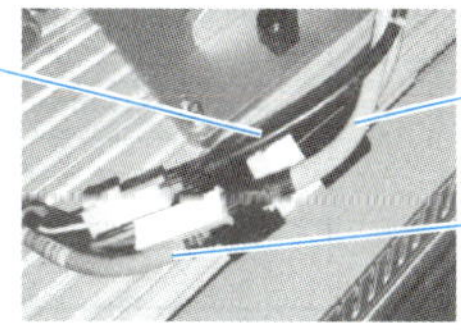

3）将工业机器人控制器、空气压缩机、视觉控制器、散热风扇、监控摄像头、视觉检测结果显示屏的电源插头插到工作站插座上。

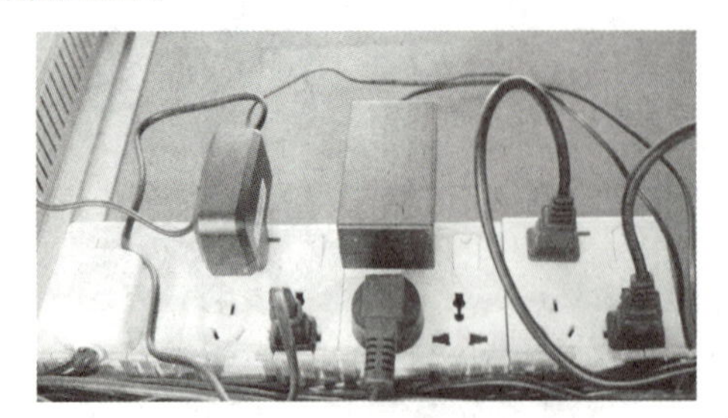

4）将工作站的主电源插头插到插座上，工作站电气系统连接完成。

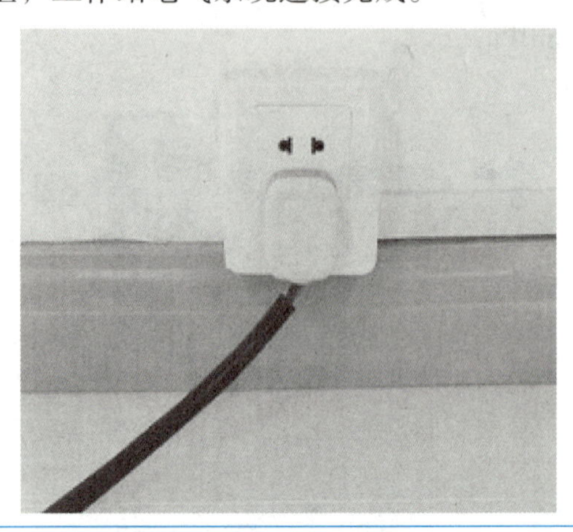

5）对工作站进行上电测试，将工作站上电旋钮转到ON位置并接通断路器，观察工作站各个工艺单元传感器指示灯是否正常亮起，工业机器人控制器电源指示灯是否正常亮起，电动机伺服驱动器指示灯是否正常亮起，空气压缩机、散热风扇是否发出正常起动的声音，视觉检测结果显示屏、监控摄像头是否正常亮起。

如果指示灯均亮起，设备可以正常起动，证明工作站供电线路正常，工作站上电测试通过。

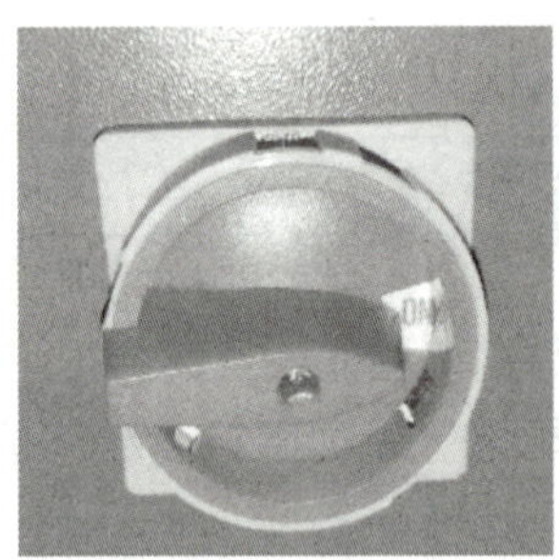

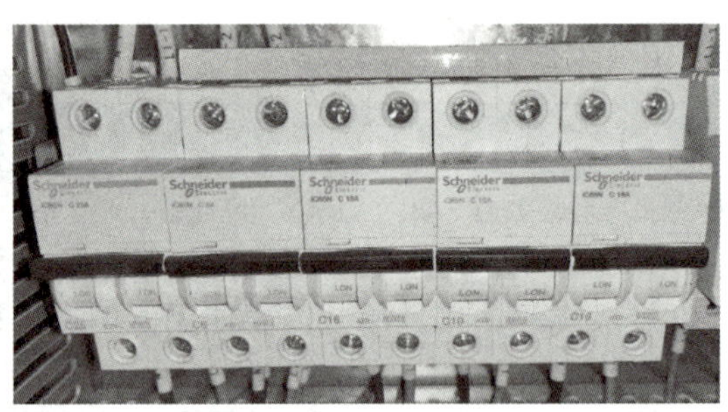

任务评价

任务	配分	评分标准	自评
集成系统安装	100分	1）掌握工作站组成。（10分）	
		2）掌握工业机器人系统组成及安装注意事项。（10分）	
		3）识读电气图样。（10分）	
		4）完成工业机器人系统的安装。（15分）	
		5）完成工具快换装置主端口的安装。（10分）	
		6）完成工作站工艺单元的机械安装。（15分）	
		7）完成工具快换装置气路连接。（15分）	
		8）完成工作站电气系统的连接和检测。（15分）	

工作任务 2.2　工作站虚拟搭建

工作站的虚拟仿真是指在特定的虚拟软件环境中，根据实际生产场景进行工业机器人工作场景的搭建，并在虚拟环境中对工作站的实际工作流程进行仿真。根据在虚拟软件环境中获得的仿真结果，对工业机器人的参数（如轨迹）进行优化处理，避免工业机器人的奇异点和设备碰撞等问题，优化后的数据参数（如程序）满足生产条件要求，可导出并应用于对应真实环境中的工业机器人。工作站的虚拟仿真不仅可以有效解决设备缺乏或不在设备现场所带来的问题，还能直观地仿真查看工作站的工作情况（如工业机器人的运动轨迹）。

工作站的搭建通常包含场景元素的导入、工业机器人的导入和设置、工具 / 工件导入或定义以及真实环境数据与设计环境数据对齐四个流程，如图 2-29 所示。

场景元素的导入	工业机器人的导入和设置	工具/工件的导入或定义	真实环境数据与设计环境数据对齐

图 2-29　工作站的搭建流程

知识沉淀

1. 认识 PQArt 软件

工业机器人工作站虚拟仿真在离线编程软件中进行，常见的有 RobotStudio、ROBOGUIDE、WorkVisual、DELMIA 和 PQArt 等。本书选择 PQArt 软件。

（1）PQArt 的功能　PQArt 离线编程软件兼容目前市面上主流工业机器人品牌，集成了计算机三维实体显示、系统仿真、智能轨迹优化和运动控制代码生成等核心技术，可以轻松应对复杂轨迹的高精度生成和复现，在计算机上完成轨迹设计和规划、运动仿真、碰撞检查、姿态优化，并生成工业机器人控制器所需的执行运动代码，提供了方便的轨迹整体优化、工艺过程设计和空间校准算法，有效缩短了工业机器人的停机调试时间。

（2）PQArt 的操作界面　图 2-30 所示为 PQArt 的操作界面，软件界面的功能介绍见表 2-6。

（3）PQArt 的菜单栏功能

1）机器人编程。菜单栏下的“机器人编程”功能模块（见图 2-31）可进行场景（工作站）搭建、轨迹设计、模拟仿真和生成后置代码等操作，包含“文件”“场景搭建”“基础编程”“工具”“显示”“高级编程”和“帮助”七个功能栏。

“文件”功能栏（见图 2-32）中的“新建”“打开”“保存”和“另存为”提供工程文件的新建、打开、保存和另存功能，打开和保存的文件格式为 .robx。除此之外，通过“文件”功能栏下的“工作站”功能可以下载官方提供的工业机器人工作站并生成一个工程文件；“主页”功能提供了 PQArt 应用案例和文档学习的链接，单击后可直接跳转到华航筑梦官网，便于相关技能知识的学习。

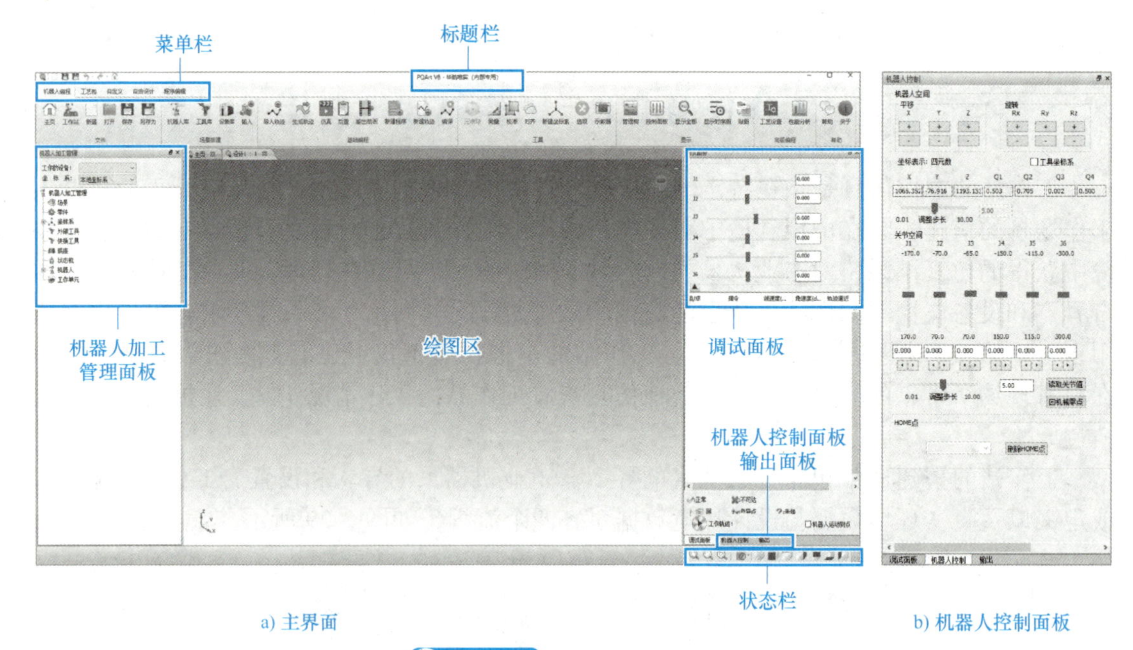

a) 主界面　　b) 机器人控制面板

图 2-30 PQArt 的操作界面

表 2-6　软件界面的功能介绍

名称	功能介绍
标题栏	显示软件名称、版本号和登录账号权限剩余时间
菜单栏	涵盖了 PQArt 的机器人编程、工艺包、自定义、自由设计和程序编辑功能
机器人加工管理面板	包括场景、零件、坐标系、外部工具、快换工具底座、状态机、机器人和工作单元，通过面板中的树形结构可以轻松查看并管理机器人、工具和零件等对象
绘图区	用于场景的搭建、轨迹的添加和编辑等
调试面板	方便查看并调整机器人姿态、编辑轨迹点特征
机器人控制面板	可手动操控机器人关节轴和在空间内的运动，进而实现机器人姿态的调整，能够显示坐标信息、读取机器人的关节值，具有使机器人回到机械零点等功能
输出面板	显示机器人执行的动作、指令、事件和轨迹点的状态
状态栏	包括功能提示、模型绘制样式、视向等功能

图 2-31 “机器人编程”功能模块

在“场景搭建”功能栏（见图 2-33）中，可将官方提供的模型从模型库（“机器人库”“工具库”和“设备库”）导入到场景中，也可将绘图软件绘制的 CAD（计算机辅助设计）模型通过“输入”功能导入到场景中。

图 2-32 “文件”功能栏

图 2-33 “场景搭建”功能栏

在“基础编程”功能栏（见图 2-34）中，可以进行机器人的轨迹规划，仿真机器人的运动过程和状态。输出机器人运动轨迹的 Web（网络）动画，生成后置代码（支持下载到 ABB 控制器）等操作。

“工具”功能栏（见图 2-35）包含“三维球”“测量”“校准”“对齐”和“新建坐标系”等辅助场景搭建和轨迹设计的实用工具，“工具”功能栏的功能说明见表 2-7。

图 2-34 “基础编程”功能栏

图 2-35 “工具”功能栏

表 2-7 “工具”功能栏的功能说明

功能名称	功能说明
三维球	用于场景搭建、轨迹点编辑、自定义机器人、零件和工具等的定位 单击“三维球”按钮即可打开（激活）三维球，使三维球附着在三维物体上，通过平移、旋转和其他复杂的三维空间变换精确定位三维物体
测量	用于场景内对模型的点、线、面进行有关间距、口径和角度等的测量
校准	用于调整虚拟环境中零件（外部工具）和机器人的相对位置关系，使得模拟环境中零件和机器人的相对位置关系与真实环境中的一致
对齐	用于实现相对精准的工件校准工作，可以让设计环境内的机器人、工具及机器人抓取的零件与 3D（三维）摄像头扫描出来的真实环境下的设备点云数据快速对齐
新建坐标系	用于自定义新的工件坐标系
选项	用于设置轨迹点、轨迹线、工具、零件、底座和文档等的显示状态及系统撤销步数、显示精度等参数
示教器	用于调出机器人的示教器、操纵机器人关节轴的运动 [支持 ABB 和 KUKA（库卡）]

“显示”功能栏（见图 2-36）可以控制机器人加工管理面板、机器人控制面板、调试面板、输出面板、时序图的显示和隐藏，还可以对模型进行贴图。

图 2-36 “显示”功能栏

“高级编程”功能栏（见图 2-37）用于设置工艺参数，根据“工艺设置”功能中的参数要求进一步规划、编辑机器人运动轨迹，并在“性能分析”功能中查看机器人的运动数据。

"帮助"功能栏（见图 2-38）的"帮助"功能中包含丰富的视频和文档资料，给使用者提供快速入门 PQArt 的相关资料；"关于"功能中介绍了 PQArt 版本号和账号的相关信息。

图 2-37 "高级编程"功能栏　　图 2-38 "帮助"功能栏

2）工艺包。"工艺包"功能模块如图 2-39 所示，可非常简便地实现切孔、码垛和绘画工艺，并进行仿真。该功能模块下的"仿真"功能与"机器人编程"功能模块中的"仿真"功能一致。"AGV 路径规划工作站"和"机器人餐厅工作站"功能用于快速导入和规划相应工作站路径。

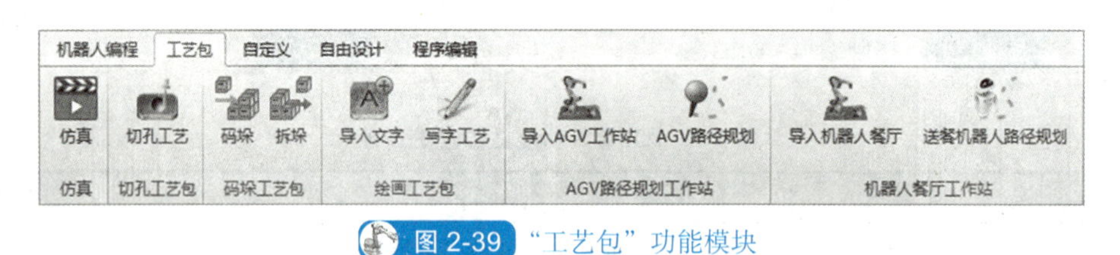

图 2-39 "工艺包"功能模块

3）自定义。PQArt 支持但不限于自定义机器人、机构、工具、零件、底座和后置等，可以依据用户需求开发其他自定义功能。这一系列自定义功能集成在菜单栏的"自定义"功能模块中，如图 2-40 所示，"自定义"功能模块的功能说明见表 2-8。

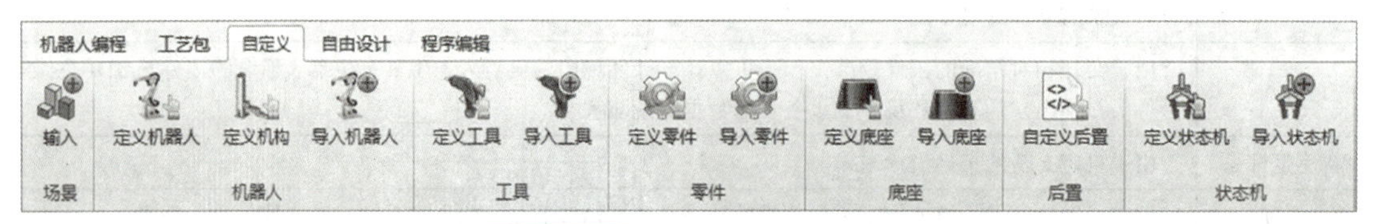

图 2-40 "自定义"功能模块

表 2-8 "自定义"功能模块的功能说明

功能名称	功能说明
输入	用于输入 3D 绘图软件制作的模型文件，支持多种不同格式的模型文件
定义机器人	用于定义通用六轴机器人、非球形机器人和平面关节型四轴机器人
定义机构	用于定义各轴的运动机构
导入机器人	用于导入自定义的机器人，支持的文件格式为 .robr 和 .robrd
定义工具	用于定义法兰工具、快换工具和外部工具
导入工具	用于导入自定义的工具
定义零件	用于将各种格式的 CAD 模型定义为 .robp 格式的零件
导入零件	用于导入自定义的零件（.robp 格式）

（续）

功能名称	功能说明
定义底座	用于将各种格式的 CAD 模型定义为 .robs 格式的底座
导入底座	用于导入自定义的底座（.robs 格式）
自定义后置	用于用户自定义机器人的后置格式
定义状态机	用于将各种格式的 CAD 模型定义为 .robm 格式的状态机
导入状态机	用于导入自定义的状态机（.robm 格式）

4）自由设计。菜单栏的“自由设计”功能模块（见图 2-41）可以在设计环境下通过“新建草图”功能，绘制自由设计图形或文字。自由设计的图形或文字会添加至项目树的场景中，选中并打开“三维球”功能可以实现三维空间的定位。自由设计功能可用于自定义机器人轨迹的设计。

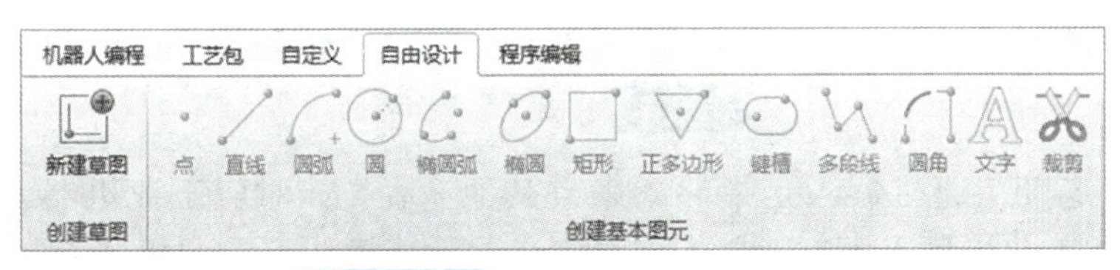

图 2-41 “自由设计”功能模块

5）程序编辑。菜单栏的“程序编辑”功能模块（见图 2-42）可以实现设计环境下机器人轨迹的后置代码同步导入、指令编辑、指令添加、代码调试、编译仿真和程序输出等一系列功能。

图 2-42 “程序编辑”功能模块

2. 导入工业机器人的方式

工业机器人的导入方式有导入机器人库中的工业机器人和导入自定义工业机器人两种。

1）导入机器人库中的工业机器人是指在 PQArt 的机器人库中直接查找所需品牌下对应型号的工业机器人并导入。单击图 2-43 所示“机器人库”按钮，进入“机器人库”界面（见图 2-44），选择机器人品牌，单击工业机器人图片可以查看该工业机器人的主题应用（主要的工业应用场合）、负载、工作域（工作范围）和轴数等。

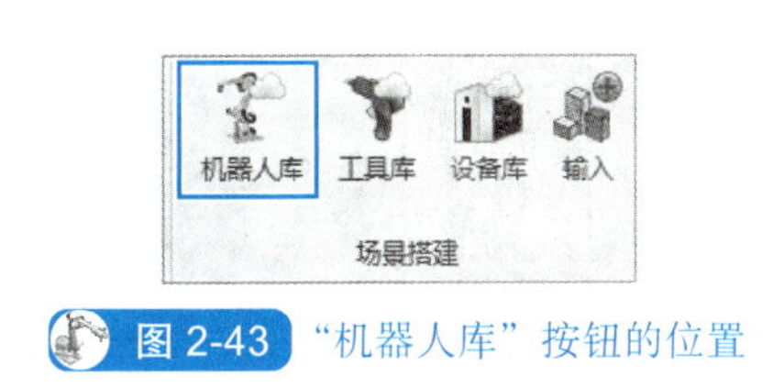

图 2-43 “机器人库”按钮的位置

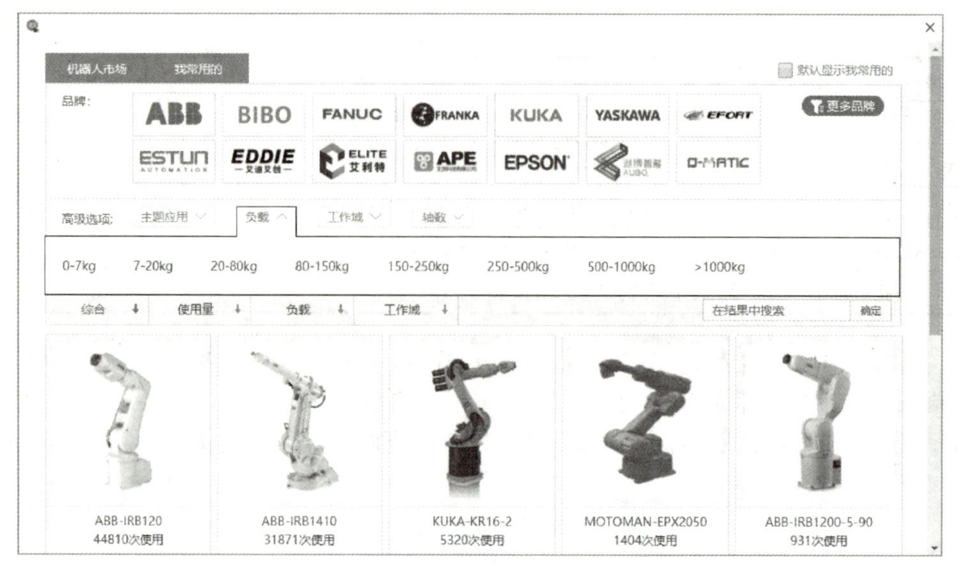

图 2-44 “机器人库”界面

2）导入自定义工业机器人是指导入来自其他途径（如对应工业机器人品牌的官网、绘图软件等）的工业机器人模型。单击“自定义”功能模块下的“机器人”功能栏的“导入机器人”按钮（见图 2-45）。需要注意的是，PQArt 中导入自定义工业机器人支持的文件格式为 .robrd。

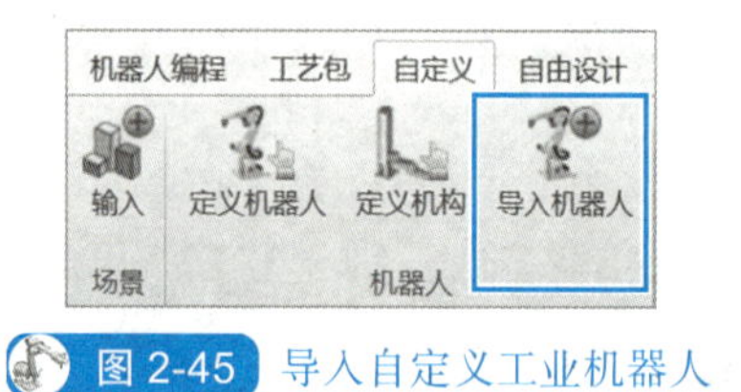

图 2-45 导入自定义工业机器人

3. 工具的类型和获取方式

（1）工具的类型　在实际生产中，工业机器人根据不同的作业要求会配备不同的工具。PQArt 中将工业机器人使用的工具分为三类，分别为法兰工具、快换工具和外部工具，工具的类型说明见表 2-9。

表 2-9　工具的类型说明

类型	说明	图示
法兰工具	法兰工具指安装在工业机器人法兰盘上的工具	

（续）

类型	说明	图示
快换工具	快换工具分为工业机器人侧快换工具和工具侧快换工具两部分 工具侧快换工具指带快换母头的作业工具，需与工业机器人侧的快换公头配套使用	工业机器人侧快换工具 工具侧快换工具
外部工具	外部工具指未安装在工业机器人末端的工具，如打磨机、砂轮等	打磨机 砂轮

（2）工具的获取方式　在 PQArt 中，工具可通过两种方式获取。第一种方式是直接在 PQArt 的工具库中进行选择，完成工具的导入；第二种方式是通过导入 CAD 模型进行自定义工具的创建，然后再进行工具的导入。

1）直接从工具库中导入工具。PQArt 的工具库中提供了多种已完成定义的工具，“工具库”界面如图 2-46 所示，用户可以根据需要自行下载使用。

图 2-46　“工具库”界面

新建 PQArt 工程文件，并完成工业机器人的配置及导入，从工具库导入或从“自定义”功能模块导入配套的工业机器人侧快换工具后，快换工具将自动安装至工业机器人的法兰处。例如，当导入 IRB 120 工业机器人后，从工具库中导入工业机器人侧快换工具，快换工具将自动安装至工业机器人的法兰处，如图 2-47 所示。

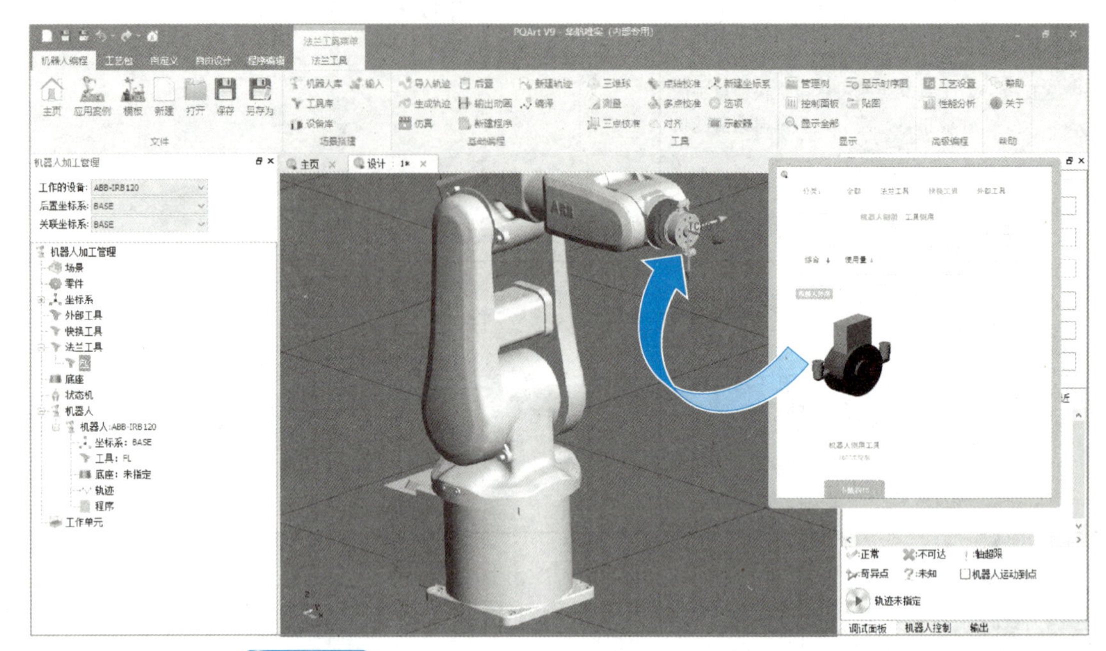

图 2-47 IRB 120 工业机器人及配套工业机器人侧快换工具

2）通过导入 CAD 模型自定义工具并导入。当用户需要自定义工具时，需要先准备好 PQArt 支持格式的工具 CAD 模型，然后新建 PQArt 工程文件，将其输入到工程文件中，通过“定义工具”功能进行工具的自定义，完成工具自定义并保存后，可以通过“导入工具”功能将工具导入到工程环境中使用，使用方法与工具库中工具的使用方法相同。通过导入 CAD 模型自定义工具的流程如图 2-48 所示。

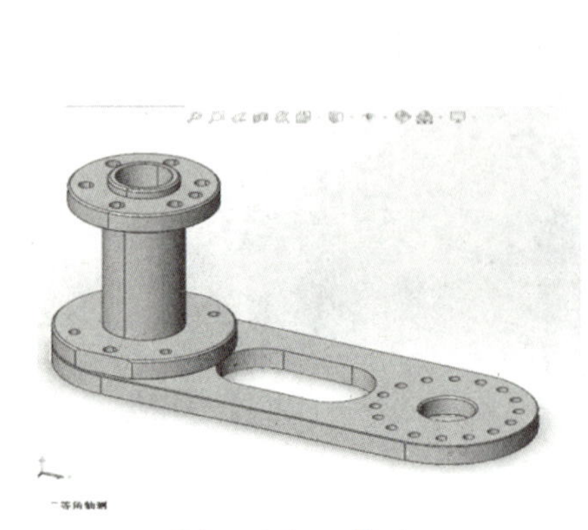

a) 准备工具的CAD模型

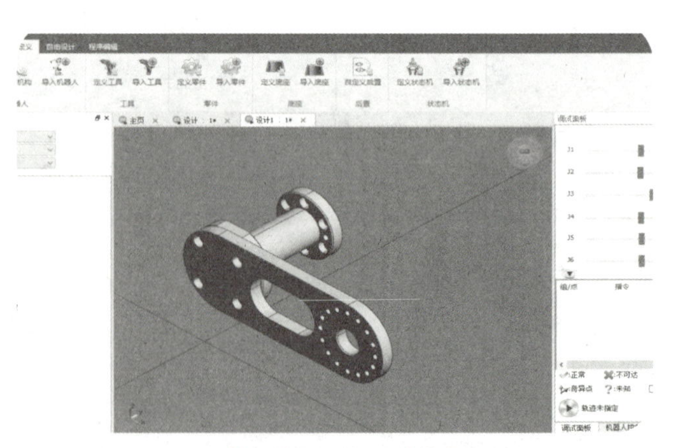

b) 输入到PQArt的工程文件中

图 2-48 通过导入 CAD 模型自定义工具的流程

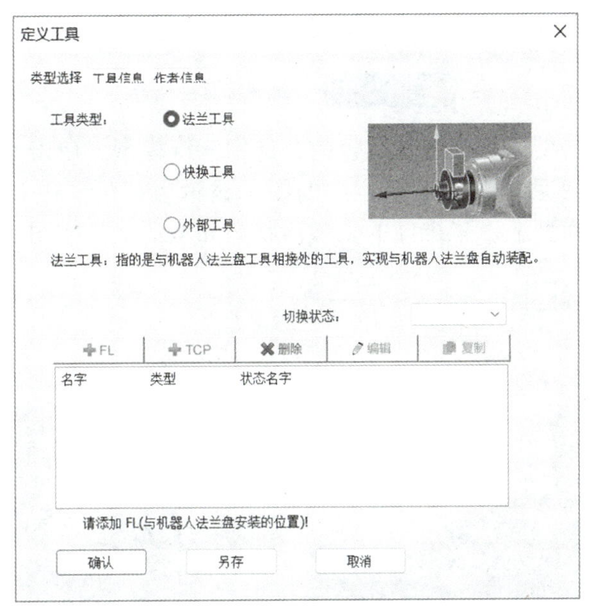

c) 定义工具为法兰工具或快换工具或外部工具

图 2-48　通过导入 CAD 模型自定义工具的流程（续）

在进行工具自定义的过程中，选择不同类型的工具，需要定义的参数并不相同，不同类型工具的定义界面如图 2-49 所示，自定义工具需要使用 PQArt 中的三维球实现。

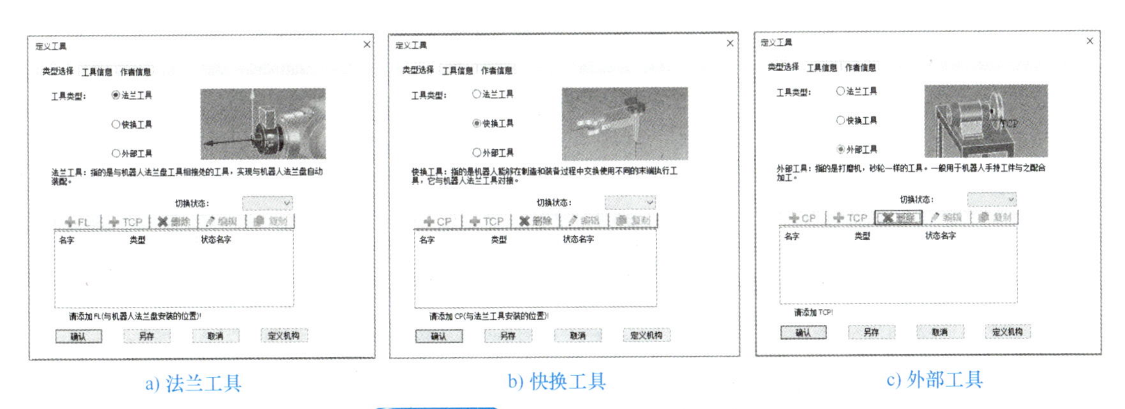

a) 法兰工具　　b) 快换工具　　c) 外部工具

图 2-49　不同类型工具的定义界面

4. 三维球的使用方法

在 PQArt 中进行虚拟工作站的搭建或者进行工具、机构和零件等场景文件自定义的过程中，需要使用三维球进行对象位置的调节，下面学习三维球使用方法。

三维球工具的位置如图 2-50 所示，其位于“工具”菜单栏中。三维球可以通过平移、旋转和其他复杂的三维空间变换对对象进行精确定位，是一个强大而灵活的三维空间定位工具。

图 2-50 三维球工具的位置

默认菜单栏中“三维球”按钮是灰色的，选中三维模型，单击“三维球”按钮即可将其激活。三维球被激活后，其在菜单栏中的图标显示为黄色，在 PQArt 界面的绘图区中附着在被选中的三维模型上。三维球的未激活状态和激活状态如图 2-51 所示。

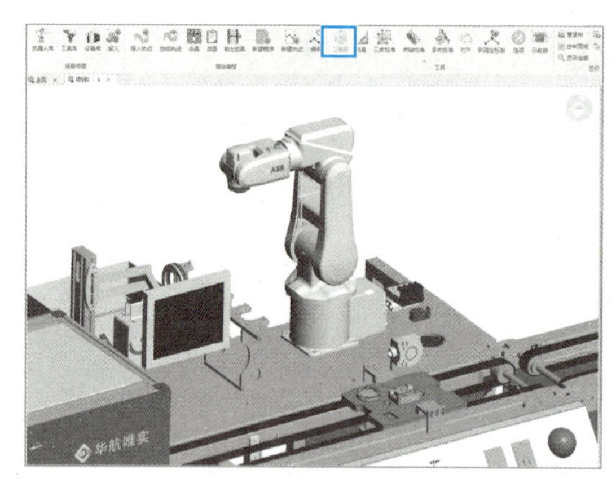

a) 三维球未激活

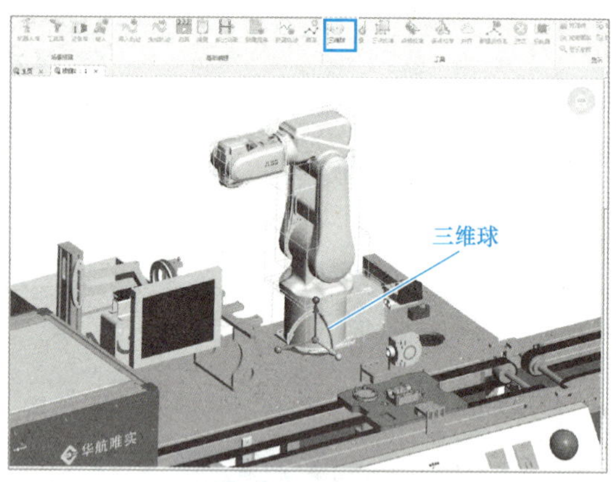

b) 三维球激活

图 2-51 三维球的未激活状态和激活状态

三维球结构如图 2-52 所示，有一个中心点、三个平移轴和三个旋转轴。三维球的功能说明和使用方法见表 2-10。

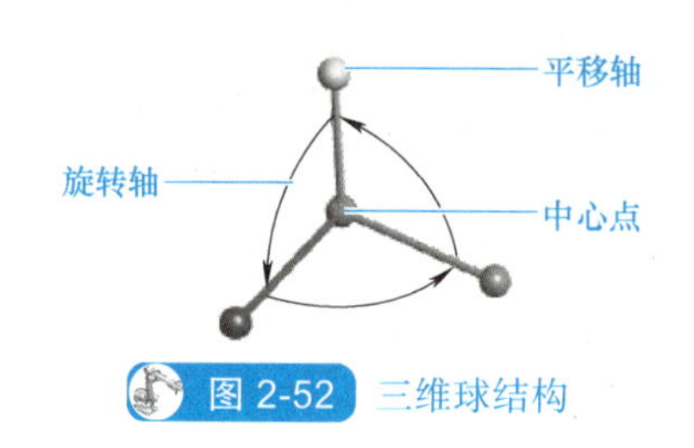

图 2-52 三维球结构

表 2-10 三维球的功能说明和使用方法

结构名称	功能说明	使用方法
中心点	用于点到点的移动	选中三维球的中心点，单击鼠标右键，在弹出的菜单中选择移动方式
平移轴	用于指定移动方向	选中三维球的任意平移轴，拖动轴可使物体沿轴线的拖动方向运动；或单击鼠标右键，在弹出的菜单中进行选择，指定物体沿轴线移动的方向
旋转轴	用于指定旋转方向	选中三维球的任意旋转轴，可使得物体绕旋转轴指定的基准轴方向旋转；或单击鼠标右键，在弹出的菜单中进行选择，指定物体沿轴线旋转的方向

三维球有三种颜色：默认颜色（X、Y、Z 三个轴对应的颜色分别为红、绿、蓝）、白色（X、Y、Z 三个轴对应的颜色均为白色）和黄色（被选中的轴颜色为黄色）。三维球颜色的功能说明见表 2-11。

表 2-11　三维球颜色的功能说明

颜色	显示	功能说明
默认颜色	蓝 绿 红	三维球与物体关联，调节三维球的位置，物体随三维球一起动
白色		三维球与物体互不关联，调节三维球的位置仅三维球动，物体不动。三维球与物体的关联关系可在三维球激活状态下通过操作键盘中的空格键进行切换
黄色	黄	呈黄色的轴表示已被约束（单击绘图区空白处，可取消约束），物体只能在被选中轴的方向上进行平移或旋转定位。单击任意平移轴或旋转轴，激活对应平移轴或旋转轴的约束

（1）三维球平移、旋转三维模型的方法　在场景搭建过程中，对三维球的平移轴和旋转轴进行操作，可实现对三维模型的平移和旋转，进而达到定位模型的目的。

1）平移三维模型。利用三维球的平移功能可将三维模型沿指定的轴线方向移动指定的距离，具体操作如下：选中平移方向的轴后，拖动三维球的平移轴，在沿平移方向拖动的过程中出现的空白数值框内输入需要的移动距离数值（默认单位为 mm，输入数值的正负决定平移的正负方向），然后按回车键，物体将在该方向上平移与数值相对应的距离。利用三维球平移工业机器人如图 2-53 所示，操作三维球 X 轴方向的平移轴，使得工业机器人沿三维球中心点所在位置的 X 轴方向进行平移。

2）旋转三维模型。利用三维球的旋转功能可将三维模型绕指定的旋转轴旋转指定的角度。利用三维球旋转工业机器人如图 2-54 所示，操作三维球的 XY 平面内的旋转轴，使得工业机器人绕三维球中心点所在位置的 Z 轴旋转。利用三维球控制三维模型进行旋转与平移的操作相似，在旋转物体的过程中会出现空白数值框，输入旋转角度的数值后按回车键，物体将绕指定轴旋转与数值相对应的角度，输入数值的正负决定旋转的正负方向。

3）平移轴 / 旋转轴菜单功能。在场景搭建过程中，物体姿态和位置的调整、定位是通过选择三维球平移轴 / 旋转轴弹出菜单中的不同命令实现的。图 2-55 所示为三维球平移轴 / 旋转轴弹出菜单，该菜单的功能说明见表 2-12。

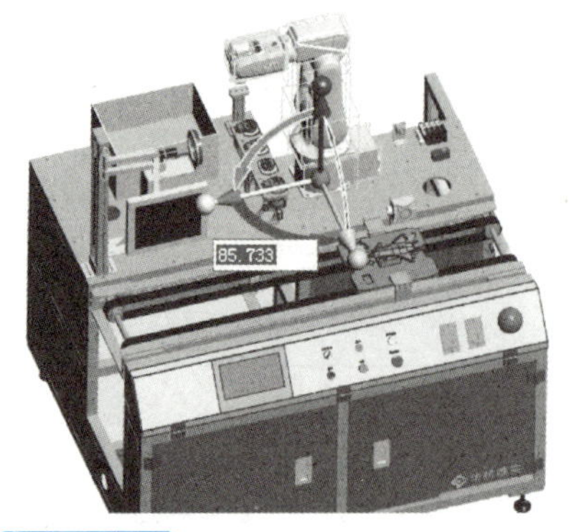

图 2-53 利用三维球平移工业机器人

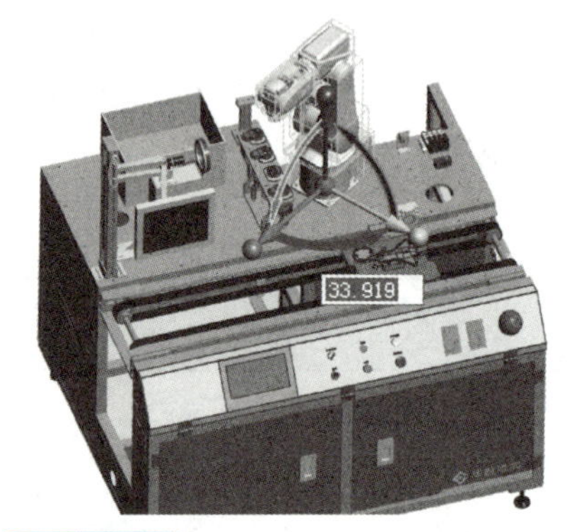

图 2-54 利用三维球旋转工业机器人

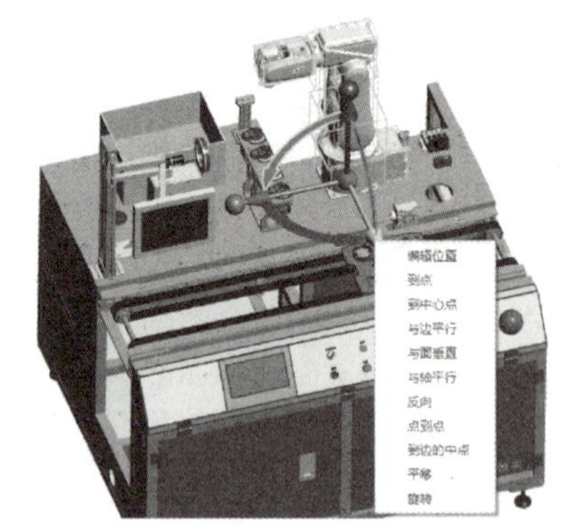

图 2-55 三维球平移轴 / 旋转轴弹出菜单

表 2-12 三维球平移轴 / 旋转轴弹出菜单的功能说明

菜单命令	功能说明	用途
编辑位置	使光标捕捉的轴指向数值对应的矢量方向	姿态调整（物体位置无移动）
到点	使光标捕捉的轴指向指定点	
到中心点	使光标捕捉的轴指向指定中心点	
与边平行	使光标捕捉的轴与所选的边平行	
与面垂直	使光标捕捉的轴与所选的面垂直	
与轴平行	使光标捕捉的轴与柱面轴线（选柱面或柱面外环即代表选中对应柱面轴线）平行	
反向	使光标捕捉的轴转动 180°	
点到点	将所选三维球的轴指向所选对象的两点之间的中点位置	
到边的中点	将所选三维球的轴指向所选边的中点位置	
平移	用于设定被选轴方向上的平移方向和距离	位置调整（物体位置发生移动）
旋转	用于设定被选轴方向上的旋转角方向和大小	姿态调整（物体位置无移动）

（2）三维球中心点的定位方法　利用三维球中心点可进行点定位。图 2-56 所示为三维球中心点弹出菜单，该菜单的功能说明见表 2-13。

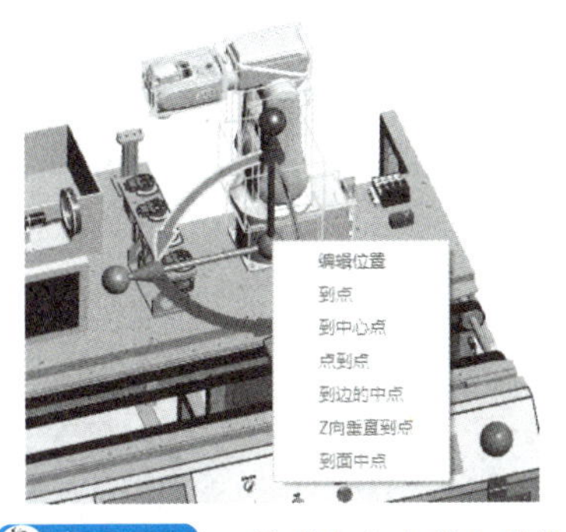

图 2-56　三维球中心点弹出菜单

表 2-13　三维球中心点弹出菜单的功能说明

菜单命令	功能说明
编辑位置	使物体随三维球中心点移动到数值对应的点的位置
到点	使物体随三维球中心点移动到光标捕捉到的点的位置
到中心点	使物体随三维球中心点移动到光标捕捉到的中心点位置
点到点	使物体随三维球中心点移动到光标捕捉到的两点之间的中点位置
到边的中点	使物体随三维球中心点移动到光标捕捉到的边的中心点位置
Z 向垂直到点	使物体随三维球中心点在保持 Z 轴垂直于中心点的姿态下移动到光标捕捉到的点点位置
到面中点	使物体随三维球中心点移动到光标捕捉到的面的几何中心点位置

需要注意的是，三维球中心点的定位可以改变物体在坐标系中的位置，物体位置发生移动。

任务实施

➢ 任务引入

本任务需要参照工作站机械布局图（见图 2-2），利用 PQArt 软件中内置的工作站模型，完成工作站的虚拟搭建，完成搭建的虚拟工作站如图 2-57 所示。

需要注意的是，在软件中实现组件定位的方法多种多样，但是核心思想均为使组件在三维坐标系中三个方向定位。

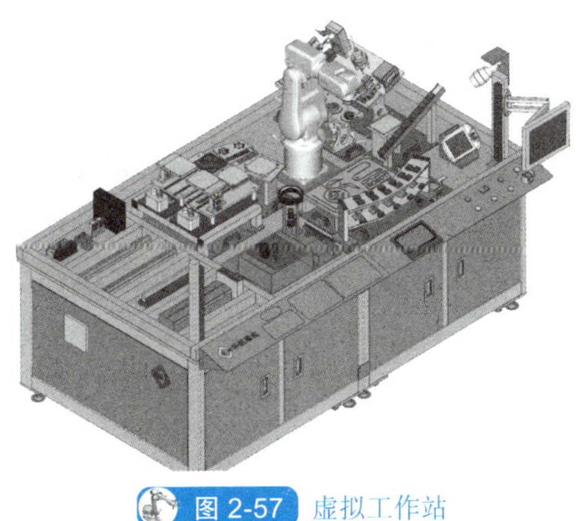

图 2-57　虚拟工作站

➢ 任务实施

1）打开 PQArt 软件，单击“新建”按钮。

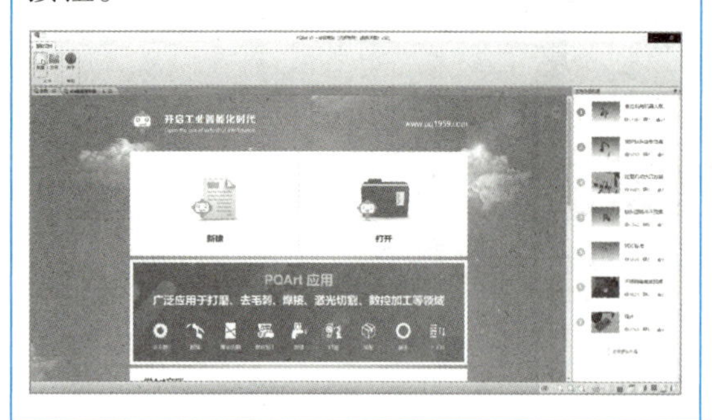

2）单击“机器人编程”菜单中的“工作站”按钮。

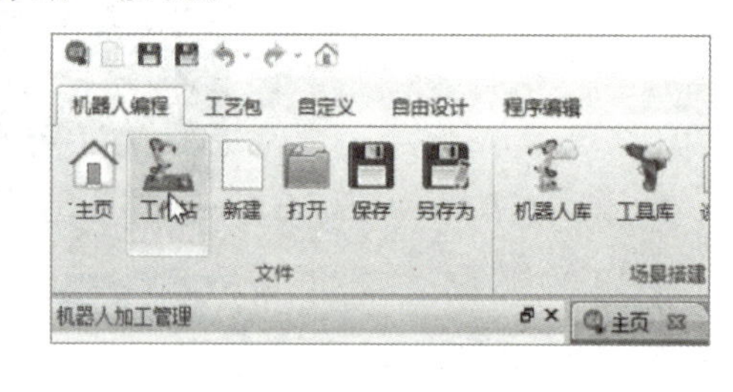

3）在弹出窗口中选择图示的工作站，单击“插入”按钮。

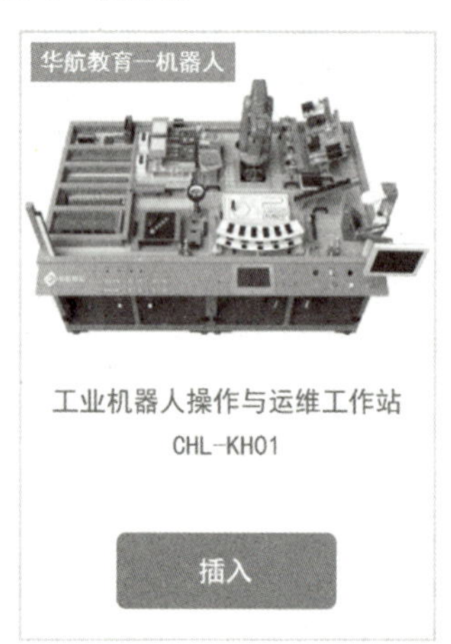

4）图示为完成插入的工作站部件，工作站搭建将基于画面中的部件完成。

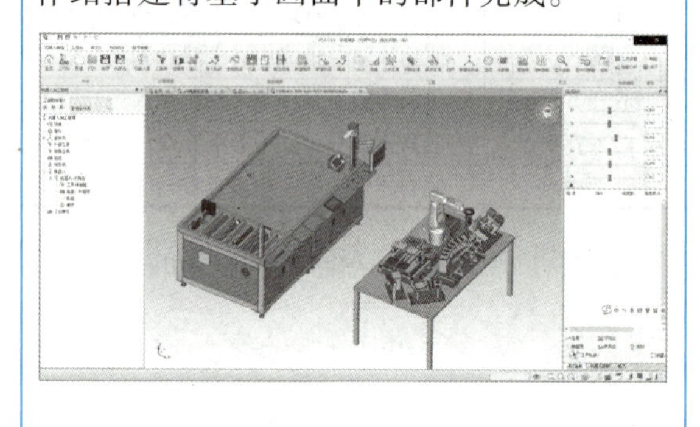

5）首先进行装配单元的放置，在机器人加工管理面板中展开工作单元，选中“装配单元”，画面中的装配单元将会如图示亮显。

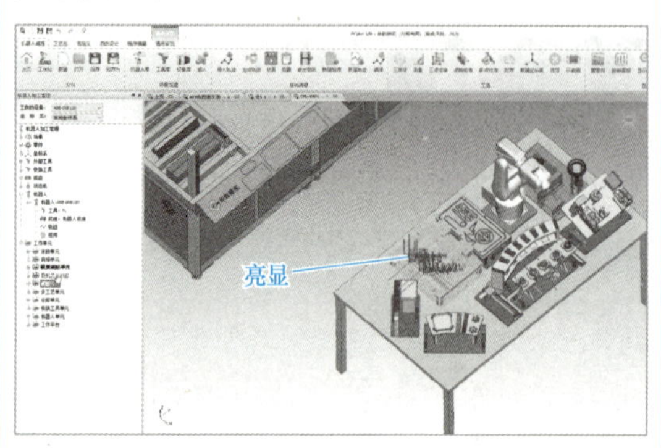

6）在工作站机械布局图中查看装配单元的定位标准和尺寸。

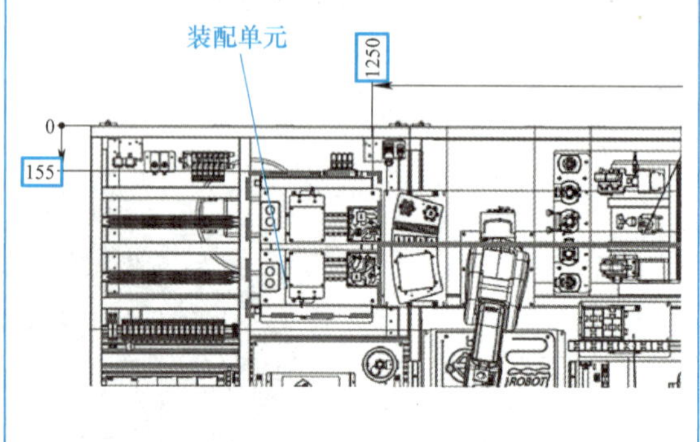

7）激活装配单元的三维球，将其移动至图示装配时的参考基准点处。  	8）调整装配单元的摆放方向至与定位位置相同。 
9）使装配单元的底面与工作站台面贴合。 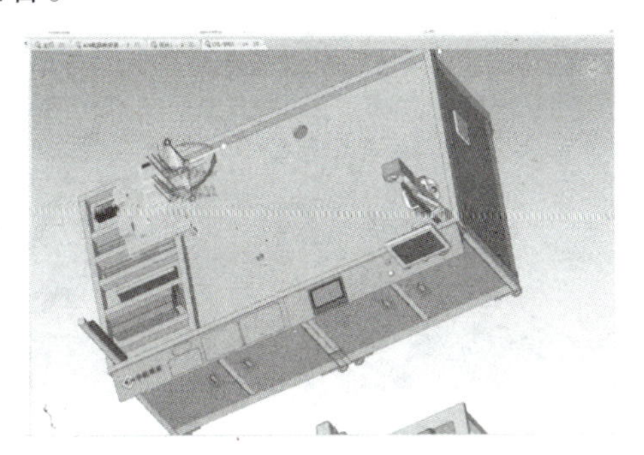	10）将装配单元移动至图示位置，以工作站机台侧面为基准，使装配单元沿自身 Y 轴（三维球方向设置不同可能使轴名称不同）移动1250mm，实现当前方向的定位。 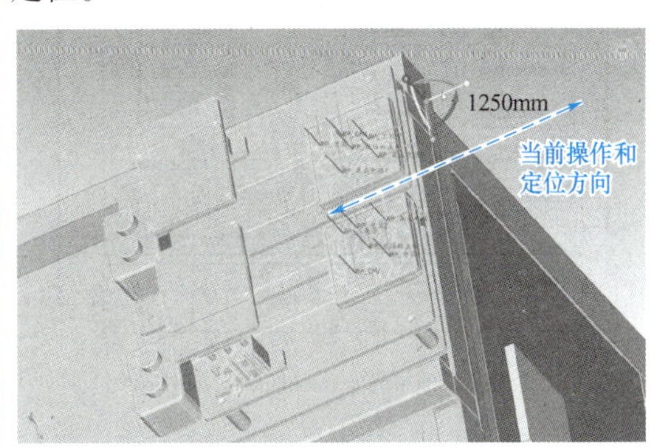
11）进行图示方向的定位，首先操作装配单元的三维球，使装配单元沿图示方向单方向移动至工作站中的参考基准处。 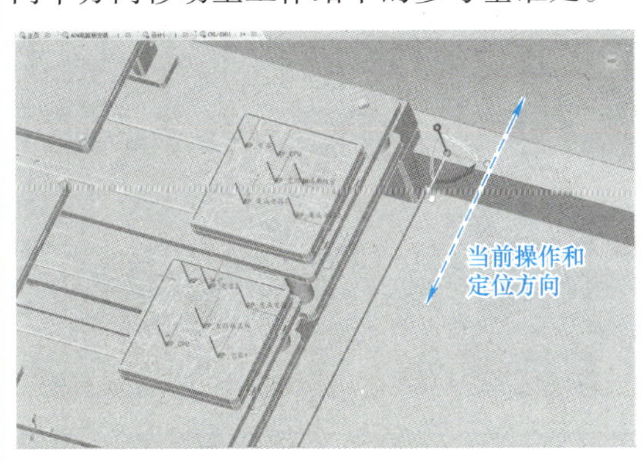 	12）然后通过三维球操作装配单元沿图示方向移动155mm，至目标位置。 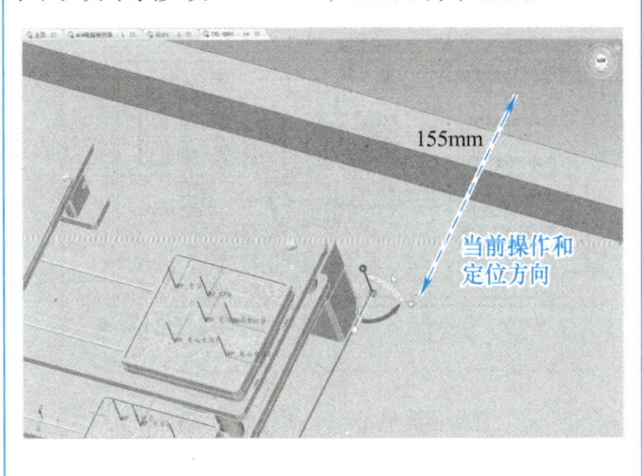

13）完成装配单元的定位。

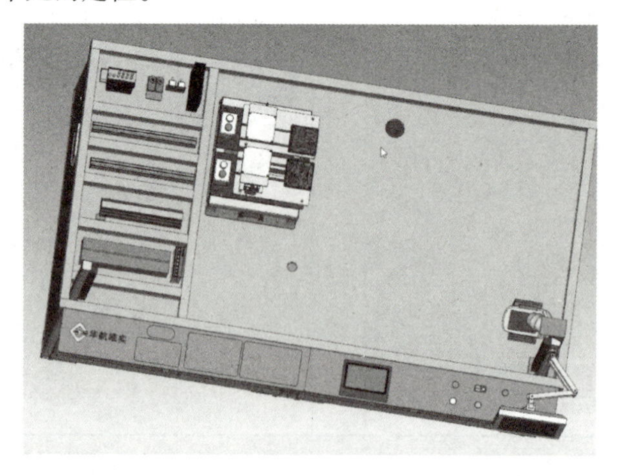

14）查看视觉检测单元的定位标准和尺寸，参照上述流程完成其定位。

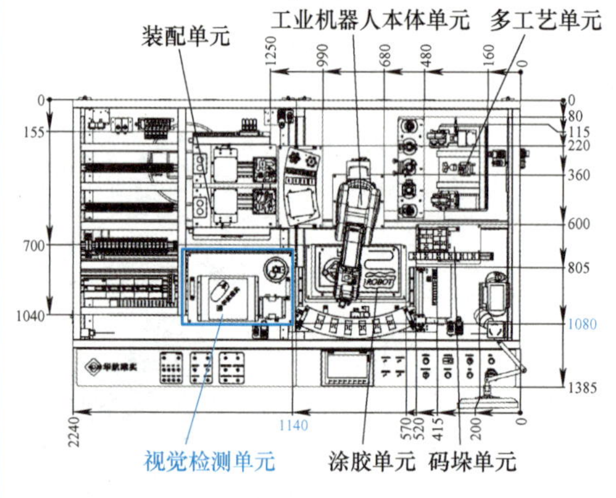

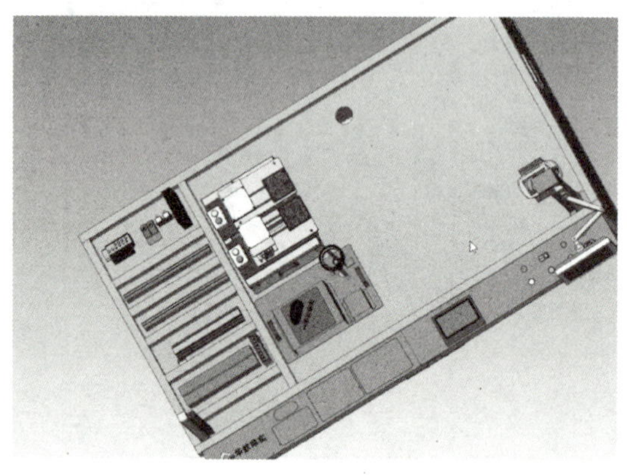

15）查看工业机器人本体单元的定位标准和尺寸，参照上述流程完成其定位。

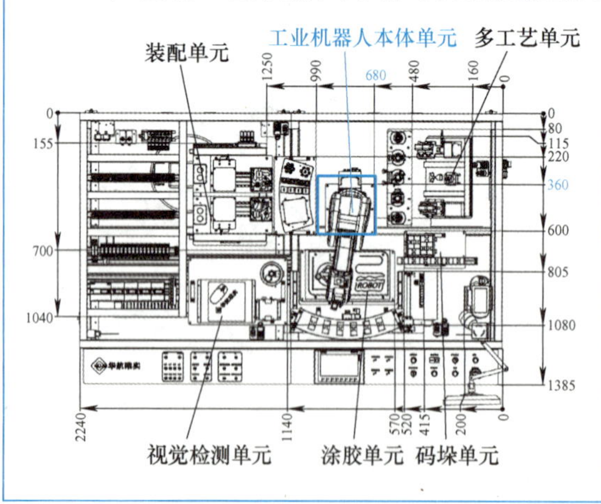

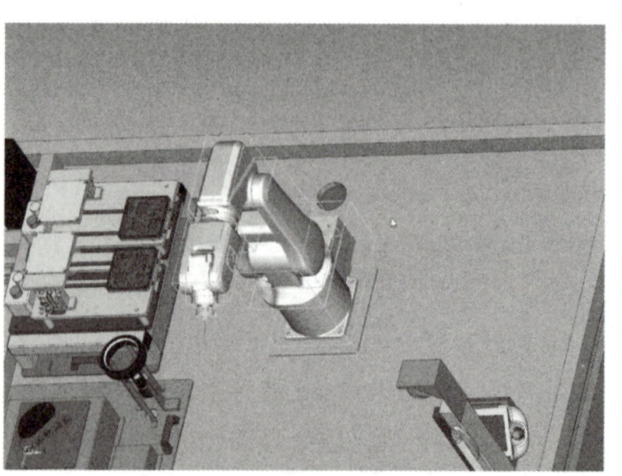

16）查看异形芯片原料盘的定位标准和尺寸，参照上述流程完成其定位。

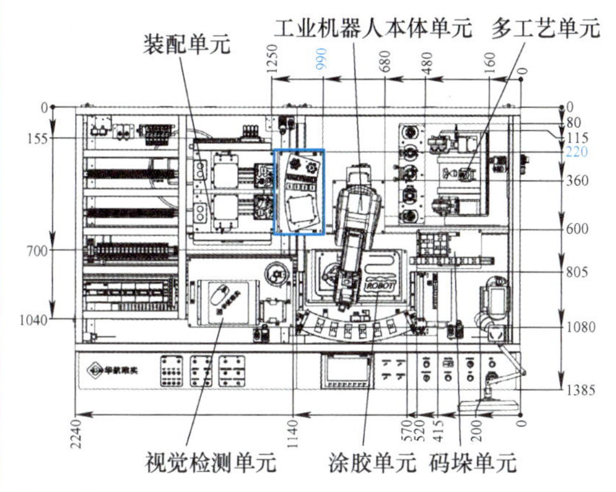

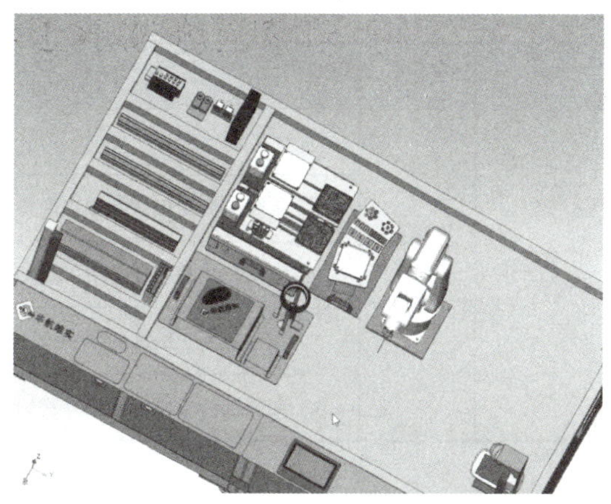

17）查看涂胶单元的定位标准和尺寸，参照上述流程完成其定位。

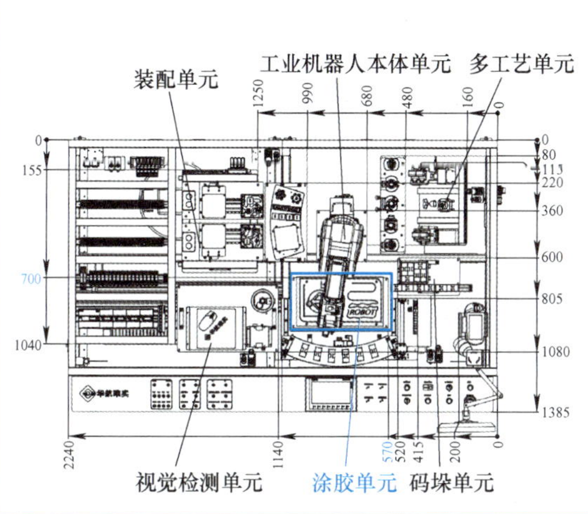

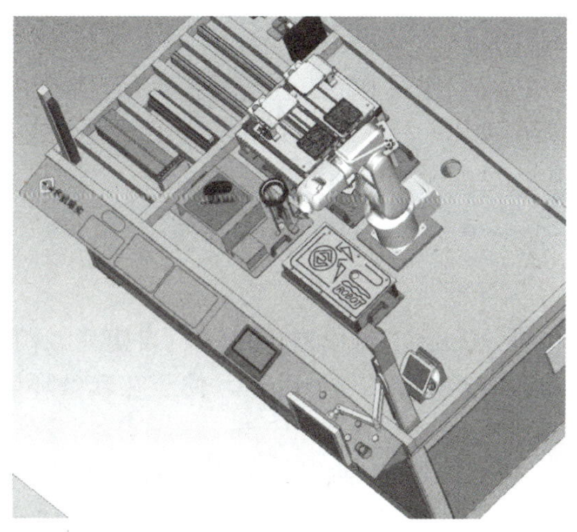

18）依次完成码垛单元、多工艺单元、智能仓储料架和加工工具等的定位，完成虚拟工作站的搭建。

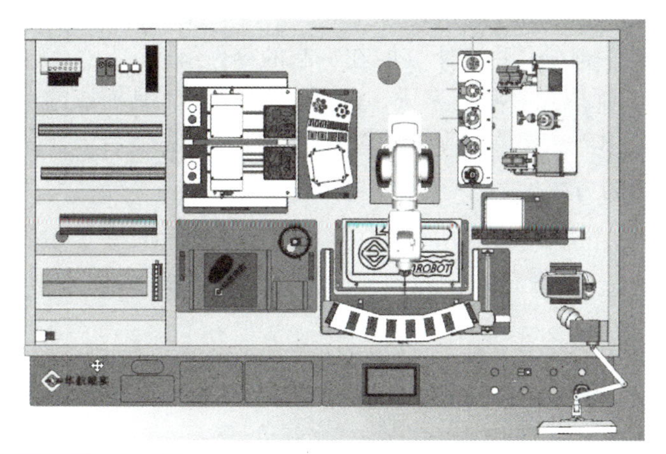

任务评价

任务	配分	评分标准	自评
工作站虚拟搭建	100分	1）熟悉离线编程软件的功能和操作界面。（20分）	
		2）掌握离线编程软件中工业机器人的导入方式。（15分）	
		3）明确离线编程软件中工具的类型和获取方式。（15分）	
		4）熟练掌握三维球的使用方法。（20分）	
		5）参照工作站机械布局图完成虚拟工作站搭建。（30分）	

工作任务2.3　工艺流程时序虚拟仿真

进行工作站典型工艺流程仿真前，我们先来了解仿真所需的轨迹编辑方式和工业机器人典型动作——工具装载和零件抓放的方式。

知识沉淀

1. 零件定义

在PQArt中可以对零件进行自定义，将实际场合所应用的零件定义为PQArt可识别的零件文件（格式为.robp），便于在软件环境中进行工作站零件动作的模拟。常用的五个名词如下。

① 工件：正在加工，还没有成为成品的零件。

② 零件：机器中不可拆分的单个制件，是机器的基本组成要素，也是机械制造过程中合格的、具有一定功能的物件。零件组合能构成部件，部件组合能构成产品。在PQArt中，零件可分为场景零件和加工零件两种。场景零件用于搭建工作环境，加工零件则是机器人加工制造的对象。零件文件的格式为.robp。

③ 部件：机械的一部分，由若干装配在一起的零件组成。

④ CP：安装点、抓取点。具体来说，CP是零件上被工具抓取的点。

⑤ RP：放开点。RP一般是工业机器人放开零件时，零件与工作台接触的点。

2. 轨迹获取和编辑方式

轨迹是符合一定条件的动点所形成的图形。在PQArt中，轨迹指设备的运动路径，由若干个点组成，这些点被称为轨迹点。轨迹的运行会根据轨迹点的顺序来执行操作。

轨迹的位置和姿态决定了设备运动的路径、方向和状态等。轨迹设计完成后，通过仿真、后置等功能实现真机运行。

完整的轨迹设计流程一般为：生成轨迹→编辑轨迹→编译→仿真→后置。

（1）获取轨迹的方式　在 PQArt 编程过程中，获取轨迹的方式有两种，分别为导入轨迹和生成轨迹，对应“机器人编程”菜单下的“导入轨迹”和“生成轨迹”按钮，如图 2-58 所示。

图 2-58　“导入轨迹”和“生成轨迹”按钮

导入轨迹是指将其他软件生成的轨迹导入到 PQArt 的编程环境中，作为该编程环境中的轨迹；生成轨迹是指直接在 PQArt 的编程环境中生成轨迹。

除了使用“导入轨迹”按钮外，还可通过在机器人加工管理面板空白处单击鼠标右键，在弹出菜单中选择“导入轨迹”命令，导入所支持格式的轨迹，如图 2-59 所示。

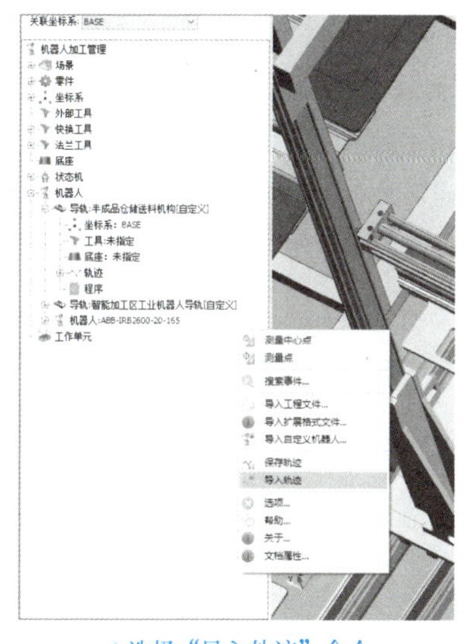

a) 选择“导入轨迹”命令

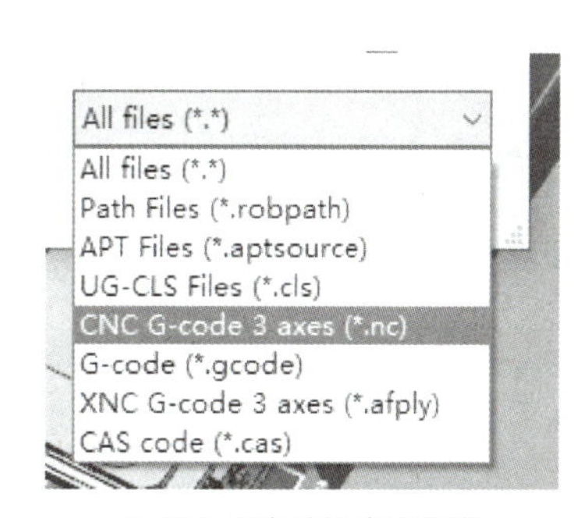

b) 导入所支持格式的轨迹

图 2-59　导入轨迹

（2）常用的轨迹编辑方式　轨迹编辑的目的是优化机器人运动的路径和姿态，最终实现工艺效果。轨迹生成后可能因为机器人的位置和关节运动范围等条件限制，出现不可达、轴超限和奇异点等问题，这时就需要编辑轨迹。轨迹编辑菜单位置如图 2-60 所示。下面学习使用 PQArt 时，常用的轨迹编辑方式。

1）轨迹优化。轨迹优化可以对所选轨迹进行整体调整，一方面解决轨迹中轴超限的点和奇异点等问题；另一方面可优化轨迹姿态。轨迹优化默认固定被选轨迹上所有点的 Z 轴，优化时只绕 Z 轴旋转一定的角度，角度的大小根据实际情况而定。

“轨迹优化”界面如图 2-61 所示，界面提供了以下信息：轨迹点的个数，轨迹点的序号和点绕 Z 轴旋转的角度。“轨迹优化”界面说明见表 2-14。

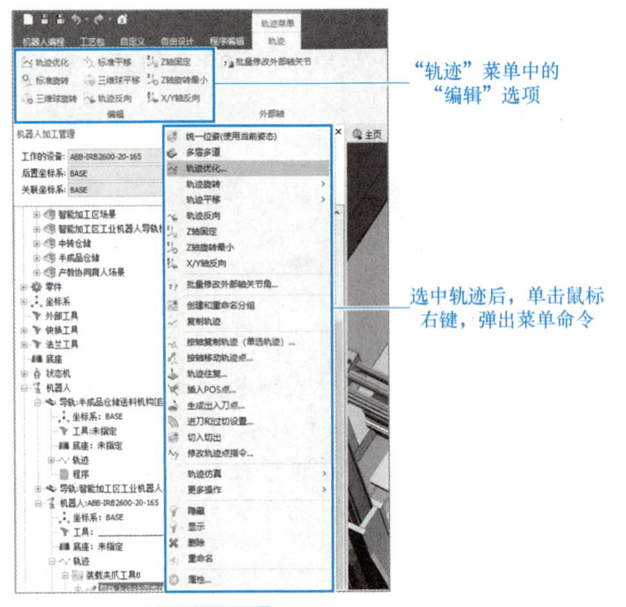

图 2-60 轨迹编辑菜单位置

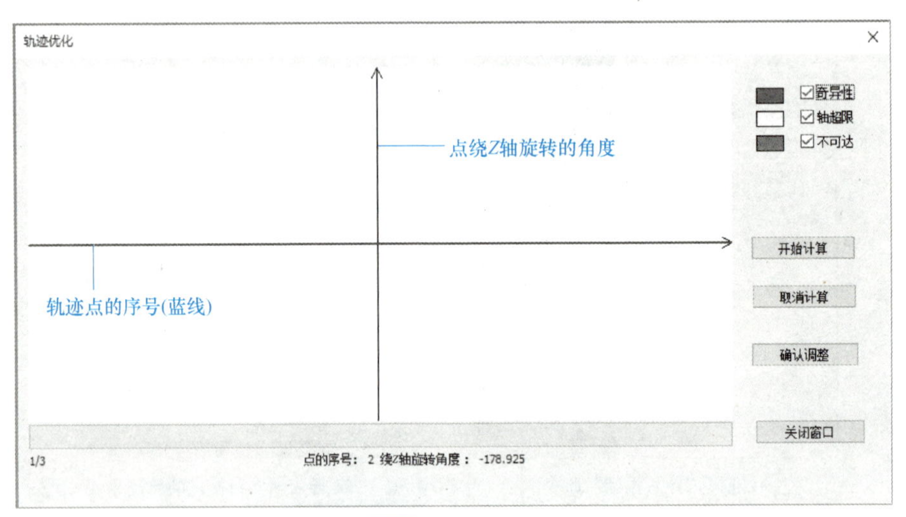

图 2-61 "轨迹优化"界面

表 2-14 "轨迹优化"界面说明

界面元素	介绍说明
奇异性	勾选后可显示轨迹中的奇异点（紫色）
轴超限	勾选后可显示轨迹中轴超限的点（黄色）
不可达	勾选后可显示轨迹中不可达的点（红色）
开始计算	计算出轨迹中轴超限、不可达的点和奇异点，并以不同颜色显示在界面中
取消计算	终止计算，一般适用于轨迹点较多的轨迹
确认调整	确认并保存当前对轨迹点的调整

（续）

界面元素	介绍说明
关闭窗口	关闭优化窗口。直接关闭不会保存所做的任何调整
蓝线	表示所有轨迹点的集合，可通过鼠标对蓝线进行拖动操纵，横向显示轨迹点的序号，纵向可改变轨迹的姿态，即绕 Z 轴旋转一定角度

轨迹优化的方法是将蓝线拖动到远离黄色区域的空白区（机器人工作的最优区）。图 2-62a 所示为单击“开始计算”按钮后的画面，单击蓝线上的四个点进行拖动，使得蓝线离开黄色区域，如图 2-62b 所示，从而调整轨迹的姿态；选中蓝线，单击鼠标右键，如图 2-62c 所示，可根据需求选择“增加点”或“删除点”命令。

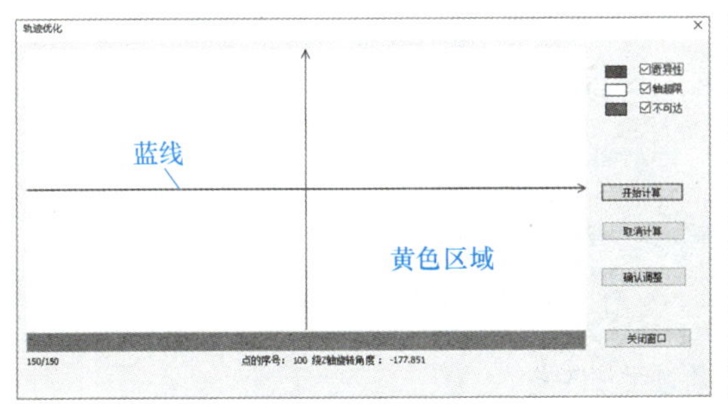

a）单击“开始计算”按钮后的画面

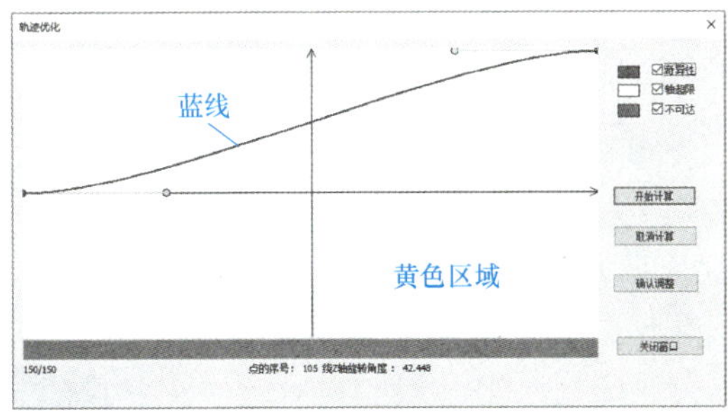

b）拖动蓝线离开黄色区域

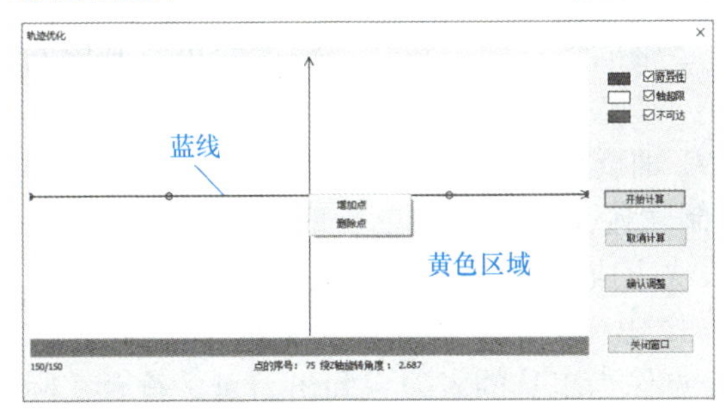

c）右击蓝线

图 2-62　轨迹优化的方法

在将蓝线拖移出黄色区域后，单击“开始计算”按钮，确认优化无误后，单击“确认调整”按钮和“关闭窗口”按钮。优化后的轨迹点都会变为正常状态（绿色对勾），轨迹优化效果如图 2-63 所示。

2）轨迹旋转。轨迹旋转是将当前轨迹上所有的轨迹点绕 *X*/*Y*/*Z* 轴方向实现指定角度的旋转，多用于调整轴超限的点，或者改变轨迹姿态以满足机器人运动路径的需求。

3）轨迹平移。轨迹平移是将轨迹沿 *X*/*Y*/*Z* 轴方向平移一定距离，改变轨迹的位置。

4）轨迹反向。轨迹反向是将轨迹的起始点变为终点，终点变为起始点，改变机器人运动路径的方向。“轨迹反向”示意图如图 2-64 所示，序号为 1 的点经过轨迹反向之后，由起始点变为了终点。

组/点	指令	线速度(...	角速度(r...	轨迹逼近
分组1				
点14...	Move-Joint	200.00	0.10	0
点1<...	Move-Line	200.00	0.10	0
点2<...	Move-Line	200.00	0.10	0
分组2				
点3<...	Move-Line	200.00	0.10	0
点4<...	Move-Line	200.00	0.10	0
点5<...	Move-Line	200.00	0.10	0
点6<...	Move-Line	200.00	0.10	0
点7<...	Move-Line	200.00	0.10	0
点8<...	Move-Line	200.00	0.10	0
点9<...	Move-Line	200.00	0.10	0
点10...	Move-Line	200.00	0.10	0
点11...	Move-Line	200.00	0.10	0
点12...	Move-Line	200.00	0.10	0
点13...	Move-Line	200.00	0.10	0
点14...	Move-Line	200.00	0.10	0
点15...	Move-Line	200.00	0.10	0
分组3				

：正常 ：不可达 ！：轴超限 ：奇异点 ？：未知

工作轨迹： 轨迹1 　□机器人运动到点

图 2-63 轨迹优化效果

5）*Z* 轴固定。*Z* 轴固定是将轨迹上所有点的三个坐标轴方向调整至与第一个点对应的三个坐标轴方向平行。*Z* 轴固定可使工具转动幅度变小，避免发生碰撞，也适用于调整轴超限的点。

6）*X*/*Y* 轴反向。*X*/*Y* 轴反向是将轨迹上所有点的 *X* 轴和 *Y* 轴绕 *Z* 轴旋转 180°。

7）复制轨迹。复制轨迹是对选中的单条或多条轨迹进行复制，用于执行相同或相近的轨迹操作，可避免二次生成相同轨迹。复制的轨迹与原轨迹在位置和姿态上完全一致。

8）生成出入刀点。“出入刀点”界面如图 2-65 所示，生成出入刀点是在轨迹的起始点和终点分别生成一个点作为工具的入刀点和出刀点，符合实际工艺需求，可使机器人尽量避免发生碰撞。

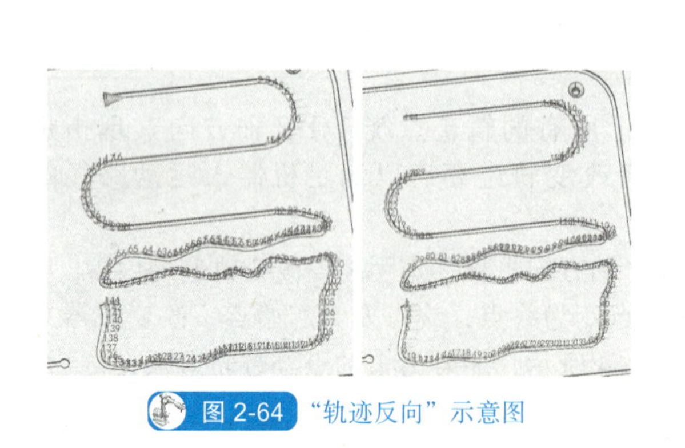

图 2-64 “轨迹反向”示意图

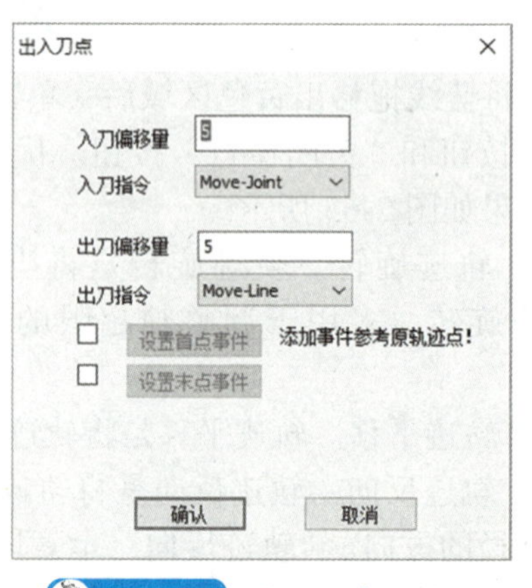

图 2-65 “出入刀点”界面

出、入刀偏移量是工具入刀点和出刀点分别距离第一个轨迹点和最后一个轨迹点的距离，单位是 mm。

9）插入 POS 点。插入 POS 点与生成出入刀点功能类似，是在工具中心点（TCP）位置插入一个点。插入 POS 点的指令包括 Move-Line（线性运动）和 Move-Joint（关节运动）两种，还可以选择 POS 点的位置在轨迹首还是在轨迹尾。若 POS 点在轨迹首，则只在轨迹第一个点前生成入刀点；若 POS 点在轨迹尾，则只在轨迹最后一个点后生成出刀点。

10）隐藏、显示、删除和重命名。

① 隐藏：隐藏当前选中的单条或多条轨迹。隐藏后，机器人加工管理面板中的轨迹会变成灰色，绘图区的轨迹会暂时隐藏不见。

② 显示：重新显示已隐藏的轨迹。右击机器人加工管理面板中的轨迹，选择菜单中的“显示”命令即可。

③ 删除：删除当前选中的单条或多条轨迹。

④ 重命名：可更改当前所选单条轨迹的名称。

11）创建分组。创建分组，对单条或多条轨迹进行分组。实际操作中需要对工件分区域加工，添加分组更方便管理轨迹。

12）属性。属性即与轨迹、轨迹点相关的一系列属性和指令，在对话框中可方便地查看、调整这些属性和指令。

（3）轨迹显示　在“选项”对话框的“轨迹显示”标签（见图 2-66）下可以设置轨迹点和轨迹线的显示状态，勾选对应选项即可显示，也可以设置轨迹点的大小和轨迹线的颜色。

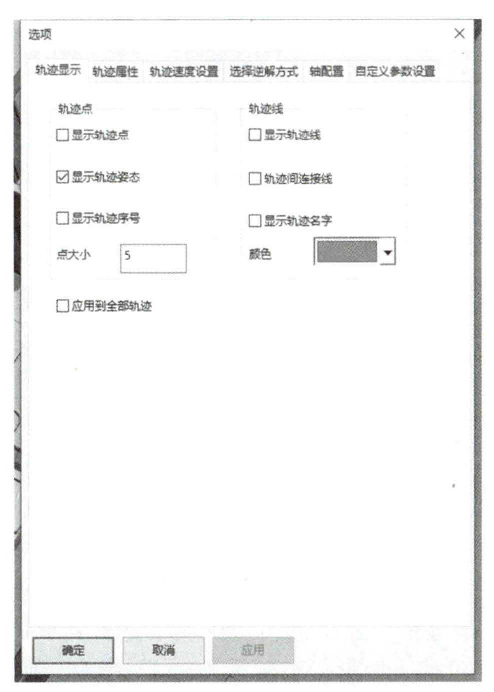

图 2-66　“选项”对话框的“轨迹显示”标签

（4）轨迹属性　查看并修改当前轨迹关联的零件、机器人使用的工具、轨迹关联的工具中心点和使用的坐标系。可在下拉菜单中进行选择，一般场景中存在多个零件、工具和坐标系时需谨慎选择。

3. 工具的安装和卸载

对于快换工具来说，导入后还需要手动安装到法兰工具上，通常快换工具可以抓取或放开目标零件。

在包含工业机器人及其配套法兰工具的 PQArt 工程环境中导入快换工具后，可以通过如图 2-67 所示的工具安装、卸载功能的三种调用方式，选择“安装（生成轨迹）”或“安装（改变状态 – 无轨迹）”命令安装工具，选择“卸载（生成轨迹）”或“卸载（改变状态 – 无轨迹）”命令卸载工具。

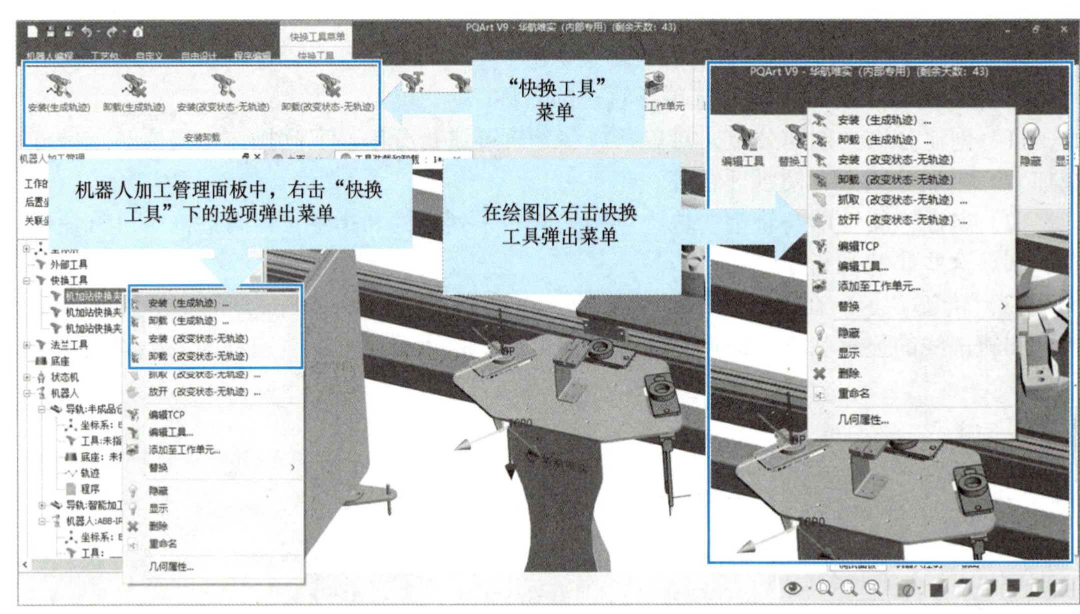

图 2-67　工具安装、卸载功能的三种调用方式

安装工具时，若选择“安装（生成轨迹）”命令，则在将快换工具安装至工业机器人法兰工具上的同时，生成工业机器人运动至快换工具处、安装快换工具的轨迹；若选择“安装（改变状态 – 无轨迹）”命令，则将快换工具安装至工业机器人法兰工具上，只改变工具的安装状态，不会生成安装工具的轨迹。

卸载工具时，若选择“卸载（生成轨迹）”命令，则将在工业机器人卸载快换工具的同时，生成卸载过程的轨迹；若选择“卸载（改变状态 – 无轨迹）”命令，则不会生成卸载工具的轨迹。

安装工具时选择“安装（生成轨迹）”命令，若卸载工具时选择“卸载（生成轨迹）”命令，则生成的卸载工具轨迹是工业机器人将快换工具重新放回至快换工具原始位置的轨迹；若卸载工具时选择“卸载（改变状态 – 无轨迹）”命令，则工业机器人将快换工具重新放回初始位置，但是不会生成工作轨迹。

安装工具时选择“安装（改变状态 – 无轨迹）”命令，卸载工具时无论选择哪种方式，如果需要重新将快换工具放回初始位置，则需要选中快换工具并激活其三维球，将其移动至初始位置。完成工具卸载后，快换工具与工业机器人法兰工具为接触安装关系，可以通过三维球改变工具的位置。

4. 零件的抓取和放开

工具对目标零件的抓取和放开功能常应用于涉及搬运的工艺场景中，具体的操作原理和步骤与工业机器人的抓取和放开一致，下面一同进行讲解。

当工业机器人末端已经安装好法兰工具和快换工具时，可以通过选中法兰工具、已被安装的快换工具或工业机器人本体三个途径选择抓取和放开功能，如图 2-68 所示。

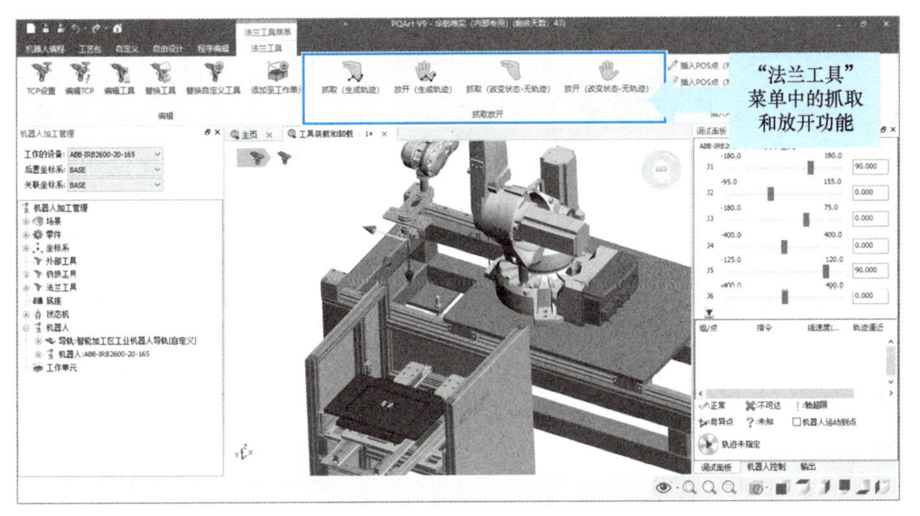

a)“法兰工具”菜单中的抓取和放开功能

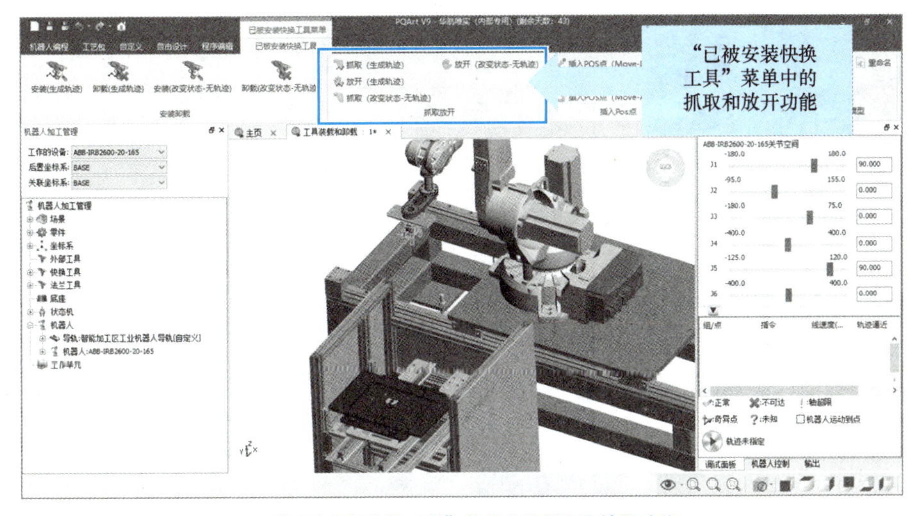

b)“已被安装快换工具”菜单中的抓取和放开功能

图 2-68　选择抓取和放开功能的三个途径

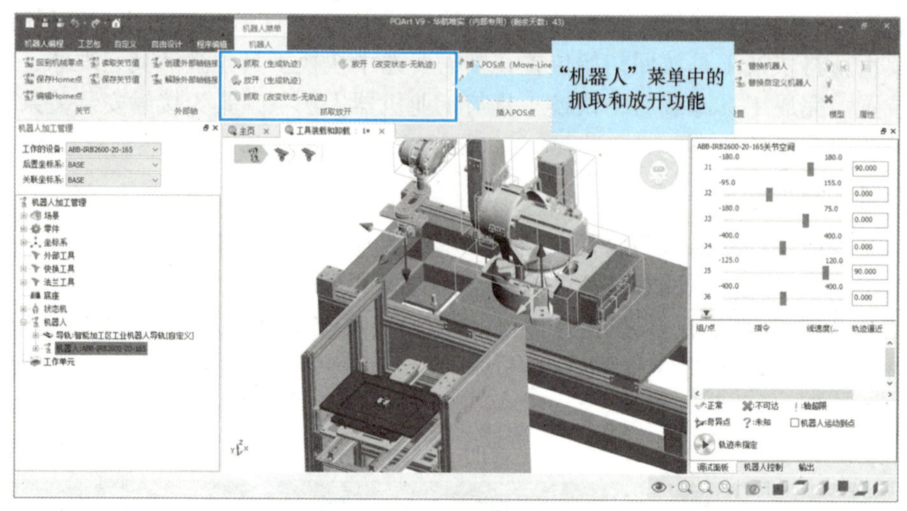

c）“机器人”菜单中的抓取和放开功能

图 2-68 选择抓取和放开功能的三个途径（续）

抓取流程示意图如图 2-69 所示。进行目标零件的抓取时，需要先使用三维球将安装在工业机器人末端的快换工具移动至零件抓取的目标位置，如图 2-69 步骤①所示，然后选择“抓取（生成轨迹）”命令或“抓取（改变状态 – 无轨迹）”命令，无论选择哪种抓取方式，均需要选择被抓取的物体和抓取位置，如图 2-69 步骤②和③所示。若选择“抓取（生成轨迹）”命令，则需要设置抓取前后的入刀偏移量和出刀偏移量，如图 2-69 步骤④所示，完成设置后，将生成抓取物体的轨迹，结果如图 2-69 步骤⑤所示。若选择“抓取（改变状态 – 无轨迹）”命令，则不会生成轨迹，只改变物体的抓取状态，结果如图 2-69 步骤⑥所示。

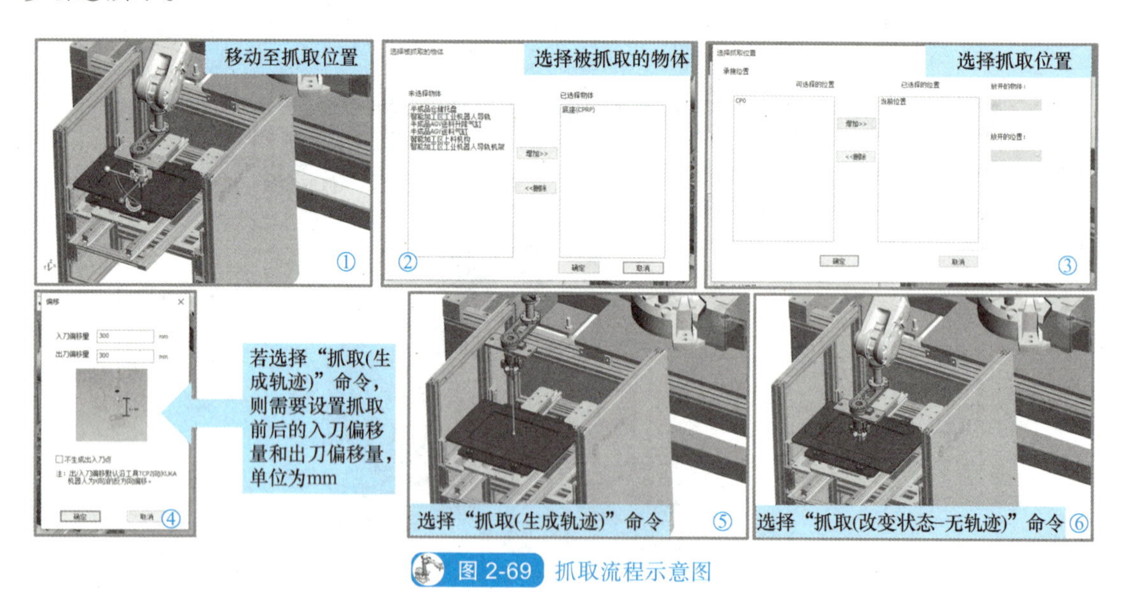

图 2-69 抓取流程示意图

在已经抓取目标零件的状态下，进行目标零件的放开时，需要先使用三维球将被抓取的零件放置到待放开的位置，然后选择“放开（生成轨迹）”命令或“放开（改变状态 – 无

轨迹）”命令。“放开（生成轨迹）”命令和“放开（改变状态 – 无轨迹）”命令两者的区别仅在于是否生成轨迹，具体放开流程与抓取流程相似。无论选择哪种放开方式，均需要选择被放开的物体。当选择“放开（生成轨迹）”命令时，需要设置放开物体时的入刀偏移量和出刀偏移量；当选择“放开（改变状态 – 无轨迹）”命令时，选择完被放开的物体后，物体将处于被放开状态。

任务实施

1. 虚拟工作站中工具的安装和卸载

<table>
<tr><td colspan="2">➤ 任务引入</td></tr>
<tr><td colspan="2">本任务需要基于前序工作任务中完成搭建的虚拟工作站进行，完成吸盘工具的自动化安装和卸载。</td></tr>
<tr><td colspan="2">➤ 任务实施</td></tr>
<tr><td>1）打开完成搭建的工作站工程文件，调整工业机器人位姿至下图所示后，单击“插入 POS 点（Move–AbsJoint）”命令，使工业机器人运动至当前位姿。
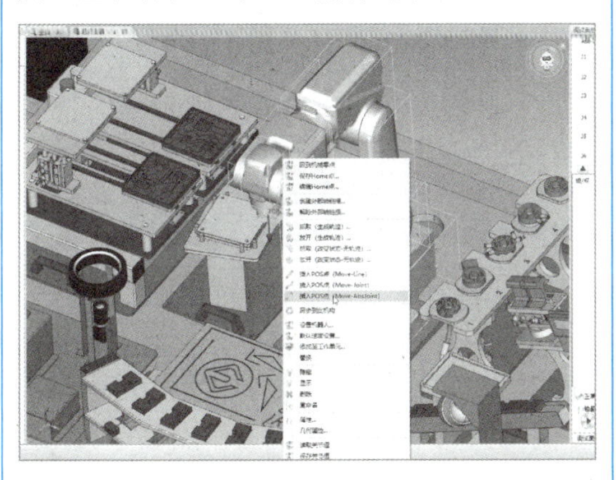</td><td>2）调整工业机器人位姿，使其处于工具单元附近，单击“插入 POS 点（Move–Joint）”命令，使工业机器人迅速运动至此点，准备进行工具的安装。
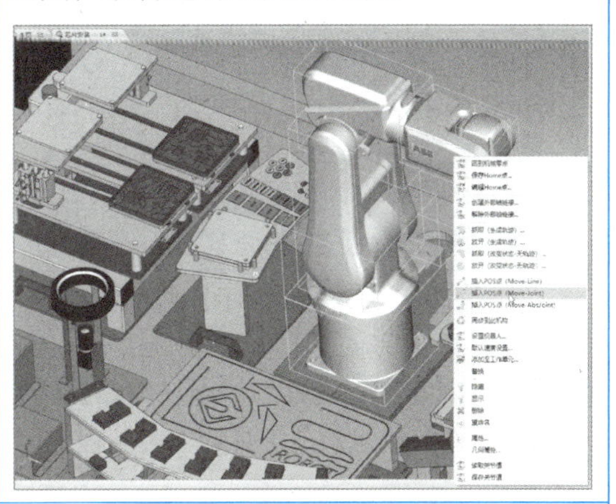</td></tr>
<tr><td>3）右击待安装的吸盘工具，然后在弹出菜单中选择“安装（生成轨迹）”命令，在弹出的“偏移”对话框中设置安装工具时的入刀偏移量和出刀偏移量。入刀偏移量是安装工具前的准备点位，此处设置为 200mm；吸盘工具结构较为复杂，完成安装后如果直接竖直方向移动离开工具单元可能造成碰撞，所以此处出刀偏移量设置为 15mm，即安装后先短距离提高。设置完成后单击“确定”按钮。</td><td>4）添加工具安装后的过渡点位。首先调节吸盘工具的三维球方向，便于后面过渡点位的示教。其次选中工业机器人末端的吸盘工具，激活其三维球，将三维球调节至 Z 轴垂直于水平面，另外两个轴分别与工具单元的侧边平行。当前吸盘工具处于安装状态，移动法兰工具后吸盘工具将一同运动。</td></tr>
</table>

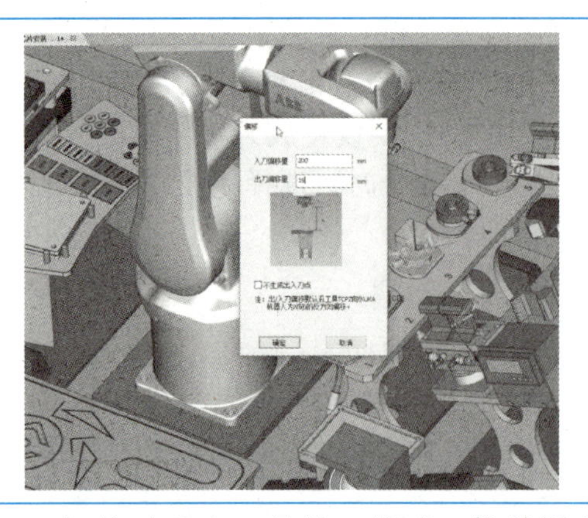

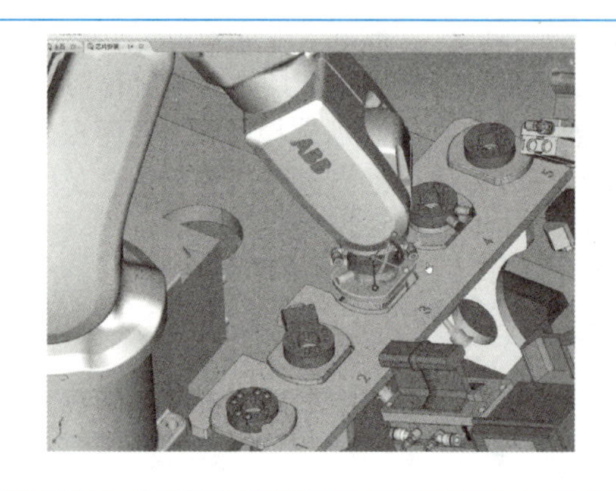

5）拖动吸盘工具的三维球，使其沿着吸盘工具当前三维球的 Y 轴方向移动，然后单击“插入POS点（Move-Line）”命令，使吸盘工具先行移动至过渡点位。

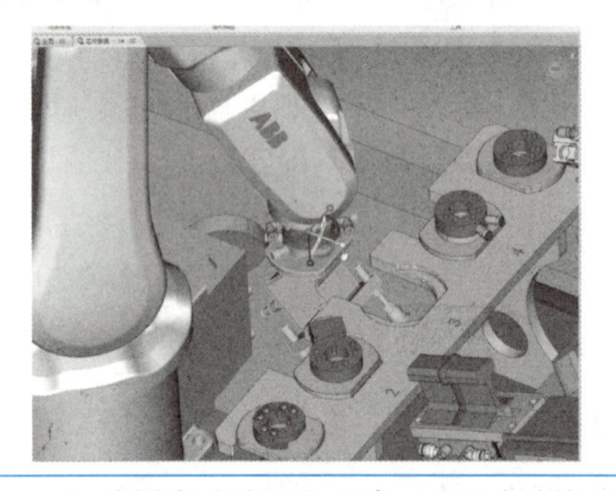

6）继续使用吸盘工具的三维球，拖动工业机器人运动至过渡点位，单击“插入POS点（Move-Line）”命令，使工业机器人先行移动至过渡点位。

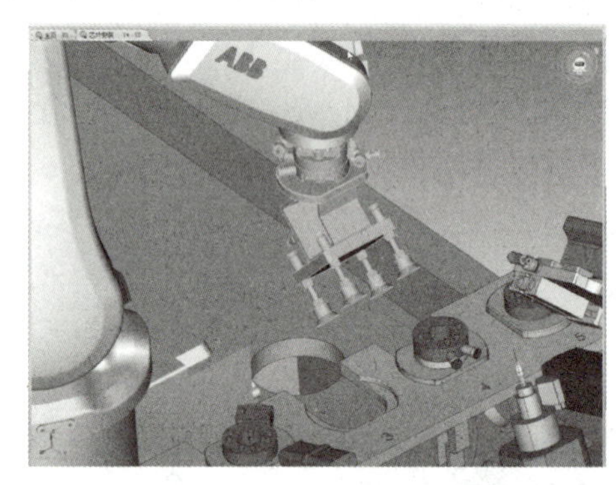

7）编译完成编写的程序，通过复制轨迹的方式，添加完成工具安装后的工作点位。完成工具安装流程设置后，重新编译，然后单击“仿真”按钮验证工具的安装流程。

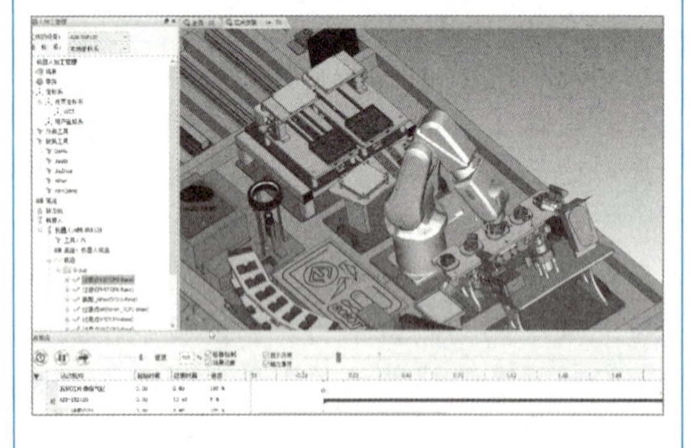

8）进行工具卸载流程的编辑。在吸盘工具的安装和卸载过程中，过渡点位可以通用，均可以通过复制点位的方式复用。复制工具安装时的初始工作点位，右击复制的点位，在弹出菜单中进行工具卸载轨迹组的新建。

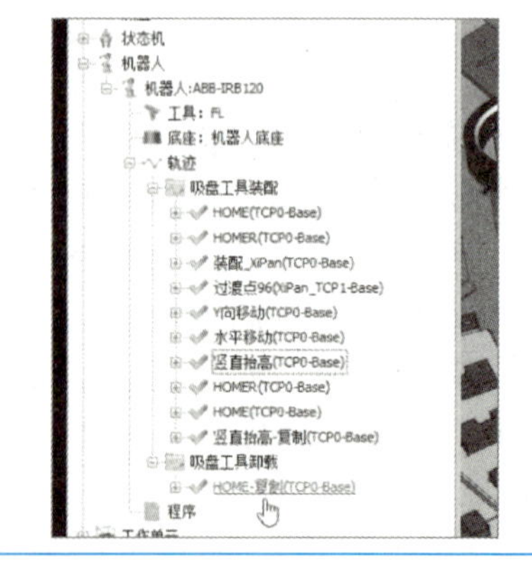

9）添加工具卸载前的过渡点位。

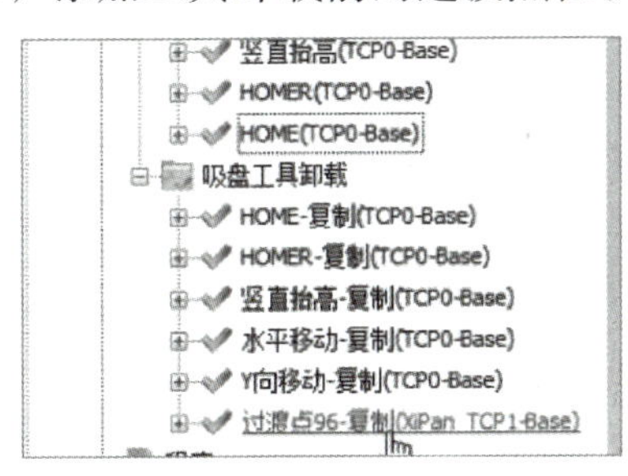

10）当前工业机器人处于工具卸载的准备点位，即前序安装完成后的点位，处于安装点位竖直方向 15mm 处。右击吸盘工具，在弹出菜单中选择“卸载（生成轨迹）”命令。在弹出的“偏移”对话框中设置入刀偏移量为 15mm，出刀偏移量为 200mm，完成后单击“确定”按钮。

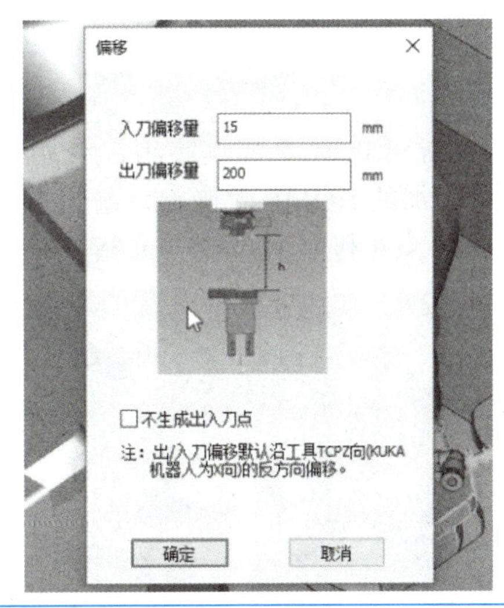

11）通过复制轨迹的方式，完成工具卸载后工作点位的添加，最后单击“仿真”按钮验证工具的卸载流程。

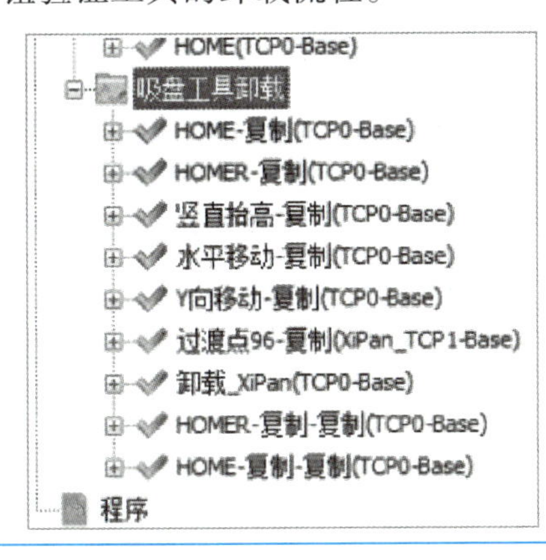

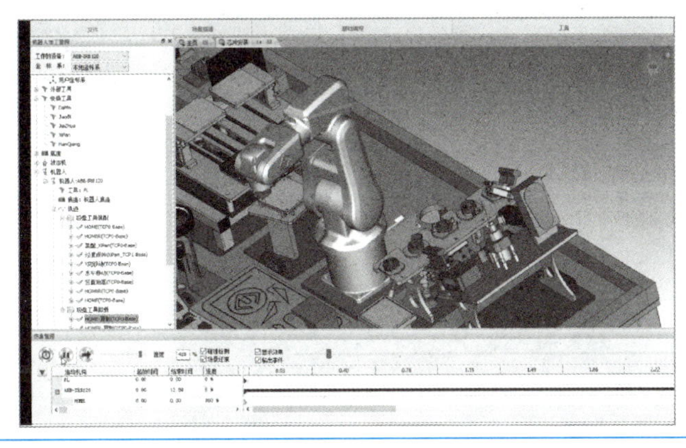

2. 虚拟工作站中编程实现芯片安装

> 任务引入

本任务基于前序任务中完成吸盘工具安装的工程文件进行，需要完成如图 2-70 所示的 A04 号 PCB 的安装。需要注意的是，工作站中零件均设有 CP，PCB 也已经完成 RP 的设置。

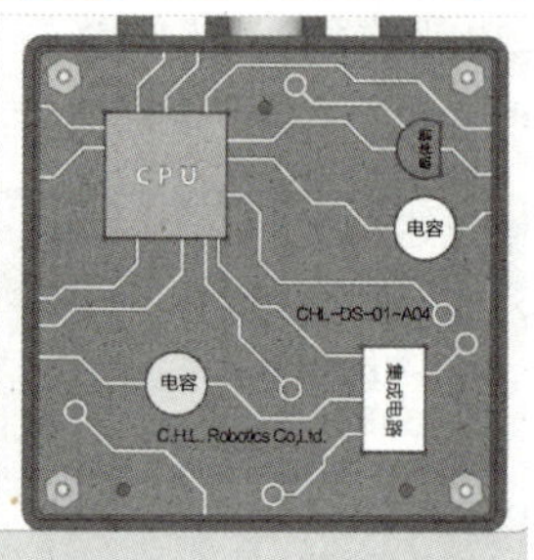

图 2-70 A04 号 PCB

➤ 任务实施

1）新建 PCB 安装轨迹组，沿用前序流程中添加的 HOME 轨迹点，添加图示位置的 POS 点（利用 Move-Joint 指令）。

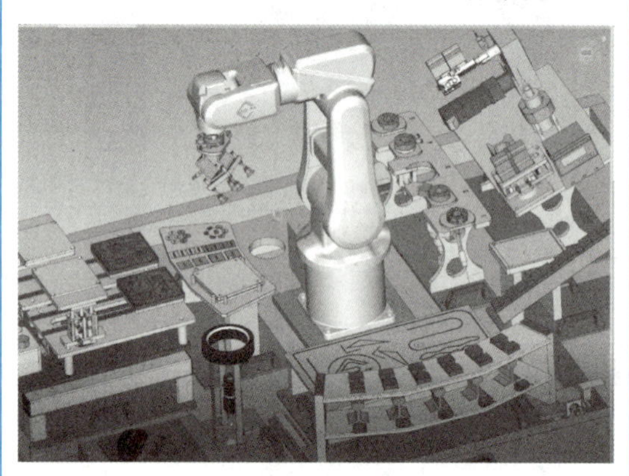

2）添加工业机器人携吸盘工具向原料盘运动的过渡点位，然后在机器人加工管理面板中右击新添加的点位，在弹出菜单中打开“选项”对话框，修改“关联 TCP”为小吸盘处的工具中心点，这样后续在进行芯片抓取和安装时，工业机器人将不会因姿态变化引起碰撞。

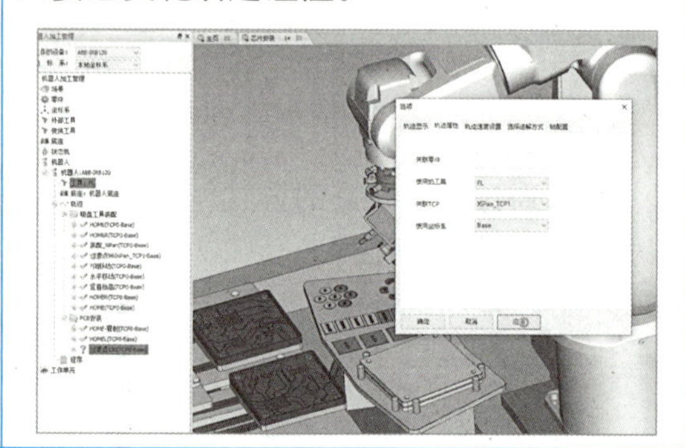

3）右击吸盘工具，在弹出菜单中选择“抓取（生成轨迹）”命令。

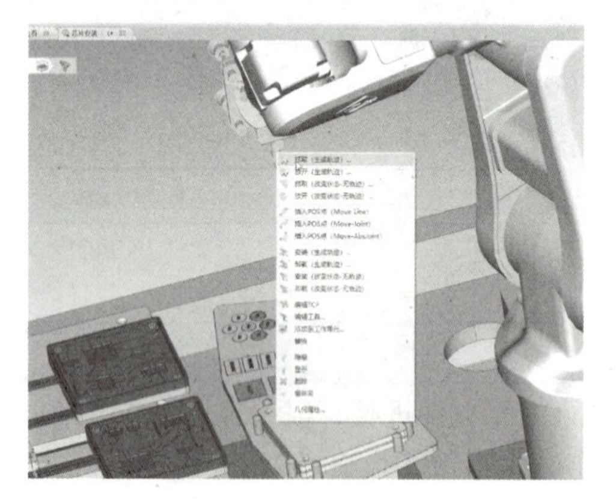

4）弹出“选择被抓取的物体”对话框，在“未选择物体”中选择待安装的零件，此处选择“CPU_01”，然后单击“增加”按钮，完成后单击“确定”按钮。

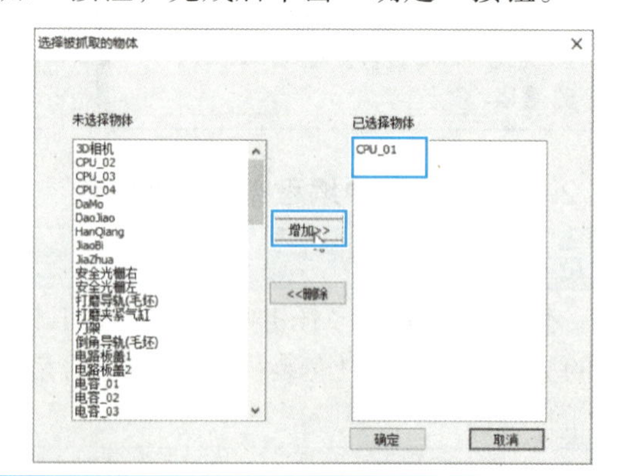

5）在“选择抓取位置”对话框中，选择CPU芯片的CP，然后单击“增加”按钮，完成后单击“确定”按钮。注意，若使用的工作环境中待抓取的零件未完成CP设置，也可以通过操作工业机器人末端工具运动至抓取工作点位，选择当前位置为承接位置的方式实施抓取动作。

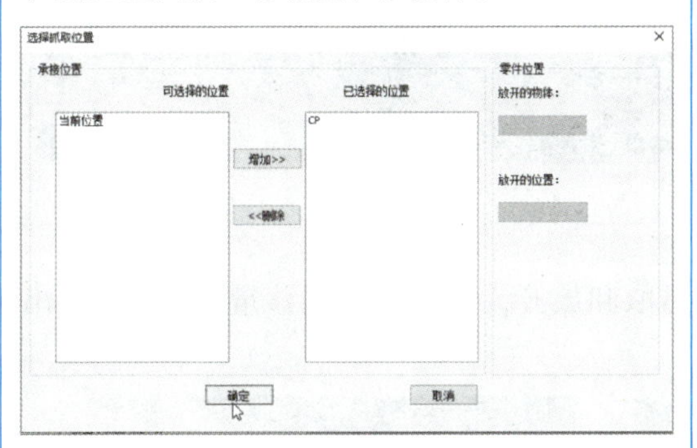

6）设置抓取1号CPU芯片的出入刀位置，入刀偏移量为30mm，出刀偏移量为100mm。

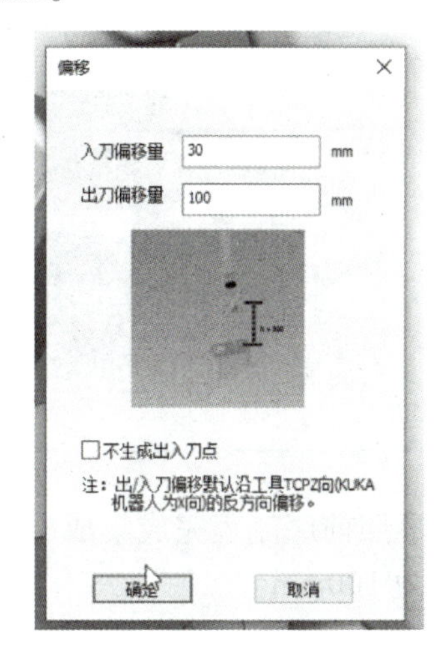

7）进行CPU芯片的安装。首先右击当前机器人抓取的CPU芯片，在弹出菜单中选择“放开（生成轨迹）”命令。

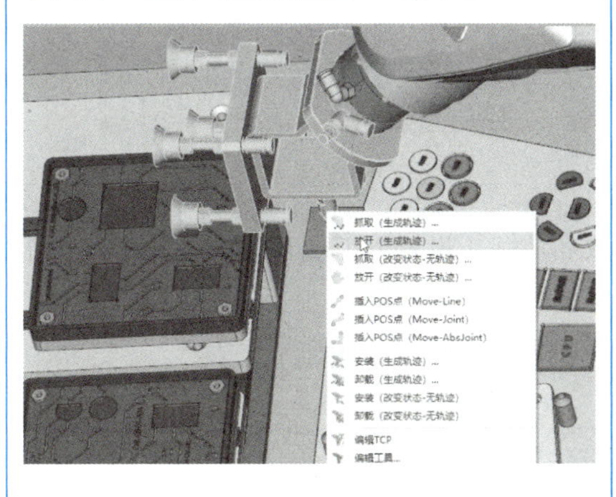

8）在“选择被放开的物体”对话框中选择待放开的物体为“CPU_01”，然后单击“添加”按钮，完成后单击“确定”按钮。

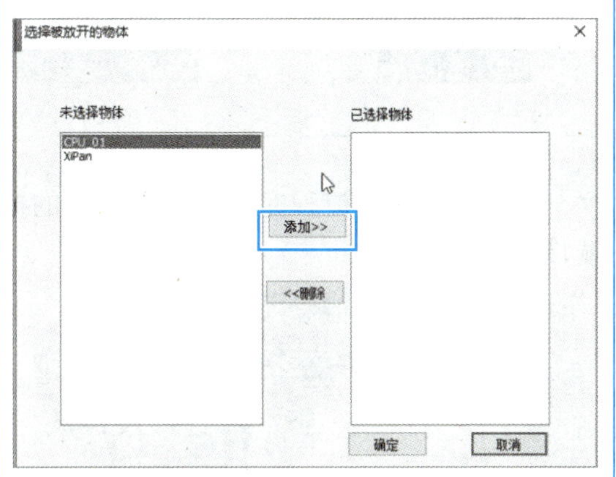

9）放开的承接位置，选择A04号PCB，即操作环境中的“电路板_02”中的“RP_CPU”，然后单击“添加”按钮，完成后单击“确定”按钮。

10）设置放开CPU芯片的入刀偏移量为30mm，出刀偏移量为100mm。

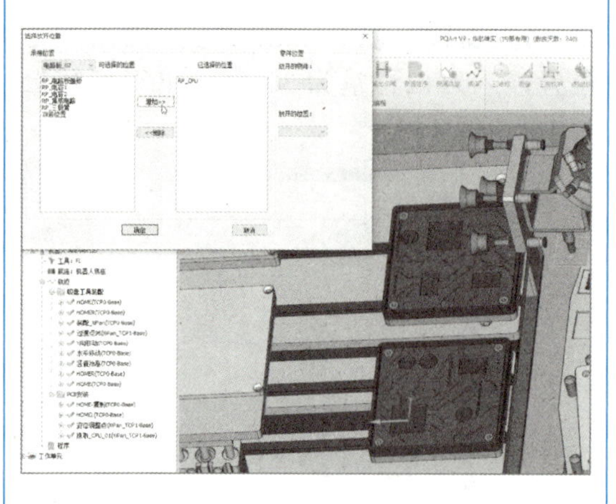

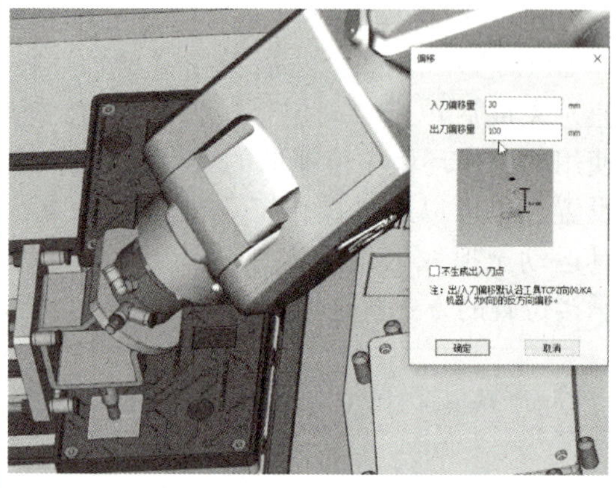

11）参照前序流程完成集成电路芯片的抓取和放开，设置入刀偏移量为 30mm，出刀偏移量为 100mm。

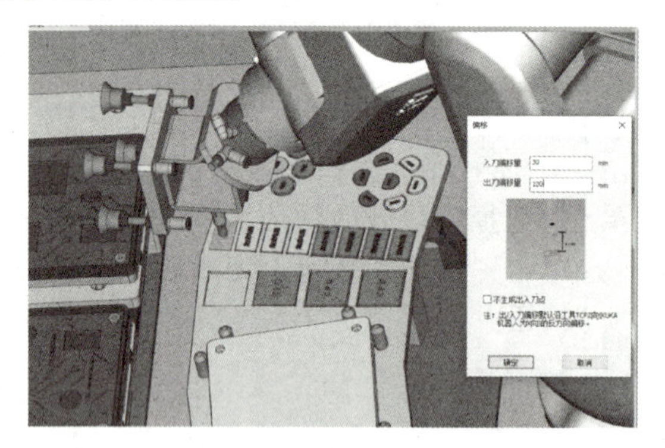

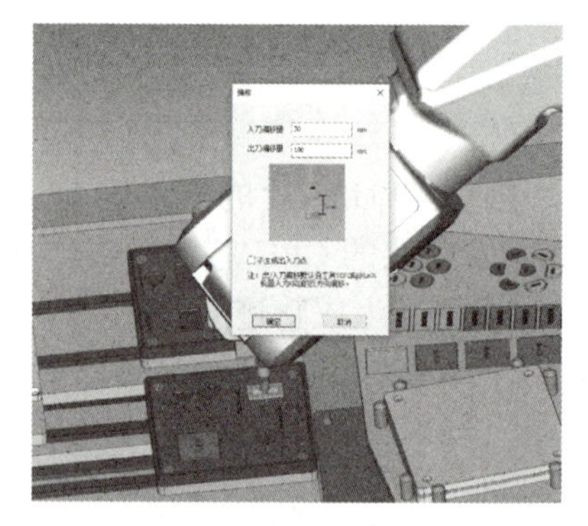

12）参照前序流程完成晶体管芯片的抓取和放开，设置入刀偏移量为 30mm，出刀偏移量为 100mm。

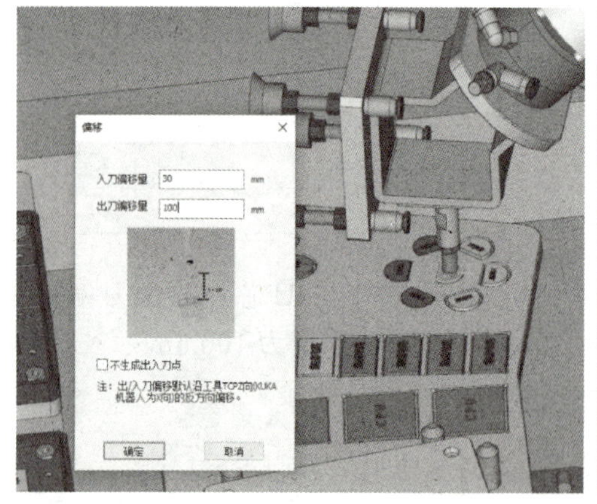

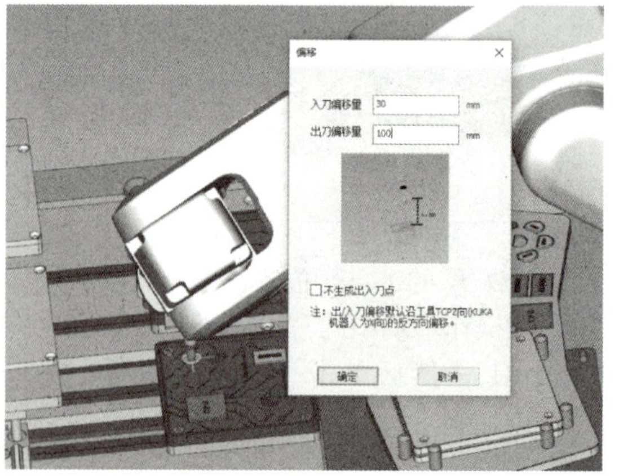

13）参照前序流程完成两块电容芯片的抓取和放开，设置入刀偏移量为 30mm，出刀偏移量为 100mm。完成芯片安装流程的编制后，通过仿真验证程序的可达性，如出现不可达或者轴超限等问题，可以通过轨迹优化的方式进行调整，以保证流程合理。

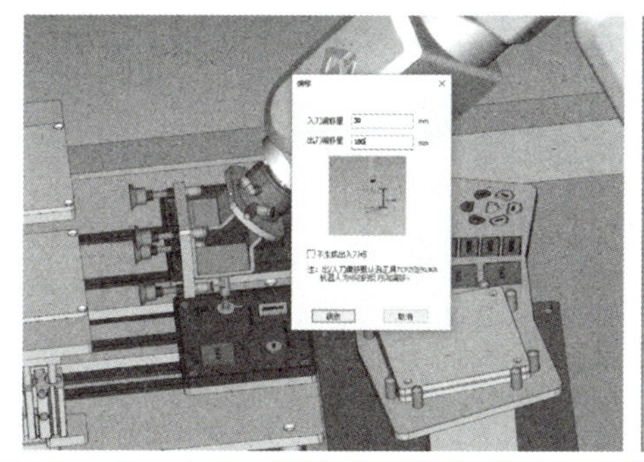

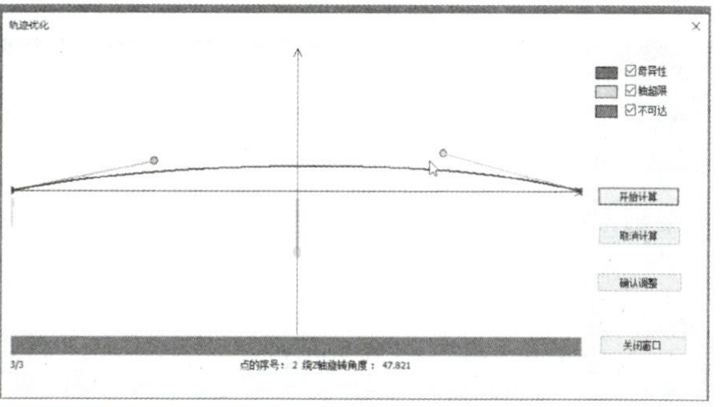

任务评价

任务	配分	评分标准	自评
工艺流程时序虚拟仿真	100 分	1）了解离线仿真软件中零件相关的概念。（10 分）	
		2）掌握轨迹获取和编辑的方式。（20 分）	
		3）掌握离线编程软件中工具的安装和卸载方式。（15 分）	
		4）掌握离线编程软件中零件的抓取和放开方式。（15 分）	
		5）在虚拟工作站中完成工具的安装和卸载。（20 分）	
		6）在虚拟工作站中完成 PCB 产品的安装。（20 分）	

项目工单

姓名		班级		分数	
1. 在虚拟工作站中，完成夹爪工具的安装，并简述操作流程。					
2. 在虚拟工作站中完成 A04 号 PCB 板的安装后，查找资料学习生成流程仿真动画的方法。					

项目 3

机器人程序开发与调试

项目导言

本项目基于支持 PCB 产品安装的工作站，以工业机器人从异形芯片原料盘吸取芯片，将芯片顺序安装到 A06 号 PCB 上，完成产品的装配过程为例，学习 PCB 产品安装工艺实施中程序架构规划、程序开发和调试的方法。

项目目标

- 能够完成 PCB 顺序安装程序的规划。
- 能够完成 PCB 顺序安装程序的开发。
- 能够完成 PCB 顺序安装程序的调试和运行。

新职业——职业技能要求

工作任务	职业技能要求
工作任务 3.1　模块化程序架构规划	工业机器人系统操作员三级 / 高级工：能根据机器人输入 / 输出信号通断，调整机器人运行状态
工作任务 3.2　PCB 安装程序开发	工业机器人系统操作员三级 / 高级工：能创建搬运、码垛、焊接、喷涂、装配、打磨等机器人工作站或系统的运行程序，添加作业指令，进行系统工艺程序编制与调试
工作任务 3.3　PCB 安装程序调试运行	工业机器人系统操作员三级 / 高级工：能根据机器人位置数据、运行状态及运动轨迹调整程序；能利用示教器控制外部辅助轴调整移动平台、变位机等设备的功能；能根据机器人工作站或系统的实际作业效果，调整周边配套设备，优化机器人的作业位姿、运动轨迹、工艺参数、运行程序等；能利用示教器报警功能调整机器人工作站或系统的功能；能设置机器人工作站或系统的安全防护机制，在手动和自动模式下触发机器人停止

工业机器人集成应用职业技能等级要求

工作任务	职业技能等级要求
工作任务 3.1　模块化程序架构规划	工业机器人集成应用（初级）：能操作运用示教器各个功能键并配置示教器参数；能查看示教器常用信息和事件日志，确认工业机器人当前状态；能根据安全操作要求，使用示教器对工业机器人进行手动运动操作并调整工业机器人的位置点；能配置工业机器人的通信板和输入 / 输出信号

（续）

工作任务	职业技能等级要求
工作任务 3.2　PCB 安装程序开发	工业机器人集成应用（初级）：能建立程序，进行工业机器人运动指令的添加、修改、删除和基础编程；能选定运动指令中的工具坐标系和工件坐标系；能设置运动指令中的运动速度、转弯数据、过渡位置和目标位置等参数；能示教编程矩形轨迹、三角形轨迹和圆形轨迹等 工业机器人集成应用（中级）：能完成工业机器人典型工作任务（如搬运、码垛、装配等）的程序编写 工业机器人集成应用（高级）：能使用定时器、信号控制等指令，控制工序运行节奏和各单元间的动作时序；能应用通信指令，实现工业机器人与周边设备的协同；能使用循环、判断、跳转等指令，实现工业机器人程序的多分支逻辑控制
工作任务 3.3　PCB 安装程序调试运行	工业机器人集成应用（中级）：能完成工作站的联机调试运行；能调整工业机器人的运动参数，完成生产工艺和节拍的优化

职业素养

工业机器人产业是智能装备业的重要组成部分，一批又一批能工巧匠正在以风雨无阻的精神勇敢推动着我国工业机器人产业“从无到有、由弱到强”的高质量发展，而工业机器人的综合应用离不开从业人员爱岗敬业、艰苦奋斗、勇于创新、淡泊名利和甘于奉献的劳模精神。

工作任务 3.1　模块化程序架构规划

在进行程序架构规划前，我们先来学习工业机器人语言，了解在工业机器人系统中程序的组成，以便进行架构的建立；学习工业机器人通信，以便规划 PCB 安装时工业机器人与外部设备的通信；学习工业机器人系统数据，以便规划点位信息和数据的存储方式；学习压力开关的工作方式，以便掌握在芯片吸取和安装过程中如何判断芯片吸取或放置到位。

知识沉淀

1. 工业机器人语言

RAPID 语言是由工业机器人厂家针对用户示教编程所开发的机器人编程语言，RAPID 语言类似于高级编程语言，与 VB 和 C 语言相近，所以只要学习过高级编程语言，便能快速掌握 RAPID 语言。RAPID 语言在进行数据存储时，将模块划分为系统程序模块和任务模块。系统程序模块被视为系统的一部分，任务模块被视为任务或应用的一部分。

系统程序模块在系统启动期间自动加载到任务缓冲区，旨在（预）定义常用的系统特定数据对象（如工具、焊接数据和移动数据等）和接口（如打印机、日志文件）等。

任务模块保存在程序文件上时，不包括系统程序模块。在进行程序规划时，通常将实际任务或一类应用按照功能或工艺等划分成若干个模块，每个模块又按照实际流程和动作等划分成若干个例行程序，程序架构如图 3-1 所示，示教器界面程序文件层级显示如图 3-2 所示。

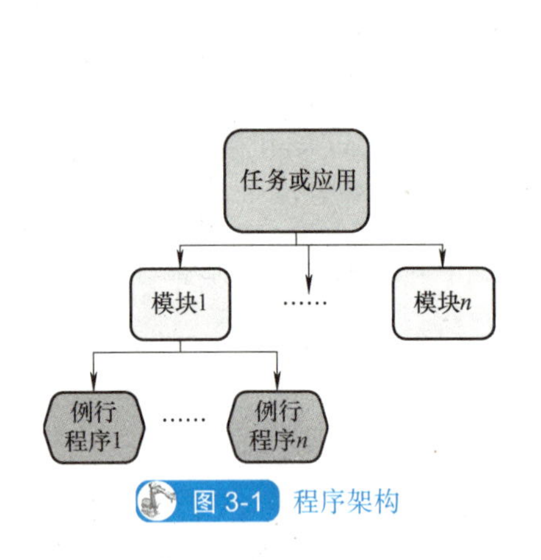

图 3-1 程序架构

图 3-2 示教器界面程序文件层级显示

每一个例行程序都包含程序、程序数据、函数和指令，程序有三种类型：没有返回值的 Procedure 类型程序、有特定类型返回值的 Function 类型程序和 Trap 类型的中断程序。

2. 工业机器人通信

工业机器人常需与外部设备通信从而实现协同工作。ABB 工业机器人支持多种通信方式，包括 RS–232、OPC server、Socket Message（套接字信息）、DeviceNet、PROFIBUS、PROFIBUS–DP（PROFIBUS 分布式周边）、PROFINET 和 EtherNet/IP 等。其中，DeviceNet 是控制器中标准 I/O 装置（也称标准 I/O 板）与主计算机之间使用的通信方式。

ABB 工业机器人的通信方式和通信装置见表 3-1，当工业机器人系统配备了对应的硬件选项及系统配置时，即可满足通信要求。

表 3-1 ABB 工业机器人的通信方式和通信装置

通信方式			通信装置
基于 PC 通信	工业网络通信	I/O 通信	
RS–232	DeviceNet	数字量 I/O	标准 I/O 装置
OPC server	PROFIBUS	模拟量 I/O	PLC
Socket Message	PROFIBUS–DP	组信号 I/O	……
	PROFINET	……	
	EtherNet/IP		

ABB 工业机器人控制器的通信协议和标准 I/O 装置见表 3-2。

表 3-2　ABB 工业机器人控制器的通信协议和标准 I/O 装置

通信协议	标准 I/O 装置
DeviceNet	DSQC 651、DSQC 652、DSQC 653 等
PROFIBUS-DP	DSQC 667
PROFINET	DSQC 688
EtherNet/IP	DSQC 1030

ABB 工业机器人控制器可选配使用的常见 I/O 装置有 DSQC 651、DSQC 652、DSQC 653、DSQC 355A 和 DSQC 377A 五种，除分配地址不同外，其配置及安装方法基本相同。I/O 装置在 ABB IRC5 Compact 控制器中的安装位置如图 3-3 所示。

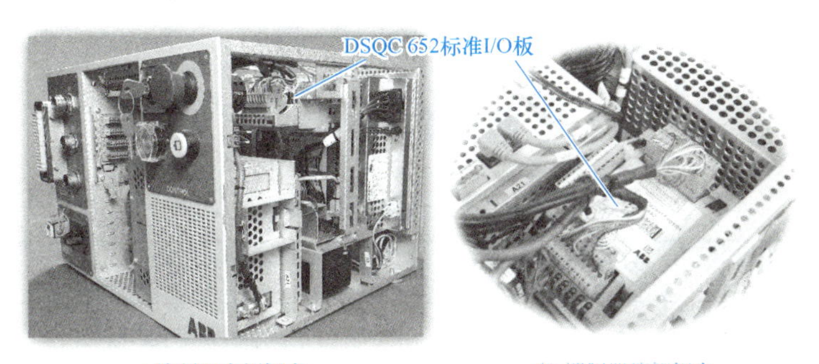

a) 控制器右侧视角　　b) 控制器俯视视角

图 3-3　I/O 装置在 ABB IRC5 Compact 控制器中的安装位置

3. 工业机器人系统数据

RAPID 数据是在 RAPID 语言编程环境下定义的用于存储不同类型数据信息的数据。RAPID 语言体系中定义了上百种工业机器人可能用到的数据类型，用于存放工业机器人编程需要用到的各种类型的常量和变量。同时，RAPID 语言允许用户根据这些已经定义好的数据类型，依照实际需求创建新的数据结构。

（1）数据存储类型　RAPID 数据按照存储类型可以分为三大类，分别为变量（VAR）、可变量（PERS）和常量（CONTS），三个数据存储类型的特点如下。

① 变量：执行或停止时会保留当前的值，在程序指针（PP）被移到主程序后，数值会丢失。

② 可变量：不管程序的指针如何，都会保持最后被赋予的值。

③ 常量：定义时就被赋予了特定的数值，并且不能在程序中改动，只能手动修改。

定义变量时，可以赋值，也可以不赋值。当在程序中遇到新的赋值语句时，当前值改变，但初始值不变；当遇到指针重置（指程序指针被人为从一个例行程序移至另一个例行程序，或移至主程序）时，恢复到初始值。定义可变量时，必须赋予初始值，当在程序中遇到新的赋值语句时，当前值改变，初始值也跟着改变，初始值可以被反复修改（多用于生产计数）。定义常量时，必须赋予初始值。常量在程序中是一个静态值，不能被赋予新值，只能通过修改初始值来更改。

（2）数据定义　新建程序数据时，可在其数据声明界面（见图 3-4）对程序数据类型的名称、范围、存储类型、任务、模块、例行程序、维数和初始值进行设定，数据设定参数说明见表 3-3。

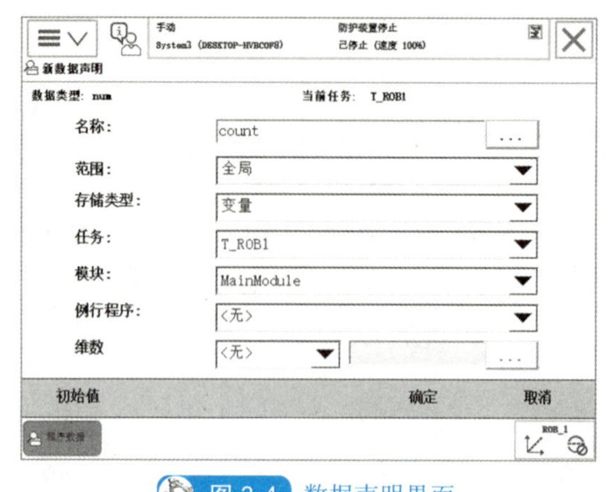

图 3-4 数据声明界面

表 3-3 数据设定参数说明

数据设定参数	说明
名称	设定数据的名称
范围	设定数据可使用的范围，有“全局”“本地”和“任务”三个选择，“全局”表示定义的数据可以应用于所有的模块中；“本地”表示定义的数据只可应用于所在的模块中；“任务”则表示定义的数据只能应用于所在的任务中
存储类型	设定数据的可存储类型，有“变量”“可变量”和“常量”三种
任务	设定数据所在的任务
模块	设定数据所在的模块
例行程序	设定数据所在的例行程序
维数	设定数据的维数，数据的维数一般指数据不相干的几种特性
初始值	设定数据的初始值。数据存储类型不同，初始值不同，根据需要选择合适的初始值

（3）常用数据类型　示教编程中的常用数据类型见表 3-4。

表 3-4 常用数据类型

数据类型	说明
bool	布尔量
byte	整数数据，范围是 0 ～ 255
clock	计时数据
jointtarget	关节位置数据

（续）

数据类型	说明
loaddata	负载数据
num	数值数据
pos	位置数据，只有 *X* 轴、*Y* 轴和 *Z* 轴参数
robjoint	机器人轴角度数据
speeddata	机器人与外轴的速度数据
string	字符串
tooldata	工具数据
wobjdata	工件数据

4. 压力开关

压力开关采用高精度、高稳定性能的压力传感器和变送电路，再经专用 CPU 模块化信号处理技术，实现对介质压力信号的检测、显示、报警和控制信号输出。

压力开关广泛用于石油、化工、冶金、电力和供水等领域中对各种气体、液体的表压、绝压的测量控制；压力开关分为机械式和电子式两种，本工作站使用的压力开关为电子式压力开关，当它检测到吸盘工具吸取了芯片时，会将输出信号反馈给机器人。

本工作站中使用的压力开关按键和背面接口说明如图 3-5 所示。

压力开关有两路输出通道 OUT1 和 OUT2 用于信号输出，输出信号端子如图 3-6 所示，实际接线中只用到了 OUT1，当 OUT1 有信号输出时，对应的 OUT1 信号指示灯会亮起。

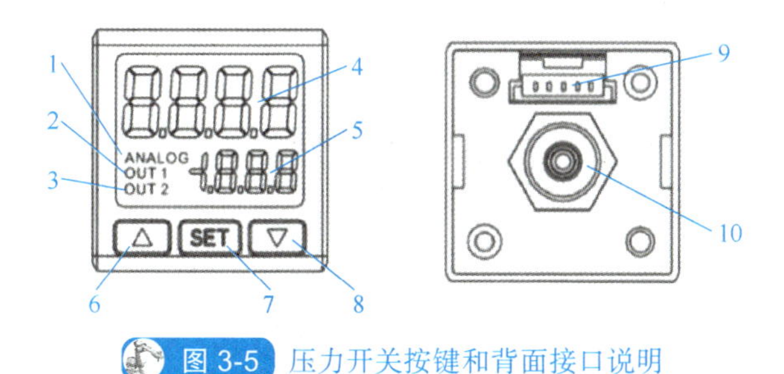

图 3-5　压力开关按键和背面接口说明

1—模拟输出指示灯　2—OUT1 信号指示灯　3—OUT2 信号指示灯
4—当前压力值　5—设定压力值　6—向上调整键　7—设定功能键
8—向下调整键　9—电源和输出信号端子　10—压力输入

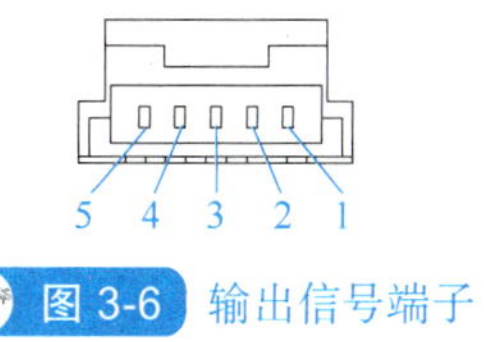

图 3-6　输出信号端子

1—电源正端输入　2—OUT1 输出信号
3—OUT2 输出信号　4—模拟输出信号
5—电源负端输入

压力开关初次使用前需要进行模式设定，一般情况下选择简易设定模式，在该模式下，当前压力值小于设定压力值时输出为 0，当前压力值大于设定压力值时输出为 1，该输出结果并非最终实际的信号输出结果，最终的信号输出结果由压力开关内部预先设定好的两种输出状态 N.O（常开）或 N.C（常闭）来决定，当选择了 N.O 输出状态时，通过当前压力值与设定压力值的比较，若通道输出为 1，则最终实际输出信号为 1；若通道输出为 0，则最终实际输出信号为 0。当选择了 N.C 输出状态时，则相反。

任务实施

1. 工业机器人运动路径、通信规划

➢ 任务引入

在前序项目中，已经完成了 A06 号 PCB 顺序安装工艺流程规划，分析工艺流程可知，芯片安装过程涉及工业机器人的运动路径、外部快换工具信号的控制，下面根据工艺流程进行运动路径规划和通信规划。

➢ 任务实施

（1）运动路径规划　分析工艺流程可知，PCB 安装过程包含吸盘工具的安装、异形芯片的吸取和安装、吸盘工具的卸载，以上过程涉及工业机器人的运动路径，运动路径规划如下：

1）工业机器人从工作原点运动到拾取工具位置，进行吸盘工具的安装。

2）随后工业机器人运动到异形芯片原料盘区域，按照芯片从小到大的顺序，拾取芯片安装到 PCB 上。

3）完成芯片安装后，工业机器人将吸盘工具放回工具存放位置，回到工作原点。

需要注意的是，工业机器人在执行操作时，由于干涉、轴超限等原因，需要额外设置过渡点位，可以通过偏移函数实现，也有一些需要额外示教的点位，运动路径规划中包含的点位见表 3-5。工业机器人程序中使用的坐标系和变量见表 3-6。

表 3-5　运动路径规划中包含的点位

名称	功能描述	示意图
Home5	工业机器人工作原点	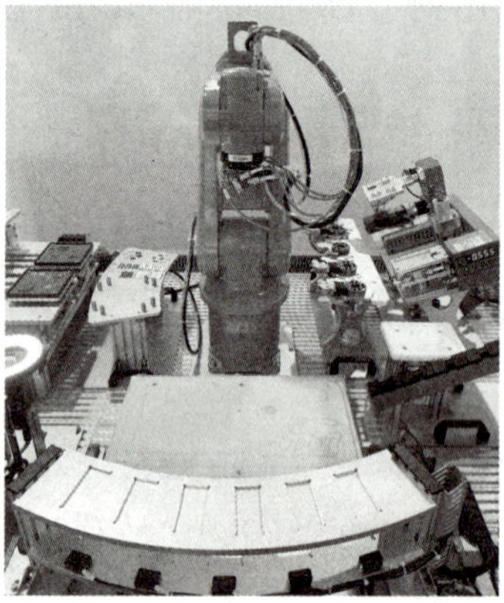
HomeL	原料盘侧工业机器人准备点位	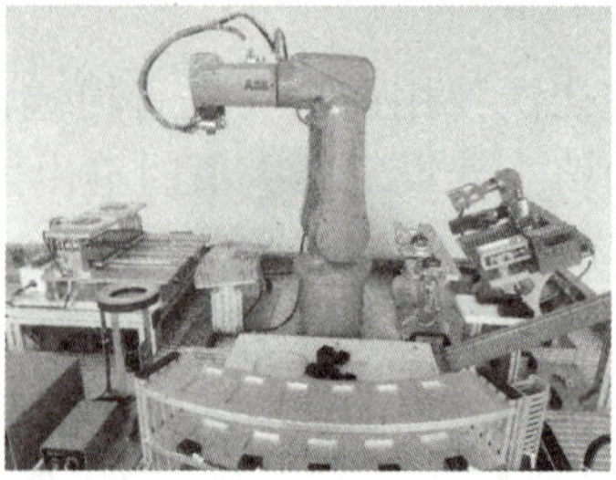

（续）

名称	功能描述	示意图
Tool3G	取吸盘工具点位	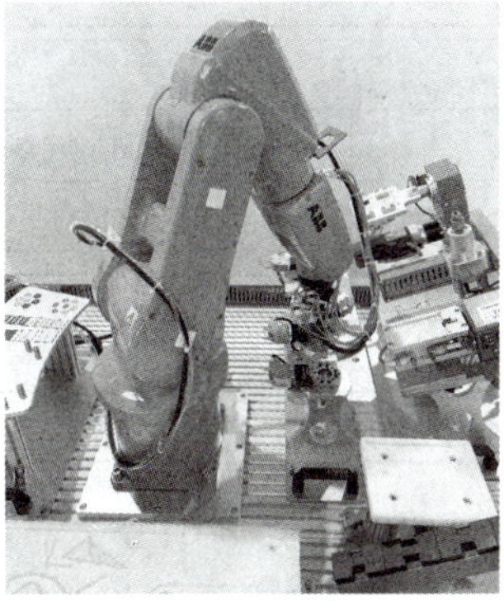
Tool3P	放吸盘工具点位	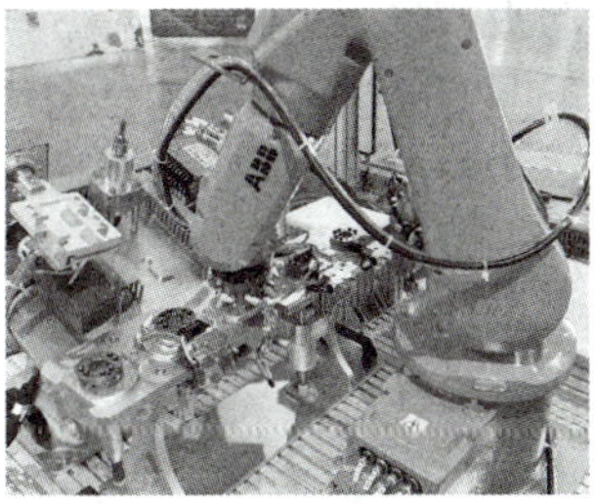
ChipRawPos{26}	一维数组，存放原料盘芯片的 26 个取放点位	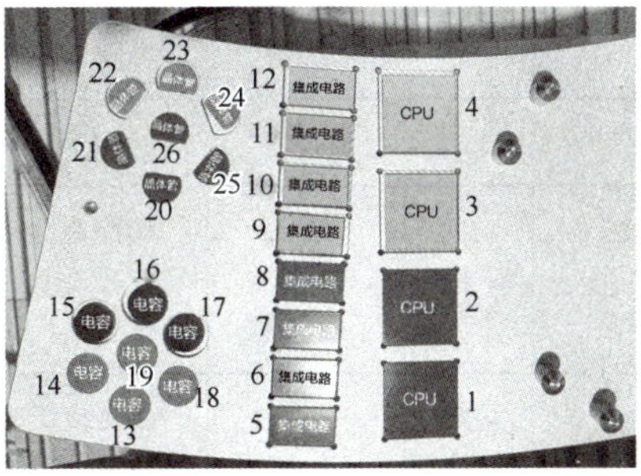
A06ChipPos{5}	一维数组，存放 A06 号 PCB 芯片的 5 个放置点位	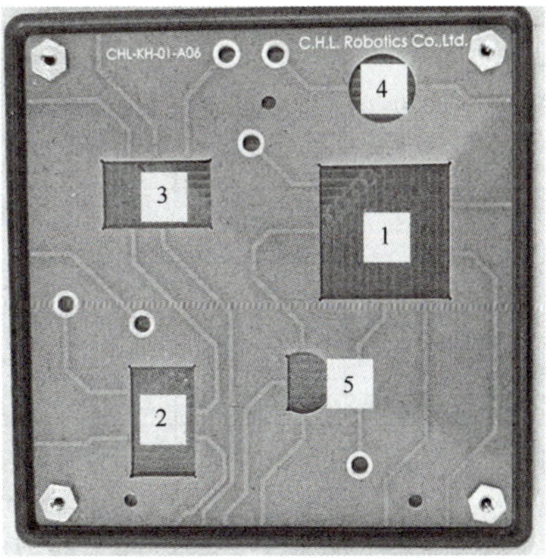

表 3-6 工业机器人程序中使用的坐标系和变量

坐标系		
tool0	默认工具中心点（法兰盘中心）	
变量		
变量	描述	序号
NumChipArea1	CPU 芯片位置号	1 ～ 4
NumChipArea2	集成电路芯片位置号	5 ～ 12
NumChipArea3	晶体管芯片位置号	13 ～ 19
NumChipArea4	电容芯片位置号	20 ～ 26

（2）通信规划　在本书中，工业机器人控制器需要通过控制快换装置对应的电磁阀，实施工具的安装和卸载，控制吸盘工具的吸取和松开；需要通过压力开关采集信号，确认吸盘的吸取状态。

需要注意的是，此处仅对本任务涉及的信号进行详细列举，工作站涉及多个设备，在集成应用过程中已经进行对应的接线和信号的匹配，任务实施时，与任务无关的信号此处不进行重新定义，同时为了保证系统文件不冲突，建议在任务实施时，仅对相关的信号进行修改，无特殊情况不要对工作站中设备文件的替换。PCB 顺序安装程序信号见表 3-7。

表 3-7 PCB 顺序安装程序信号

硬件设备	端口号	名称	功能描述	对应设备	对应 PLC 信号
工业机器人输出信号					
工业机器人 DSQC 652 I/O 板（XS14）	3	Bvac_1	破除真空信号，值为 1 时气源送气，破除气管内真空，值为 0 时不动作	电磁阀	—
	7	KH	快换装置动作信号，值为 1 时快换装置内的钢珠缩回，值为 0 时快换装置内的钢珠弹出	工业机器人快换装置	—
工业机器人 DSQC 652 I/O 板（XS15）	9	Vacuum_2	真空单吸盘打开 / 关闭信号，值为 1 时真空单吸盘打开，值为 0 时真空单吸盘关闭	吸盘工具	—
工业机器人输入信号					
工业机器人 DSQC 652 I/O 板（XS12）	4	DI10_5	急停信号，值为 1 时工业机器人急停	DI10_5	Q12.4
工业机器人 DSQC 652 I/O 板（XS13）	9	VacSen_1	真空单吸盘吸到料信号，值为 1 表示真空单吸盘已吸到芯片，值为 0 表示真空单吸盘未吸到芯片	压力开关	—

2. 工业机器人程序架构规划

➢ 任务引入

根据工艺流程，进行程序架构的规划。

➢ 任务实施

（1）工业机器人程序结构规划

根据工艺流程和工业机器人运动路径的规划，将工业机器人程序划分为三个模块，即主程序模块、应用程序模块和点位变量定义模块，程序结构规划示意图如图 3-7 所示。

主程序模块包括初始化程序和主程序，初始化程序用于信号的复位、变量赋初值以及机器人初始位姿的调整、机器人整体运行速度的把控；主程序只有一个，它用于整个流程的组织和串联，并作为自动运行程序的入口。应用程序模块包括机器人实现工艺流程的若干个子程序，每个子程序具有自己单独的功能。点位变量定义模块用于声明并保存机器人的空间轨迹点位，便于后续程序中的点位直接调用，该模块还定义了程序中用到的变量。

各个子程序的功能如下：

① MGetTool3：该子程序用于实现机器人取工具。

② MSortA06：该子程序为带参数的例行程序，通过使用不同参数连续调用五次该程序实现机器人依次到达有料位置，拾取芯片安装到 A06 号 PCB 上。

③ MPutTool3：该子程序用于实现机器人放回工具。

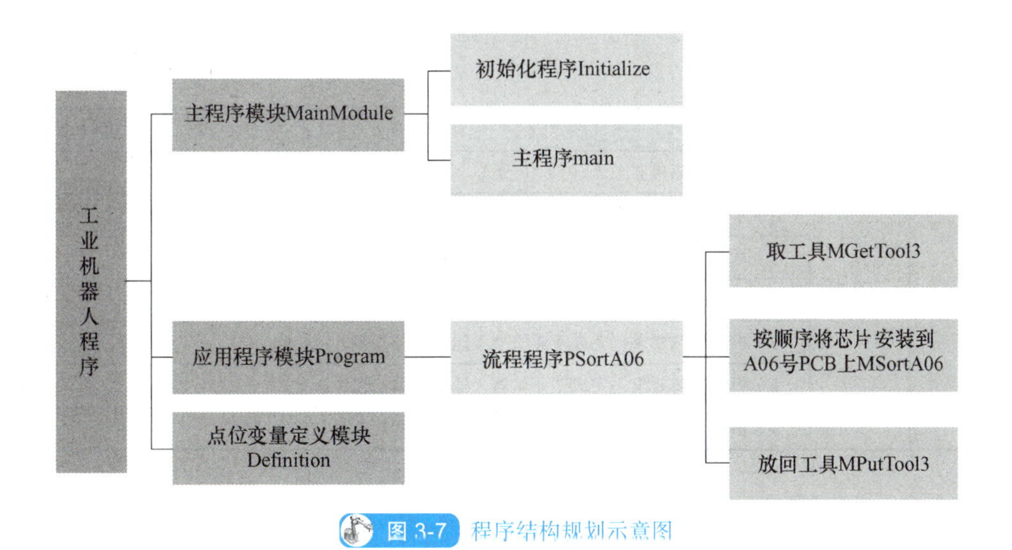

图 3-7 程序结构规划示意图

（2）程序架构规划

通过主程序调用初始化程序和应用程序中的一系列子程序，并使这些程序按照时间顺序先后执行，完成机器人在整个工艺流程中的动作。

机器人主程序如下：

```
PROC main()
        Initialize;        !! 初始化程序
        PSortA06;          !! 流程程序
ENDPROC
```

（3）新建模块

在机器人系统中新建模块，进入对应的程序模块后，按照规划新建例行程序。程序模块示意图如图 3-8 所示，Program 模块中的例行程序如图 3-9 所示。

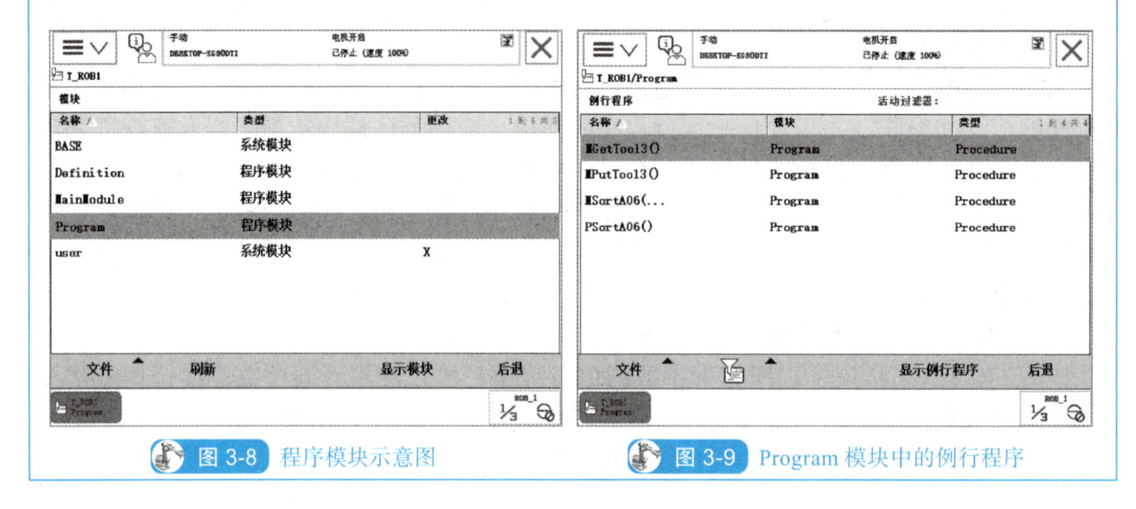

图 3-8 程序模块示意图　　图 3-9 Program 模块中的例行程序

任务评价

任务	配分	评分标准	自评
模块化程序架构规划	100 分	1）掌握工业机器人语言。（10 分）	
		2）掌握工业机器人通信。（10 分）	
		3）掌握工业机器人的数据类型。（10 分）	
		4）掌握压力开关的工作机制。（10 分）	
		5）根据工艺要求，完成工业机器人运动路径规划。（20 分）	
		6）根据工艺要求，完成工业机器人通信规划。（20 分）	
		7）根据工艺要求，完成工业机器人程序架构规划。（20 分）	

工作任务 3.2　PCB 安装程序开发

完成程序架构规划后，即可进行程序开发，可以根据实际情况选择对应的方法。当程序体量较大时，优先选择离线完成程序开发，然后再在现场实施点位示教和调试运行；当程序较为简单时，则可采用现场示教编程的方式进行。

本任务将基于工艺流程，完成 A06 号 PCB 安装程序的示教编程，在后续任务中进行程序的调试运行。

知识沉淀

1. 基础程序指令

（1）运动指令　ABB 工业机器人常用的运动指令有绝对位置运动指令 MoveAbsJ、关节运动指令 MoveJ、线性运动指令 MoveL 和圆弧运动指令 MoveC。

1）MoveAbsJ 指令：用于将工业机器人的六个关节轴和外部轴（附加轴）移动至指定的绝对位置。图 3-10 所示为 MoveAbsJ 指令的语句构成，MoveAbsJ 指令参数解析见表 3-8。

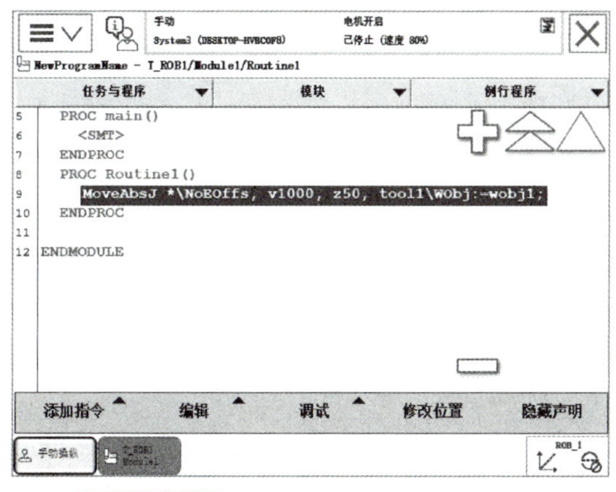

图 3-10　MoveAbsJ 指令的语句构成

表 3-8　MoveAbsJ 指令参数解析

参数	定义	操作说明
*	目标点位置数据	定义工业机器人工具中心点的绝对位置
\NoEOffs	外轴不带偏移数据	
v1000	运动速度数据，1000mm/s	定义运动速度（单位为 mm/s）
z50	转弯区数据，转弯区的数值越大，工业机器人的动作越圆滑流畅	定义转弯区的大小
tool1	工具坐标数据	定义当前指令使用的工具
wobj1	工件坐标数据	定义当前指令使用的工件坐标

例：`MoveAbsJ p50, v1000, z30, tool2;`

注释：工业机器人工具 tool2 的工具中心点以 1000mm/s 的运动速度和 30mm 的转弯区大小，运动至绝对轴位置 p50。

2）MoveJ 指令：用于将工业机器人工具中心点从一个位置快速移动到另一个位置。移动过程中工业机器人的轴沿非线性路径运动至目标位置，但运动路径保持唯一，关节运动路径示意图如图 3-11 所示，MoveJ 指令的语句构成如图 3-12 所示，MoveJ 指令参数解析见表 3-9。MoveJ 指令适合在工业机器人需要大范围运动时使用，使工业机器人不容易

在运动过程中发生关节轴进入奇异点的问题。

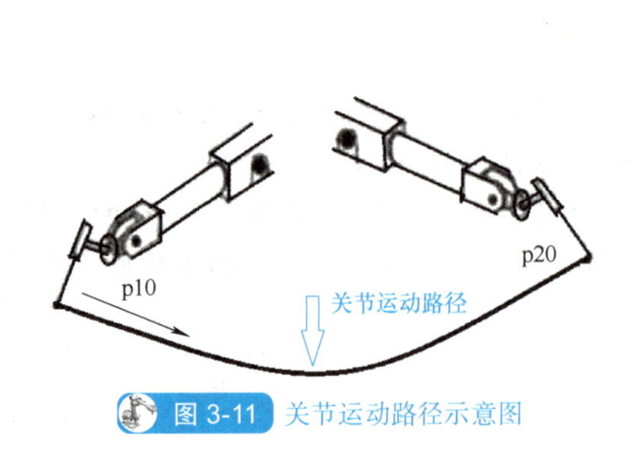

图 3-11 关节运动路径示意图

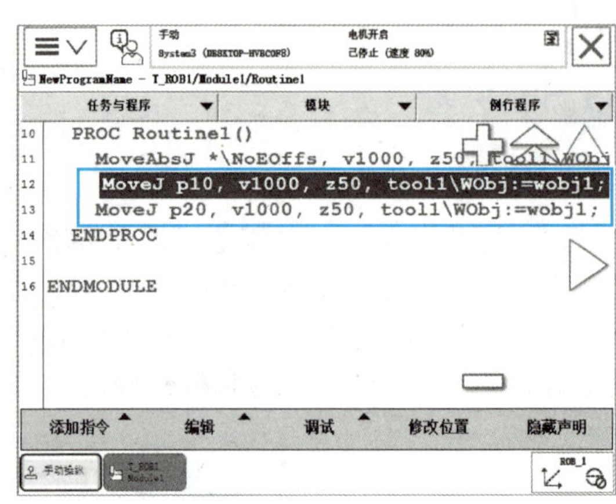

图 3-12 MoveJ 指令的语句构成

表 3-9 MoveJ 指令参数解析

参数	定义	操作说明
p10、p20	目标点位置数据	定义工业机器人工具中心点的运动目标
v1000	运动速度数据，1000mm/s	定义运动速度（单位为 mm/s）
z50	转弯区数据，转弯区的数值越大，工业机器人的动作越圆滑流畅	定义转弯区的大小
tool1	工具坐标数据	定义当前指令使用的工具
wobj1	工件坐标数据	定义当前指令使用的工件坐标

例：`MoveJ p10, v500, z30, tool2;`

注释：工业机器人工具 tool2 的工具中心点以 500mm/s 的运动速度和 30mm 的转弯区大小，从当前位置沿非线性路径移动至位置 p10。

3）MoveL 指令：用于将工业机器人工具中心点沿直线运动到目标位置。线性运动路径示意图如图 3-13 所示，MoveL 指令的语句构成如图 3-14 所示。

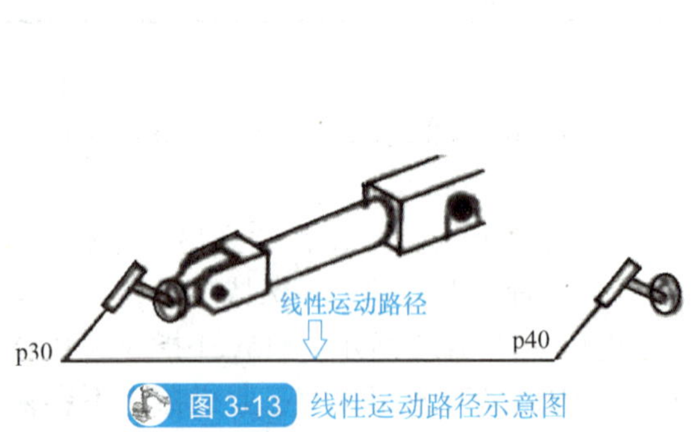

图 3-13 线性运动路径示意图

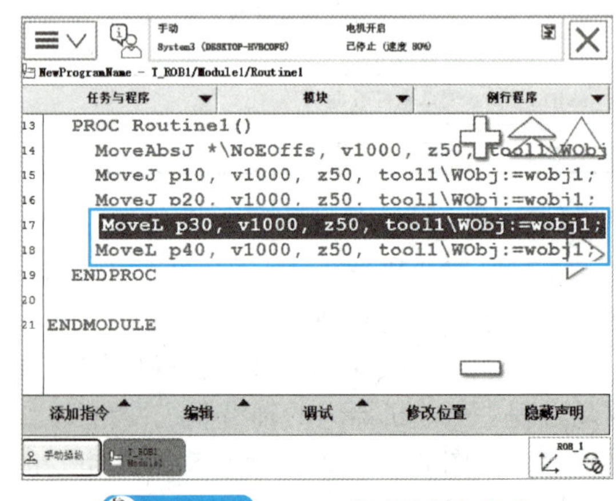

图 3-14 MoveL 指令的语句构成

例：`MoveL p1, v500, z30, tool2;`

注释：工业机器人工具 tool2 的工具中心点以 500mm/s 的运动速度和 30mm 的转弯区大小，沿线性路径移动至位置 p1。

4）MoveC 指令：用于将工业机器人工具中心点从当前位置沿圆周移动至指定目标位置。圆弧运动路径示意图如图 3-15 所示，MoveC 指令的语句构成如图 3-16 所示，MoveC 指令参数解析见表 3-10。

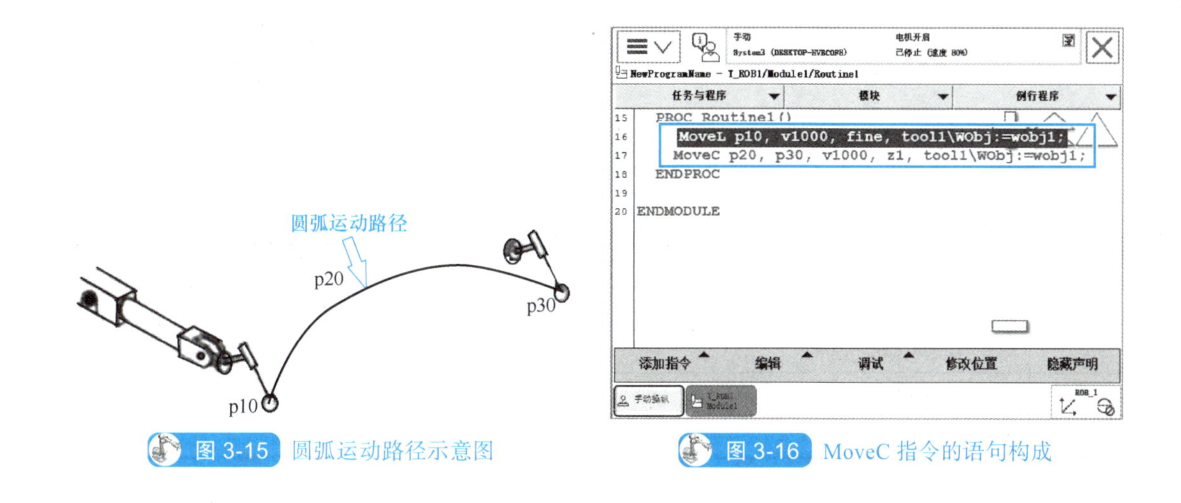

图 3-15　圆弧运动路径示意图

图 3-16　MoveC 指令的语句构成

表 3-10　MoveC 指令参数解析

参数	定义	操作说明
p10	工具中心点的当前位置（即圆弧的第一个点）	定义圆弧的起点位置
p20	圆弧的第二个点	定义圆弧的曲率
p30	圆弧的第三个点	定义圆弧的终点位置
fine/z1	转弯区数据	定义转弯区的大小

一个整圆的运动路径至少由两个 MoveC 指令完成，示例如下：

```
MoveL p1, v500, fine, tool1;
MoveC p2, p3, v300, z20, tool1;
MoveC p4, p1, v300, fine, tool1;
```

注释：工业机器人工具 tool1 的工具中心点先从当前位置线性运动至 p1 点，再沿圆周运动经过 p2 到达 p3 点，再沿圆周运动经过 p4 点，最后到达 p1 点，实现一个整圆的运动路径（见图 3-17）。

5）Offs 函数（见图 3-18）：位置偏移函数，用于指示工业机器人工具中心点以目标点位置为基准，在其 *X*、*Y*、*Z* 方向进行偏移。Offs 函数常用于安全过渡点和入刀点的设置，Offs 函数参数解析见表 3-11。

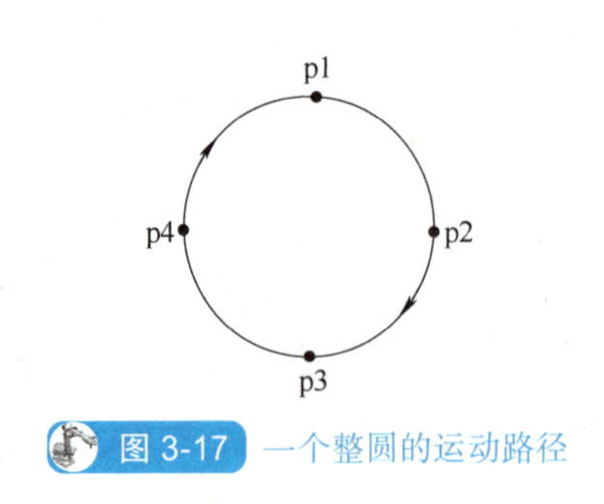

图 3-17 一个整圆的运动路径

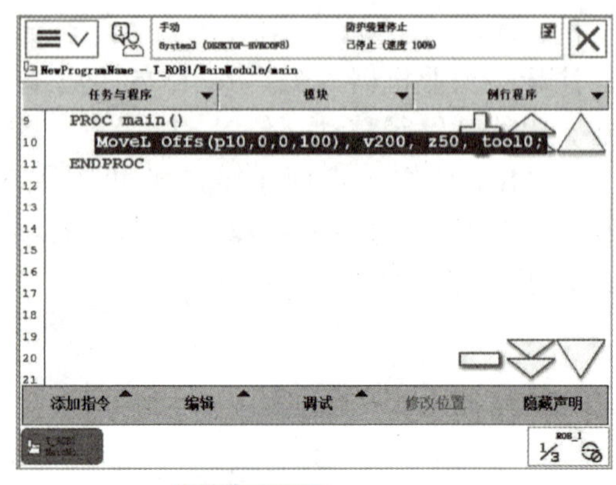

图 3-18 Offs 函数

表 3-11 Offs 函数参数解析

参数	定义	操作说明
p10	目标点位置数据	定义工业机器人工具中心点运动的基准目标点
0	*X* 方向的偏移量	定义 *X* 方向的偏移量
0	*Y* 方向的偏移量	定义 *Y* 方向的偏移量
100	*Z* 方向的偏移量	定义 *Z* 方向的偏移量

（2）I/O 信号控制指令　I/O 信号控制指令用于控制 I/O 信号，以实现工业机器人系统与工业机器人周边设备的通信。

1）Set 指令：数字信号置位指令，用于将数字信号输出置位为 1。图 3-19 所示为 Set 指令的添加。

2）Reset 指令：数字信号复位指令，用于将数字信号输出复位为 0。图 3-20 所示为 Reset 指令的添加。

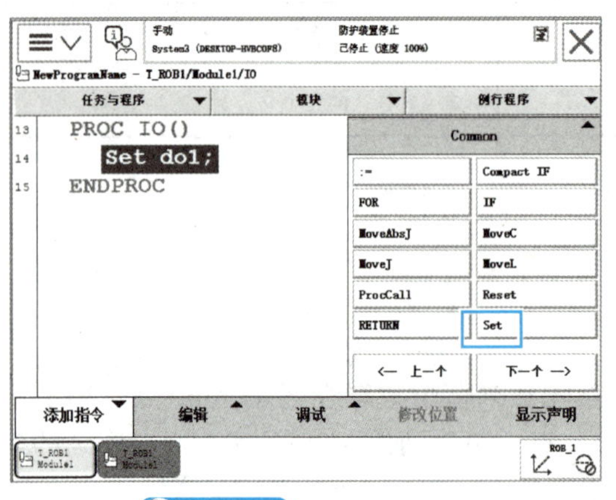

图 3-19 Set 指令的添加

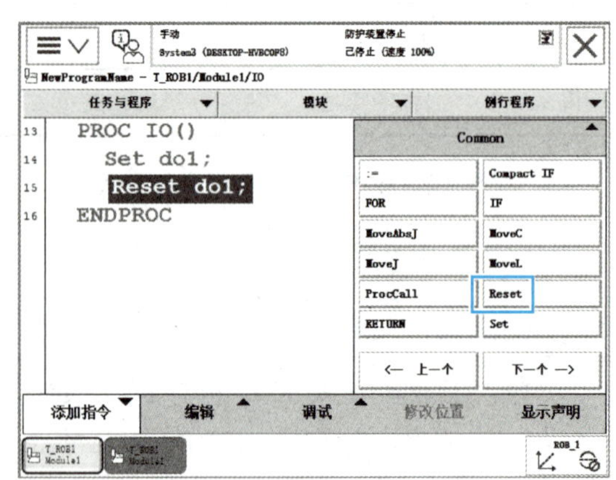

图 3-20 Reset 指令的添加

需要注意的是，在 Set、Reset 指令语句前运动指令（MoveAbsJ、MoveJ、MoveL 或 MoveC）的转弯区数据必须使用 fine 才可以准确地输出 I/O 信号的状态变化，否则 I/O 信号会被提前触发。

3）SetAO 指令：用于改变模拟信号输出的值。

例：`SetAO ao2, 5.5;`

注释：将信号 ao2 设置为 5.5。

4）SetDO 指令：用于改变数字信号输出的值。

例：`SetDO do1, 1;`

注释：将信号 do1 设置为 1。

5）SetGO 指令：用于改变一组数字信号输出的值。

例：`SetGO go1, 12;`

注释：将信号 go1 设置为 12。定义 go1 占用 8 个地址位，其地址的二进制编码为 00001100，即 go1 输出信号的地址位 4 ～ 7 和 0 ～ 1 设置为 0，地址位 2 和 3 设置为 1。

（3）等待指令

1）WaitTime 指令：时间等待指令，用于等待指定的时间，再继续向下执行程序。WaitTime 指令如图 3-21 所示，这句指令表示工业机器人在当前位置等待 3s 后，再继续向下执行程序。

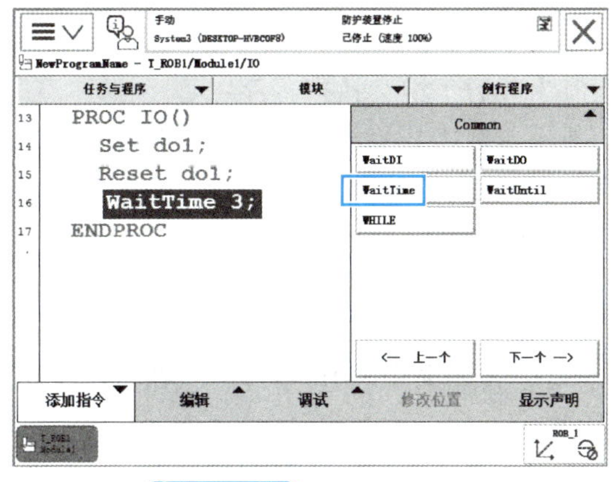

图 3-21　WaitTime 指令

2）WaitUntil 指令：此指令用于等待，直至满足逻辑条件。例如，工业机器人可以等待，直至已置位一个或多个输入信号。

例：
```
WaitUntil di4 = 1;
Set do2;
```

注释：工业机器人停在当前位置，直至等到信号 di4 的值为 1 后，置位信号 do2。

3）WaitAI 指令：即 Wait Analog Input（等待模拟输入），此指令用于等待，直至模拟信号输入值满足要求。

例：`WaitAI ai1, \GT, 5;`

注释：仅在 ai1 输入值大于 5 后，继续执行程序。GT 即 Greater Than（大于），LT 即 Less Than（小于）。

4）WaitAO 指令：即 Wait Analog Output（等待模拟输出），此指令用于等待，直至模拟信号输出值满足要求。

例：`WaitAO ao1, \GT, 5;`

注释：仅在 ao1 输出值大于 5 后，继续执行程序。

5）WaitDI 指令：即 Wait Digital Input（等待数字输入），此指令用于等待，直至数字信号输入值满足要求。

例：`WaitDI di1, 1;`

注释：仅在 di1 输入值为 1 后，继续执行程序。

6）WaitDO 指令：即 Wait Digital Output（等待数字输出），此指令用于等待，直至数字信号输出值满足要求。

例：`WaitDO do4, 1;`

注释：仅在 do4 输出值为 1 后，继续执行程序。

7）WaitGI 指令：即 Wait Group digital Input（等待组数字输入），此指令用于等待，直至一组数字信号输入值为指定值。

例：`WaitGI gi1, 5;`

注释：仅在 gi1 输入值为 5 后，继续执行程序。

8）WaitGO 指令：即 Wait Group digital Output（等待组数字输出），此指令用于等待，直至一组数字信号输出值为指定值。

例：`WaitGO go4, 5;`

注释：仅在 go4 输出值为 5 后，继续执行程序。

（4）条件判断指令　条件判断指令用于对条件进行判断后，执行满足对应条件的相应操作。常用的条件判断指令有 Compact IF、IF、FOR、WHILE 和 TEST。

1）Compact IF 指令：紧凑型条件判断指令，如果一个条件满足，就执行一句指令。

例：`IF reg1 =0  reg1: = reg1 +1;`

注释：当 reg1=0 时，将 reg1+1 赋值给 reg1。

2）IF 指令：条件判断指令，如果满足 IF 条件，就执行满足该条件下的指令。

例：
```
IF reg1 > 5 THEN
        Set do1;
        Set do2;
    ENDIF
```

注释：当 reg1>5 时，置位信号 do1 和 do2。

例：
```
IF counter > 100 THEN
        counter := 100;
    ELSEIF counter < 0 THEN
            counter := 0;
        ELSE
            counter := counter+1;
    ENDIF
```

注释：当 counter>100 时，将 counter 赋值为 100；当 counter<0 时，将 counter 赋值为 0；当 0≤counter≤100 时，将 counter 加 1。

3）FOR 指令：重复执行判断指令，用于一个或多个指令需要重复执行多次的情况。

例：`FOR  i  FROM 1 TO 10 DO`

```
        routine1;
    ENDFOR
```

注释：重复执行 10 次 routine1。

4）WHILE 指令：条件判定指令，在满足给定条件的情况下，重复执行对应指令。

例：
```
WHILE reg1 < reg2 DO
        ...
        reg1 := reg1 + 1;
    ENDWHILE
```

注释：只要 reg1 < reg2，就重复 WHILE 块中的指令。

5）TEST 指令：根据表达式或数据的值不同，执行不同指令。

例：
```
TEST reg1
    CASE 1, 2, 3 :
        routine1;
        CASE 4 :
        routine2;
    DEFAULT :
    TPWrite "Illegal choice";
    ENDTEST
```

注释：根据 reg1 的值不同，执行不同的指令。当该值为 1、2 或 3 时，执行 routine1；当该值为 4 时，执行 routine2；否则，在示教器上写入错误消息。

以上介绍的这五种条件判断指令都有各自的用途和优势。Compact IF 指令只有满足条件时才能执行指令；IF 指令基于是否满足条件，判断是否执行指令；FOR 指令多次重复一段程序，可以简化程序语句；WHILE 指令在满足给定条件的情况下重复执行指令；TEST 指令针对不同表达式或数据的值，执行不同指令。

（5）中断指令

1）CONNECT 指令。连接中断识别号与中断程序的指令，如图 3-22 所示。实现中断首先需要创建数据类型为 intnum 的变量作为中断识别号，中断识别号代表某一种中断类型或事件，然后通过 CONNECT 指令将中断识别号与处理此中断识别号对应中断的中断程序进行关联。

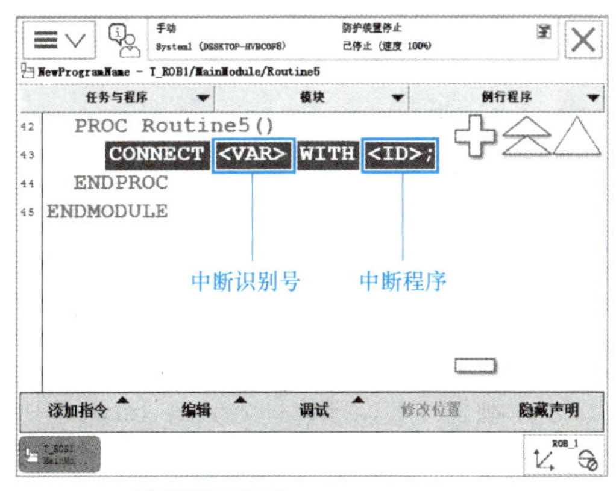

图 3-22 CONNECT 指令

例：
```
VAR intnum feeder_error;
TRAP correct_feeder;
...
PROC main()
CONNECT feeder_error WITH correct_feeder;
```

注释：将中断识别号 feeder_error 与 correct_feeder 中断程序关联起来。

2）中断触发指令。触发程序中断的事件是多种多样的，它们有可能是将指定数字信号输入或输出设为 1 或 0，也可能是一定时间间隔，还有可能是工业机器人运动到指定位置。不同的中断触发指令，可以满足不同中断触发需求。中断触发指令的功能说明见表 3-12。

表 3-12　中断触发指令的功能说明

指令	功能说明
ISignalDI	指定数字信号输入触发中断
ISignalDO	指定数字信号输出触发中断
ISignalGI	指定一组数字信号输入触发中断
ISignalGO	指定一组数字信号输出触发中断
ISignalAI	指定模拟信号输入触发中断
ISignalAO	指定模拟信号输出触发中断
ITimer	指定触发中断的时间间隔
TriggInt	工业机器人运动到指定位置时触发中断
IPers	变更永久数据对象时触发中断
IError	出现错误时下达中断指令并启用中断
IRMQMessage	RAPID 语言消息队列收到指定数据类型时触发中断

下面以 ISignalDI 指令为例说明中断触发指令的用法，其他指令的具体使用方法可以查阅 ABB 工业机器人随机光盘中的 RAPID 指令、函数和数据类型技术参考手册。

例：
```
VAR intnum feeder_error;
TRAP correct_feeder;
...
PROC main()
CONNECT feeder_error WITH correct_feeder;
ISignalDI di1, 1, feeder_error;
```

注释：当 di1 输入为 1 时，触发中断，执行 correct_feeder 中断程序。

（6）程序调用指令 ProcCall　实际应用中，在一个完整的生产流程里，工业机器人经常需要重复执行某一段动作或逻辑判断，所以设计工业机器人程序时，可将完整的生产流

程分解成几个小流程，每个小流程编写成独立的例行程序，当流程重复时只需要反复调用该流程所对应的例行程序即可。

ProcCall 指令（见图 3-23）是用于调用现有例行程序（Procedure 型）的指令。当程序执行到该指令时，执行完整的被调用例行程序；执行完此例行程序后，程序将继续执行该指令后的语句。程序可相互调用，也可以自我调用（即递归调用）。

ABB 工业机器人 Procedure 型程序没有返回值，可以用 ProcCall 指令直接调用；Function 型程序有特定类型的返回值，必须通过表达式调用；Trap 型程序不能在程序中直接调用。

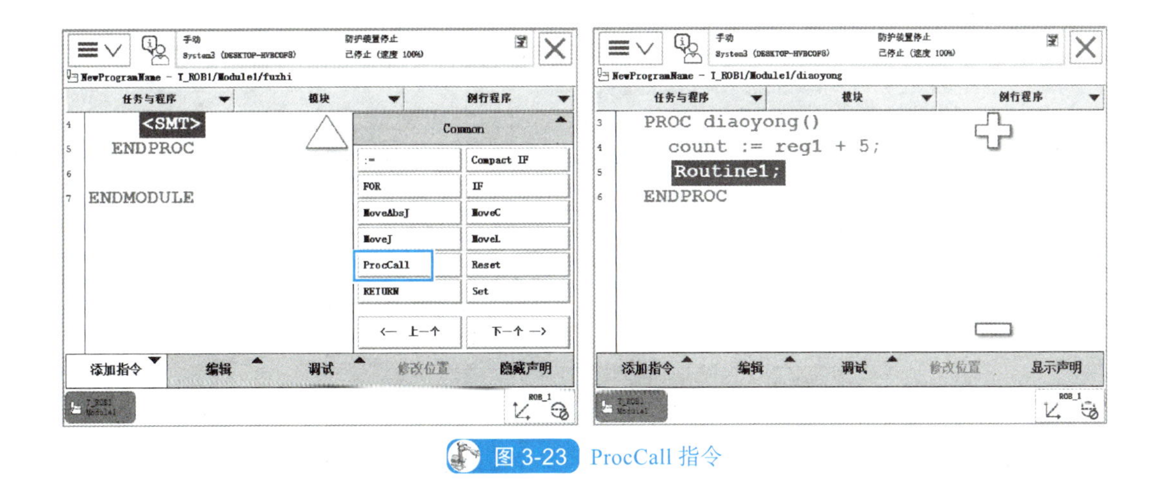

图 3-23　ProcCall 指令

（7）数学运算指令　这里重点介绍日常编程中一些常用的数学运算指令。

1）Clear 指令：用于清除数值变量或常量，即将指定数值变量或常量中存储的数值设置为 0。

例：`Clear reg1;`

注释：清除 reg1，即 reg1：=0。

2）Add 指令：用于将数值变量或常量加或减一个数值。

例：`Add reg1, 3;`

注释：reg1 的值加 3，即 reg1：=reg1+3。

例：`Add reg1, -reg2;`

注释：reg1 的值减去 reg2 的值，即 reg1：=reg1-reg2。

3）Incr 指令：用于将数值变量或常量的数值加 1。

例：`Incr reg1;`

注释：reg1 的值加 1，即 reg1：=reg1+1。

4）Decr 指令：用于将数值变量或常量的数值减 1，与 Incr 指令用法一样，但是作用刚好相反。

例：`Decr reg1;`

注释：reg1 的值减 1，即 reg1：=reg1-1。

（8）TPWrite 指令　TPWrite 指令用于在示教器上写入文本。TPWrite 指令写入示教器的文本信息通常会在操作人员窗口记录和显示。

例：TPWrite “Execution started”;

注释：执行该指令语句后，在示教器上写入文本 Execution started，且可在操作人员窗口进行查看。

2. 高级指令

（1）RETURN 指令 RETURN 指令（见图 3-24）用于函数中可以返回函数的返回值，此指令也可以完成 Procedure 型例行程序的执行，这两种功能的具体使用见下面两例。

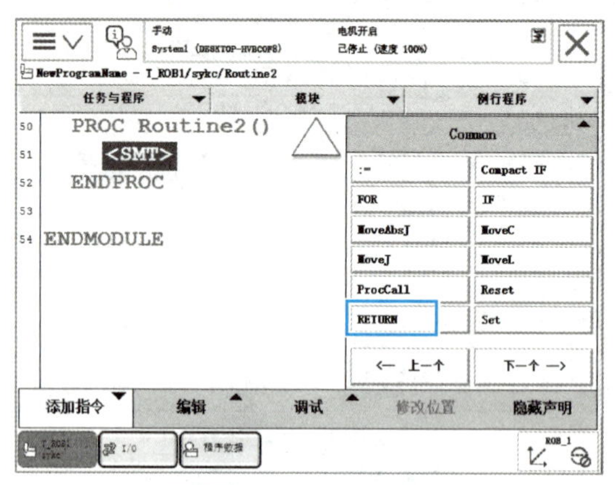

图 3-24 RETURN 指令

例：

```
errormessage;
Set do1;
...
PROC errormessage()
IF di1=1 THEN
RETURN;
ENDIF
TPWrite "Error";
ENDPROC
```

首先调用 errormessage 程序，若程序执行到达 RETURN 指令（当 di1=1 时），则直接返回 Set do1 指令行，往下执行程序。RETURN 指令在这里直接完成了 errormessage 程序的执行。

例：

```
FUNC num abs_value(num value)
IF value<0 THEN
RETURN -value;
ELSE
```

```
RETURN value;
ENDIF
ENDFUNC
```

这里程序是个函数，RETURN 指令使得该函数返回某一数字的绝对值。

（2）Label 指令和 GOTO 指令　Label 指令（见图 3-25）用于标记程序中的指令语句，相当于一个标签，一般作为 GOTO 指令（见图 3-26）的变元与其成对使用，从而实现程序从某一位置到标签所在位置的跳转。当 Label 指令与 GOTO 指令成对使用时，注意两者标签的 ID（标识）要相同。

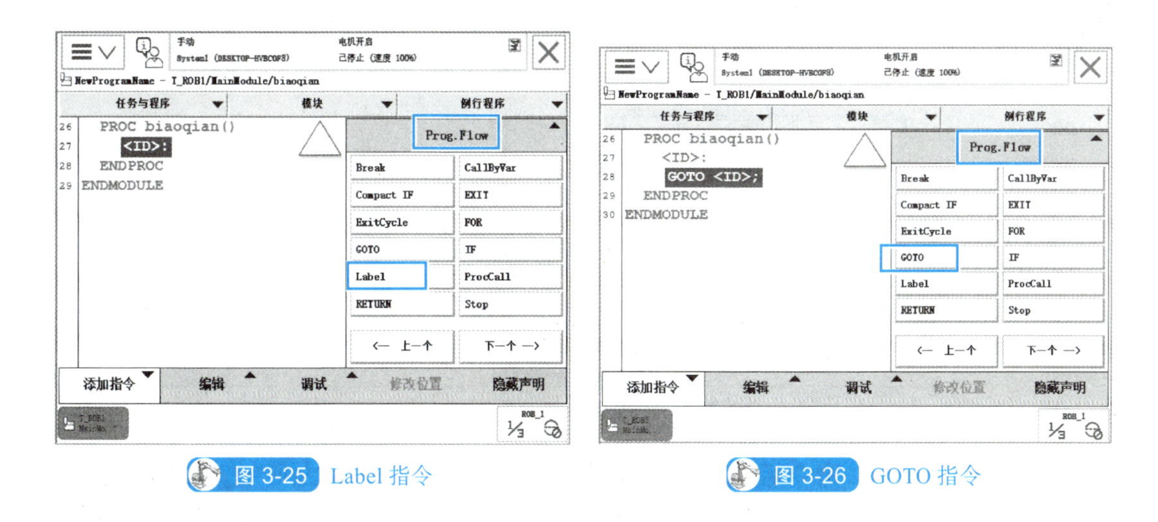

图 3-25　Label 指令　　　图 3-26　GOTO 指令

简单运用示例如图 3-27 所示，此程序将执行 4 次 next 下的指令，然后停止程序。如果运行例行程序 biaoqian，机器人将在 p10 点和 p1 点间来回运动 4 次。

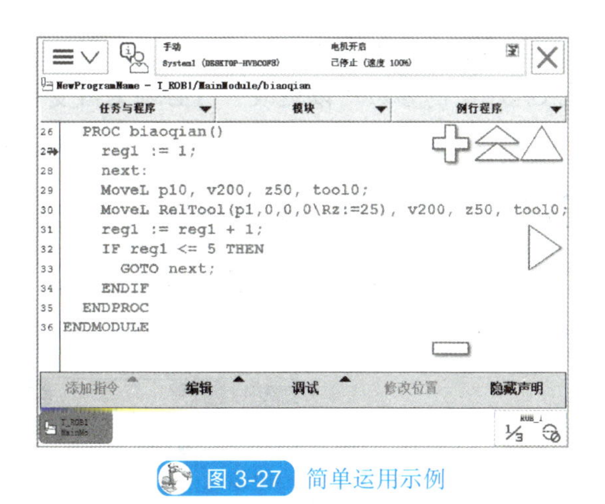

图 3-27　简单运用示例

3. 带参数的例行程序

在前面的学习内容中，我们知道 Procedure 型程序为普通程序，可以用指令直接调用，它又被称为无返回值程序。例行程序分为带参数和不带参数两种，带参数的例行程序不能直接运行，要用指令调用。

带参数的例行程序可以有多个参数，参数的数据类型可以不相同。带参数的例行程序编程方法和普通程序一致，可以有各种指令类型。进行手动操作时，调试时程序指针不可以直接进入带参数的例行程序里，只能通过程序调用进入和执行例行程序。

新建例行程序时，单击“参数”文本框即可进行参数的添加。图 3-28 所示为例行程序添加参数。

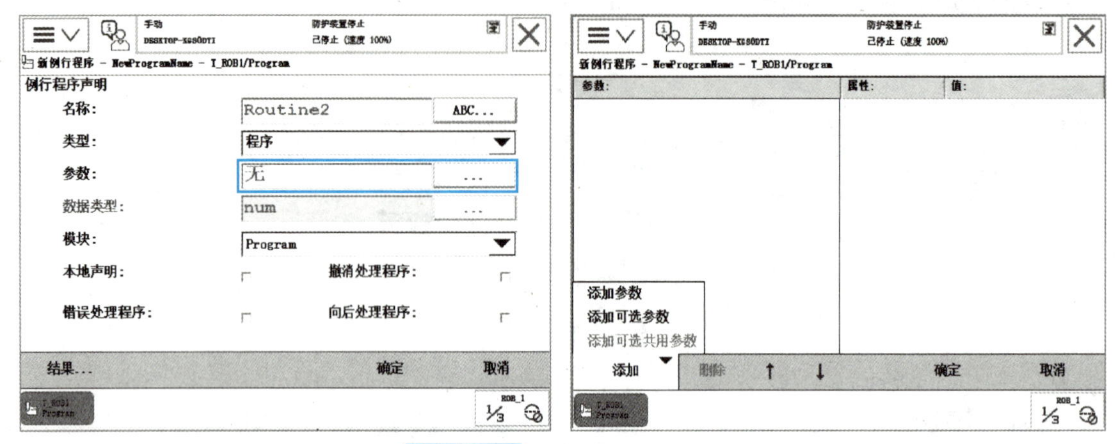

图 3-28 例行程序添加参数

单击“添加参数”命令后，进入参数属性设置界面，如图 3-29 所示。数据类型可以根据实际需要进行选择；“模式”可以选输入模式、输入 / 输出模式、变量模式和可变量模式。

① 输入模式：代入程序中的参数不能更改。

② 输入 / 输出模式：代入程序中的参数可以更改。

③ 变量模式：代入程序中的参数可以更改，且必须为变量。

④ 可变量模式：代入程序中的参数可以更改，且必须为可变量。

图 3-29 参数属性设置界面

任务实施

➢ 任务引入

本任务需要完成工业机器人程序的开发，实现工业机器人从工作原点出发，首先抓取吸盘工具，其次移动到异形芯片原料盘位置，按照异形芯片原料盘上的序号顺序吸取芯片，并逐一完成 A06 号 PCB 的安装，最后将吸盘工具放回原处，并回到工作原点。

本任务需要完成以下内容：

1）完成吸盘工具取放程序的编写。

2）使用示教编程的方式完成 MSortA06 程序的编写。

3）通过多次调用带参数的例行程序实现 A06 号 PCB 的安装。

4）编写初始化程序，使信号和变量在程序运行前处于待工作状态。

5）在主程序中调用例行程序，为后续的流程调试做准备。

➢ 任务准备

实施示教编程之前，需要完成以下准备工作：

1）工作站处于可以操作的状态，原料盘中装满对应的芯片。

2）在工业机器人系统中完成所需信号的建立。

➢ 任务实施

（1）吸盘工具取放程序的编写

1）首先打开 MGetTool3 例行程序，然后手动操纵机器人，使机器人移动至工作原点（Home5），添加 MoveAbsJ 指令，并记录该点位置。

对应程序：

```
MoveAbsJ  Home5\NoEOffs,  v1000,
fine,  tool0;
```

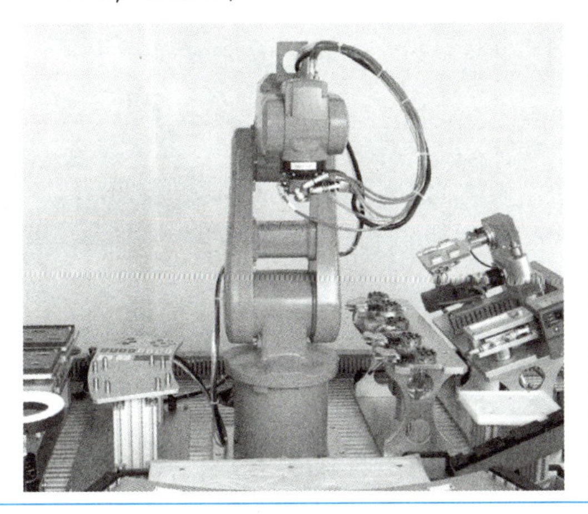

2）添加 Set 指令置位快换装置信号，确保装载工具前快换钢珠处于缩回状态，同时利用已经完成设置的快捷键，手动置位快换装置信号，使快换钢珠缩回。

对应程序：

```
Set KH;
```

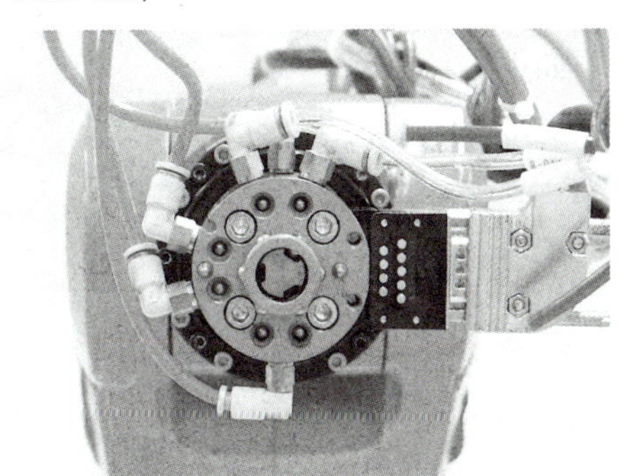

3）手动操纵机器人移动至抓取吸盘工具的点位，添加 MoveL 指令，记录当前点位为 Tool3G。添加 Reset 指令复位快换装置信号，并使用快捷按键 1 复位该信号，完成吸盘工具的抓取。机器人移动到位及信号复位后需要预留等待时间，保证机器人成功抓取到吸盘工具。

对应程序：

```
MoveL Tool3G, v100, fine, tool0;
WaitTime 1;
Reset KH;
WaitTime 1;
```

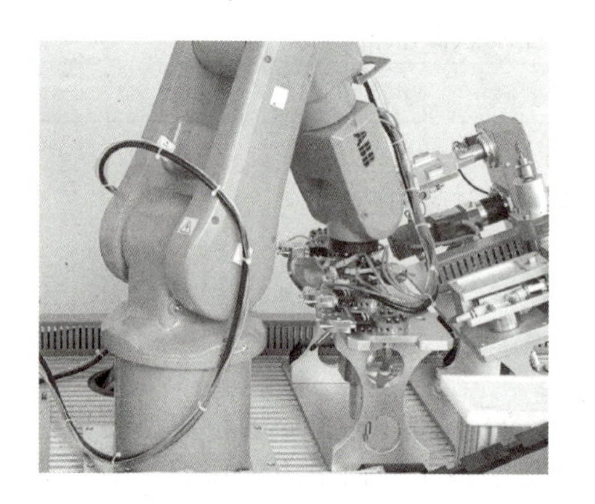

4）通过示教、Offs 函数添加抓取吸盘工具前、后的过渡点位。需要注意，吸盘工具与工具架之间通过定位销孔进行定位，同时吸盘工具尺寸较大，完成抓取后直接竖直方向离开工具架将造成碰撞。可以先竖直方向抬高离开定位销孔，再沿着水平方向离开工具架，然后抬高。添加的过渡点位要保证抓取工具的机器人抬到足够的高度，防止机器人与工具架及其他部件的碰撞。

对应程序：

① 抓取吸盘工具前的过渡点位：

```
MoveJ Offs(Tool3G, 0, 0, 150),
v500, z20, tool0;
MoveL Offs(Tool3G, 0, 0, 10),
v100, fine, tool0;
```

② 抓取吸盘工具后的过渡点位：

```
MoveL Offs(Tool3G, 0, 0, 10),
v50, fine, tool0;
MoveL Offs(Tool3G, 0, -135, 10),
v50, fine, tool0;
MoveL Offs(Tool3G, 0, -135,
300), v50, fine, tool0;
MoveL Offs(Tool3G, 0, 0, 300),
v500, z20, tool0;
```

5）添加机器人返回工作原点的指令，操纵机器人运动至合适位置，一手扶住末端工具后，强制置位快换装置信号。将工具取下，放回工具架。完成程序的编写，完整的程序如下。

```
PROC MGetTool3()
  MoveAbsJ Home5\NoEOffs, v1000, fine, tool0;
                 Set KH;
                 MoveJ Offs(Tool3G, 0, 0, 150), v500, z20, tool0;
                 MoveL Offs(Tool3G, 0, 0, 10), v100, fine, tool0;
                 MoveL Tool3G, v100, fine, tool0;
                 WaitTime1;
                 Reset KH;
                 WaitTime 1;
                 MoveL Offs(Tool3G, 0, 0, 10), v50, fine, tool0;
                 MoveL Offs(Tool3G, 0, -135, 10), v50, fine, tool0;
                 MoveL Offs(Tool3G, 0, -135, 300), v50, fine, tool0;
```

```
            MoveL Offs(Tool3G, 0, 0, 300), v500, z20, tool0;
    MoveAbsJ Home5\NoEOffs, v1000, fine, tool0;
  ENDPROC
```

6）参照前序抓取吸盘工具程序的编写方法，示教编写放回吸盘工具的程序，程序如下。

```
  PROC MPutTool3()
    MoveAbsJ Home5\NoEOffs, v1000, fine, tool0;
            MoveJ Offs(Tool3P, 0, 0, 300), v500, z20, tool0;
            MoveL Offs(Tool3G, 0, -135, 300), v500, z20, tool0;
            MoveL Offs(Tool3G, 0, -135, 10), v500, z20, tool0;
            MoveL Offs(Tool3P, 0, 0, 10), v100, fine, tool0;
            MoveL Tool3P, v100, fine, tool0;
            WaitTime 1;
            Set KH;
            WaitTime 1;
            MoveL Offs(Tool3P, 0, 0, 10), v50, fine, tool0;
            MoveL Offs(Tool3P, 0, 0, 150), v500, z20, tool0;
    MoveAbsJ Home5\NoEOffs, v1000, fine, tool0;
  ENDPROC
```

（2）顺序安装芯片程序的编写

1）程序规划。前面我们已经学习了多种条件判断指令，下面根据需求综合使用。

① 程序架构规划。使用带参数的例行程序进行芯片的顺序安装，通过多次调用不同参数值的程序，实现 PCB 的安装。

② PCB 安装程序规划。在 PCB 安装过程中，计划将四种芯片安装到 PCB 的五个指定位置处，所以此处使用 TEST 条件判断指令，对五个 PCB 安装位置作区分。在 CASE 1 时，即当参数值为 1 时，进行 CPU 芯片的安装；在 CASE 2 时，即当参数值为 2 时，进行第一个集成电路芯片的安装；在 CASE 3 时，即当参数值为 3 时，进行第二个集成电路芯片的安装；在 CASE 4 时，即当参数值为 4 时，进行电容芯片的安装；在 CASE 5 时，即当参数值为 5 时，进行晶体管芯片的安装。

③ 单独芯片安装程序段规划。芯片的吸取按照原料盘中的编号顺序进行，完成吸取后当前原料盘位置变成空的，下次吸取时编号加 1，所以芯片的吸取可使用 FOR 循环实现，循环的区间与每种芯片的序号范围一致，完成芯片吸取后芯片序号加 1，然后跳出循环。

PCB 安装程序规划如图 3-30 所示。

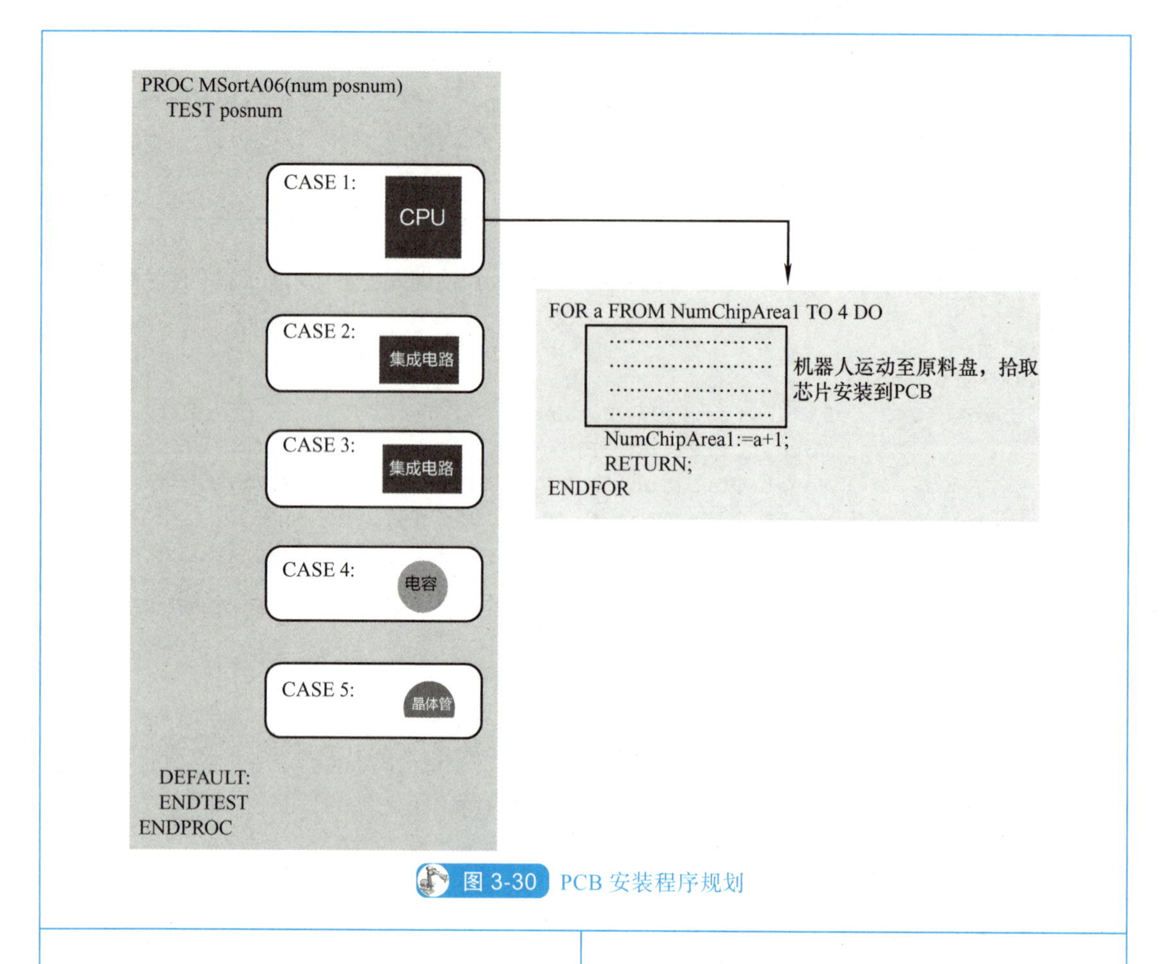

图 3-30 PCB 安装程序规划

2）下面进行程序的示教编程。首先新建数组，即存放原料盘芯片 26 个取放点位的一维数组 ChipRawPos{26} 和存放 A06 号 PCB 芯片 5 个放置点位的一维数组 A06ChipPos{5}，并完成点位的示教。

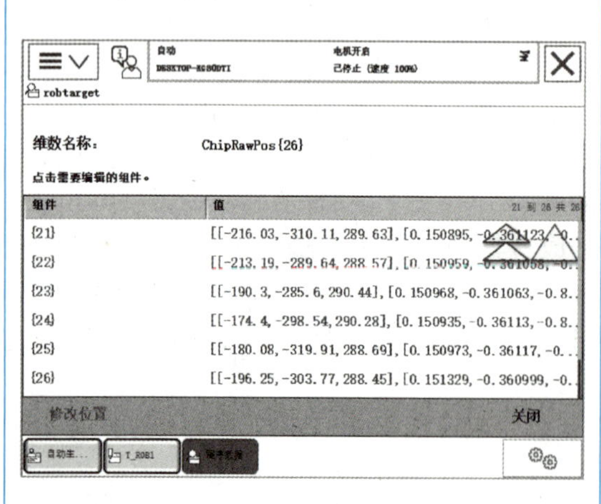

3）打开带参数的例行程序 MSortA06（num posnum），并添加机器人运动到原料盘侧准备点位的指令。

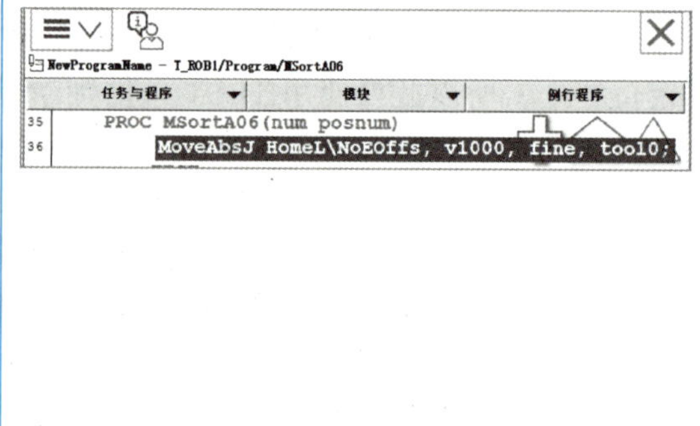

4）添加 TEST 条件判断指令，并添加五种 CASE，最后在 CASE 5 后添加 DEFAULT 指令，当指令上方的 CASE 都不满足时，执行 DEFAULT 指令后的内容。

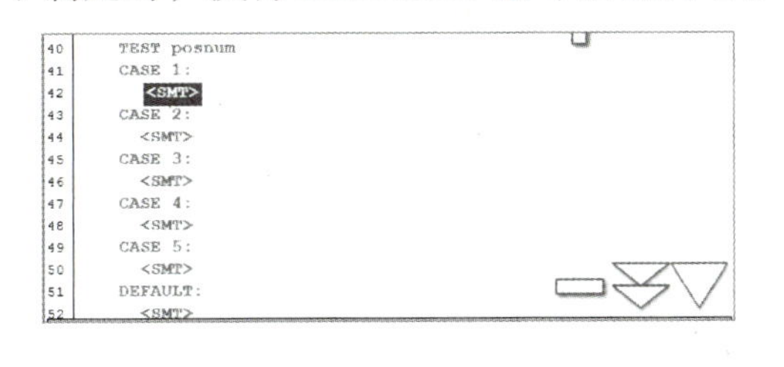

```
40    TEST posnum
41    CASE 1:
42      <SMT>
43    CASE 2:
44      <SMT>
45    CASE 3:
46      <SMT>
47    CASE 4:
48      <SMT>
49    CASE 5:
50      <SMT>
51    DEFAULT:
52      <SMT>
```

5）在 CASE 1 中添加 FOR 指令，此处进行的是 CPU 芯片的吸取和 PCB 处的安装。限定变量的循环范围对应原料盘处芯片的序号，即变量 NumChipArea1 ～ 4。NumChipArea1 的初始值为 1，将在初始化程序中进行设置。

```
40    TEST posnum
41    CASE 1:
42      FOR a FROM NumChipArea1 TO 4 DO
43        <SMT>
44      ENDFOR
45    CASE 2:
46      <SMT>
47    CASE 3:
48      <SMT>
49    CASE 4:
50      <SMT>
51    CASE 5:
52      <SMT>
```

6）在 CASE 1 的 FOR 循环中添加机器人运动到原料盘 ChipRawPos{a} 位置的运动轨迹。

```
41    CASE 1:
42      FOR a FROM NumChipArea1 TO 4 DO
43        MoveL Offs(ChipRawPos{a},0,0,80), v500, z20, tool0;
44        MoveL Offs(ChipRawPos{a},0,0,30), v500, z20, tool0;
45        MoveL ChipRawPos{a}, v100, fine, tool0;
46      ENDFOR
47    CASE 2:
48      <SMT>
49    CASE 3:
50      <SMT>
51    CASE 4:
52      <SMT>
```

7）在 CASE 1 的 FOR 循环中继续添加以下指令，实现机器人运动到原料盘 ChipRawPos{a} 位置后，等待 1s 待设备稳定到位，然后置位小吸盘工具吸取芯片，再等待 1s 待吸盘吸取动作完成，等待压力开关处的反馈信号和吸盘吸取成功信号。

```
WaitTime 1;
Set Vacuum_2;
WaitTime 1;
WaitDi VacSen_1, 1;
```

8）添加程序指令，实现机器人在吸取芯片的状态下运动到 A06 号 PCB 的 CPU 芯片安装位置，将芯片安装在准确位置，然后返回到 CPU 芯片安装位置上方，将变量 NumChipArea1 加 1，从而使再进行 CPU 芯片吸取时从下一个芯片开始。最后添加 RETURN 指令，实现完成芯片安装后退出循环。FOR 循环程序如下。

```
MoveL Offs(ChipRawPos{a}, 0, 0, 30), v500, fine, tool0;
MoveL Offs(ChipRawPos{a}, 0, 0, 80), v500, z20, tool0;
MoveJ Offs(A06ChipPos{posnum}, 0, 0, 30), v500, z20, tool0;
MoveJ Offs(A06ChipPos{posnum}, 0, 0, 10), v500, fine, tool0;
MoveL A06ChipPos{posnum}, v500, fine, tool0;
WaitTime 0.5;
Reset Vacuum_2;
Set Bvac_1;
WaitTime 0.5;
MoveL Offs(A06ChipPos{posnum}, 0, 0, 10), v100, fine, tool0;
MoveL Offs(A06ChipPos{posnum}, 0, 0, 30), v100, z20, tool0;
Reset Bvac_1;
NumChipArea1:=a+1;
RETURN;
ENDFOR
```

9）参照CPU芯片的吸取和安装方法，完成剩余芯片安装程序的编写，需要注意的是A06号PCB需要安装两个集成电路芯片，可以有多种编程方式，本任务将两次安装分别放置在不同的CASE中。顺序安装芯片的程序如下。

```
PROC MSortA06(num posnum)
    MoveAbsJ HomeL\NoEOffs, v1000, fine, tool0;
    TEST posnum
    CASE 1:!!!CPU芯片安装
      FOR a FROM NumChipArea1 TO 4 DO
      MoveJ Offs(ChipRawPos{a}, 0, 0, 80), v500, z20, tool0;
      MoveL Offs(ChipRawPos{a}, 0, 0, 30), v500, fine, tool0;
      MoveL ChipRawPos{a}, v100, fine, tool0;
      WaitTime 1;
      Set Vacuum_2;
      WaitTime 1;
      WaitDi VacSen_1, 1;
      MoveL Offs(ChipRawPos{a}, 0, 0, 30), v500, fine, tool0;
      MoveL Offs(ChipRawPos{a}, 0, 0, 80), v500, z20, tool0;
      MoveJ Offs(A06ChipPos{posnum}, 0, 0, 30), v500, z20, tool0;
      MoveJ Offs(A06ChipPos{posnum}, 0, 0, 10), v500, fine, tool0;
      MoveL A06ChipPos{posnum}, v500, fine, tool0;
      WaitTime 0.5;
      Reset Vacuum_2;
      Set Bvac_1;
      WaitTime 0.5;
      MoveL Offs(A06ChipPos{posnum}, 0, 0, 10), v100, fine, tool0;
      MoveL Offs(A06ChipPos{posnum}, 0, 0, 30), v100, z20, tool0;
      Reset Bvac_1;
      NumChipArea1:=a+1;
      RETURN;
      ENDFOR
    CASE 2:!!!第一个集成电路芯片安装
      FOR b FROM NumChipArea2 TO 12 DO
      MoveJ Offs(ChipRawPos{b}, 0, 0, 80), v500, z20, tool0;
      MoveL Offs(ChipRawPos{b}, 0, 0, 30), v500, fine, tool0;
      MoveL ChipRawPos{b}, v100, fine, tool0;
      WaitTime 1;
      Set Vacuum_2;
      WaitTime 1;
      WaitDi VacSen_1, 1;
      MoveL Offs(ChipRawPos{b}, 0, 0, 30), v500, fine, tool0;
      MoveL Offs(ChipRawPos{b}, 0, 0, 80), v500, z20, tool0;
      MoveJ Offs(A06ChipPos{posnum}, 0, 0, 30), v500, z20, tool0;
      MoveJ Offs(A06ChipPos{posnum}, 0, 0, 10), v500, fine, tool0;
```

```
        MoveL A06ChipPos{posnum}, v500, fine, tool0;
        WaitTime 0.5;
        Reset Vacuum_2;
        Set Bvac_1;
        WaitTime 0.5;
        MoveL Offs(A06ChipPos{posnum}, 0, 0, 10), v100, fine, tool0;
        MoveL Offs(A06ChipPos{posnum}, 0, 0, 30), v100, z20, tool0;
        Reset Bvac_1;
        NumChipArea2:=b+1;
        RETURN;
        ENDFOR
    CASE 3:!!!第二个集成电路芯片安装
        FOR b FROM NumChipArea2 TO 12 DO
        MoveJ Offs(ChipRawPos{b}, 0, 0, 80), v500, z20, tool0;
        MoveL Offs(ChipRawPos{b}, 0, 0, 30), v500, fine, tool0;
        MoveL ChipRawPos{b}, v100, fine, tool0;
        WaitTime 1;
        Set Vacuum_2;
        WaitTime 1;
        WaitDi VacSen_1, 1;
        MoveL Offs(ChipRawPos{b}, 0, 0, 30), v500, fine, tool0;
        MoveL Offs(ChipRawPos{b}, 0, 0, 100), v500, z20, tool0;
        MoveJ Offs(A06ChipPos{posnum}, 0, 0, 50), v500, z20, tool0;
        MoveJ Offs(A06ChipPos{posnum}, 0, 0, 10), v500, fine, tool0;
        MoveL A06ChipPos{posnum}, v500, fine, tool0;
        WaitTime 0.5;
        Reset Vacuum_2;
        Set Bvac_1;
        WaitTime 0.5;
        MoveL Offs(A06ChipPos{posnum}, 0, 0, 10), v100, fine, tool0;
        MoveL Offs(A06ChipPos{posnum}, 0, 0, 30), v100, z20, tool0;
        Reset Bvac_1;
        NumChipArea2:=b+1;
        RETURN;
        ENDFOR
    CASE 4:!!!电容芯片安装
        FOR c FROM NumChipArea3 TO 19 DO
        MoveJ Offs(ChipRawPos{c}, 0, 0, 80), v500, z20, tool0;
        MoveL Offs(ChipRawPos{c}, 0, 0, 30), v500, fine, tool0;
        MoveL ChipRawPos{c}, v100, fine, tool0;
        WaitTime 1;
        Set Vacuum_2;
        WaitTime 1;
        WaitDi VacSen_1, 1;
        MoveL Offs(ChipRawPos{c}, 0, 0, 30), v500, fine, tool0;
```

```
        MoveL Offs(ChipRawPos{c}, 0, 0, 80), v500, z20, tool0;
        MoveJ Offs(A06ChipPos{posnum}, 0, 0, 30), v500, z20, tool0;
        MoveJ Offs(A06ChipPos{posnum}, 0, 0, 10), v500, fine, tool0;
        MoveL A06ChipPos{posnum}, v500, fine, tool0;
        WaitTime 0.5;
        Reset Vacuum_2;
        Set Bvac_1;
        WaitTime 0.5;
        MoveL Offs(A06ChipPos{posnum}, 0, 0, 10), v100, fine, tool0;
        MoveL Offs(A06ChipPos{posnum}, 0, 0, 30), v100, z20, tool0;
        Reset Bvac_1;
        NumChipArea3:=c+1;
        RETURN;
        ENDFOR
      CASE 5:!!! 晶体管芯片安装
        FOR d FROM NumChipArea4 TO 26 DO
        MoveJ Offs(ChipRawPos{d}, 0, 0, 80), v500, z20, tool0;
        MoveL Offs(ChipRawPos{d}, 0, 0, 30), v500, fine, tool0;
        MoveL ChipRawPos{d}, v100, fine, tool0;
        WaitTime 1;
        Set Vacuum_2;
        WaitTime 1;
        WaitDi VacSen_1, 1;
        MoveL Offs(ChipRawPos{d}, 0, 0, 30), v500, fine, tool0;
        MoveL Offs(ChipRawPos{d}, 0, 0, 90), v500, z20, tool0;
        MoveJ Offs(A06ChipPos{posnum}, 0, 0, 30), v500, z20, tool0;
        MoveJ Offs(A06ChipPos{posnum}, 0, 0, 10), v500, fine, tool0;
        MoveL A06ChipPos{posnum}, v500, fine, tool0;
        WaitTime 0.5;
        Reset Vacuum_2;
        Set Bvac_1;
        WaitTime 0.5;
        MoveL Offs(A06ChipPos{posnum}, 0, 0, 10), v100, fine, tool0;
        MoveL Offs(A06ChipPos{posnum}, 0, 0, 30), v100, z20, tool0;
        Reset Bvac_1;
        NumChipArea4:=d+1;
        RETURN;
        ENDFOR
      MoveAbsJ Home5\NoEOffs, v1000, fine, tool0;
      DEFAULT:
      ENDTEST
  ENDPROC
```

（3）流程程序、初始化程序和主程序编写

1）打开 PSortA06 例行程序，按照工艺流程依次调用例行程序，完成 A06 号 PCB 顺序安装流程程序的编写。

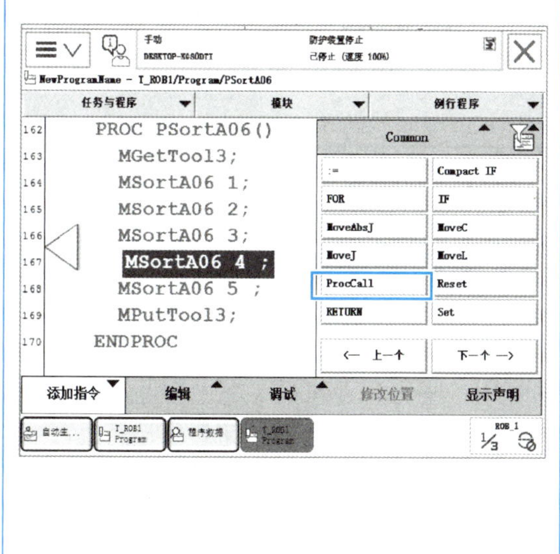

2）打开初始化程序 Initialize，依次添加指令行，使机器人运动到安全姿态，限定机器人加速度、运行速度，为表示四种芯片序号的变量赋初始值，置位快换装置信号，复位破真空信号和吸盘信号。

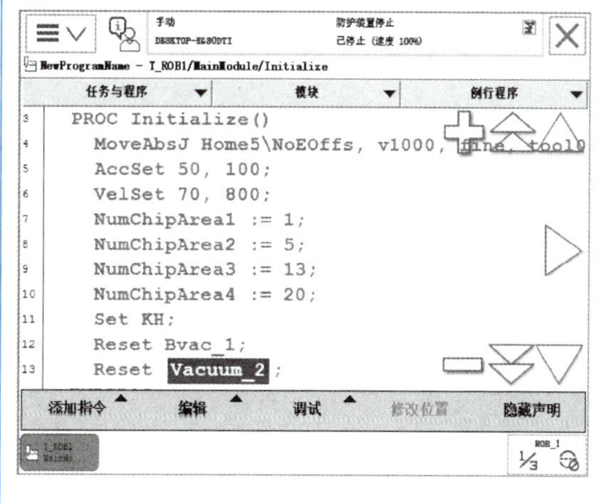

3）最后，在主程序中调用初始化程序和 A06 号 PCB 顺序安装流程程序，完成程序的编写。

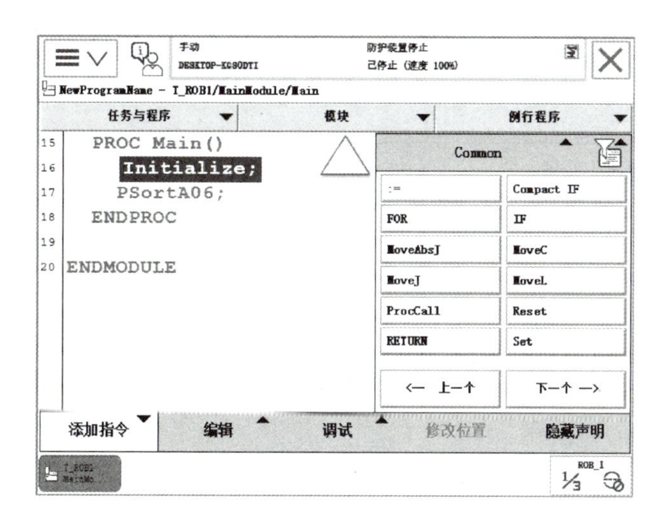

任务评价

任务	配分	评分标准	自评
PCB 安装程序开发	100 分	1）掌握工业机器人基础指令和高级指令的编程方式，掌握带参数的例行程序的使用方法。（20 分）	
		2）按照要求完成工业机器人取放吸盘工具程序的示教编程。（20 分）	
		3）按照要求完成工业机器人吸取芯片、安装 PCB 程序的示教编程。（40 分）	
		4）按照要求完成工业机器人 A06 号 PCB 顺序安装流程程序、初始化程序的示教编程。（20 分）	

工作任务 3.3　PCB 安装程序调试运行

完成程序的示教编程后，进行程序的调试运行。调试运行前先来学习程序的备份与导入、数据的导入与备份，以便进行程序和数据的复用；学习工业机器人紧急停止按钮的使用，当进行程序调试运行时，一旦出现危机情况，可以使用紧急停止按钮暂停运行。

知识沉淀

1. 程序的备份与导入

（1）程序的备份　ABB 工业机器人的程序存储在程序模块中，程序的备份就是将工业机器人系统中的程序模块导出到 USB（通用串行总线）存储设备中进行备份。程序的备份有两种操作方法，一种是将所有程序模块一次性导出，另一种是将指定的程序模块导出。

导出程序模块的方法和操作步骤见表 3-13。

表 3-13　导出程序模块的方法和操作步骤

序号	操作步骤	图示
1	将 USB 存储设备（如 U 盘）插入示教器的 USB 端口	
方法一		
2	在程序编辑器界面，单击“任务与程序”按钮	

（续）

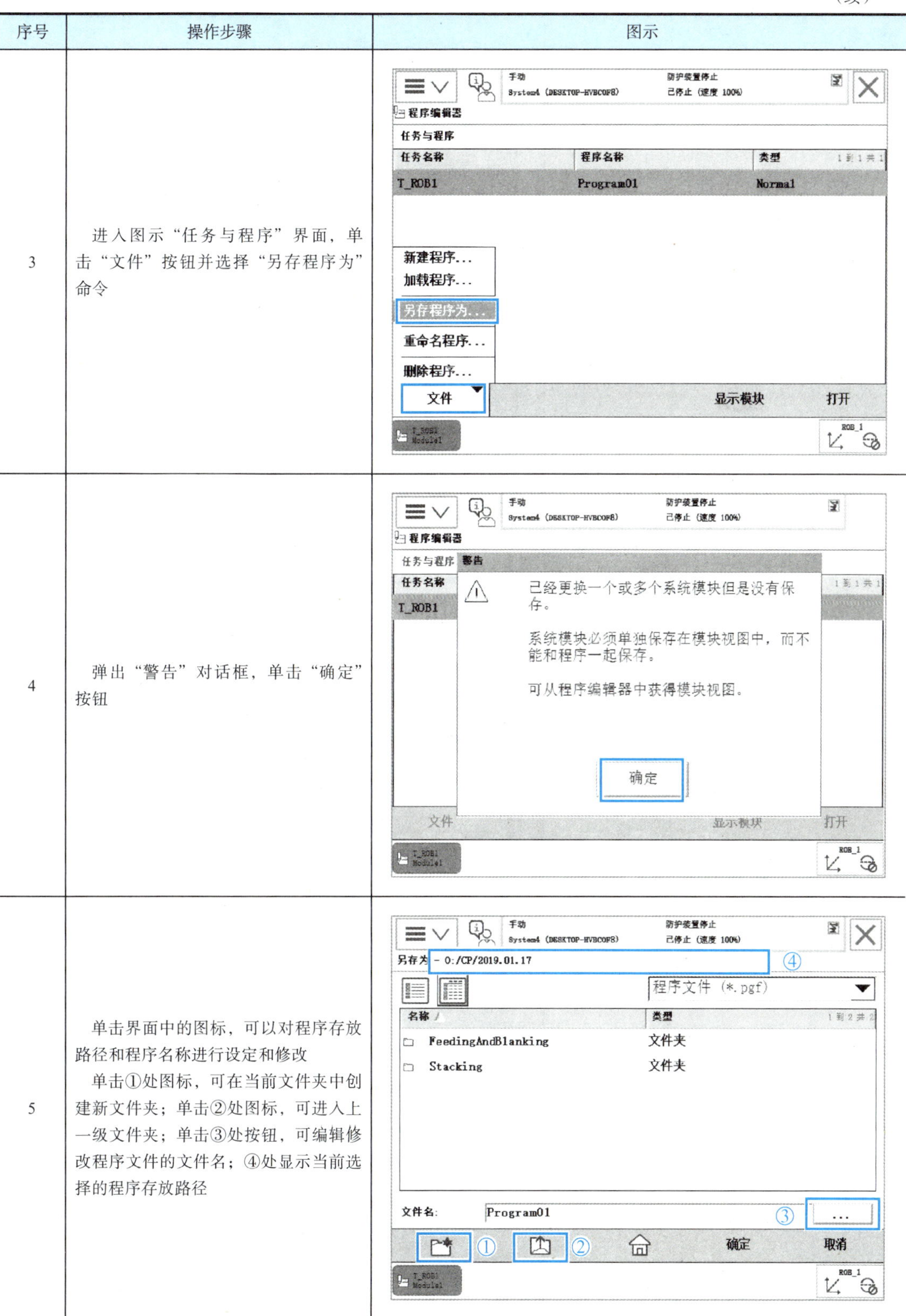

序号	操作步骤	图示
3	进入图示“任务与程序”界面，单击“文件”按钮并选择“另存程序为”命令	
4	弹出“警告”对话框，单击“确定”按钮	
5	单击界面中的图标，可以对程序存放路径和程序名称进行设定和修改 单击①处图标，可在当前文件夹中创建新文件夹；单击②处图标，可进入上一级文件夹；单击③处按钮，可编辑修改程序文件的文件名；④处显示当前选择的程序存放路径	

（续）

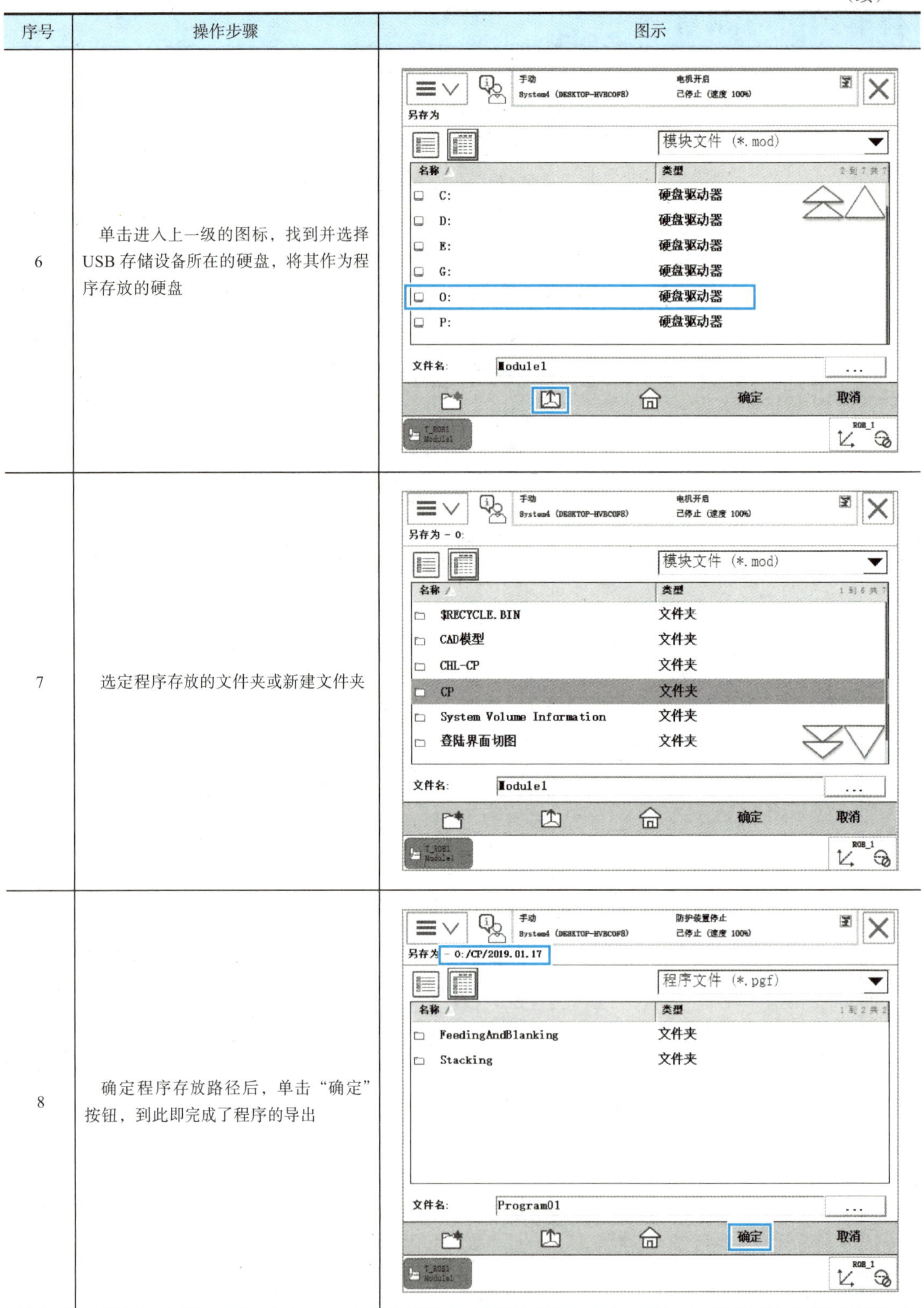

序号	操作步骤	图示
6	单击进入上一级的图标，找到并选择USB存储设备所在的硬盘，将其作为程序存放的硬盘	
7	选定程序存放的文件夹或新建文件夹	
8	确定程序存放路径后，单击“确定”按钮，到此即完成了程序的导出	

（续）

序号	操作步骤	图示
9	工业机器人系统中的所有程序被导出保存到 USB 存储设备中，以 mod 和 pgf 文件的形式存储在一个文件夹中	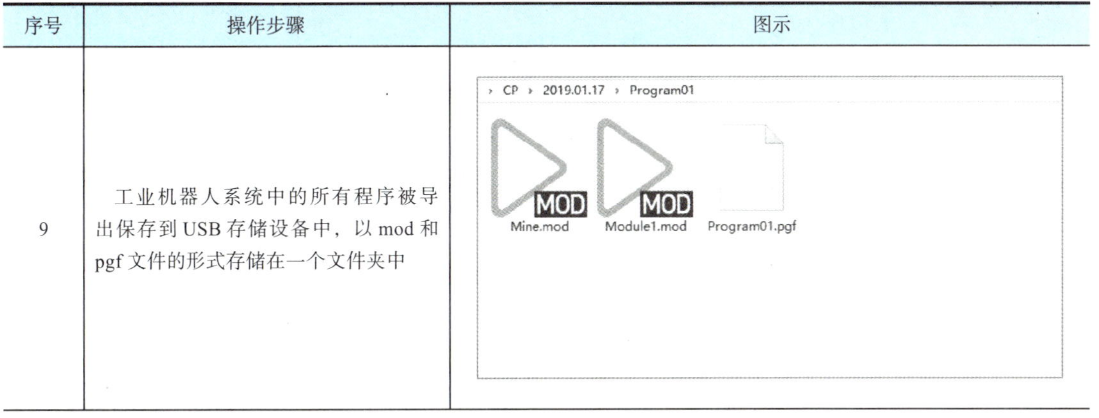
	方法二	
10	在程序编辑器界面，单击“模块”按钮	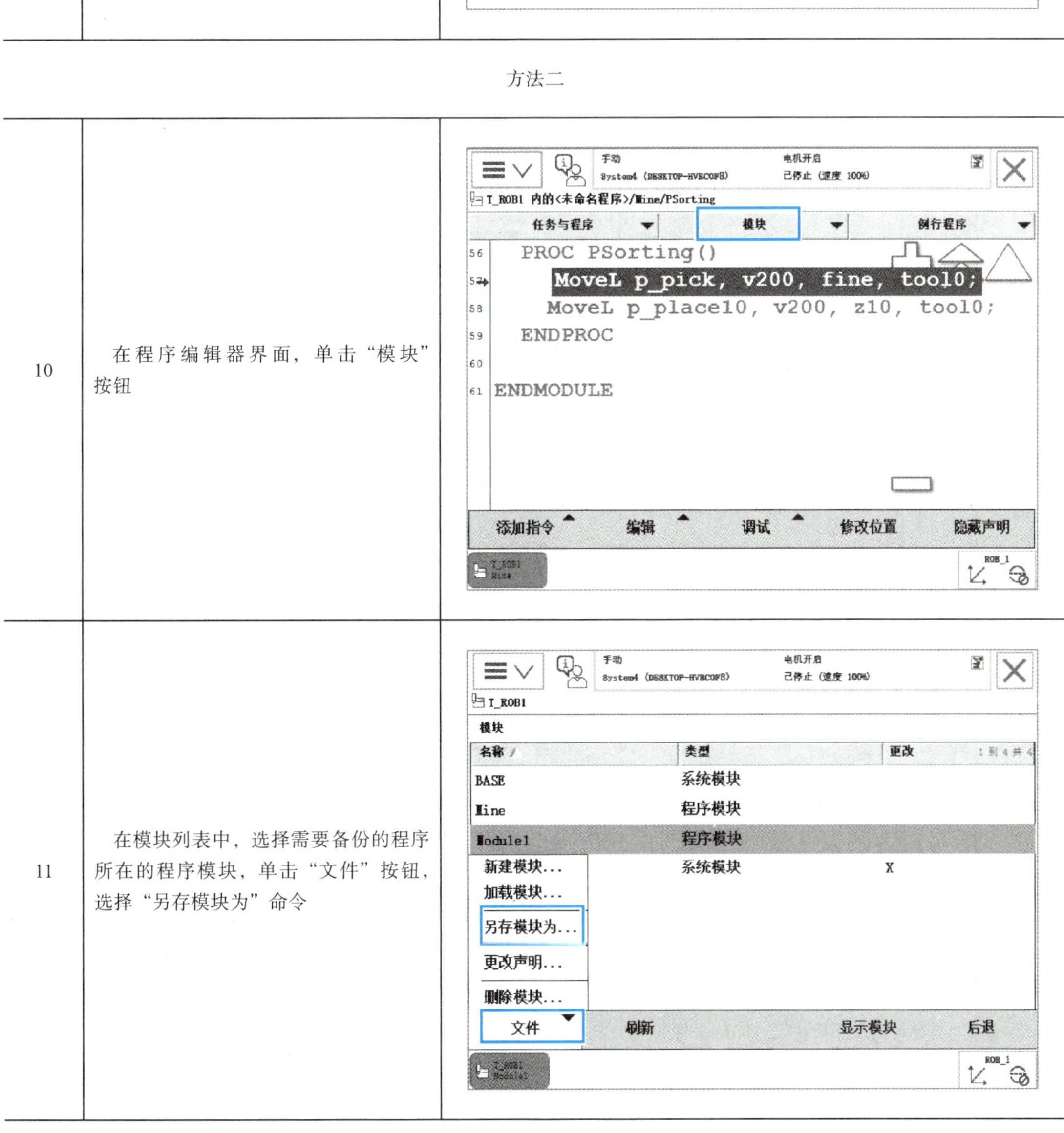
11	在模块列表中，选择需要备份的程序所在的程序模块，单击“文件”按钮，选择“另存模块为”命令	

（续）

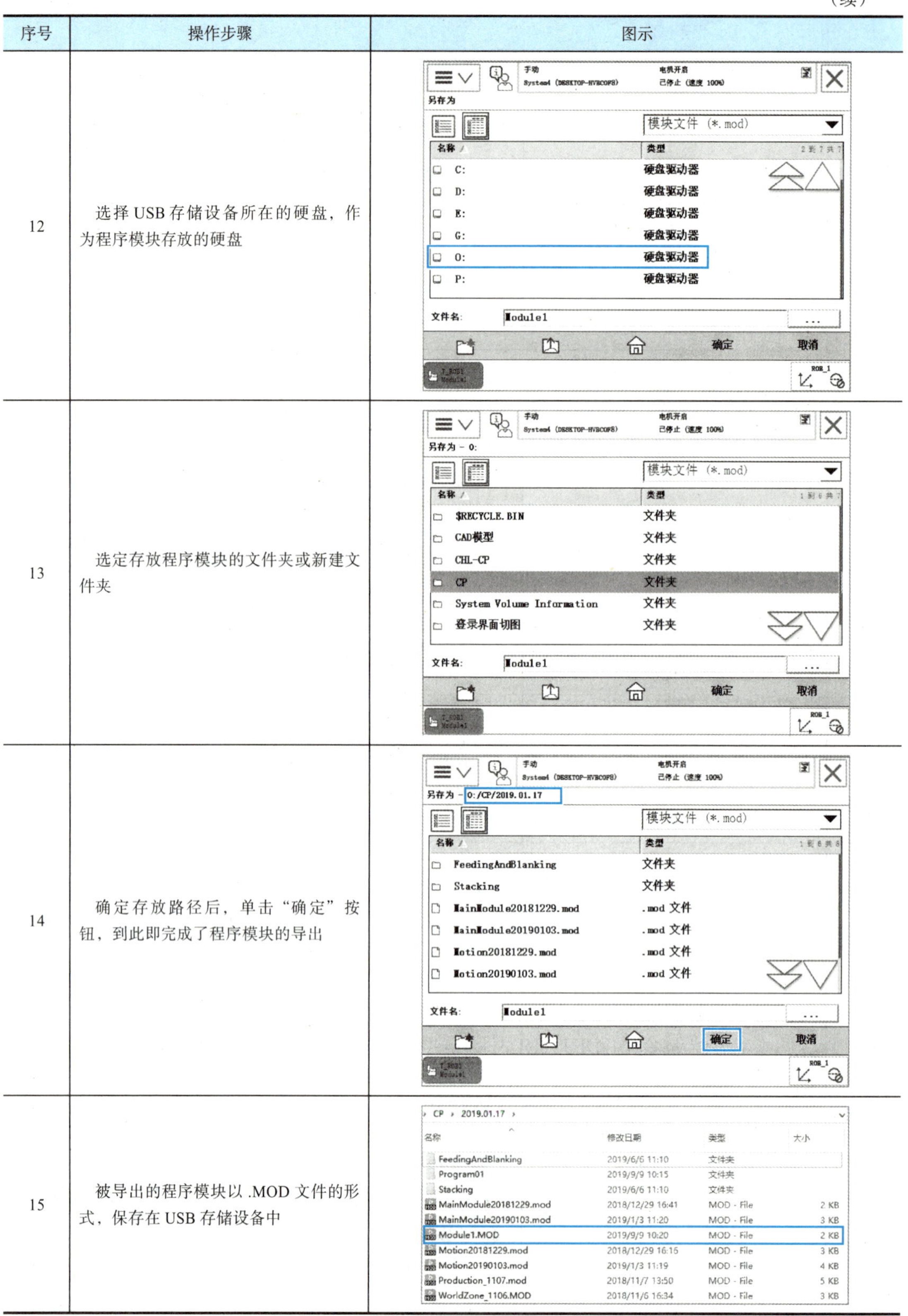

序号	操作步骤	图示
12	选择 USB 存储设备所在的硬盘，作为程序模块存放的硬盘	
13	选定存放程序模块的文件夹或新建文件夹	
14	确定存放路径后，单击“确定”按钮，到此即完成了程序模块的导出	
15	被导出的程序模块以 .MOD 文件的形式，保存在 USB 存储设备中	

（2）程序的导入　程序的导入就是将备份在外部 USB 存储设备中的程序模块导入到工业机器人系统中。程序的导入有两种操作方法，一种是一次性将所有程序模块的备份导入工业机器人系统中，另一种是将指定的程序模块单独导入工业机器人系统中。

导入程序模块的方法和操作步骤见表 3-14。

表 3-14　导入程序模块的方法和操作步骤

序号	操作步骤	图示
1	将程序模块备份文件所在的 USB 存储设备（如 U 盘）插入示教器的 USB 端口	—
方法一		
2	在程序编辑器界面，单击“任务与程序”按钮	手动 System4 (DESKTOP-HVBCOF8) 电机开启 已停止（速度 100%） T_ROB1 内的<未命名程序>/Mine/PSorting 任务与程序 模块 例行程序 56 PROC PSorting() 57 MoveL p_pick, v200, fine, tool0; 58 MoveL p_place10, v200, z10, tool0; 59 ENDPROC 60 61 ENDMODULE 添加指令 编辑 调试 修改位置 隐藏声明
3	进入“任务与程序”界面，单击“文件”按钮并选择“加载程序”命令	手动 System4 (DESKTOP-HVBCOF8) 防护装置停止 已停止（速度 100%） 程序编辑器 任务与程序 任务名称 程序名称 类型 T_ROB1 Program01 Normal 新建程序... 加载程序... 另存程序为... 重命名程序... 删除程序... 文件 显示模块 打开

（续）

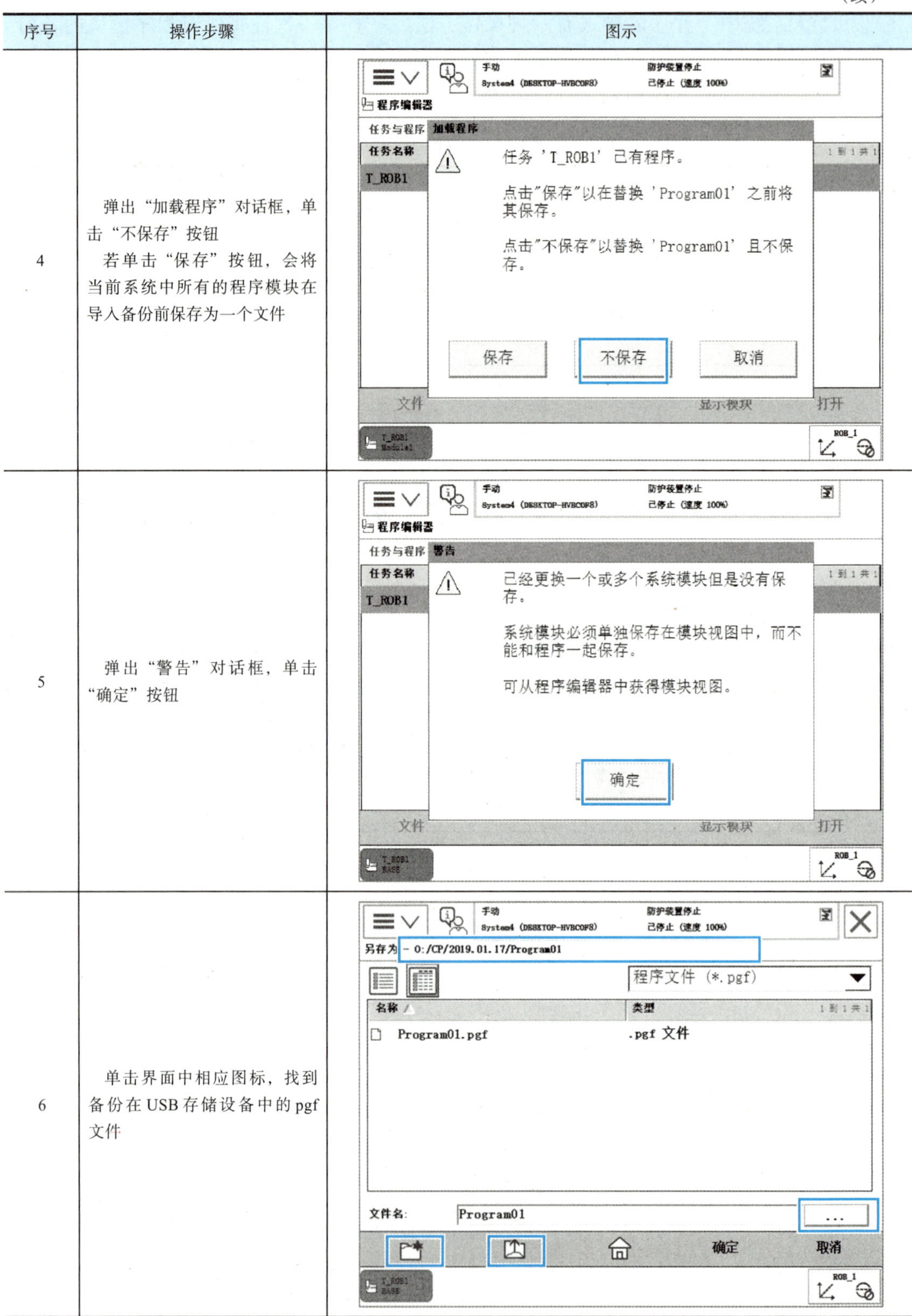

序号	操作步骤	图示
4	弹出“加载程序”对话框，单击“不保存”按钮 若单击“保存”按钮，会将当前系统中所有的程序模块在导入备份前保存为一个文件	
5	弹出“警告”对话框，单击“确定”按钮	
6	单击界面中相应图标，找到备份在 USB 存储设备中的 pgf 文件	

（续）

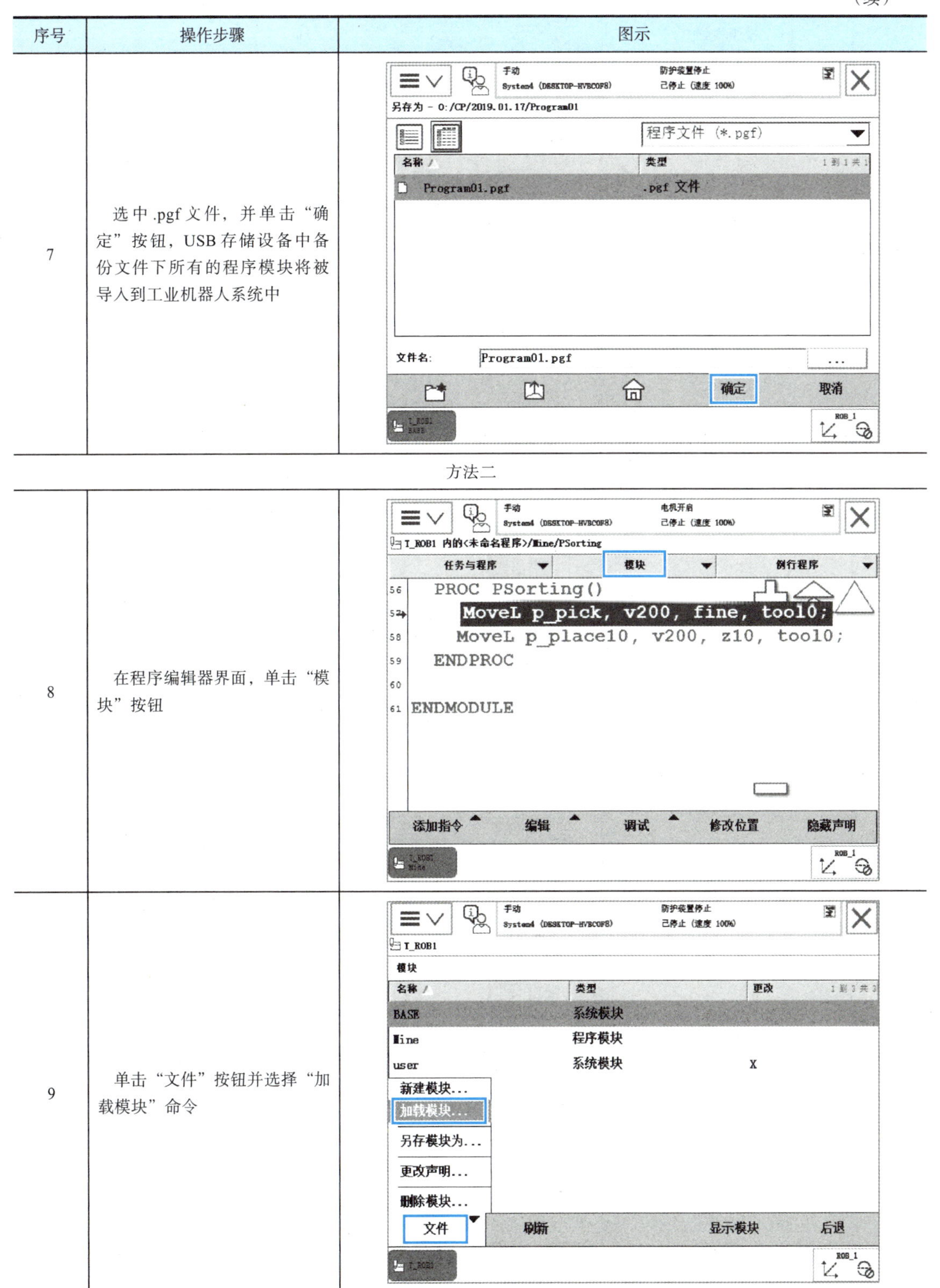

序号	操作步骤	图示
7	选中 .pgf 文件，并单击“确定”按钮，USB 存储设备中备份文件下所有的程序模块将被导入到工业机器人系统中	
方法二		
8	在程序编辑器界面，单击“模块”按钮	
9	单击“文件”按钮并选择“加载模块”命令	

（续）

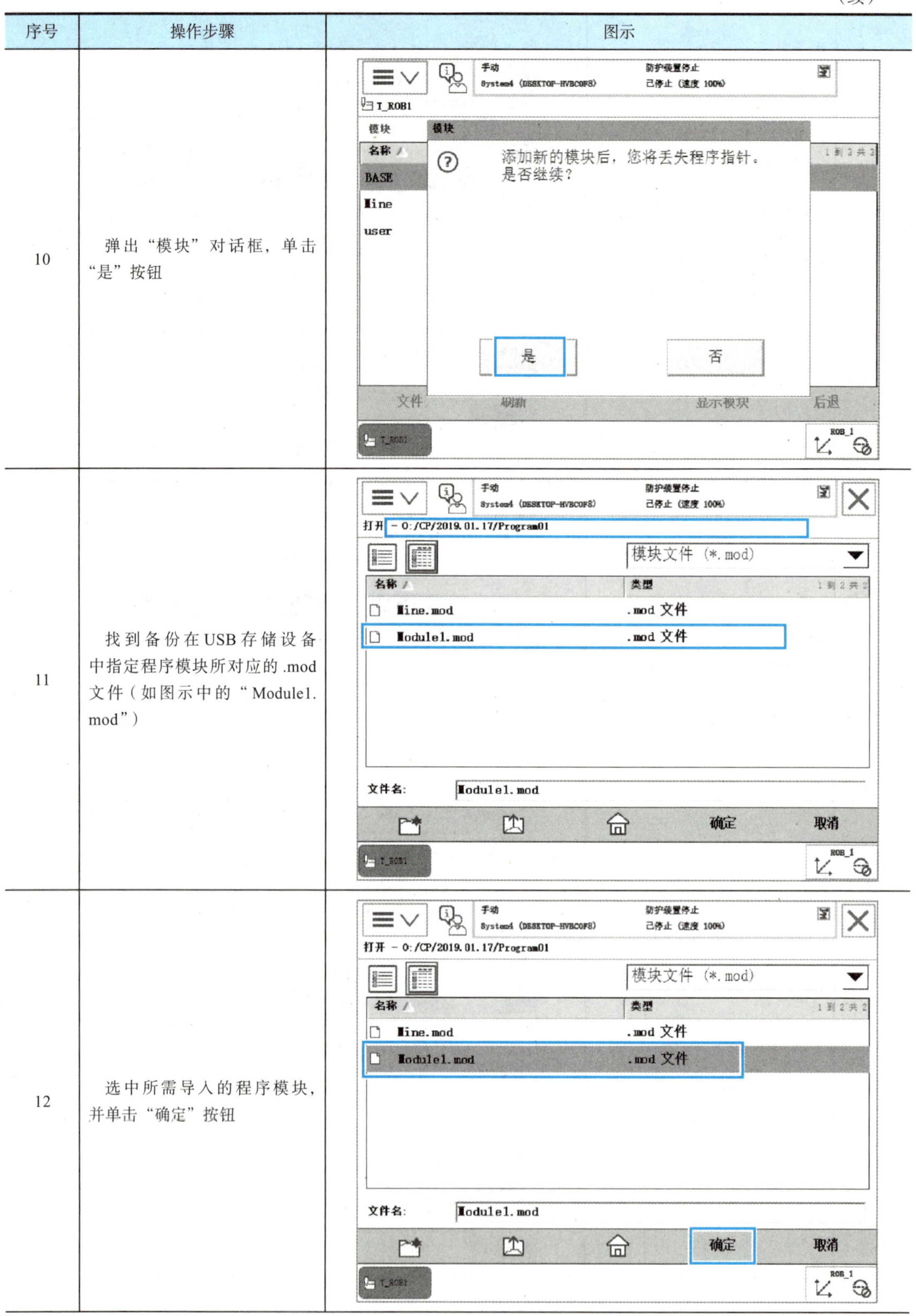

序号	操作步骤	图示
10	弹出“模块”对话框，单击“是”按钮	
11	找到备份在USB存储设备中指定程序模块所对应的.mod文件（如图示中的“Module1.mod”）	
12	选中所需导入的程序模块，并单击“确定”按钮	

（续）

序号	操作步骤	图示
13	指定程序模块被导入到工业机器人系统中	手动 System4 (DESKTOP-HVBCOF8) 防护装置停止 已停止（速度 100%） T_ROB1 模块 名称 / 类型 更改 1 到 4 共 4 BASE 系统模块 Mine 程序模块 Module1 程序模块 user 系统模块 X 文件 刷新 显示模块 后退

2. 数据的备份与导入

（1）数据的备份

1）工业机器人系统数据的备份。工业机器人系统数据的备份是将所有储存在运行内存中的 RAPID 程序和系统参数打包到一个文件夹中，导出到工业机器人硬盘或 USB 存储设备中完成备份。

备份工业机器人系统数据的方法和操作步骤见表 3-15。

表 3-15　备份工业机器人系统数据的方法和操作步骤

序号	操作步骤	图示
1	若将工业机器人系统数据备份到 USB 存储设备（如 U 盘）中，则需先将 USB 存储设备插入示教器的 USB 端口 在示教器操作界面中，单击“备份与恢复”	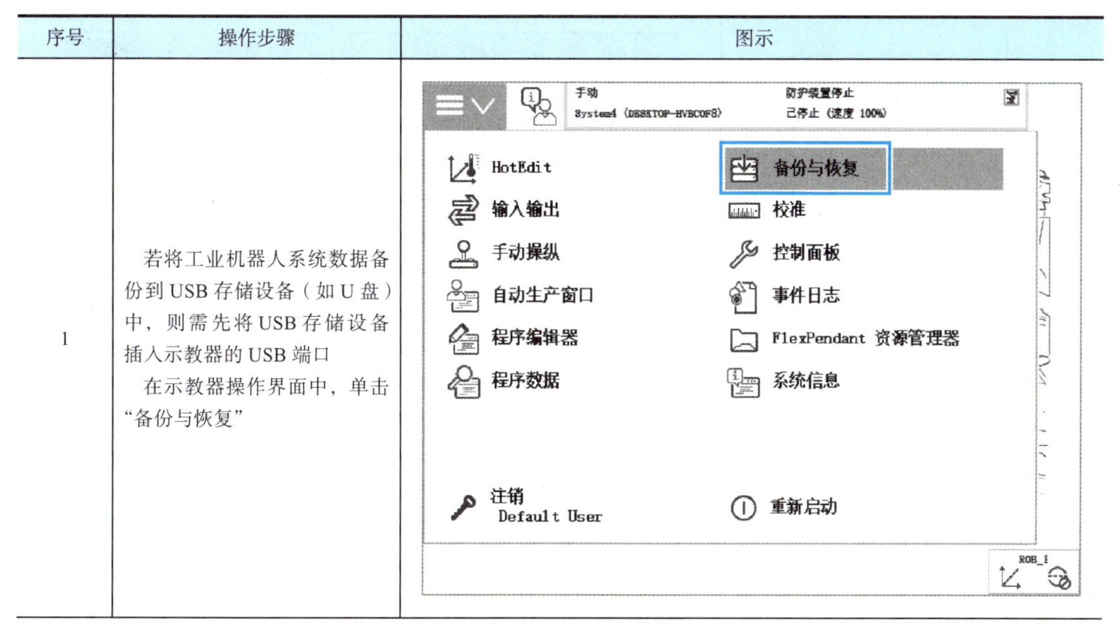

（续）

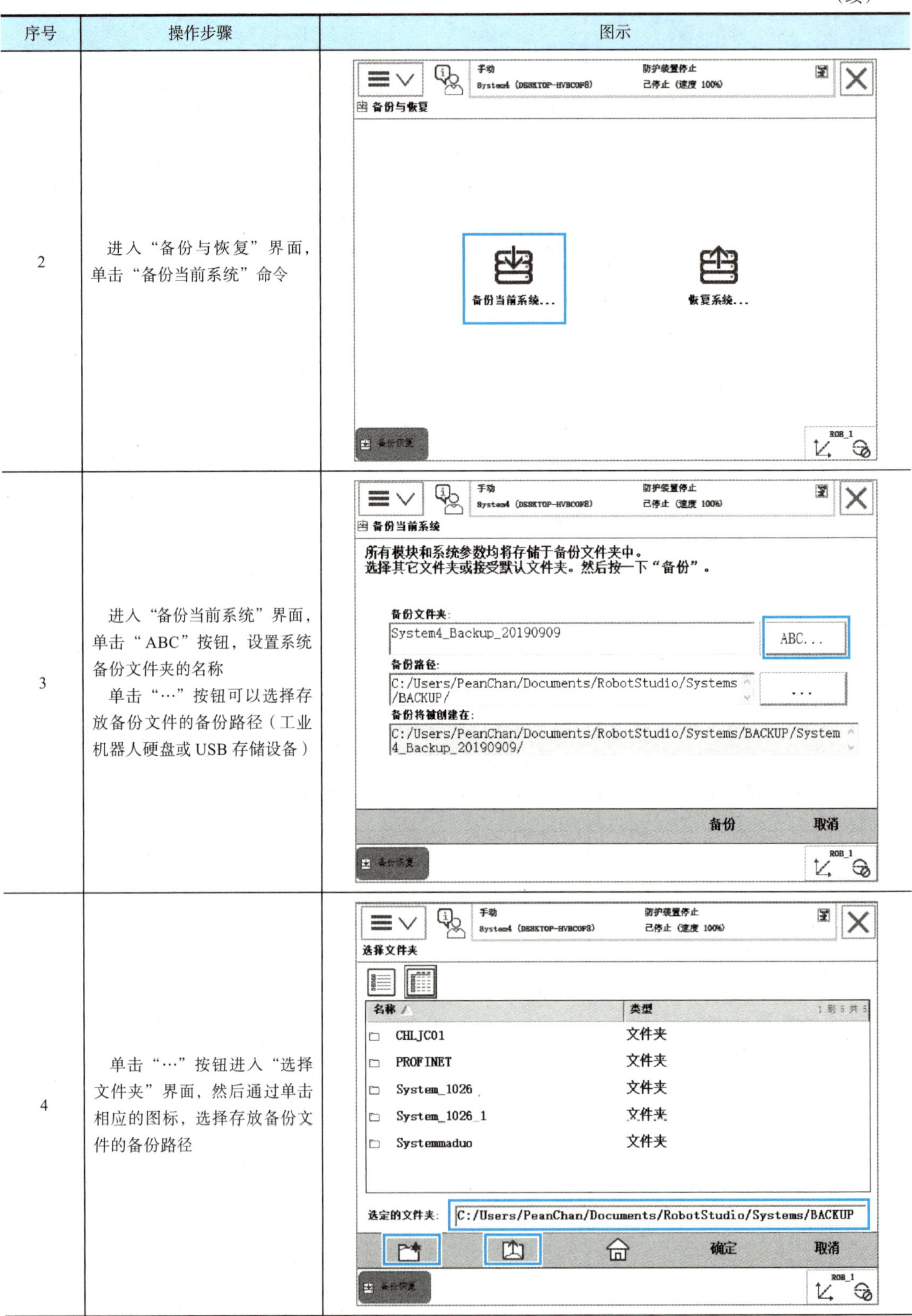

序号	操作步骤	图示
2	进入“备份与恢复”界面，单击“备份当前系统”命令	
3	进入“备份当前系统”界面，单击“ABC”按钮，设置系统备份文件夹的名称 单击“…”按钮可以选择存放备份文件的备份路径（工业机器人硬盘或USB存储设备）	
4	单击“…”按钮进入“选择文件夹”界面，然后通过单击相应的图标，选择存放备份文件的备份路径	

（续）

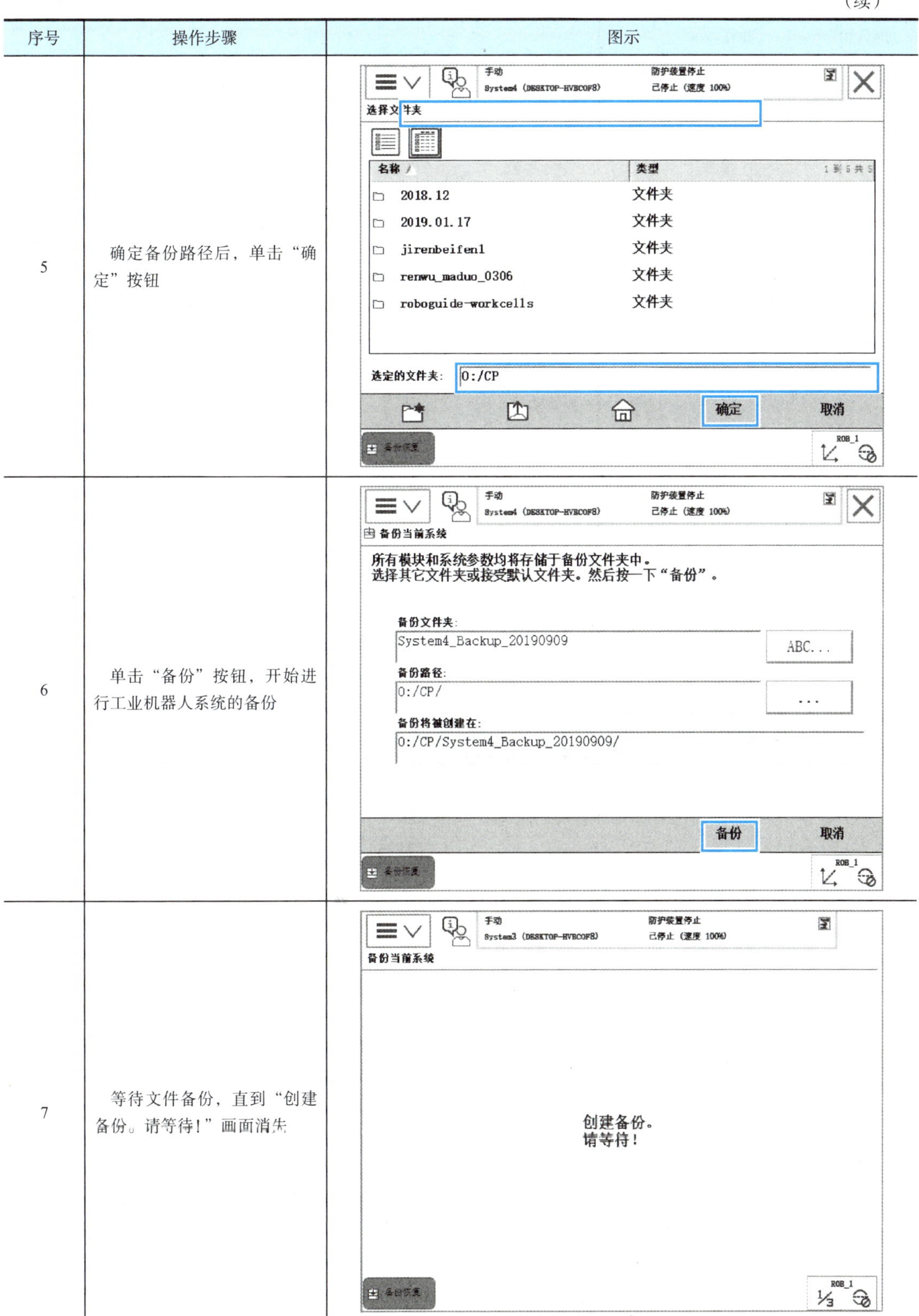

序号	操作步骤	图示
5	确定备份路径后，单击“确定”按钮	
6	单击“备份”按钮，开始进行工业机器人系统的备份	
7	等待文件备份，直到“创建备份。请等待！”画面消失	

（续）

序号	操作步骤	图示
8	备份完成后，返回“备份与恢复”界面，单击关闭按钮，关闭“备份与恢复”界面，至此完成工业机器人系统数据的备份	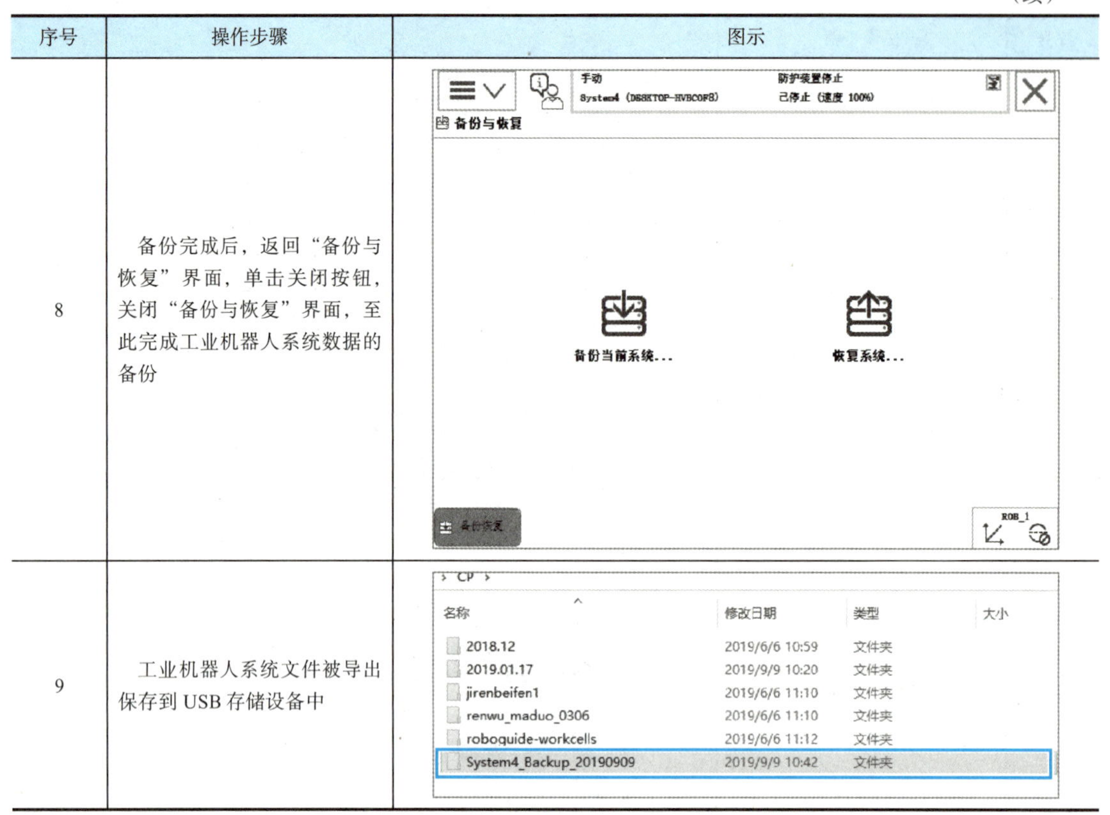
9	工业机器人系统文件被导出保存到 USB 存储设备中	

2）配置参数的导出。ABB 工业机器人的配置参数存储在一个单独的配置文件中，根据类型的不同，配置参数分为五个主题（见图 3-31），不同主题参数的配置文件说明见表 3-16。可以通过恢复已备份的配置参数文件，解决配置参数丢失所引起的故障。

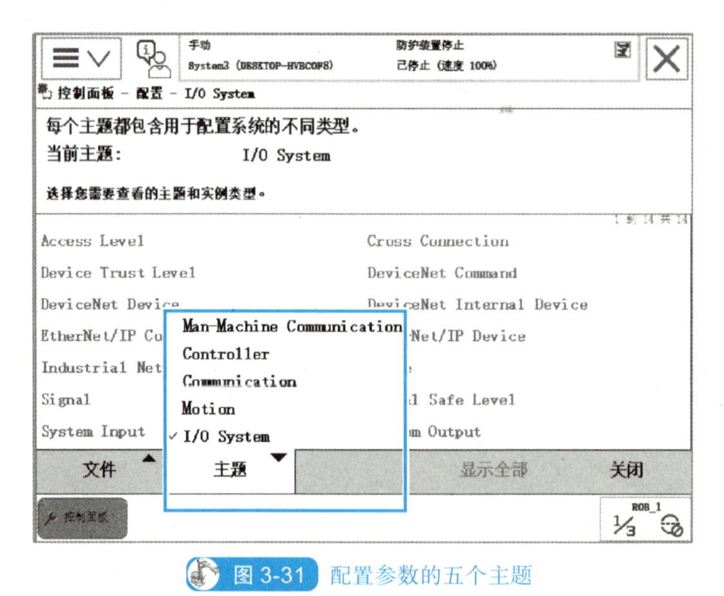

图 3-31 配置参数的五个主题

表 3-16　不同主题参数的配置文件说明

主题	配置内容	配置文件
Man-Machine Communication（人机通信）	用于简化系统工作的函数	MMC.cfg
Controller（控制器）	安全性和 RAPID 专用函数	SYS.cfg
Communication（通信）	串行通道和文件传输层协议	SIO.cfg
Motion（运动）	工业机器人和外轴	MOC.cfg
I/O System（I/O 系统）	I/O 板和信号	EIO.cfg

导出配置参数的方法和操作步骤见表 3-17。

表 3-17　导出配置参数的方法和操作步骤

序号	操作步骤	图示
1	将 USB 存储设备（如 U 盘）插入示教器的 USB 端口 在“控制面板”界面，单击“配置”	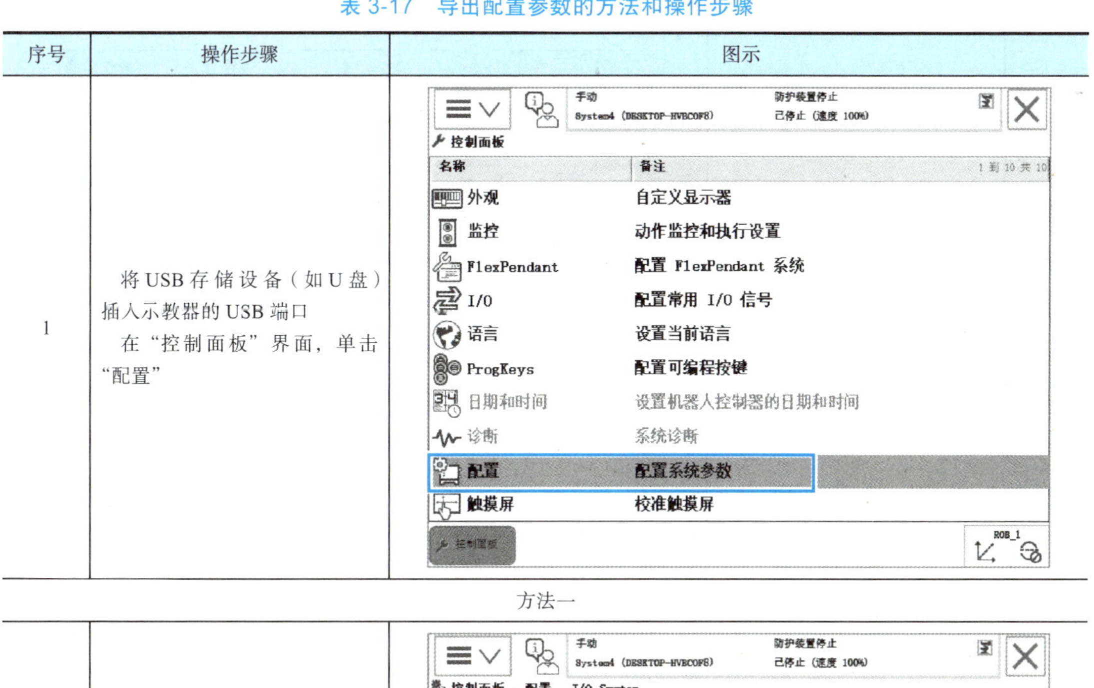
方法一		
2	单击“文件”按钮并选择“全部另存为”命令，将所有主题下的配置参数导出到 USB 存储设备中进行备份	

（续）

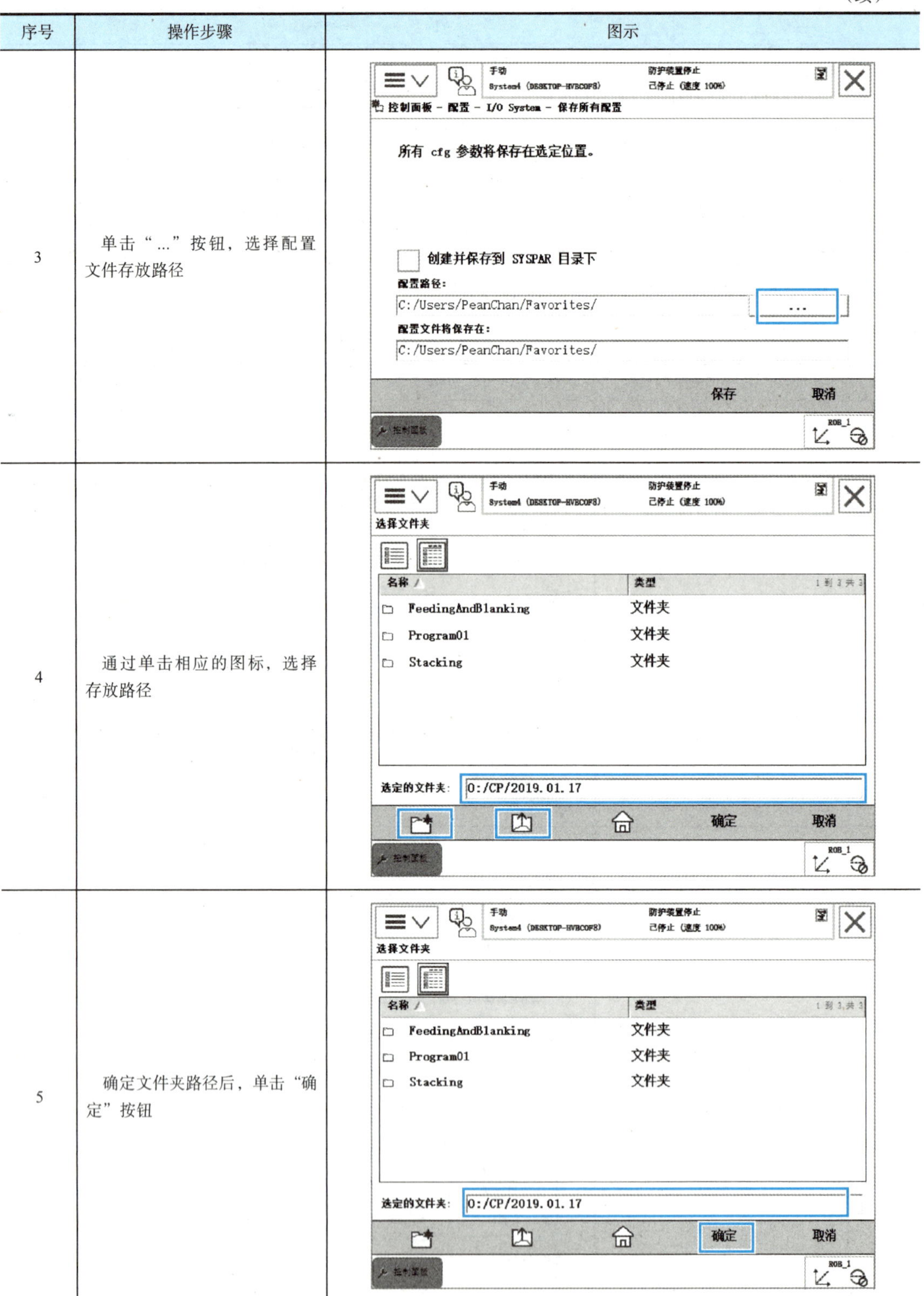

序号	操作步骤	图示
3	单击“...”按钮，选择配置文件存放路径	
4	通过单击相应的图标，选择存放路径	
5	确定文件夹路径后，单击“确定”按钮	

（续）

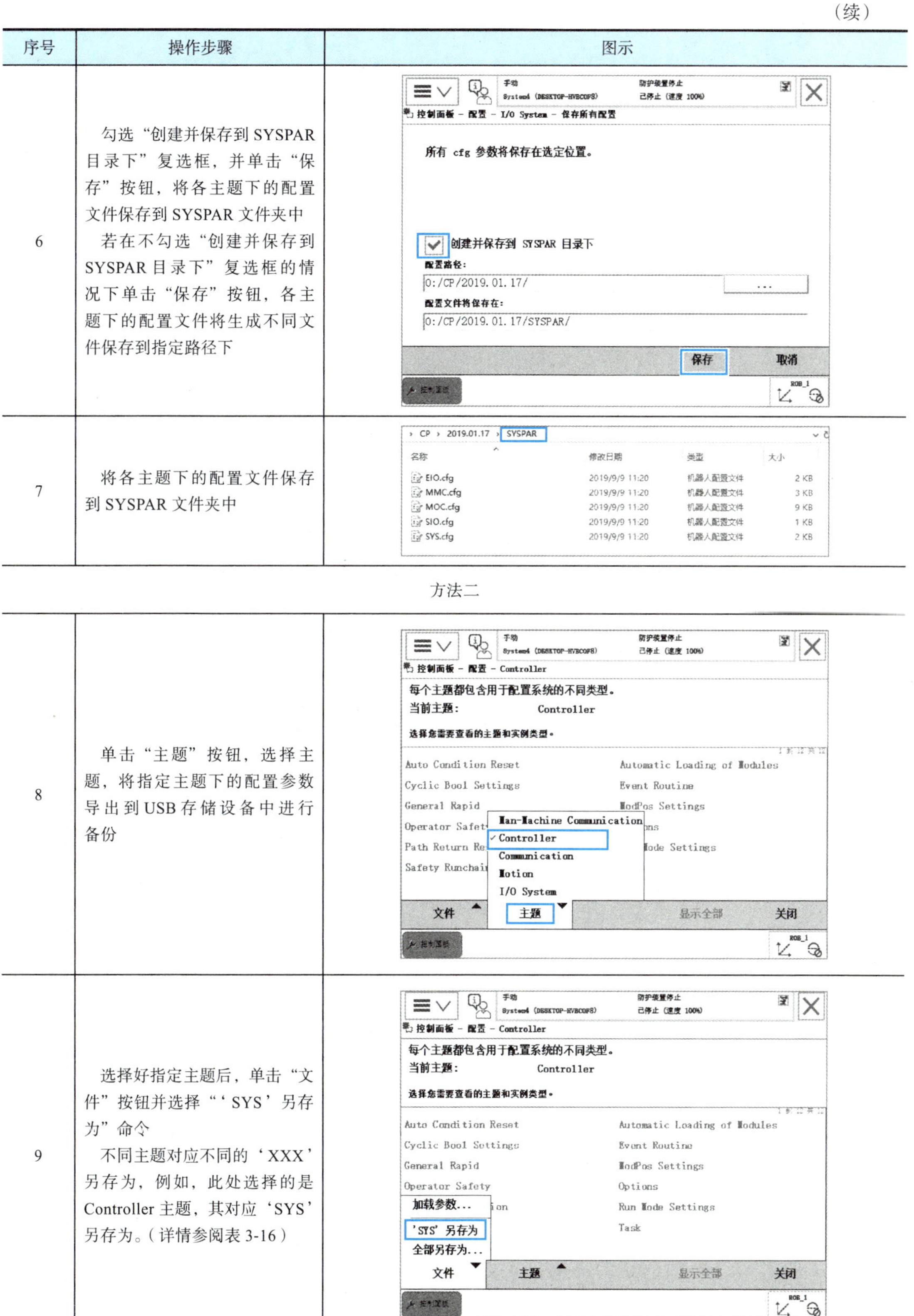

序号	操作步骤	图示
6	勾选“创建并保存到 SYSPAR 目录下”复选框，并单击“保存”按钮，将各主题下的配置文件保存到 SYSPAR 文件夹中 若在不勾选“创建并保存到 SYSPAR 目录下”复选框的情况下单击“保存”按钮，各主题下的配置文件将生成不同文件保存到指定路径下	
7	将各主题下的配置文件保存到 SYSPAR 文件夹中	
方法二		
8	单击“主题”按钮，选择主题，将指定主题下的配置参数导出到 USB 存储设备中进行备份	
9	选择好指定主题后，单击“文件”按钮并选择“‘SYS’另存为”命令 不同主题对应不同的‘XXX’另存为，例如，此处选择的是 Controller 主题，其对应‘SYS’另存为。（详情参阅表 3-16）	

（续）

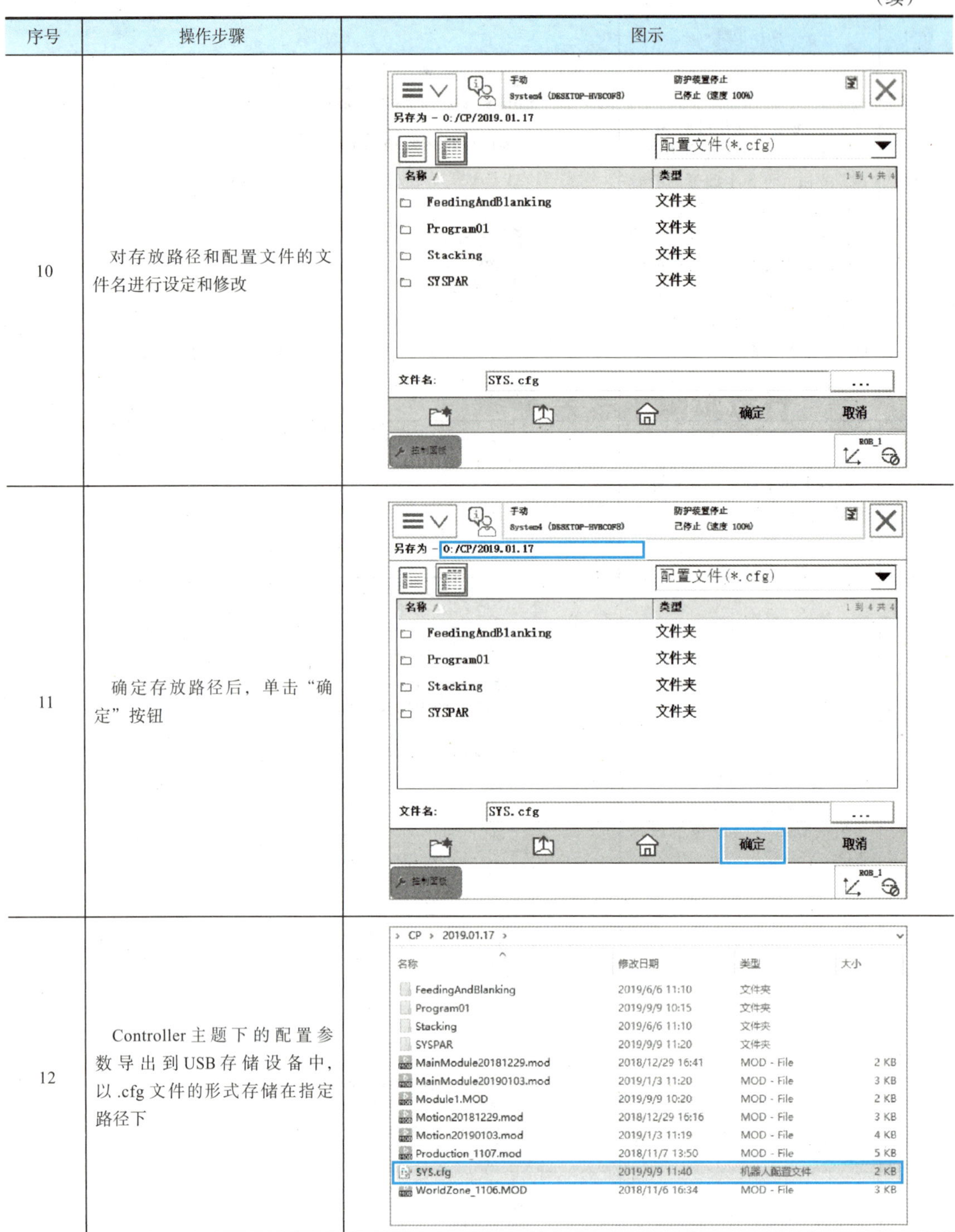

序号	操作步骤	图示
10	对存放路径和配置文件的文件名进行设定和修改	
11	确定存放路径后，单击“确定”按钮	
12	Controller主题下的配置参数导出到USB存储设备中，以.cfg文件的形式存储在指定路径下	

（2）数据的导入

1）工业机器人系统数据的恢复。工业机器人系统数据的恢复是将备份在工业机器人硬盘或外部USB存储设备中的系统文件导入到工业机器人系统中。

恢复工业机器人系统数据的方法和操作步骤见表 3-18。

表 3-18　恢复工业机器人系统数据的方法和操作步骤

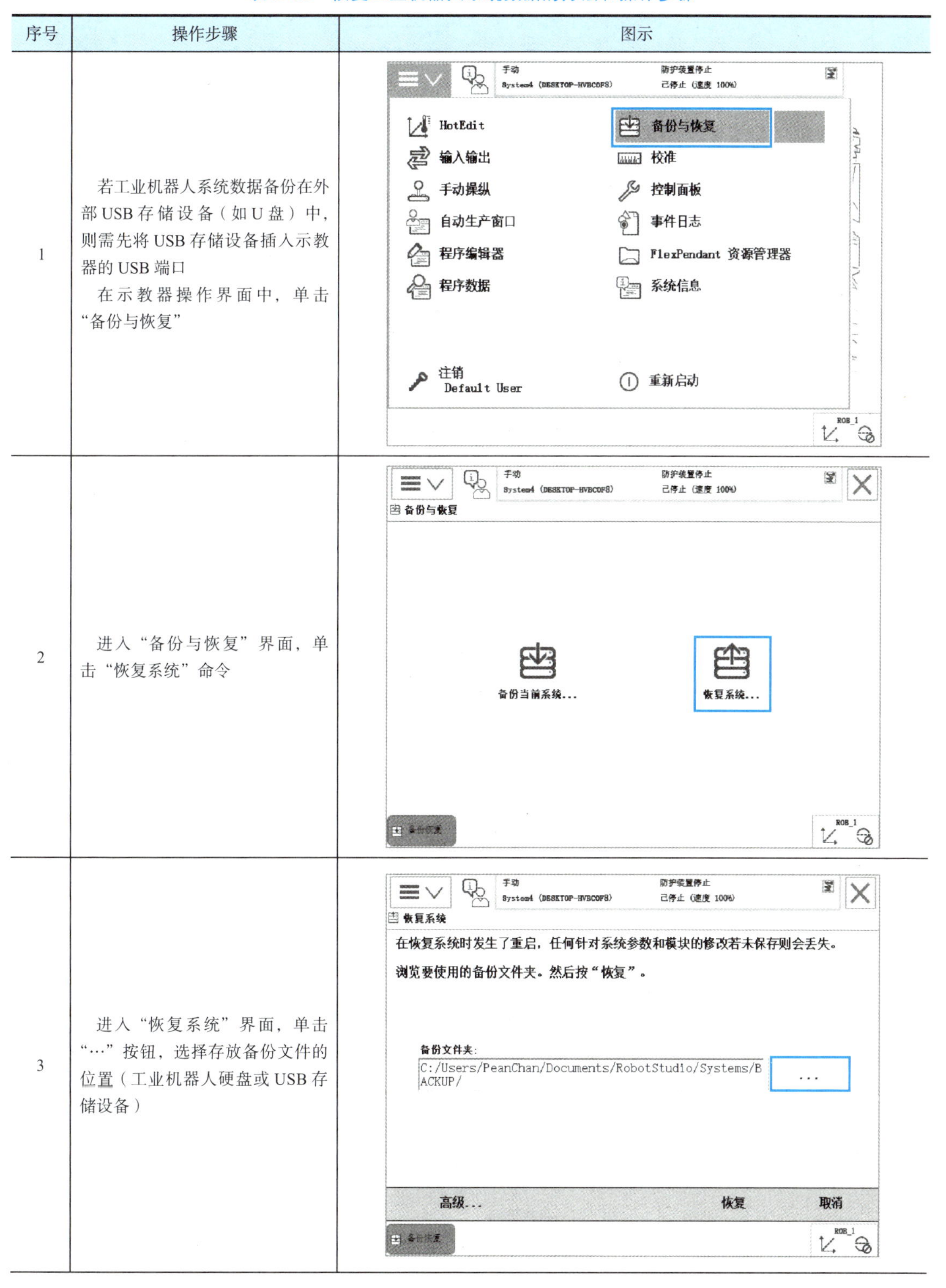

序号	操作步骤	图示
1	若工业机器人系统数据备份在外部 USB 存储设备（如 U 盘）中，则需先将 USB 存储设备插入示教器的 USB 端口 在示教器操作界面中，单击“备份与恢复”	
2	进入“备份与恢复”界面，单击“恢复系统”命令	
3	进入“恢复系统”界面，单击“…”按钮，选择存放备份文件的位置（工业机器人硬盘或 USB 存储设备）	

（续）

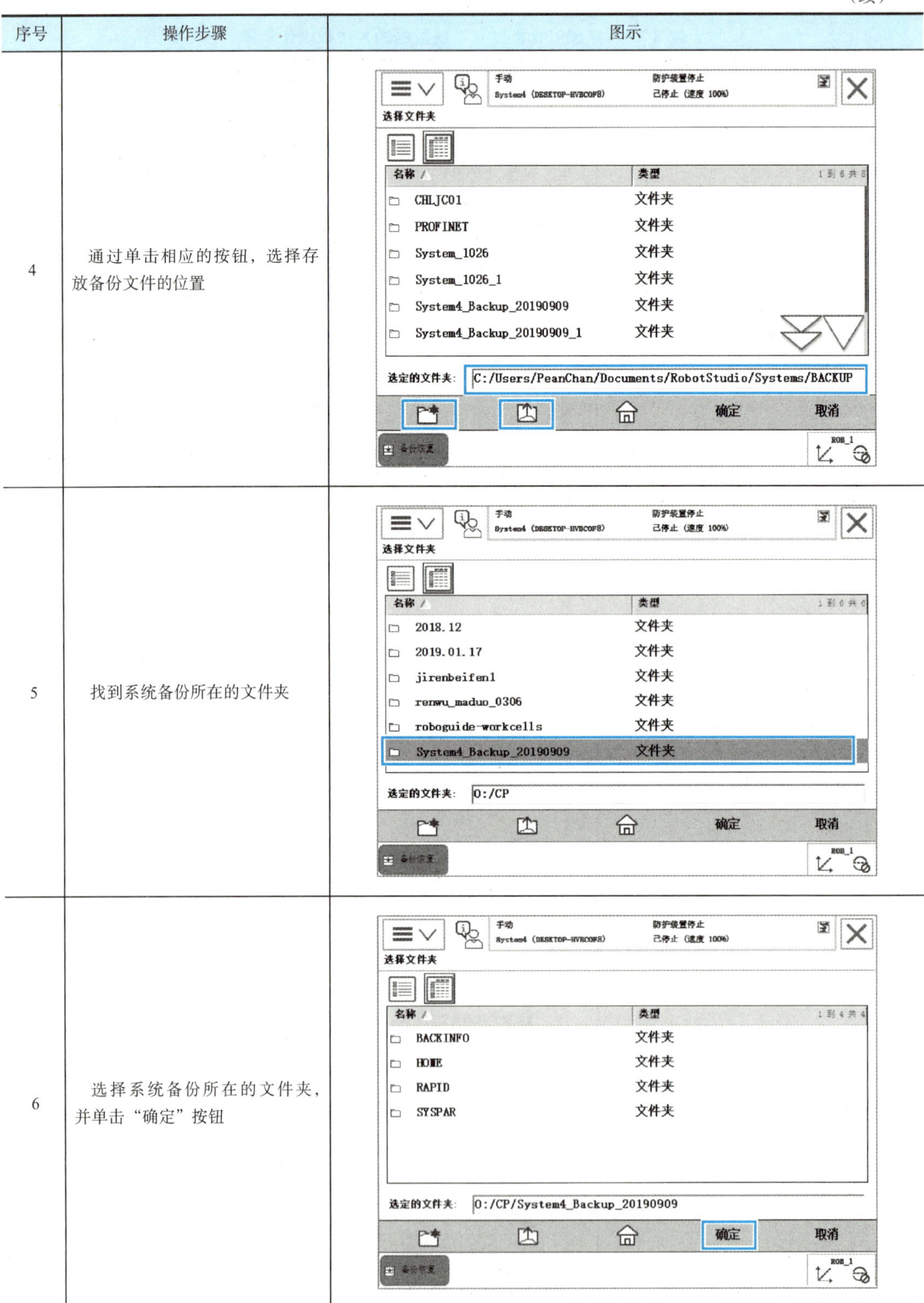

序号	操作步骤	图示
4	通过单击相应的按钮，选择存放备份文件的位置	
5	找到系统备份所在的文件夹	
6	选择系统备份所在的文件夹，并单击“确定”按钮	

（续）

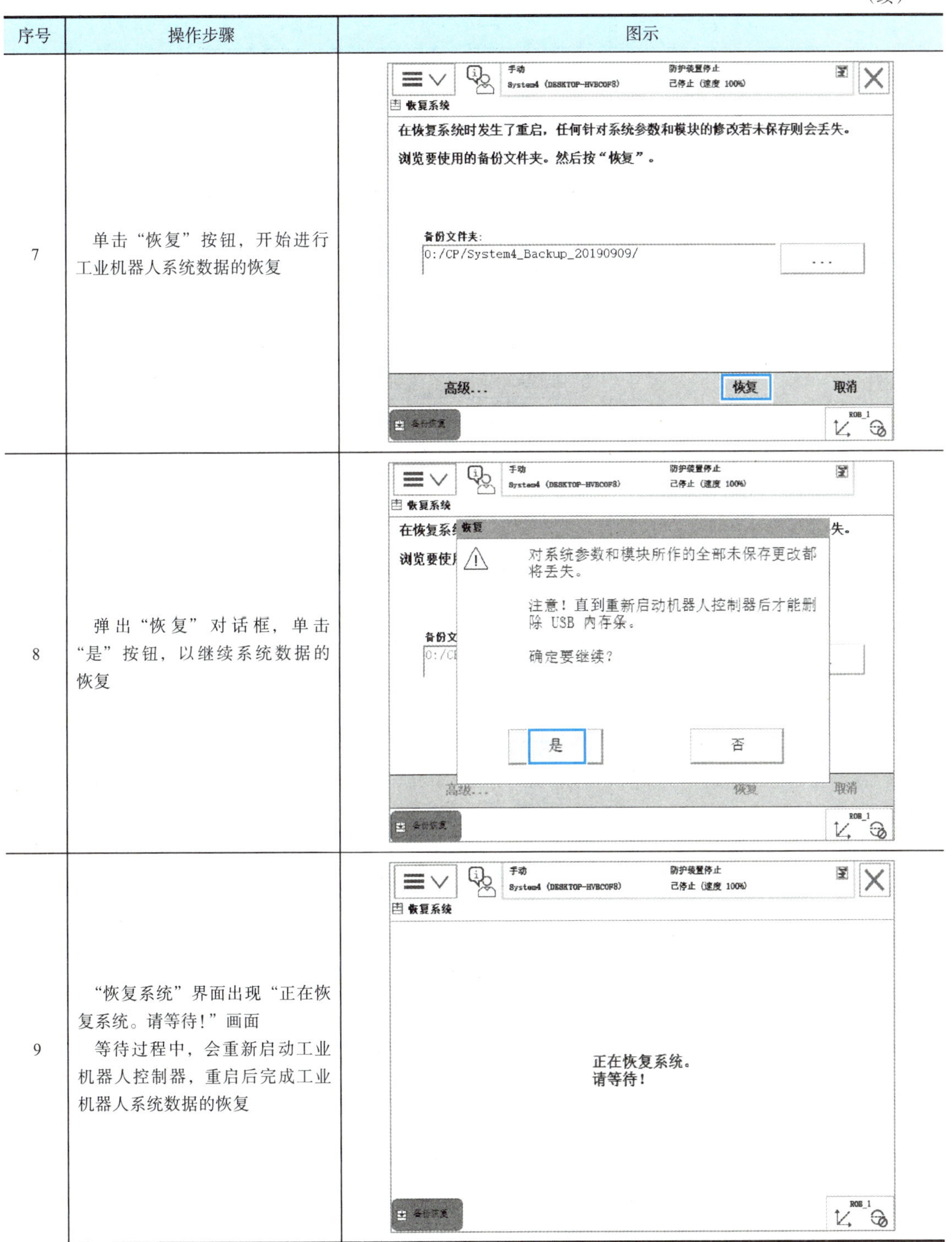

序号	操作步骤	图示
7	单击“恢复”按钮，开始进行工业机器人系统数据的恢复	
8	弹出“恢复”对话框，单击“是”按钮，以继续系统数据的恢复	
9	“恢复系统”界面出现“正在恢复系统。请等待！”画面 等待过程中，会重新启动工业机器人控制器，重启后完成工业机器人系统数据的恢复	

2）配置参数的导入。可以将导出的配置文件导入到配置参数出现问题的相同型号和版本的工业机器人中，实现配置参数的恢复，从而解决配置参数丢失所引起的问题。

导入配置参数的方法和操作步骤见表 3-19。

表 3-19　导入配置参数的方法和操作步骤

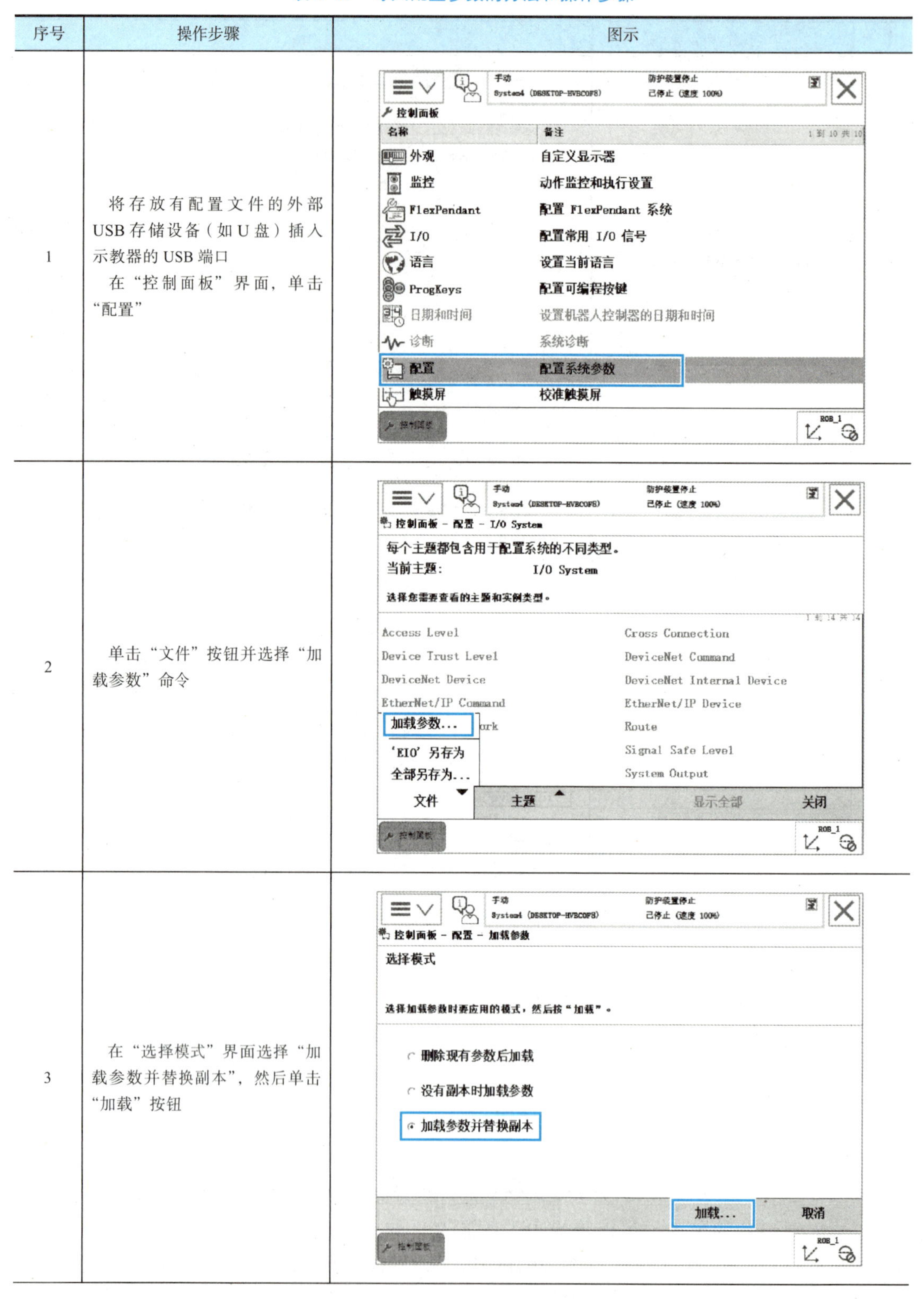

序号	操作步骤	图示
1	将存放有配置文件的外部USB存储设备（如U盘）插入示教器的USB端口 在“控制面板”界面，单击“配置”	
2	单击“文件”按钮并选择“加载参数”命令	
3	在“选择模式”界面选择“加载参数并替换副本”，然后单击“加载”按钮	

（续）

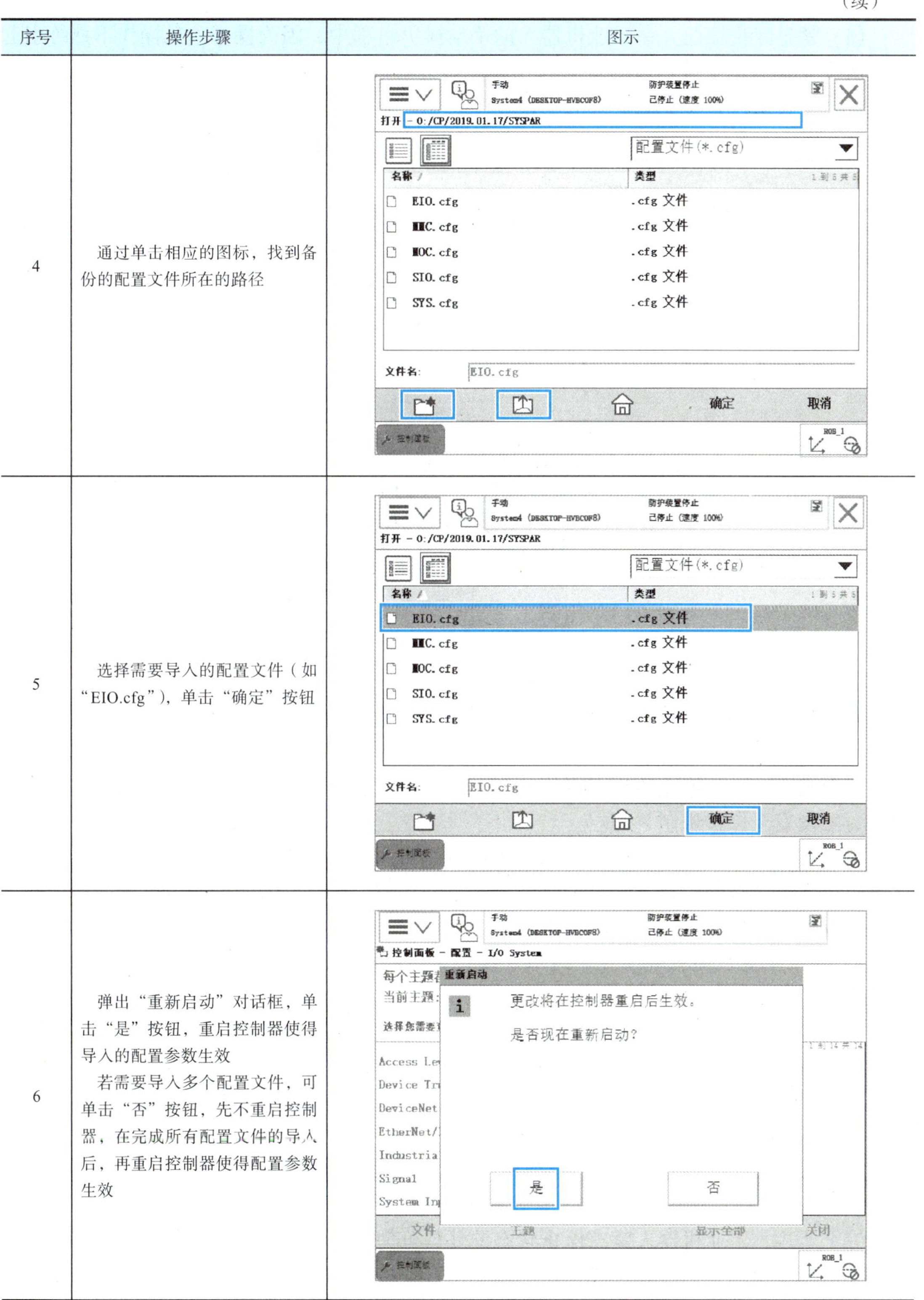

序号	操作步骤	图示
4	通过单击相应的图标，找到备份的配置文件所在的路径	
5	选择需要导入的配置文件（如“EIO.cfg”），单击“确定”按钮	
6	弹出“重新启动”对话框，单击“是”按钮，重启控制器使得导入的配置参数生效 若需要导入多个配置文件，可单击“否”按钮，先不重启控制器，在完成所有配置文件的导入后，再重启控制器使得配置参数生效	

3. 工业机器人的紧急停止按钮

（1）紧急停止按钮　在工业机器人的手动操纵过程中，因为操作人员操作不熟练引起碰撞或者发生其他突发状况时，可按下紧急停止按钮（见图 3-32），启动工业机器人安全保护机制，紧急停止工业机器人的动作。

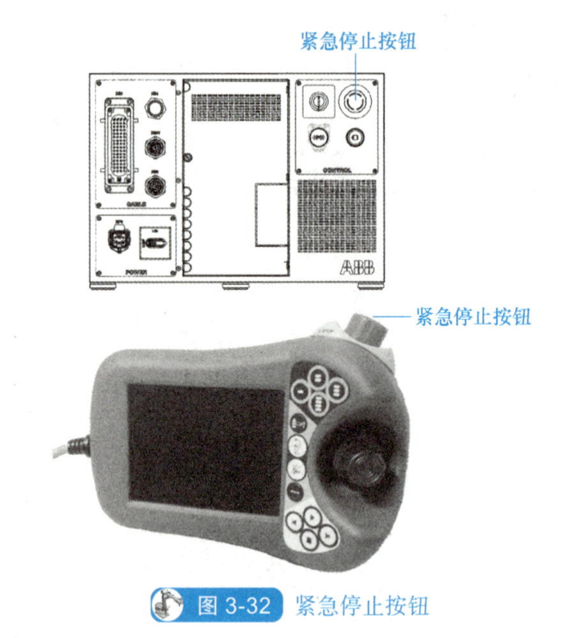

图 3-32　紧急停止按钮

需要注意的是，在紧急停止按钮被按下的状态下，工业机器人处于紧急停止状态，无法执行动作，将紧急停止按钮复位后，方可进行工业机器人的手动操纵，进而将工业机器人移动到安全位置。

工业机器人紧急停止的原因可能是紧急停止按钮被按下，也可能是突发状况（如物理碰撞、触发安全保护机制）等。

（2）复位紧急停止状态的方法和操作步骤　工业机器人紧急停止后，其可能处于空旷区域，可能被堵在障碍物之间。可以根据紧急停止时工业机器人所处的位置选择合适的方法，完成紧急停止的复位操作。

1）如果工业机器人处于空旷区域，复位紧急停止状态后手动操纵工业机器人运动到安全位置。

2）如果工业机器人被堵在障碍物之间，在周围的障碍物容易移动的情况下，可以直接移开障碍物，复位紧急停止状态后手动操纵工业机器人运动到安全位置。

3）如果周围的障碍物既不易移动，又很难直接手动操纵工业机器人到达安全位置，可以通过按下制动闸释放按钮，手动拖动工业机器人到安全位置。

4）如果是由工业机器人发生物理碰撞引起的紧急停止，需要使用制动闸释放按钮进行复位操作。

综上所述，工业机器人紧急停止状态的复位分为两种情况，一种是需要使用制动闸释放按钮的复位操作，另一种是无须使用制动闸释放按钮的复位操作。

复位紧急停止状态的操作步骤见表 3-20。

表 3-20　复位紧急停止状态的操作步骤

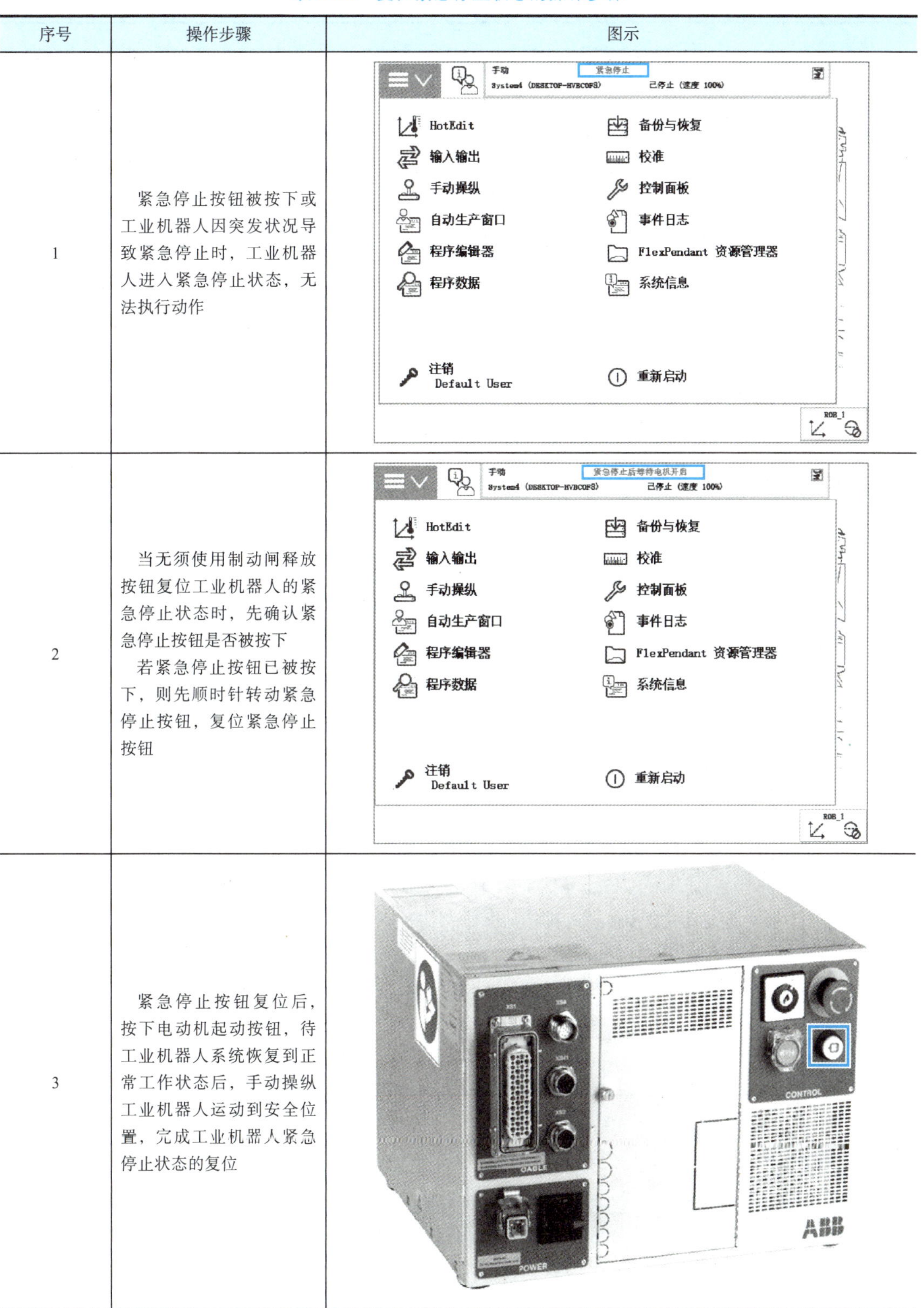

序号	操作步骤	图示
1	紧急停止按钮被按下或工业机器人因突发状况导致紧急停止时，工业机器人进入紧急停止状态，无法执行动作	
2	当无须使用制动闸释放按钮复位工业机器人的紧急停止状态时，先确认紧急停止按钮是否被按下 若紧急停止按钮已被按下，则先顺时针转动紧急停止按钮，复位紧急停止按钮	
3	紧急停止按钮复位后，按下电动机起动按钮，待工业机器人系统恢复到正常工作状态后，手动操纵工业机器人运动到安全位置，完成工业机器人紧急停止状态的复位	

（续）

序号	操作步骤	图示
4	若需要使用制动闸释放按钮复位工业机器人的紧急停止状态，则需要先有一人先托住工业机器人	
5	另一人按住制动闸释放按钮，待电动机制动闸释放后，由托住工业机器人的操作人员移动工业机器人到安全位置	
6	确认工业机器人到达安全位置后，松开制动闸释放按钮，并复位紧急停止按钮 按下电动机起动按钮，工业机器人系统恢复到正常工作状态，完成紧急停止状态的复位	

任务实施

➤ 任务引入

A06 号 PCB 顺序安装程序已经完成点位示教，现在需要完成程序的调试和手自动控制模式下的运行。

需要注意的是，在运行程序前，需先确认异形芯片原料盘中已经装满对应的芯片，A06 号 PCB 是空置未安装状态，工具架中 3 号工位放置了吸盘工具，在机器人的工作范围内无其他与工艺流程无关的设备干扰。

➢ 任务实施

（1）手动控制模式下调试和运行

1）首先进行程序的手动调试运行，将控制器模式开关转到手动控制模式。

2）单击“程序编辑器”，进入程序编辑界面。

3）单击图示界面中的“调试”按钮，打开调试菜单，单击“PP 移至例行程序”命令。

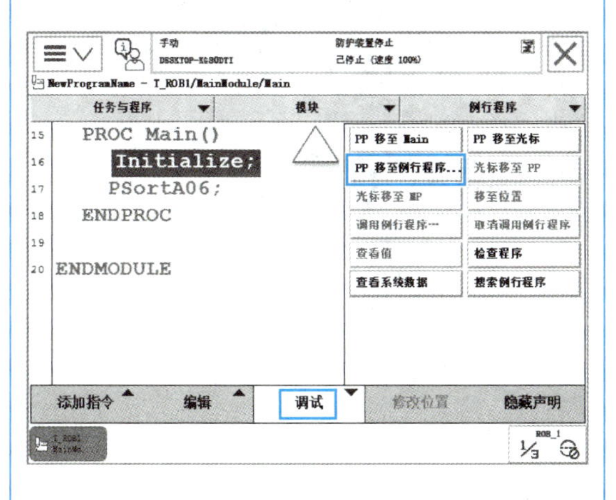

4）下面以吸盘工具的手动调试流程为例进行实施。在程序列表中选择吸盘工具安装的例行程序，单击“确定”按钮。

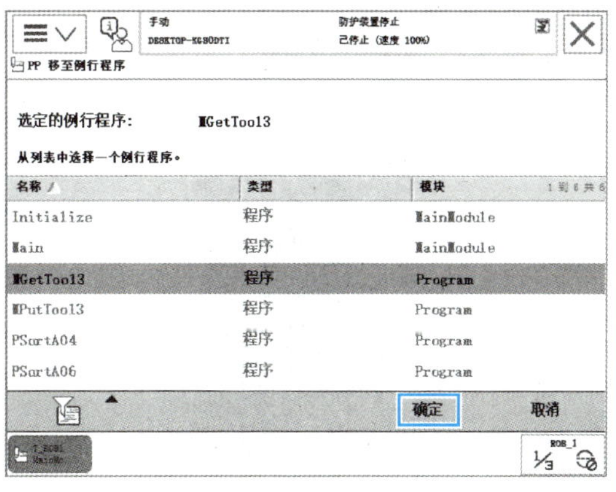

5）程序指针移动至吸盘工具安装程序 MGetTool3 中。

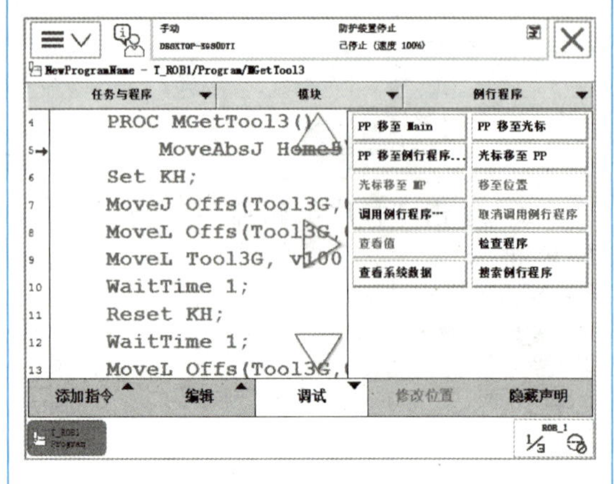

6）调整手动运行速度，按下使能按钮并使其保持在中间档位置，使得工业机器人处于开启状态。按压前进一步按钮，逐步运行吸盘安装程序。每按压一次按钮，只执行一行程序。

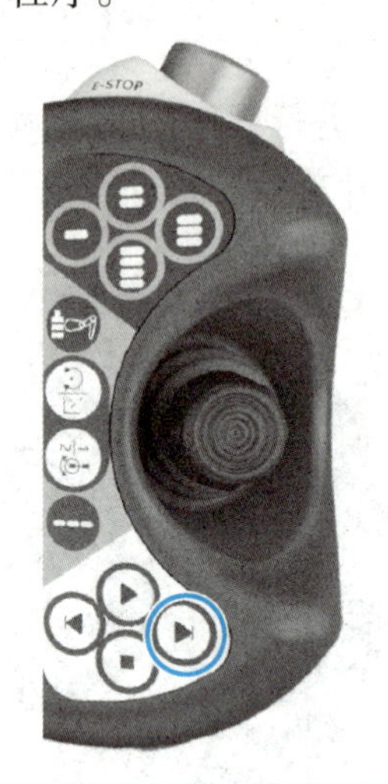

7）在实施单步调试的过程中，如果出现碰撞或者即将出现碰撞，需要及时松开使能按钮，重新进行相关点位的示教和程序的调试。完成程序的单步调试后，可保持按下使能按钮第一档，按压启动按钮，进行程序的连续运行。在运行过程中，如果出现碰撞等意外事件，需要及时停止程序运行或者按下紧急停止按钮。

8）参照上述流程完成所有程序的单步调试后，即可进行程序的连续运行，在手动模式下，完成 PCB 顺序安装程序的手动调试运行。

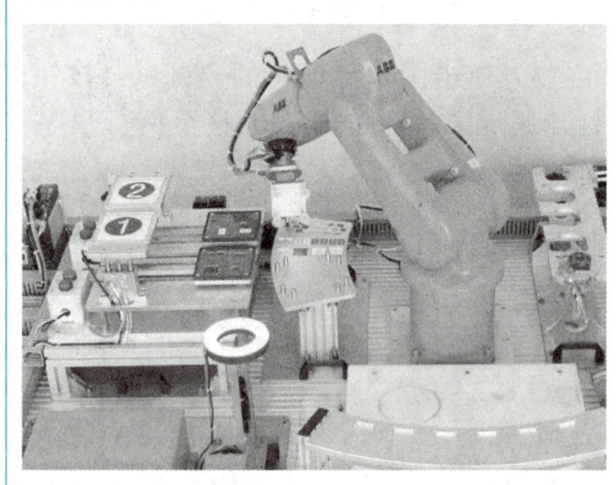

（2）自动控制模式下调试和运行	
1）程序在完成手动调试运行后，才可在自动控制模式下运行。在自动控制模式下，程序只能从主程序 Main 开始运行，故在自动控制模式下运行某程序时，必须先将其调用至主程序中。 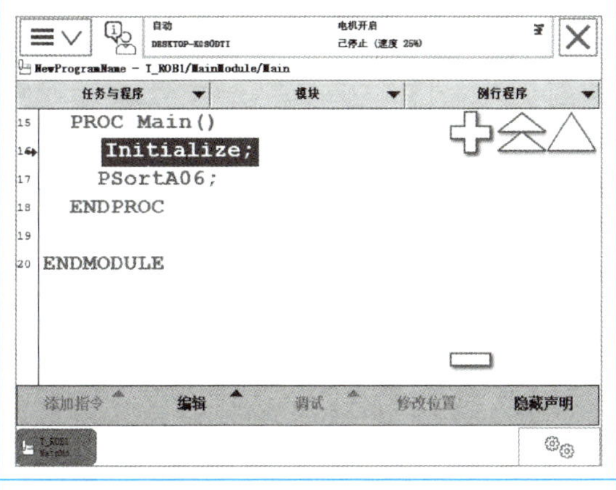 	2）将控制器模式开关转到自动控制模式，并在示教器上单击“确定”按钮，确认模式的更改。 
3）将程序指针移动至主程序中。 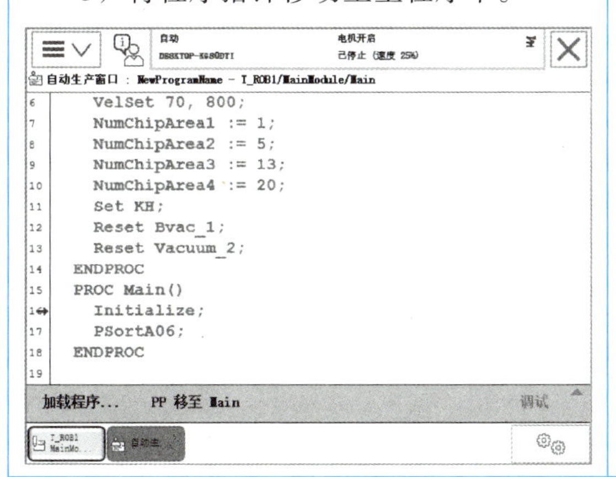 	4）按下电动机起动按钮。 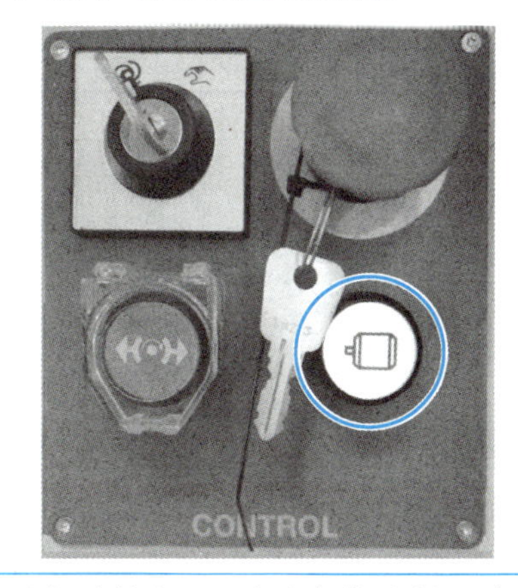
5）按前进一步按钮，可逐步运行程序。若按下启动按钮，则可直接连续运行程序。需要注意的是，出现碰撞危险等危机情况时，需要立即按下紧急停止按钮。	

任务评价

任务	配分	评分标准	自评
PCB 安装程序调试运行	100 分	1）掌握工业机器人程序的备份与导入方式。（30 分）	
		2）掌握工业机器人系统数据的备份与导入方式。（30 分）	
		3）完成工作站工业机器人程序的手动调试运行。（30 分）	
		4）完成工作站工业机器人程序的自动调试运行。（10 分）	

项目工单

姓名		班级		分数	
1. 规划程序架构：使用示教编程的方式编写程序，实现输入快换工具号后，即可执行对应的工具安装程序。					
2. 归纳总结实施程序调试运行的流程。					

项目 4

电气程序开发与调试

项目导言

电气程序开发与调试主要包含 PLC 软件使用与编程、触摸屏（即 HMI）软件使用与编程，其核心目标是根据工作站的功能需求，针对性地开发适用的程序，使各模块单元实现预期功能。

本项目共分为 3 个任务，其中工作任务 4.1 为 PLC 通信测试，主要学习 PLC 硬件组态设计的操作步骤，通过通信测试，学习实施电气程序调试的方法。工作任务 4.2 为 PCB 安装控制程序编写和调试，学习 PLC 程序的编写和基础程序的编写。工作任务 4.3 为 PCB 安装界面设计和调试，学习触摸屏软件操作，学习创建工程文件并组态的方法，最终实现指定功能。

项目目标

- 能够完成 PLC 和触摸屏的硬件组态设计。
- 能够完成 PLC 和触摸屏程序的下载及调试。
- 掌握 PLC 之间 S7 通信的方法。
- 掌握 PLC 与触摸屏 PROFINET 通信的流程。
- 能够完成 PLC 程序的编写，实现工作站的安全维护。
- 能够完成 PLC 程序的编写，实现 PCB 安装模式选择。
- 能够完成 PCB 安装界面设计和调试。

新职业——职业技能要求

工作任务	职业技能要求
工作任务 4.1　PLC 通信测试	工业机器人系统操作员二级 / 技师：能结合程序框架标准编制机器人工作站或系统的总控程序，完成生产联调
工作任务 4.2　PCB 安装控制程序编写和调试	
工作任务 4.3　PCB 安装界面设计和调试	

工业机器人集成应用职业技能等级要求

工作任务	职业技能等级要求
工作任务 4.1　PLC 通信测试	工业机器人集成应用（初级）：能根据工作站应用的通信要求，配置和调试触摸屏与 PLC 控制设备的通信并完成程序下载
工作任务 4.2　PCB 安装控制程序编写和调试	工业机器人集成应用（初级）：能使用 PLC 编程软件完成工程创建、硬件组态、变量建立等基本工作；能使用 PLC 基本指令完成顺序逻辑控制程序编写
工作任务 4.3　PCB 安装界面设计和调试	工业机器人集成应用（初级）：能使用触摸屏编程软件的功能菜单；能在触摸屏编程软件上创建工程；能进行简单组件的组态

职业素养

自动控制系统是生产、生活等重要活动中不可或缺的一部分，自动控制系统程序编写和调试是保障系统正常运行的必备操作。从业人员唯有秉承严谨的科学态度，不断总结经验，坚持安全、标准、规范、守时和诚信等意识，才能更好地掌握自动控制系统程序编写和调试的实践方法，真正提升自己的职业素养，成为合格的电气领域技术人员。

工作任务 4.1　PLC 通信测试

PLC 是专门为在工业环境下应用而设计的数字运算操作电子系统。它采用一种可编程的存储器，在其内部存储执行逻辑运算、顺序控制、定时、计数和算术运算等操作的指令，通过数字式或模拟式 I/O 控制各种类型的机械设备或生产过程。本任务基于通信测试案例，学习在实际应用场景中 PLC 和触摸屏的通信测试方法。

知识沉淀

1. 故障安全型 PLC 的组态

安全工程的目标是通过使用面向安全的技术装置，尽可能地将对人类和环境的危害降到最低，而不限制工业生产以及机器和化学产品的必要使用。故障安全型 PLC 可以在机器和人员保护领域更好地实现安全工程的目标和理念，例如用于制造和处理设备的紧急停止装置。

故障安全型 PLC 可以将故障安全信号模块（安全模块）与标准信号模块（标准模块）混用，与此同时还使用标准的 PROFIBUS 或 PROFINET 网络进行安全数据的传输。另外，故障安全型 PLC 的 CPU 通过一定的校验机制，可以保证信号在 PLC 内的传输和处理都是准确的。故障安全型 PLC 经过安全认证，能用于安全系统，也能用于普通系统；与之

相比，普通（标准型）PLC 则不能被用于安全系统。

故障安全型 PLC 在硬件模块的设计上与普通 PLC 有所区别，故障安全信号模块都采用双通道设计，可以对采集的信号进行比较和校验；另外，模块上也增加了更多的诊断功能，能够对短路或断线等外部故障进行诊断。

故障安全信号模块和标准信号模块之间的主要区别是故障安全信号模块通过冗余设计实现功能安全，包括使用两个处理器控制故障安全操作。这两个处理器互相监视，并确认它们正在同时执行相同代码；自动测试 I/O 电路，并在发生故障时将故障安全信号模块设置为安全状态。每个处理器监视内部、外部电源及模块内部温度，如果检测到异常状况，还可以禁用模块。安全模式下的故障安全型 PLC 会激活其 CPU 的安全程序和故障安全信号模块中用于故障检测和故障响应的安全功能，而普通 PLC 没有此功能。

故障安全型 PLC 与普通 PLC 在硬件组态上也有所区别，故在进行 PLC 安全程序的编写时也会有所区别。故障安全型 PLC 与普通 PLC 编程方法的不同主要体现在所用编程软件、硬件组态设计和安全程序编写方法三个方面。

PLC 硬件组态设计的操作步骤见表 4-1。

表 4-1　PLC 硬件组态设计的操作步骤

序号	操作步骤	图示
1	打开博途软件，单击“创建新项目”命令	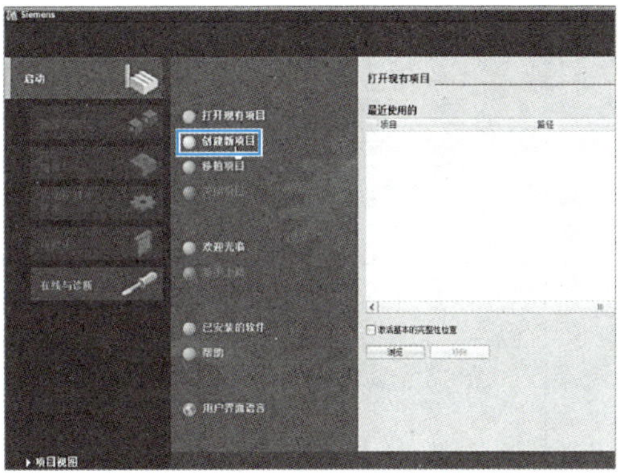
2	单击“创建”按钮，新建一个项目“项目 1” “项目名称”文本框可自定义设置项目名称；“路径”文本框可自定义设置项目文件存放的路径；“注释”文本框可自定义备注信息，如项目内容和功能等	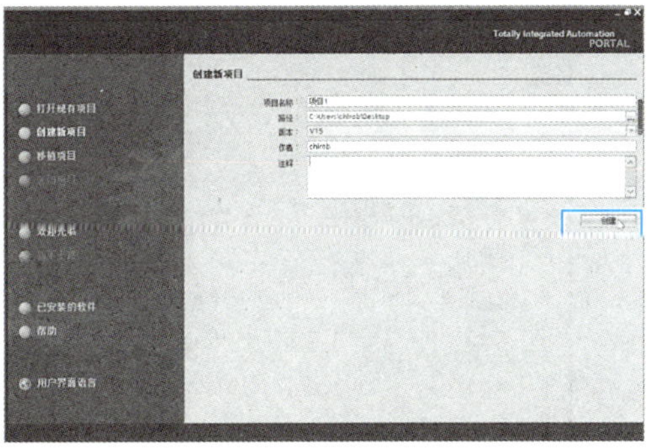

（续）

序号	操作步骤	图示
3	单击“组态设备”命令	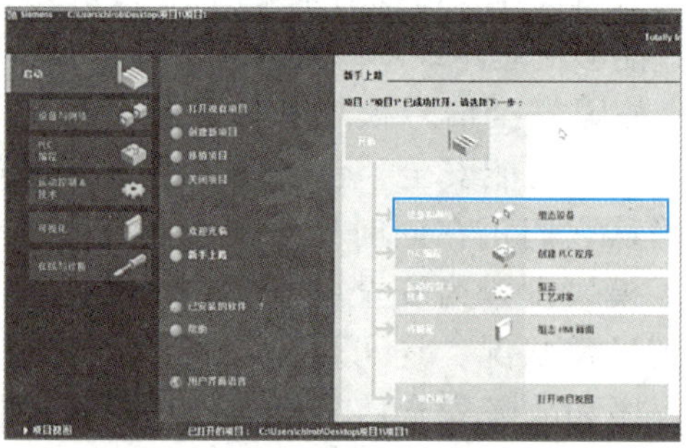
4	单击“添加新设备”命令	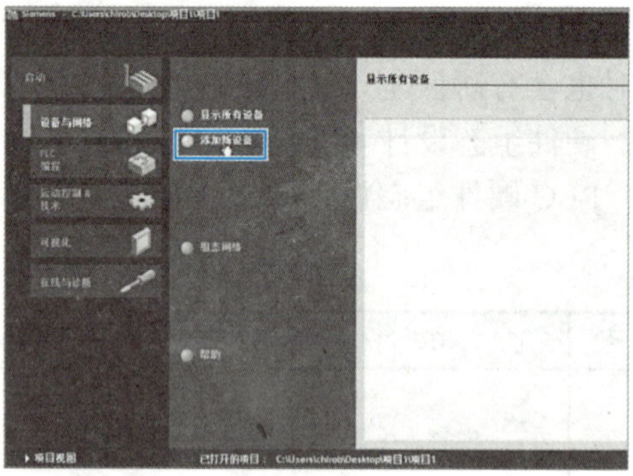
5	在“控制器”选项下，选择对应工作站的 PLC 系列和 CPU 型号，单击“添加”按钮，完成设备的添加 选择 S7-1200 系列下的“CPU 1214FC DC/DC/DC”	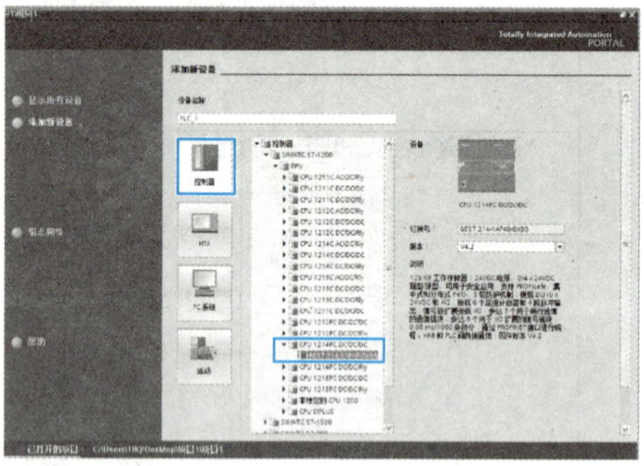
6	CPU 型号的版本选择与工作站所用 PLC 设备相匹配的版本 选择版本，单击“添加”按钮	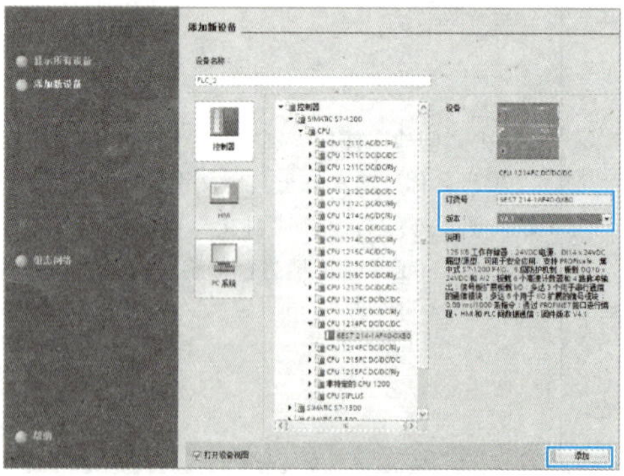

（续）

序号	操作步骤	图示
7	CPU 添加完成后，打开设备视图，进行该工作站 PLC 设备硬件组态的设计 右图所示为工作站 PLC 设备的硬件组态	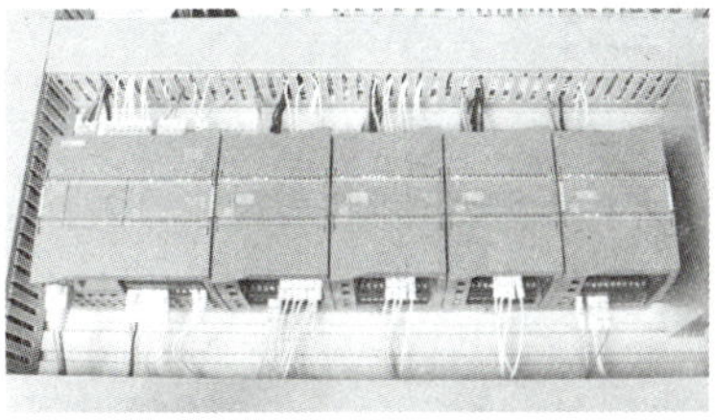
8	该 PLC 设备的 I/O 模块的订货号为 223-1BL32-0XB0	
9	在“硬件目录”下，添加对应工作站 PLC 设备的 I/O 模块，完成该工作站 PLC 设备硬件组态的设计 打开“DI/DQ”选项，选择“6ES7 223-1BL32-0XB0”的 I/O 模块，将其拖动到设备视图的 CPU 后	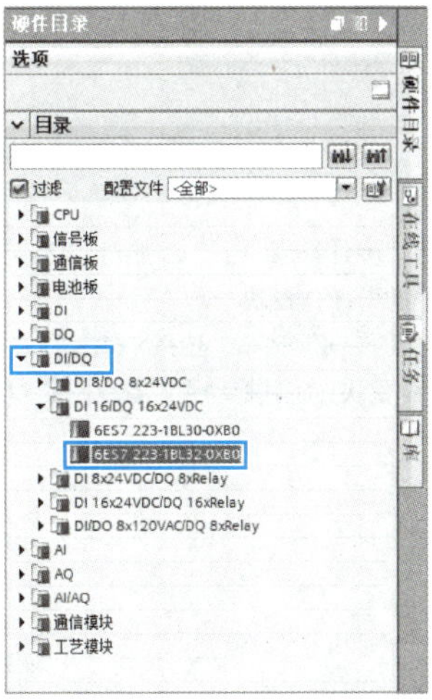
10	完成工作站 PLC 设备硬件组态 I/O 模块的添加	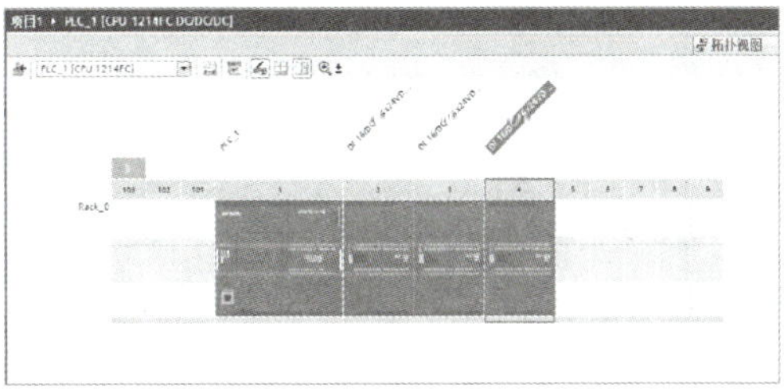

（续）

序号	操作步骤	图示
11	工作站使用故障安全型PLC，其硬件组态还包含一个F-I/O模块（故障安全信号模块）	
12	该PLC设备F-I/O模块的订货号为6ES7 226-6BA32-0XB0	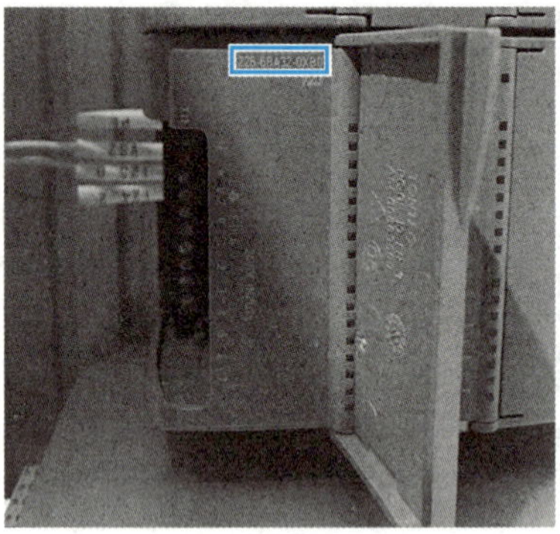
13	在“硬件目录”下，添加对应搬运码垛工作站PLC设备的F-I/O模块 打开“DI”选项，选择“6ES7 226-6BA32-0XB0”F-I/O模块，将其拖动到设备视图的PLC组态中	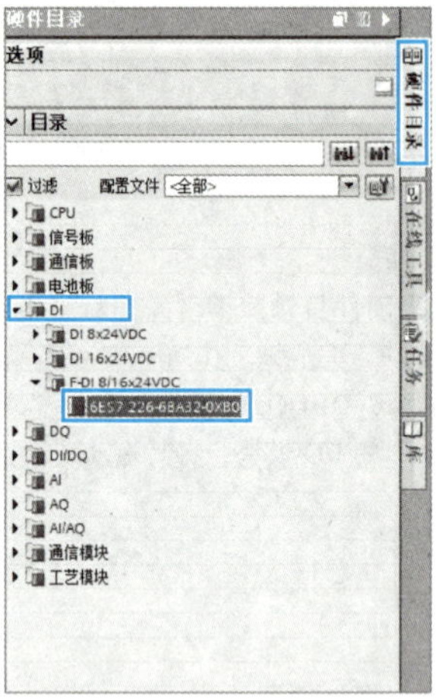
14	若添加F-I/O模块时弹出图示对话框，则选中“STEP 7 Safety Advanced”，单击“激活”按钮，即可添加并使用F-I/O模块	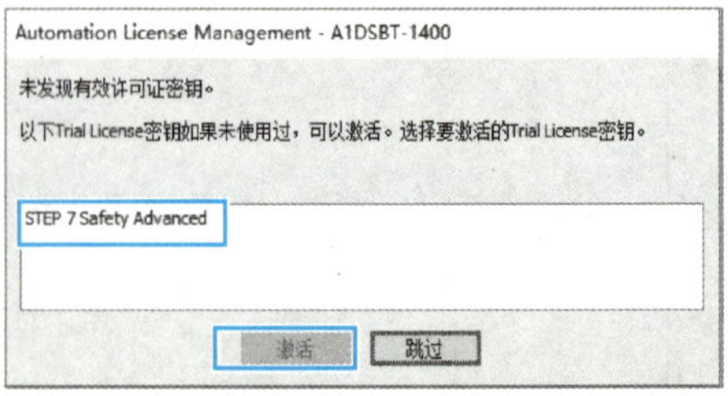

（续）

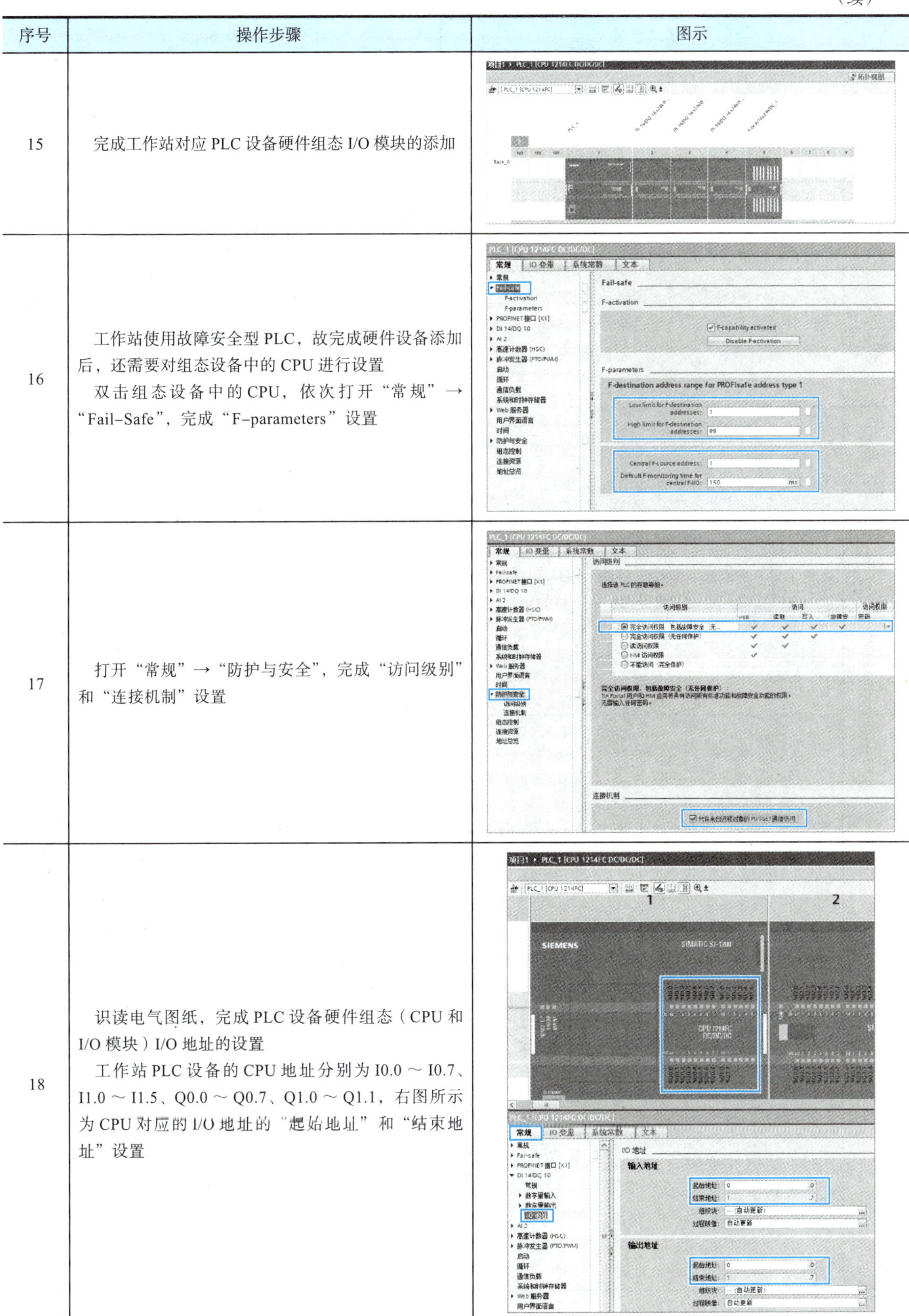

序号	操作步骤	图示
15	完成工作站对应 PLC 设备硬件组态 I/O 模块的添加	
16	工作站使用故障安全型 PLC，故完成硬件设备添加后，还需要对组态设备中的 CPU 进行设置 双击组态设备中的 CPU，依次打开“常规”→“Fail-Safe”，完成“F-parameters”设置	
17	打开“常规”→“防护与安全”，完成“访问级别”和“连接机制”设置	
18	识读电气图纸，完成 PLC 设备硬件组态（CPU 和 I/O 模块）I/O 地址的设置 工作站 PLC 设备的 CPU 地址分别为 I0.0 ~ I0.7、I1.0 ~ I1.5、Q0.0 ~ Q0.7、Q1.0 ~ Q1.1，右图所示为 CPU 对应的 I/O 地址的“起始地址”和“结束地址”设置	

（续）

序号	操作步骤	图示
19	工作站 PLC 设备标准 I/O 模块对应的 I/O 地址如右图所示 以右图框示的 I/O 模块为例，进行 I/O 地址的设置	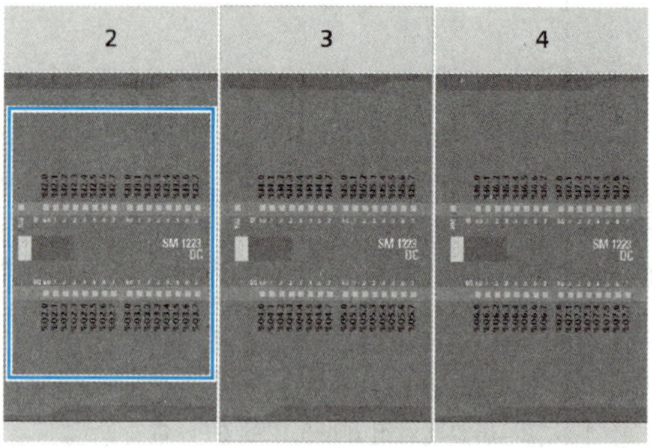 2 3 4 SM 1223 DC
20	双击标准 I/O 模块，打开“常规”→“DI 16/DQ 16”→“I/O 地址” 需要设置的标准 I/O 模块的地址分别为 I2.0～I2.7、I3.0～I3.7、Q2.0～Q2.7、Q3.0～Q3.7，故将该标准 I/O 模块输入地址和输出地址的“起始地址”设置为“2”，“结束地址”将自动更新为“3”	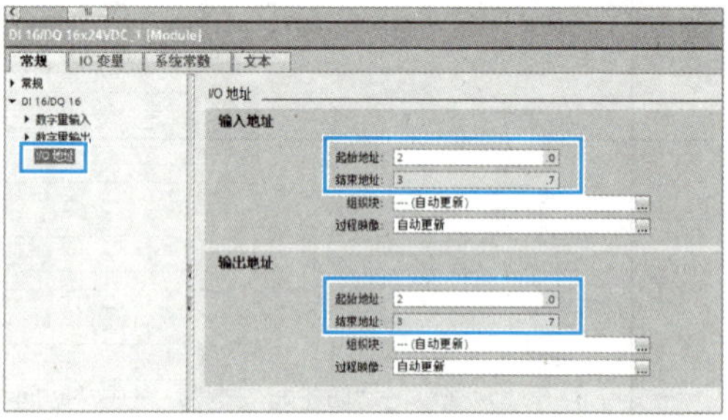 DI 16/DQ 16x24VDC_1 [Module] 常规 IO 变量 系统常数 文本 常规 DI 16/DQ 16 数字量输入 数字量输出 I/O 地址 I/O 地址 输入地址 起始地址: 2 .0 结束地址: 3 .7 组织块: --(自动更新) 过程映像: 自动更新 输出地址 起始地址: 2 .0 结束地址: 3 .7 组织块: --(自动更新) 过程映像: 自动更新
21	参照上述 I/O 地址的设置方法，完成工作站 PLC 设备硬件组态中各 I/O 模块 I/O 地址的设置 需要设置的标准 I/O 模块的地址分别为 I4.0～I4.7、I5.0～I5.7、Q4.0～Q4.7、Q5.0～Q5.7，故该标准 I/O 模块输入地址和输出地址的“起始地址”设置为“4”，“结束地址”为“5”	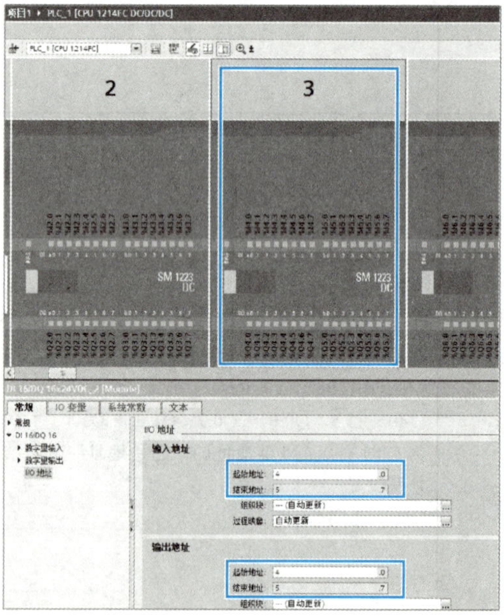 项目1 ▸ PLC_1 [CPU 1214FC DC/DC/DC] PLC_1 [CPU 1214FC] 2 3 SM 1223 DC DI 16/DQ 16x24VDC_2 [Module] 常规 IO 变量 系统常数 文本 常规 DI 16/DQ 16 数字量输入 数字量输出 I/O 地址 I/O 地址 输入地址 起始地址: 4 .0 结束地址: 5 .7 组织块: --(自动更新) 过程映像: 自动更新 输出地址 起始地址: 4 .0 结束地址: 5 .7 组织块: --(自动更新)

（续）

序号	操作步骤	图示
22	工作站 PLC 设备的硬件组态包含 F-I/O 模块，故还需要进行 I/O 通道和 I/O 地址的设置 参照 I/O 模块 I/O 地址的设置方法，完成 F-I/O 模块 I/O 地址的设置。如右图所示“起始地址”为“24”，“结束地址”为“32”，需要注意的是，该 F-I/O 模块只有输入地址，无输出地址	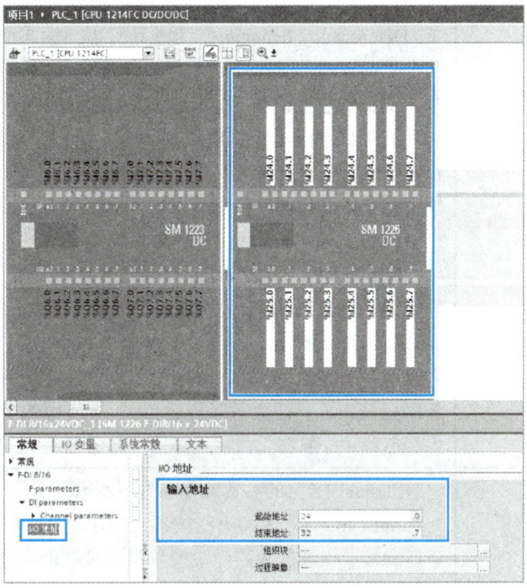
23	使用看门狗定时器用于监视故障安全型 PLC 的 CPU 和 F-I/O 模块之间的安全通信，F-I/O 模块参数“F-parameters”设置如右图所示 勾选“Manual assignment of F-monitoring time”选项后，可手动设置监视时间 “F-destination address”为 CPU 范围内的唯一地址，取值范围 1～65534，通常采用降序形式进行取值，即从 65534 开始取值 “Reintegration after channel fault”为出现通道故障后重新集成 F-I/O 模块通道的方式，有以下三种可以选择：“All channels automatically”为无须确认重新集成；“All channels manually”为需要确认重新集成；“Adjustable”为逐通道进行，有些通道自动重新集成，有些通道则需要手动重新集成	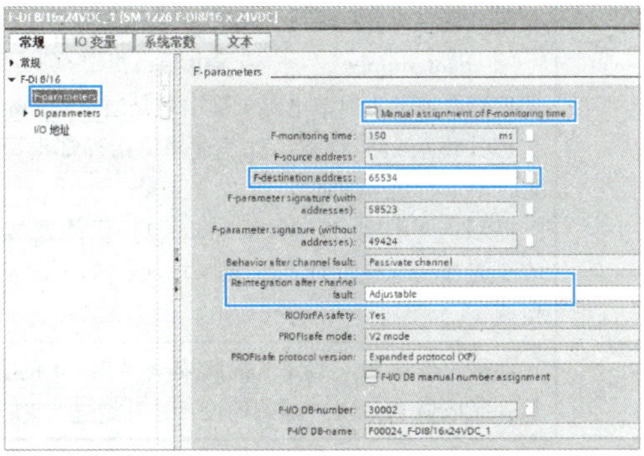
24	根据 F-I/O 模块的实际硬件接线情况，在“DI-parameters”选项下完成通道参数的设置 工作站的 F-I/O 模块仅使用了四个输入通道（分别为“Channel 0,8”和“Channel 1,9”）连接两个双通道传感器，“Channel 0,8”的参数设置如右图所示 “Sensor evaluation”为传感器评估，分为“1oo1 evaluation”和“1oo2 evaluation”。“1oo1 evaluation”为一个传感器连接到 F-I/O 模块的一个通道；“1oo2 evaluation”为 F-I/O 模块的两个输入通道连接到两个单通道传感器，也可以连接到一个双通道对等传感器或一个双通道非对等传感器（必须分配数字量输入连接类型和差异属性）	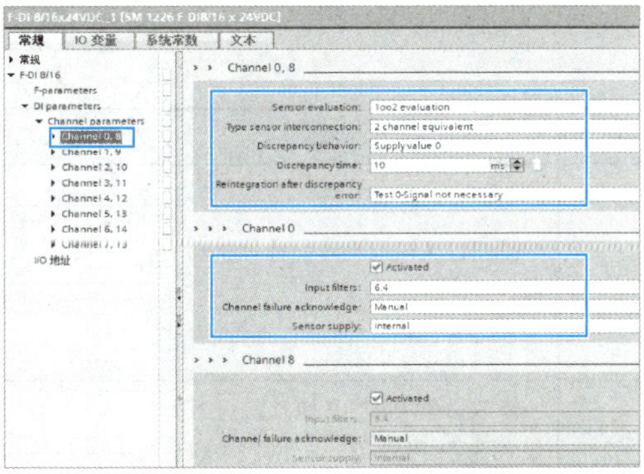

（续）

序号	操作步骤	图示
24	“Type sensor interconnection”为传感器连接类型 “Discrepancy behavior”为差异行为。输入组态的两个信号间存在逻辑差异，可以选择当信号不匹配时，报告的过程值是“0”还是组态差异时间内的上一个有效值。图示默认值“Supply value 0”表示若输入的逻辑差异持续时间超过了组态的差异时间，则禁用相应通道并将过程值设为0 “Discrepancy time”为差异时间 “Reintegration after discrepancy error”为出现差异错误后的重新集成，默认选择“Test 0-Singal not necessary” 提示：工作站中，“Channel 0,8”硬件连接的是紧急停止按钮（双通道对等传感器），所使用的电源是内部电源（一般的无源触点都用内部电源）	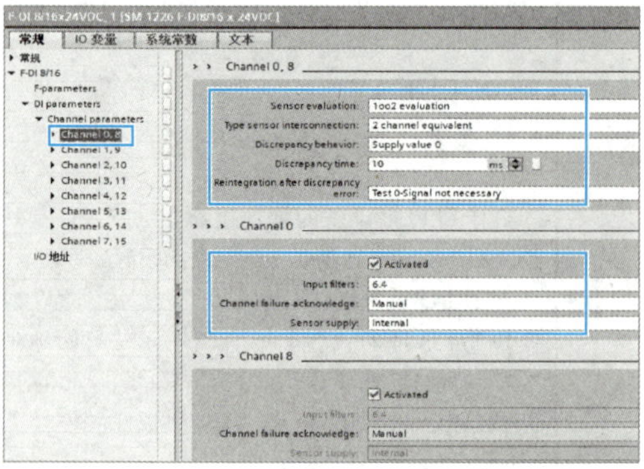
25	“Channel 1,9”的参数设置如右图所示 “Input filters”为输入滤波器，用于对数字量输入进行滤波，以滤除触点弹跳现象和短时噪声。此参数值用于设定分配滤波持续的时间 “Channel failure acknowledge”为通道故障确认，用于控制通道是在清除故障后自动重新集成还是需要在用户程序中进行确认，默认为“Manul” “Sensor supply”为传感器电源，指定是通过模块的传感器电源（内部电源）输出还是通过外部电源向传感器供应24V电源。对于选择使用外部电源的通道，不进行短路测试 提示：工作站中，“Channel 1,9”硬件连接的是安全光栅（双通道对等传感器），使用的电源是外部电源	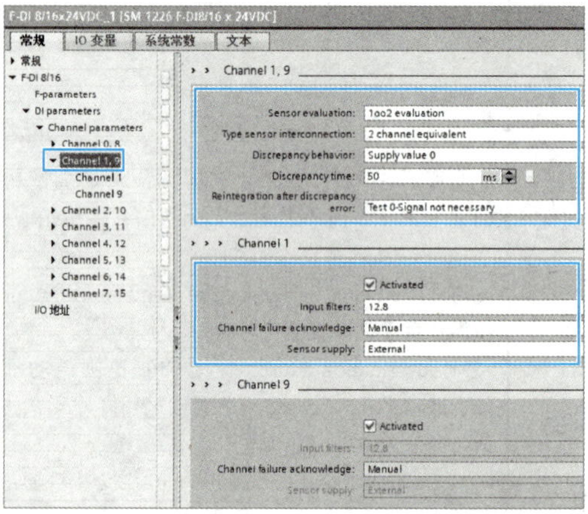
26	根据工作站PLC设备（故障安全型PLC）的实际硬件组态，完成各模块（CPU和I/O模块）的添加和参数设置后，完成该PLC硬件组态的设计，开始进行PLC程序的编写	

2. PLC和触摸屏程序下载

（1）PLC程序下载　PLC程序下载的操作步骤见表4-2。

表4-2　PLC程序下载的操作步骤

序号	操作步骤	图示
1	使用以太网电缆连接计算机与PLC	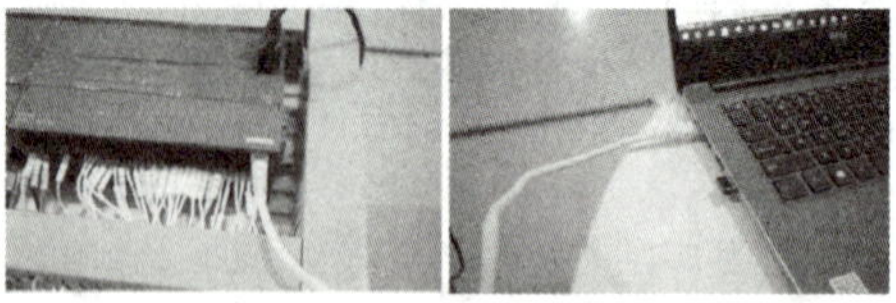
2	修改计算机的IP地址，将其设置为与PLC在同一网段（设置最后位的数值不同）	

（续）

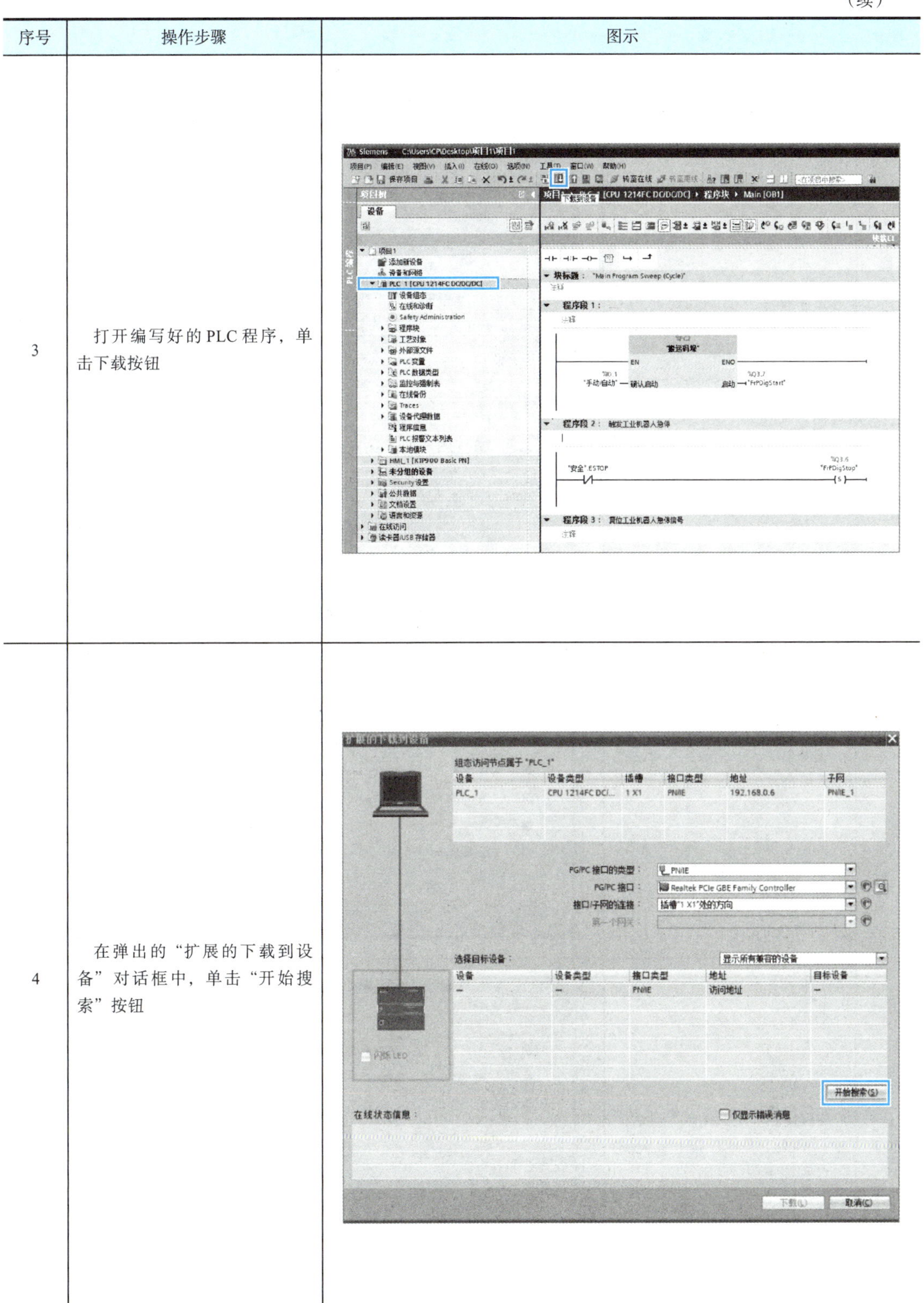

序号	操作步骤	图示
3	打开编写好的 PLC 程序，单击下载按钮	
4	在弹出的“扩展的下载到设备”对话框中，单击“开始搜索”按钮	

（续）

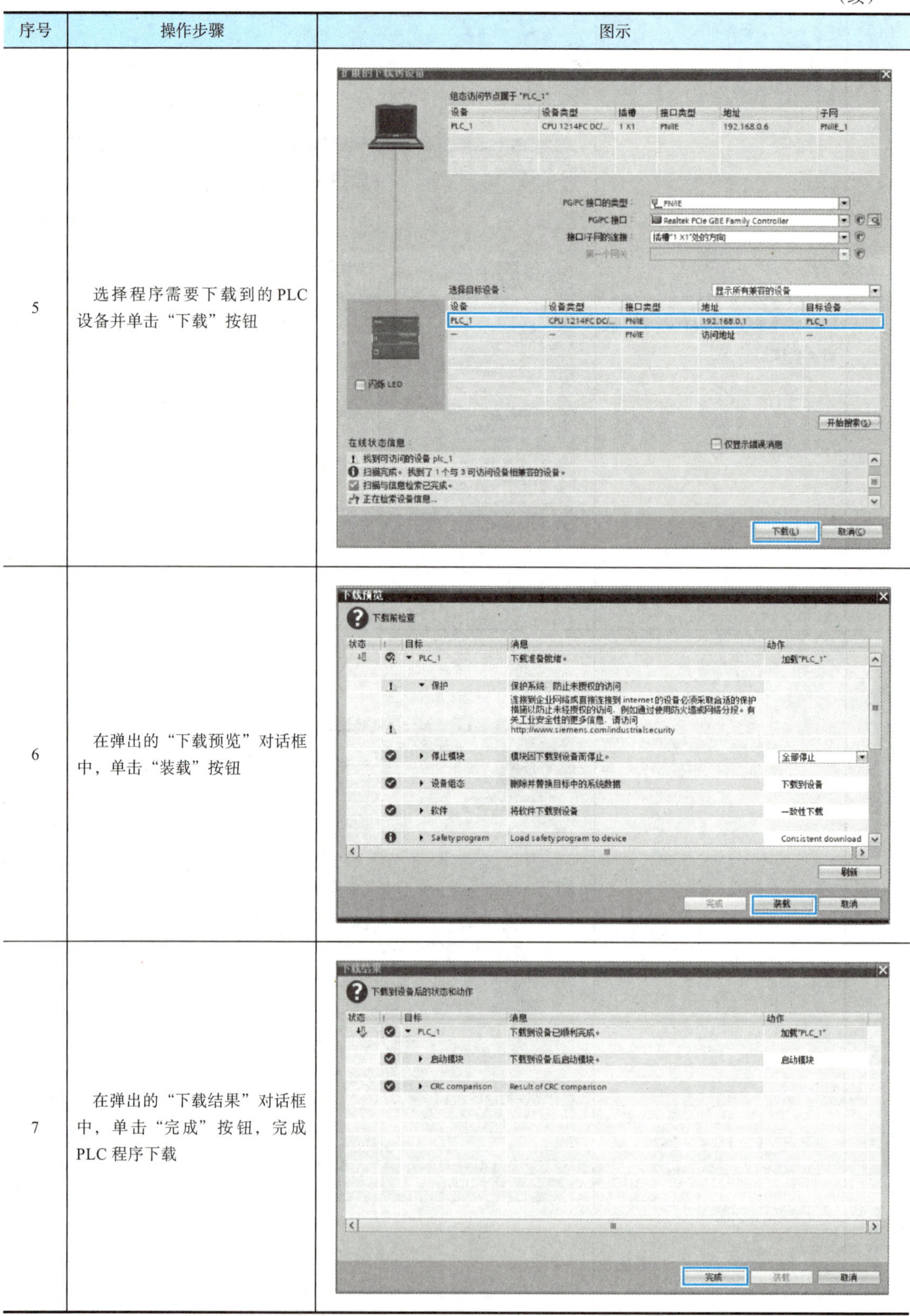

序号	操作步骤	图示
5	选择程序需要下载到的 PLC 设备并单击“下载”按钮	
6	在弹出的“下载预览”对话框中，单击“装载”按钮	
7	在弹出的“下载结果”对话框中，单击“完成”按钮，完成 PLC 程序下载	

（2）触摸屏程序下载　触摸屏程序下载的操作步骤见表 4-3。

表 4-3　触摸屏程序下载的操作步骤

序号	操作步骤
1	使用以太网电缆连接计算机与触摸屏
2	修改计算机的 IP 地址，将其设置为与触摸屏在同一网段（设置最后位的数值不同，注意也要与 PLC 的 IP 地址不同）
3	打开多工位码垛触摸屏程序所在的项目文件，右击项目文件中与需要下载到的触摸屏，在弹出菜单中，单击“下载到设备”→“软件（全部下载）”命令 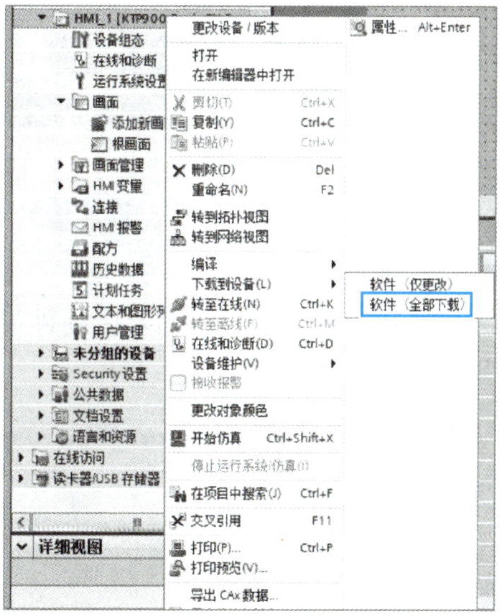
4	搜索触摸屏设备，在列表中选择程序需要下载到的触摸屏并单击“下载”按钮，根据信息提示对话框，完成触摸屏程序下载

任务实施

1. PLC S7 通信测试

➢ 任务引入

本任务完成两台 S7-1200 系列 PLC 采用 S7 通信，PLC-1 为发送站，PLC-2 为接收站。要实现设备之间的通信，就要求参与通信的设备均支持对应的通信协议并且包含支持通信的接口、选项。

S7-1200 系列 PLC 的 CPU 的 PN 接口支持以下通信协议和服务：

① TCP。

② ISO on TCP（RCF 1006）。

③ UDP（V1.0 不支持）。

④ S7 通信。

需要注意的是，选用 V10.5 及以上版本的博途软件进行编程和组态时，S7-1200 系列 PLC 只能作为 S7 通信的服务器端；使用 V11 及以上版本的 STEP7 软件进行编程和组态时，S7-1200 系列 PLC 可以作为 S7 通信的服务器端或客户端。

两台西门子 S7-1200 系列 PLC 设备进行以太网通信前，已经完成硬件通信连接。本任务中总控单元配备以太网交换机，可以通过分别将 PLC 连接到交换机上实现硬件通信连接。PLC 之间的硬件通信连接如图 4-1 所示。

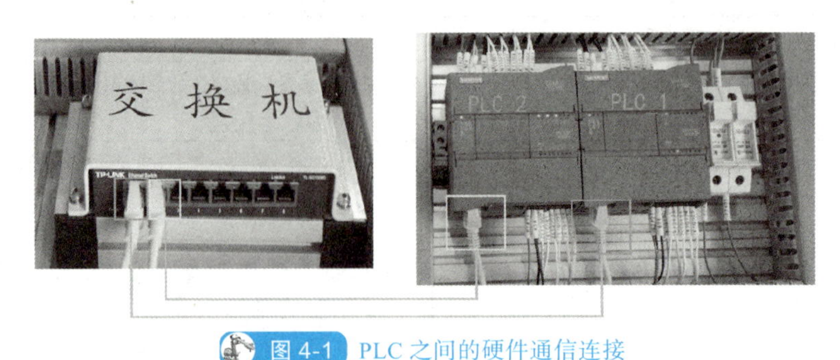

图 4-1 PLC 之间的硬件通信连接

➤ 任务实施

1）打开博途软件，添加对应硬件设备的 CPU。

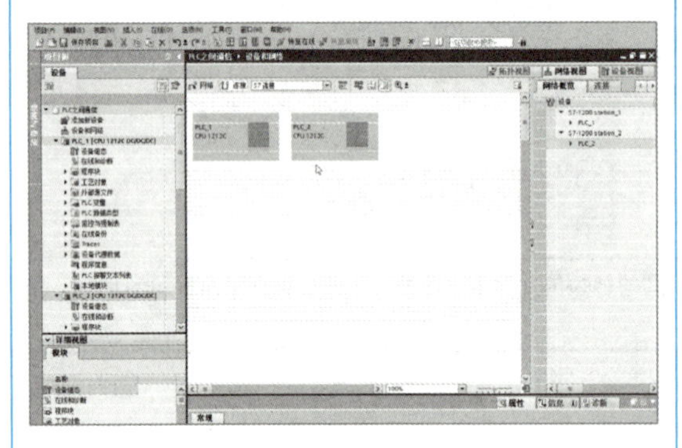

2）分别修改 PLC 的 IP 地址，使它们位于同一个子网中，且不占用其他设备的地址。

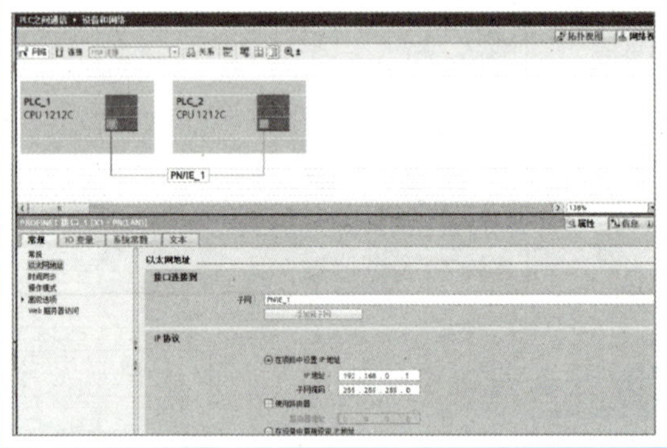

3）在“设备和网络”视图中将 PLC_1 和 PLC_2 的网络端口连接到一起，完成网络连接的组态。

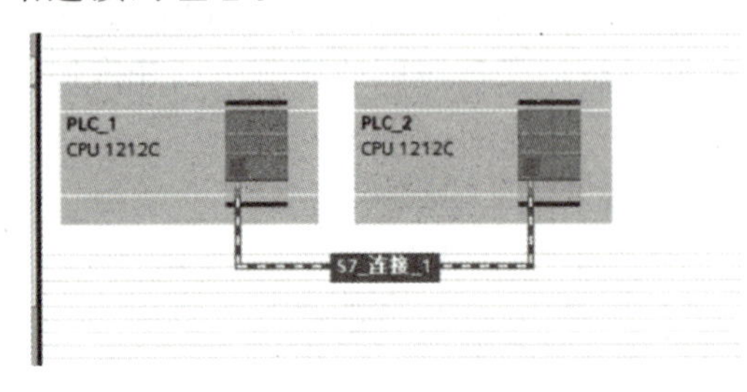

4）在 PLC_1 的程序段 1 中拖入 TSEND_C 指令，建立发送站。TSEND_C 指令可与伙伴站建立 TCP 或 ISO on TCP 通信连接，建立通信连接后发送站可发送数据，并且可以随时终止该连接。设置并建立连接后，CPU 会自动保持和监视该连接。

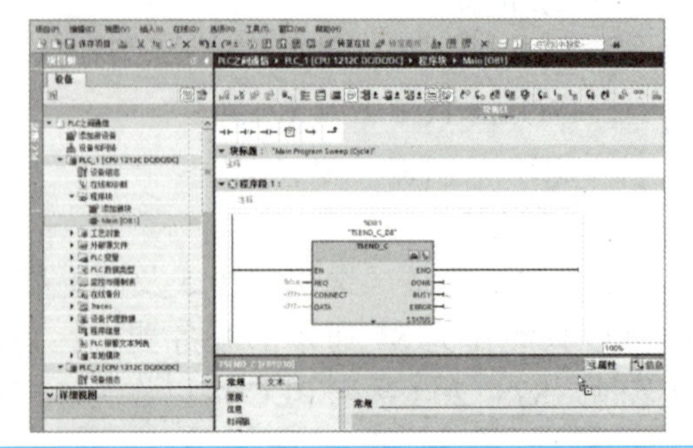

5）设置 PLC_1 发送站的连接参数，PLC_1 为主动建立连接端，两者之间通过 TCP 通信。

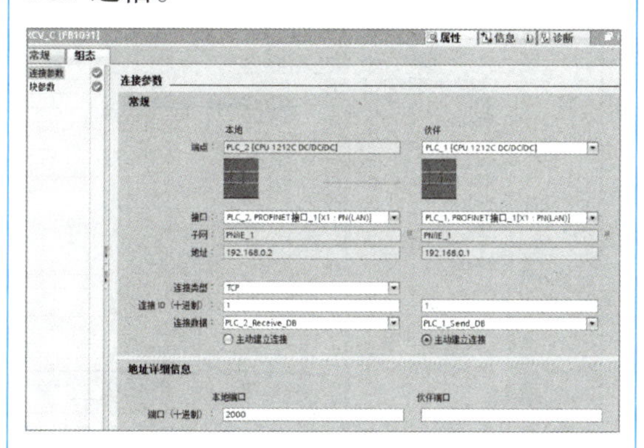

6）按照图示设置 TSEND_C 指令的参数，设置中间变量 M0.0 的上升沿触发数据的发送，在 DATA 端设置发送的具体数据，字节长度需在设置的发送最大长度范围内。

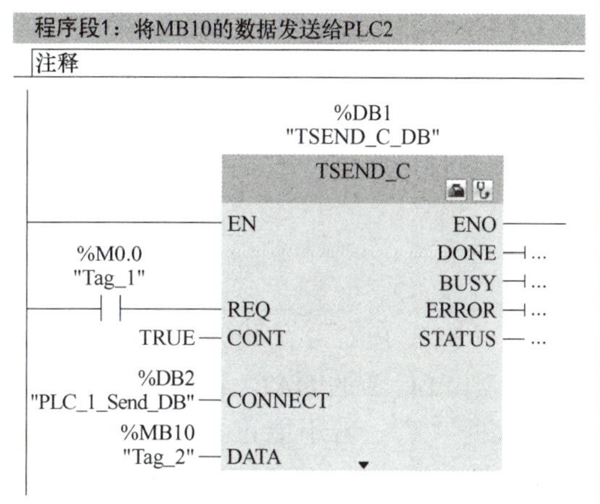

7）在 PLC_2 的程序段 1 中拖入 TRCV_C 指令，建立接收站。TRCV_C 指令可与伙伴站建立 TCP 或 ISO on TCP 通信连接，建立通信连接后接收站可接收数据，并且可以终止该连接。设置并建立连接后，CPU 会自动保持和监视该连接。

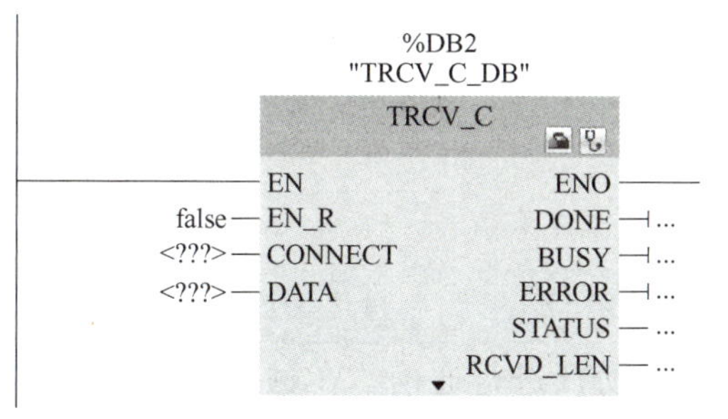

8）按照图示设置接收站参数，PLC_2 作为接收站，两者之间通过 TCP 通信。

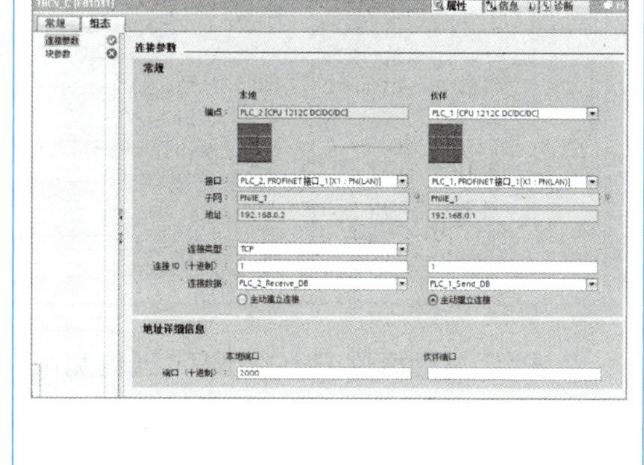

9）按照图示设置 TRCV_C 指令的参数，设置接收站一直处于可接收数据的状态。建立通信并接收到数据后，将在 DATA 端显示接收到的数据。

10）以发送字节数据为例进行通信测试，在 PLC_1 和 PLC_2 编辑界面分别单击启用监视功能，从而实时监控通信状态。设置 PLC_1 发送字节型数据“2”，修改 PLC_1 中 M0.0 触点状态值为 1，触发数据的发送。

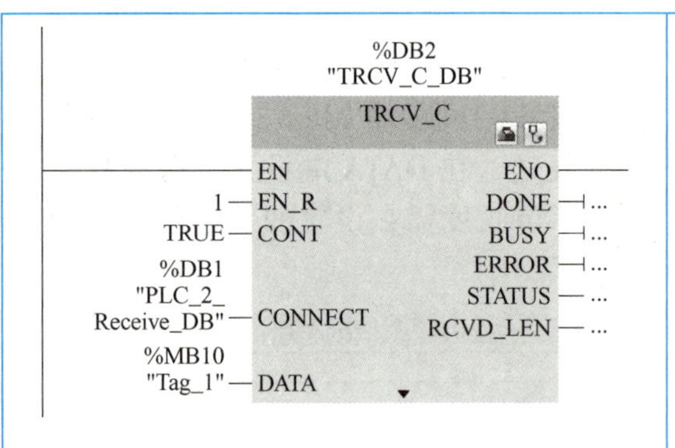

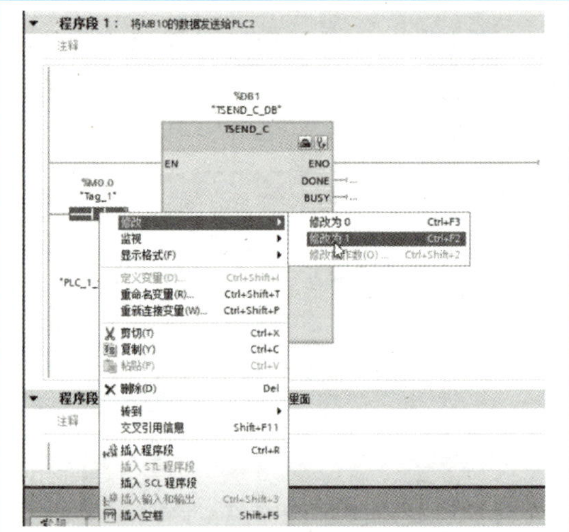

11）进入 PLC_2 编辑界面，若能正常通信，则 PLC_2 的 DATA 端显示已经接收到的数据“2”；若不能正常通信，则需查看发送站、接收站的 STATUS 端和 ERROR 端参数状态，排查通信故障。

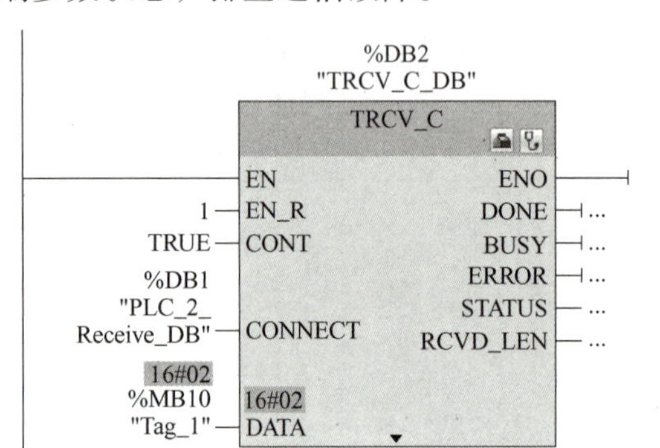

12）要使 PLC 之间相互发送和接收数据，需要参照上述方法新建程序段进行组态，设定 PLC_1 为接收站，PLC_2 为发送站。

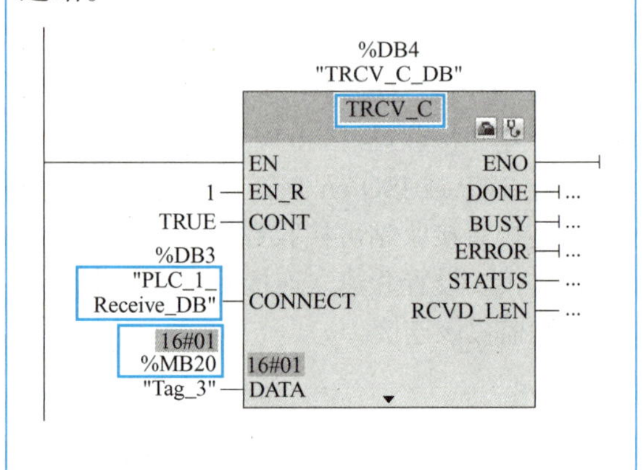

2. PLC 与触摸屏 PROFINET 通信测试

➢ 任务引入

本任务中 PLC 与触摸屏之间通过 PROFINET 协议进行通信，在触摸屏上操作按钮可以对黄灯、绿灯设备的工作状态进行控制，黄灯、绿灯设备与 PLC 采用标准 I/O 通信，触摸屏与控制黄灯、绿灯的 PLC 采用 PROFINET 协议进行通信，实现数据的交互。任务中的 PLC 为西门子 S7–1200 系列产品，触摸屏为 KTP 700 系列产品。

要实现 PLC 与触摸屏之间的 PROFINET 通信，首先需要参与通信的 PLC 支持 PROFINET 通信并且包含支持通信的接口，参与通信的触摸屏也需支持 PROFINET 通信并且包含支持通信的接口。PLC、触摸屏、灯之间的硬件通信连接如图 4-2 所示。PLC 与触摸屏之间的通信线路通过以太网电缆直接连接，一端连接 PLC 的 PROFINET 接口，一端连接触摸屏的 PROFINET 接口；PLC 上的 I/O 点与黄灯和绿灯进行硬件连线。

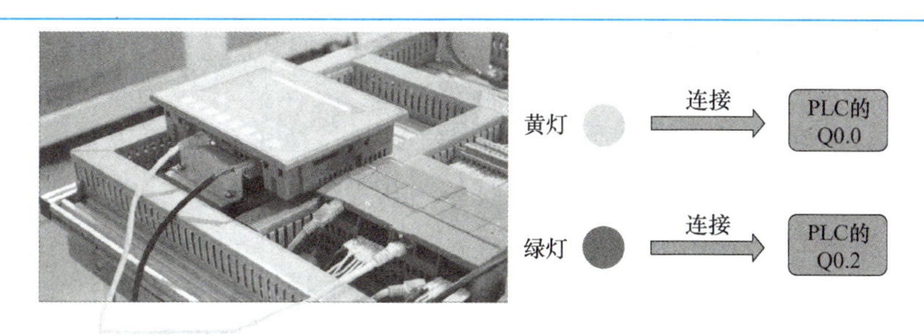

图 4-2　PLC、触摸屏、灯之间的硬件通信连接

➢ 任务实施

1）打开博途软件，新建项目并打开，添加 PLC 设备和触摸屏设备，注意型号等信息需要与硬件设备保持一致。然后在添加触摸屏的向导窗口中，打开“浏览”下拉列表，选择需与触摸屏建立通信连接的 PLC 设备。

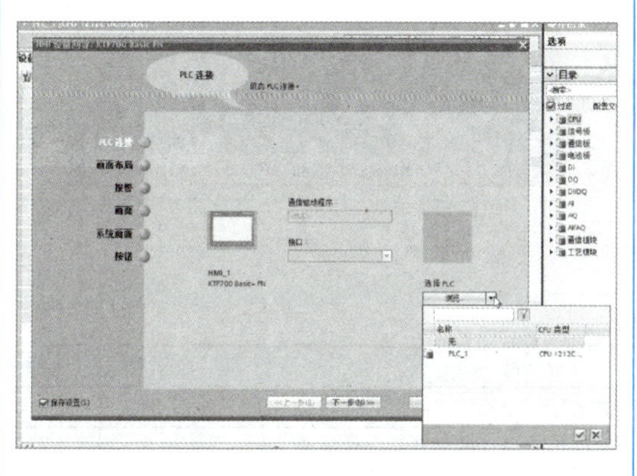

2）单击“完成”按钮，完成触摸屏设备的添加，同时完成 PLC 与触摸屏的通信配置。

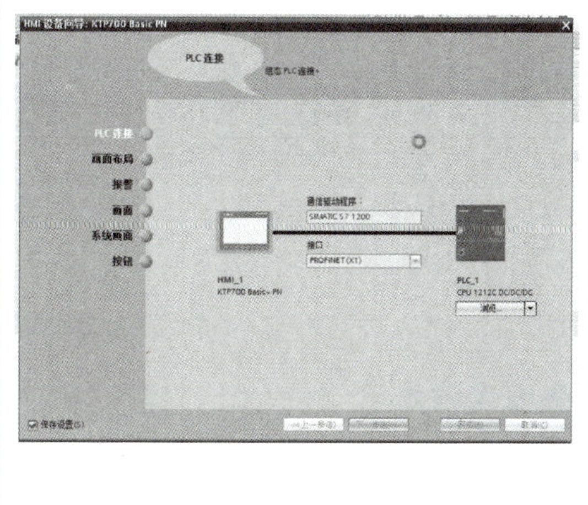

3）单击 HMI 设备下的“连接”按钮，可以看到配置通信连接后的 PLC 与触摸屏被自动分配了同一网段下的 IP 地址。

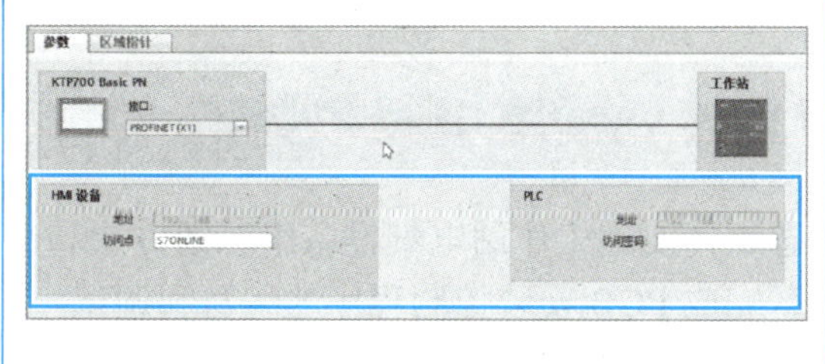

4）图示为控制黄灯、绿灯工作状态的 PLC 程序，Q0.0 置位时，黄灯亮；Q0.2 置位时，绿灯亮。

▼ 程序段1：

注释

%M1.0　"Tag_1"　—| |—　( )　%Q0.0　"Tag_3"

▼ 程序段2：

注释

%M1.1　"Tag_4"　—| |—　( )　%Q0.2　"Tag_5"

5）设计触摸屏界面组态时，将元件与PLC的变量地址进行关联，在PLC与触摸屏通信的过程中，PLC会实时读取自身变量地址内存储的数据，若改变触摸屏界面的元件状态，则会触发与其关联的PLC变量地址内数据的变化，进而触发与PLC变量地址相连设备的动作或状态变化，从而实现操作触摸屏控制设备的目的。黄灯按钮与控制黄灯的变量关联，设置单击按钮则关联变量取反位。

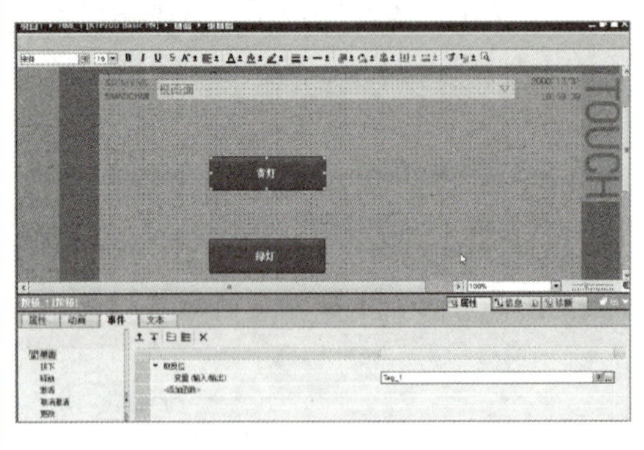

6）触摸屏已经完成组态并下载到设备中，现在进行触摸屏与PLC之间的通信测试。单击触摸屏上的“黄灯”按钮，Q0.0置位，黄灯亮。再次单击触摸屏上的“黄灯”按钮，Q0.0复位，黄灯灭。绿灯则是由触摸屏上的“绿灯”按钮控制Q0.2实现亮灭。如果单击按钮，对应颜色灯工作状态与上述不符，需依次排查触摸屏程序下载是否成功、通信接线是否正常等，以排除通信故障。

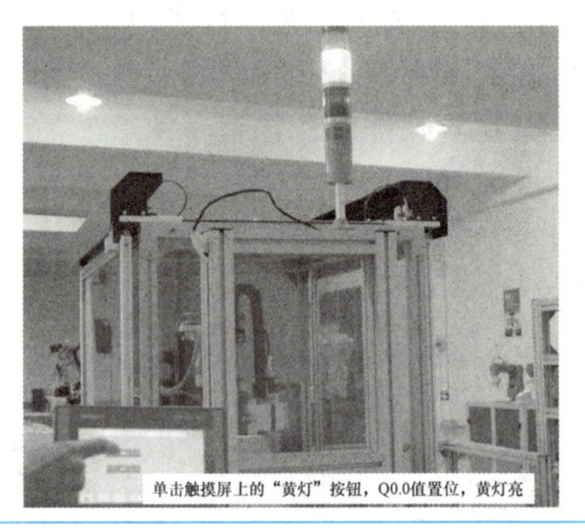
单击触摸屏上的“黄灯”按钮，Q0.0值置位，黄灯亮

任务评价

任务	配分	评分标准	自评
PLC通信测试	100分	1）掌握组态软件的安装方法。（10分）	
		2）掌握利用组态软件完成工作站硬件组态设计的方法。（20分）	
		3）完成PLC程序的下载。（15分）	
		4）完成触摸屏程序的下载。（15分）	
		5）根据通信要求，完成PLC之间的S7通信测试。（20分）	
		6）根据通信要求，完成PLC与触摸屏之间的PROFINET通信测试。（20分）	

工作任务4.2　PCB安装控制程序编写和调试

通过前面的学习，我们已经掌握了利用组态软件实施工作站电气设备组态的方法和进行电气调试的流程。本工作任务将基于工作站，完成PCB安装控制程序的编写和调试。

在进行程序编写前，首先学习PLC程序架构和基本指令使用方法。

知识沉淀

在进行PLC编程的过程中，推荐使用结构化编程的概念，将不同的程序划分为FC1、

FB1、FB2 等程序块，然后在主程序中单次、多次或嵌套调用这些程序块，从而实现高效、简洁、易读性强的程序编写。

结构化编程流程示例如图 4-3 所示。

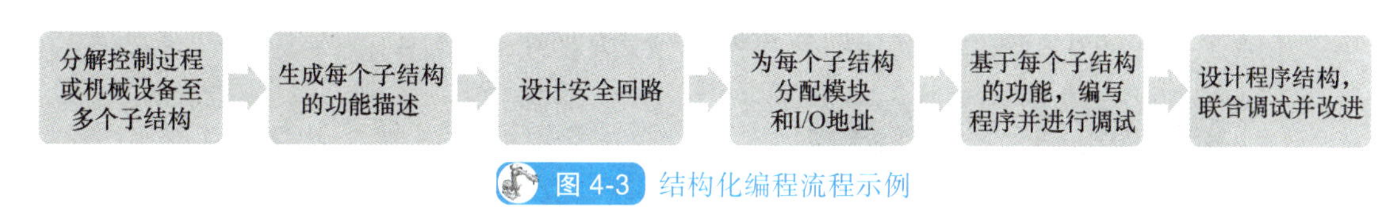

图 4-3　结构化编程流程示例

任务实施

➢ 任务引入

本任务首先需要完成 PLC 安全程序的编写，当工作站安全光栅识别有人、障碍物闯入或者紧急停止（简称急停）按钮按下时，工业机器人立即紧急停止，待问题排除后，按下重新（复位）按钮，设备恢复至正常工作状态。

其次需要完成流程控制程序的编写，实现 PCB 安装模式的选择和安装流程的启动：在 PLC 端完成 PCB 安装模式的选择后，置位对应信号，PCB 安装模式选择结果传输至工业机器人端。PCB 安装模式分为两种，分别是 A06 号 PCB 的顺序安装和 A04 号 PCB 的分拣安装。

本任务需要完成的内容具体如下：

1）完成安全程序的编写，紧急停止按钮和安全光栅均采用双回路硬件接线接入故障安全型 PLC 的 F-I/O 模块（故障安全信号模块），紧急停止按钮接入 F-I/O 模块的两个输入通道，分别为 I24.0 和 I25.0。紧急停止按钮和安全光栅接线如图 4-4 所示。

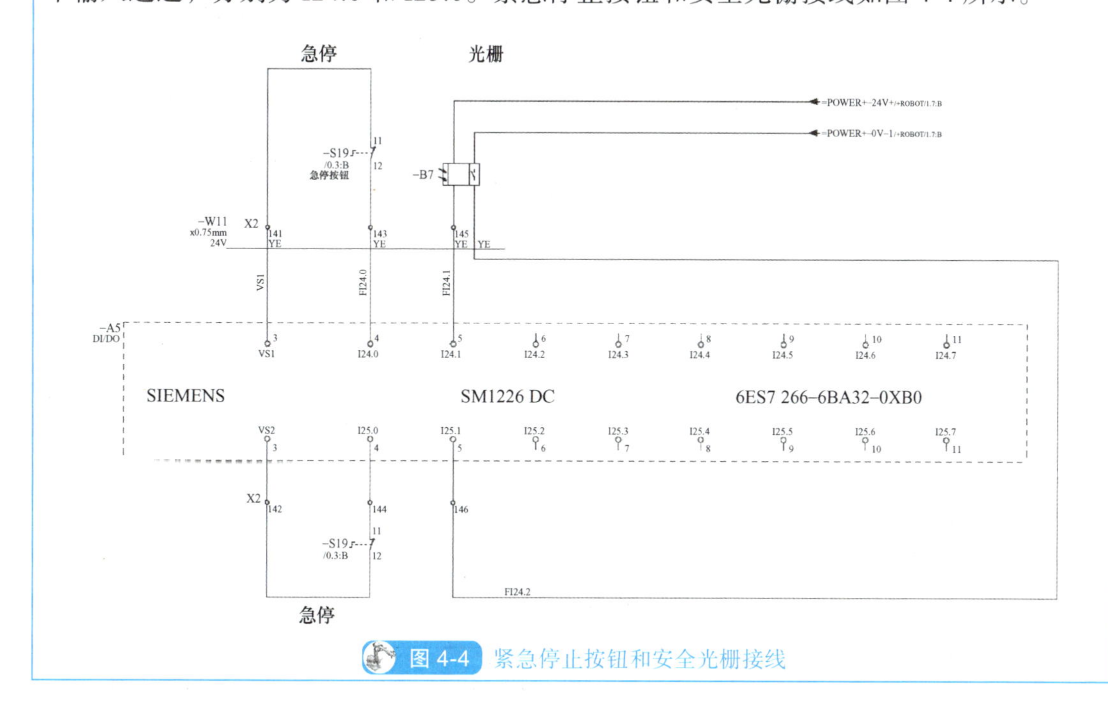

图 4-4　紧急停止按钮和安全光栅接线

2）完成流程控制程序的编写，实现运行程序后安装检测工装单元的气缸将 A04 号和 A06 号 PCB 推出，视觉检测单元通电（待后续 A04 号 PCB 分拣安装）；完成 PCB 安装模式选择，且 PCB 安装启动信号置位后，选择信息才可以传输给工业机器人。安装检测工装单元如图 4-5 所示，操作面板按钮如图 4-6 所示。

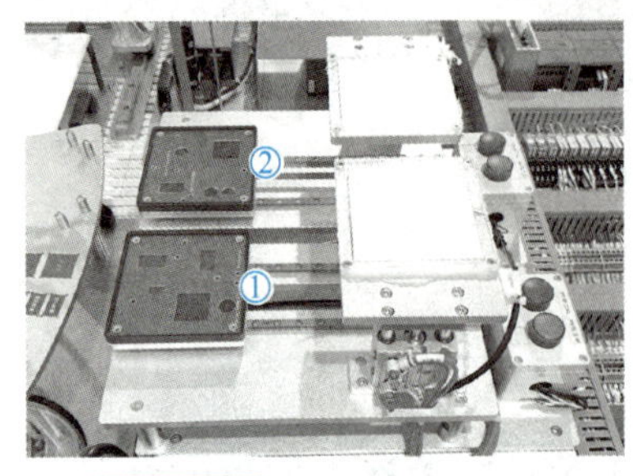

图 4-5 安装检测工装单元

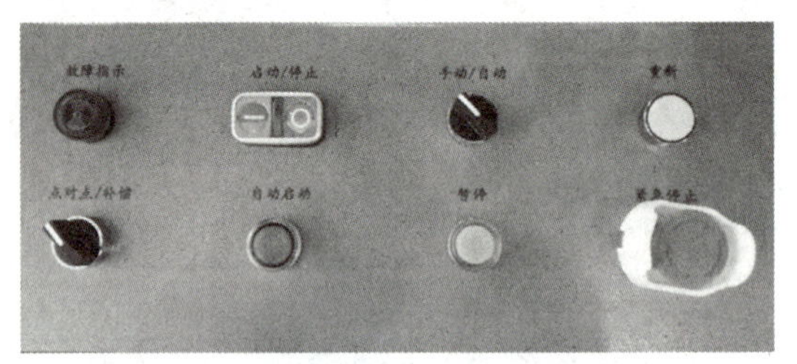

图 4-6 操作面板按钮

任务准备

在实施 PLC 编程之前，需要在组态软件中完成以下内容：

1）工作站的硬件组态，设备与硬件设备保持一致。

2）完成任务所需信号的变量建立。

任务所需信号见表 4-4。

表 4-4 任务所需信号

硬件设备	地址	说明	对应设备
		PLC 的输入	
CPU 1214FC DC/DC/DC	I0.6	用于复位工作站的紧急停止状态	重新按钮（复位按钮）
SM1226 DC	I24.0	紧急停止按钮默认处于接通状态，按下按钮后输出状态为 FALSE	紧急停止按钮
		PLC 的输出	
CPU 1214FC DC/DC/DC	Q0.2	1 号气缸推动，推出 1 号工位 PCB	气缸
	Q0.3	2 号气缸推动，推出 2 号工位 PCB	
SM1223 DC-1	Q3.3	启动芯片安装流程	工业机器人
	Q3.6	当端口输出为 1 时告知工业机器人紧急停止	
SM1223 DC-2	Q4.0	当 PCB 选择端口输出为 1 时告知工业机器人选择 A06 号 PCB 顺序安装芯片，当输出为 0 时选择 A04 号 PCB 按形状、颜色分拣安装芯片	
SM1223 DC-3	Q6.3	输出为 1 时，控制视觉检测单元通电	相机
		中间变量	
—	M110.1	PCB 安装启动	触摸屏
	M110.2	选择 A06 号 PCB	
	M110.3	选择 A04 号 PCB	

➤ 任务实施

（1）安全程序的编写

下面以紧急停止按钮的安全程序为例，编写安全程序。

1）参照从前序任务内容学习的方法，完成工作站的硬件组态设计，在 PLC 设备选项下右击“程序块”选项，在弹出菜单中选择“新增组”命令。

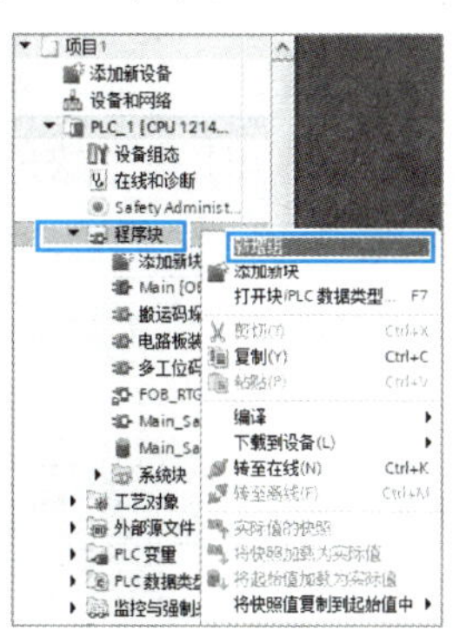

2）新建一个组用于存放和编写安全程序，命名为“安全”，然后将图示程序块拖动到“安全”组。

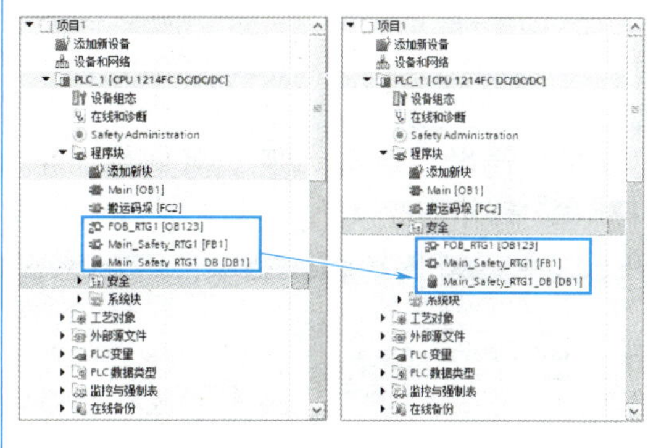

3）右击“安全”组，在弹出菜单中选择“添加新块”命令。

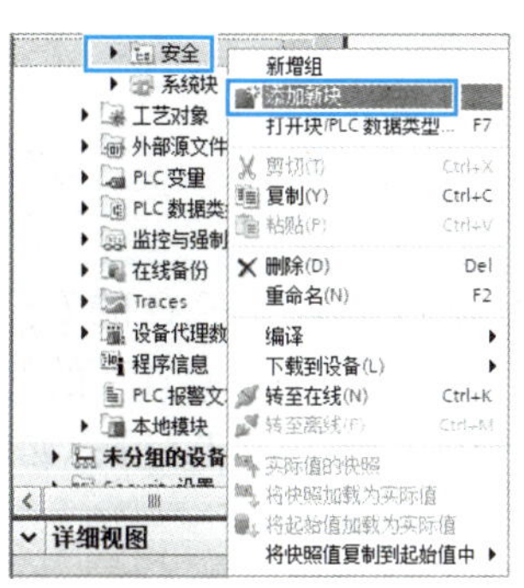

4）选择“函数”标签，并在“名称”文本框中输入“安全程序”，然后勾选“Create F-block”并单击“确定”按钮，添加一个带安全属性的函数（FC）。

5）采用相同的操作方法，选择“数据块”标签，添加一个名称为“安全”的带安全属性的数据块（DB）。

在该数据块中，新建紧急停止按钮所需的变量，图示为“安全”数据块新建的变量数据。

6）打开“基本指令”→“Safety functions”，选中“ESTOP1”指令块拖动到程序段中。

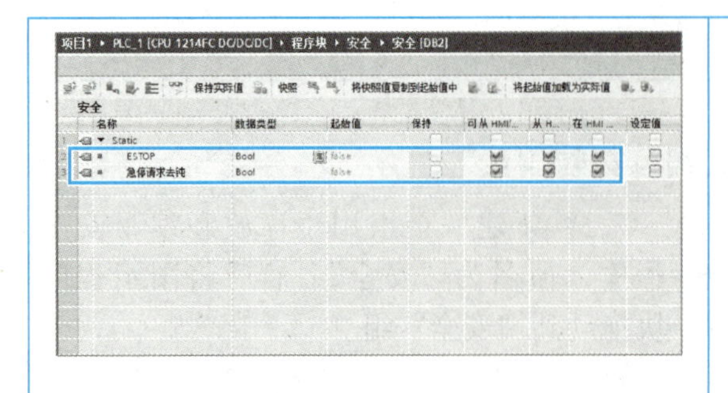

7）弹出“调用选项”对话框，单击“确定”按钮。

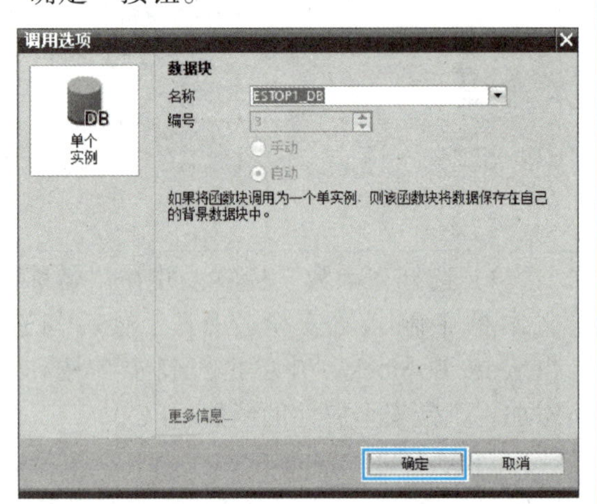

8）完成 ESTOP1 指令块的添加。

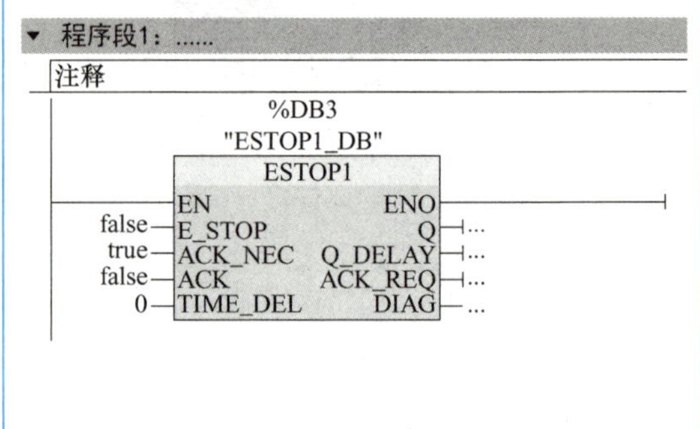

9）完成 ESTOP1 指令块的编写和变量设定。其中 PLC 的输入点 I24.0 连接外部设备紧急停止按钮，I0.6 连接外部设备重新按钮。

ESTOP1 指令块存在一个钝化状态，（例如复位紧急停止按钮后，Q 端的输出不会变为 TURE ），消除该钝化状态的操作称为去钝（消除 ESTOP1 指令块钝化的操作就是在复位紧急停止按钮的状态下，给 ACK 端一个上升沿信号）。

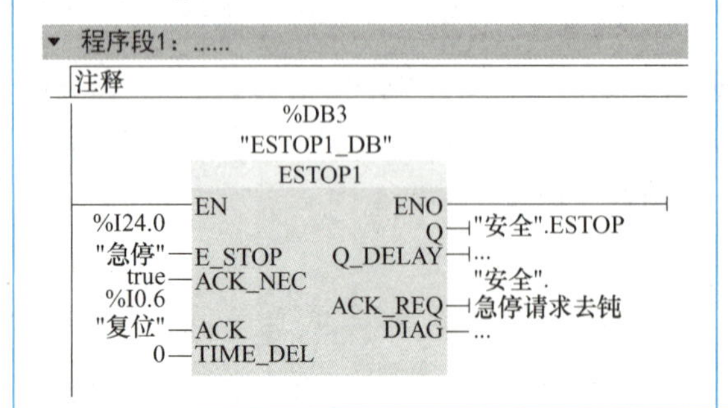

10）故障安全型 PLC 的安全程序，都需在“Main_Safety_RTG1”的 FB 里调用。双击“Main_Safety_RTG1”，如图所示。

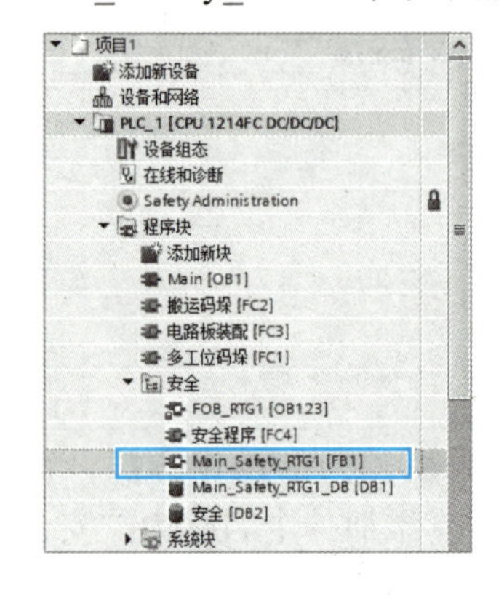

程序释义：当紧急停止按钮按下（I24.0=FALSE，即断开）时，Q 端的输出为 FALSE，ACK_REQ 端的输出为 FALSE；复位紧急停止按钮（即紧急停止按钮弹起）后（I24.0=TRUE，即接通），Q 端的输出仍为 FALSE，ACK_REQ 端的输出为 TRUE，ESTOP1 指令块请求去钝。

当按下重新按钮（I0.6=TRUE，即接通）时，给 ESTOP1 指令块一个上升沿信号，Q 端的输出为 TRUE，完成 ESTOP1 指令块的去钝，ACK_REQ 端的输出为 FALSE。

11）将写有紧急停止按钮安全程序的 FC4 调用至“Main_Safety_RTG1”函数块中。

需要注意的是，F-I/O 模块的程序（即安全程序）均需在“Main_Safety_RTG1”函数块中调用。

12）F-I/O 模块工作状态的数据存储在 F-I/O 数据块中。搬运码垛工作站的 F-I/O 模块工作状态的数据块和数据可打开“程序块”→“系统块”→“F-I/O data blocks”查看。

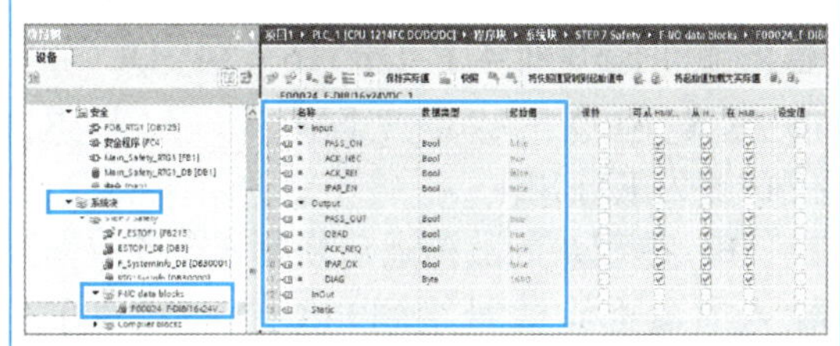

13）F-I/O 模块存在一个钝化问题，模块的钝化会致使 ESTOP1 指令块也进入钝化状态（ESTOP1 指令块的去钝见步骤 9）。可编写 F-I/O 模块去钝程序，用于消除 F-I/O 模块的钝化状态。

该程序的功能为：外部输入通道故障排除后，置位 F-I/O 模块的 ACK_REI 位，消除 F-I/O 模块的钝化状态（即完成去钝）。

14）在“程序块”列表中单击“Main”，完成图示程序的编写和变量设定。其中 PLC 的输出点 Q3.6 对应连接工业机器人 I/O 模块的一个输入点，对应工业机器人急停输入信号 FrPDigStop。

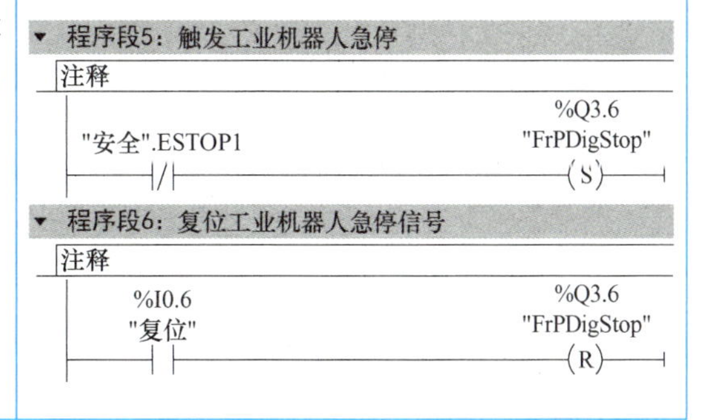

例如，紧急停止按钮是双回路输入通道（I24.0 和 I25.0），当通道发生故障时，PLC 只有一个回路得到了信号，另一个回路没有信号，致使 F-I/O 模块进入钝化状态（F-I/O 模块的 DIAG 指示灯会亮红色并闪烁，该模块禁用且 CPU 报错）。模块进入钝化状态后，ESTOP1 指令块的 I24.0 为 FALSE，Q 端的输出为 FALSE，Q3.6 置位，即工业机器人急停输入信号 FrPDigStop=1。恢复好紧急停止按钮出现故障的通道后，要想使 PLC 的错误消除，还需要消除 F-I/O 模块的钝化状态。

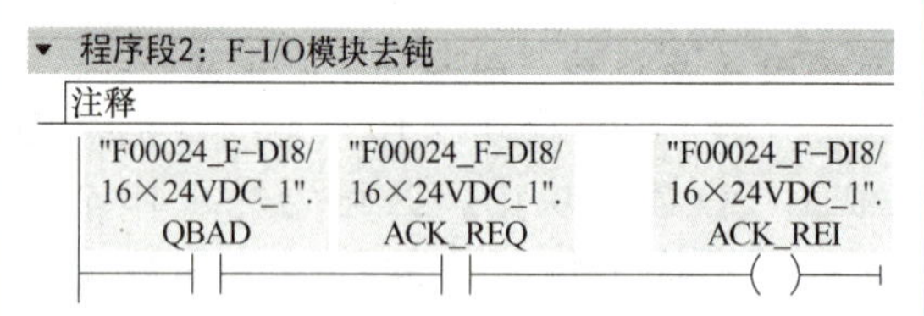

程序释义：如果 F-I/O 模块某双回路中的一个回路信号丢失，致使模块进入钝化状态，此时 F00024_F-DI8/16×24VDC_1 块的 ACK_REQ 位状态为 FALSE，ACK_REI 位状态为 FALSE。

F-I/O 模块的故障通道恢复（即各双回路输入通道都有信号给到 PLC）后，F00024_F-DI8/16×24VDC_1 块的 ACK_REQ 位状态变为 TRUE（即请求去钝），然后将 CPU 模块从 STOP 模式转到 RUN 模式，F00024_F-DI8/16×24VDC_1 块的 QBAD 位状态变为 TRUE，则 ACK_REI 位状态为 TRUE，消除 F-I/O 模块的钝化状态，模块恢复正常。

程序释义：当紧急停止按钮按下时，ESTOP1 指令块 Q 端的输出为 FALSE，Q3.6 置位，对应工业机器人急停输入信号 FrPDigStop=1；复位紧急停止按钮后，Q 端的值仍为 FALSE，Q3.6 保持置位状态，对应工业机器人急停输入信号 FrPDigStop=1。

当按下重新按钮时，ESTOP1 指令块 Q 端的输出为 TRUE，Q3.6 复位，对应工业机器人急停输入信号 FrPDigStop=0。

（2）流程控制程序的编写

1）新建“组装检测单元”函数。

2）编写程序段 1，实现 PCB 安装启动信号置位后，视觉检测单元相机通电、安装检测工装单元工位处的 A04 号和 A06 号空 PCB 被推出。

▼ 程序段1：PCB安装模式选择

注释

%M110.1 "PCB安装启动"

%Q6.3 "闪光灯"

%Q0.2 "1号气缸推动"

%Q0.3 "2号气缸推动"

3）编写图示程序，实现当选择 A06 号 PCB（即 M110.2 置位）且未选择 A04 号 PCB 时，告知工业机器人端选择 A06 号 PCB 安装，同时启动工业机器人芯片安装流程；当选择 A04 号 PCB（即 M110.3 置位）且未选择 A06 号 PCB 时，告知工业机器人端选择 A04 号 PCB 安装，同时启动工业机器人芯片安装流程。

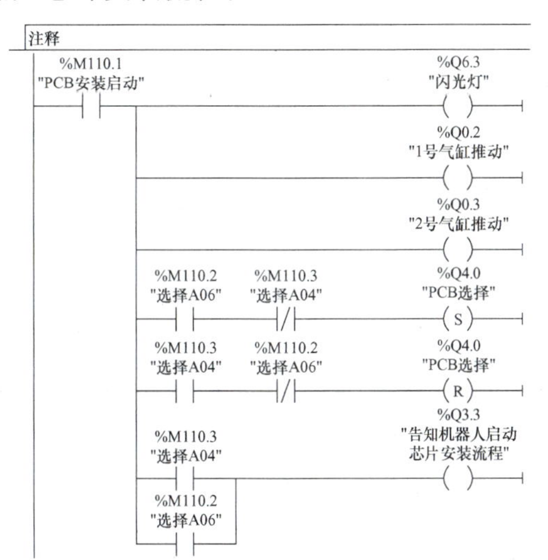

4）在主程序中调用完成编写的程序块，完成流程控制程序的编写。

▼ 程序段3：定制化PCB安装

注释

%FC3 "组装检测单元"

EN　ENO

（3）程序调试

1）按照前序流程中的方法，将完成编写的程序下载到 PLC 设备中，启动 CPU。新建监控表并启动“全部监视”命令，用于监控程序各个相关变量的状态。

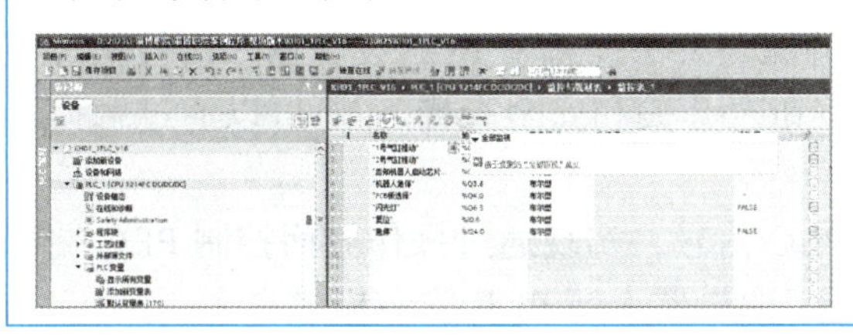

2）新建强制表，用于强制任务相关信号。

KH01_1PLC_V16 ▸ PLC_1 [CPU 1214FC DC/DC/DC] ▸ 监控与强制表 ▸ 强制表

i	名称	地址	显示格式	监视值
1	"选择A04"	%M110.3	布尔型	
2	"选择A06"	%M110.2	布尔型	
3	"PCB安装启动"	%M110.1	布尔型	

3）实施前，需要确认工作站设备状态，确认紧急停止按钮处于弹起状态。首先验证安全程序的功能，按下紧急停止按钮，观察工业机器人的运行状态，若此时停止运动，则表示 PLC 与工业机器人之间通信无误；若出现问题，则需要先在监控表中查看对应的信号输入状态，再排查接线，直至功能正常。验证安全程序的功能后，复位紧急停止按钮，按下重新按钮，观察工业机器人是否可以恢复正常工作。

4）在 PLC 端的强制表中，强制置位 M110.3 和 M110.1，强制复位 M110.2，即选择 A04 号 PCB 安装后启动 PCB 安装流程，运行 PLC 程序，然后在工业机器人的“输入输出”界面中查看信号“Result”的值，若值为 0 则表示通信正常；然后置位 M110.2 和 M110.1，强制复位 M110.3，即选择 A06 号 PCB 安装后启动 PCB 安装流程，运行 PLC 程序，然后在工业机器人的“输入输出”界面中查看信号“Result”的值，若值为 1 则表示通信正常。

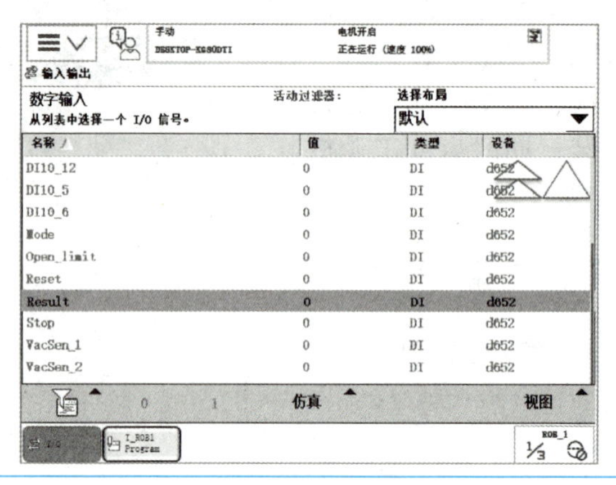

任务评价

任务	配分	评分标准	自评
PCB 安装控制程序编写和调试	100 分	1）掌握 PLC 程序的结构。（10 分）	
		2）掌握 PLC 编程语言中，基本指令的使用方法和功能。（20 分）	
		3）按照要求完成工作站 PLC 安全程序的编写和调试。（30 分）	
		4）按照要求完成工作站 PCB 安装控制程序的编写和调试。（40 分）	

工作任务 4.3　PCB 安装界面设计和调试

在前面的内容中，我们学习了 PLC 程序的编写方法，触发 PLC 设备输入信号状态变化的方式除了通过硬件连接的外部设备（如按钮、开关和安全光栅），还可以通过触摸屏界面中的按钮。

本工作任务将通过触摸屏界面设计关联 PLC 信号，实现通过操作界面控制 PLC 端相关信号的状态变化，继而实现在触摸屏端选择工业机器人端 PCB 安装模式。

知识沉淀

触摸屏主要用于实现人与机器之间的信息交互，它在生活中随处可见，例如通过ATM（自动取款机）的触摸屏取款，通过平板计算机的触摸屏上网。触摸屏一般包含触摸屏硬件和相应的专用画面组态软件。组态软件是触摸屏硬件界面的软件开发平台，同时它还具有数据采集与过程控制的功能，一般情况下不同厂家的触摸屏硬件使用不同的画面组态软件。

西门子触摸屏程序的编写在博途软件中进行，与 PLC 编程界面相同的内容此处不再赘述，本任务重点讲解如图 4-7 所示的触摸屏编辑界面中的任务卡，任务卡中包括“工具箱”“动画”“布局”“指令”“任务”和“库”，下面介绍“工具箱”“动画”“布局”和“库”任务卡。

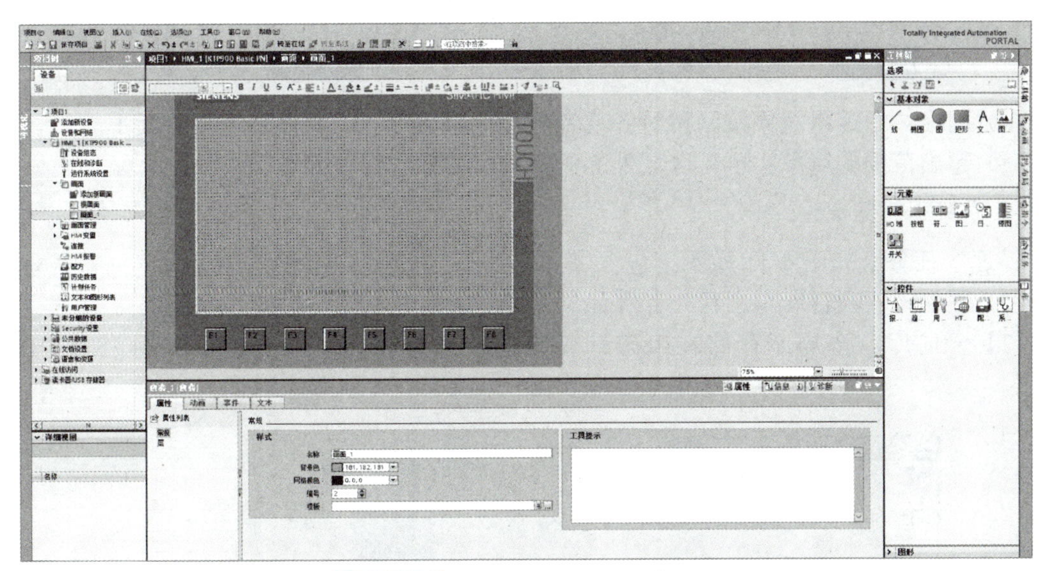

图 4-7　触摸屏编辑界面中的任务卡

1. “工具箱”任务卡

“工具箱”任务卡通常包含“基本对象”“元素”和“控件”等选项，通过拖放或双击可实现对象的添加，可供选择的对象由组态添加的设备决定。“工具箱”任务卡如图 4-8 所示。

2. “动画”任务卡

“动画”任务卡中包含可以将画面对象进行动态化的功能，可以通过拖放或双击将“移动”“显示”和“变量连接”选项中的功能粘贴到画面对象。“动画”任务卡如图 4-9 所示。

3. “布局”任务卡

“布局”任务卡包含以下用于显示对象和元素的选项。“布局”任务卡如图 4-10 所示。

1）层：用于管理画面对象层。这些层显示在树视图中，其中包含激活的层和所有可见层的信息。

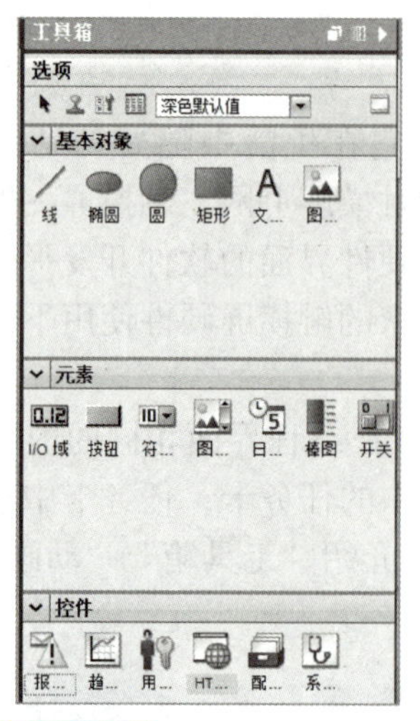

图 4-8 “工具箱”任务卡

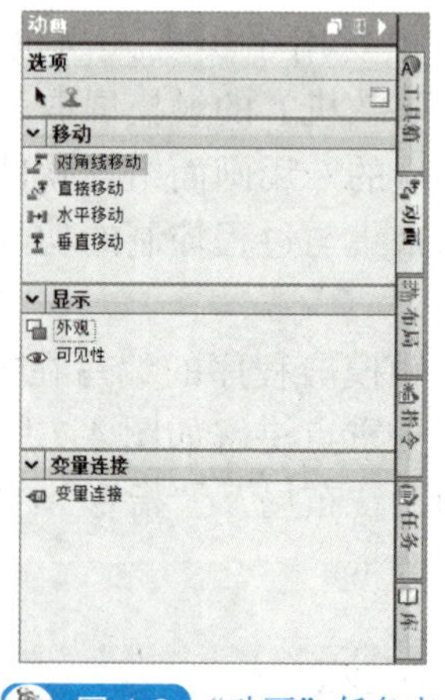

图 4-9 “动画”任务卡

2）网格：指定将对象按网格对齐或者与其他对象对齐，并设置网格的大小。

3）超出范围的对象：可见区域外的对象显示名称、位置和类型。

4.“库”任务卡

“库”任务卡如图 4-11 所示，包含以下选项。

1）项目库：项目库与项目一起存储。

2）全局库：全局库存储在组态计算机上指定路径的单独文件中，用于库文件的调用。

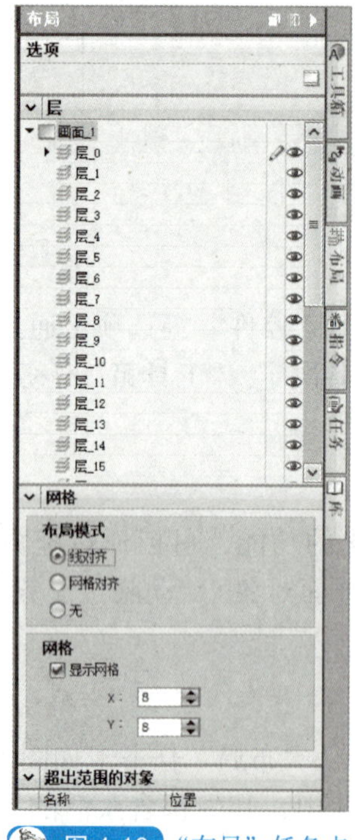

图 4-10 “布局”任务卡

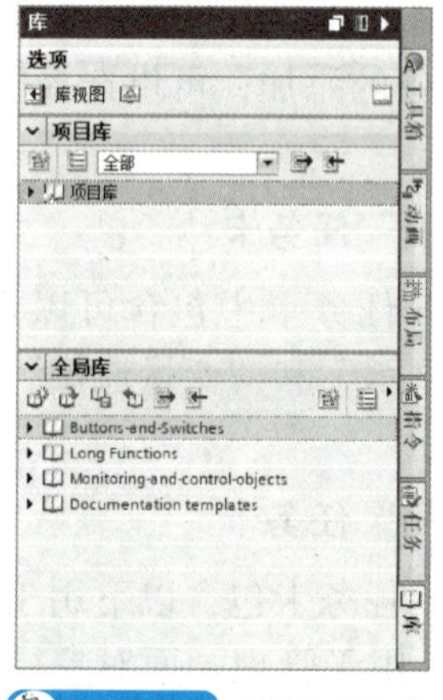

图 4-11 “库”任务卡

任务实施

➢ 任务引入

设计制作触摸屏界面，实现 PCB 安装模式的选择和安装流程的启动，PCB 安装界面如图 4-12 所示。

本任务具体包含以下工作内容：

1）触摸屏设备组态。

2）变量添加。

3）界面设计，含按钮、图片和背景等的添加编辑。

4）定义界面为起始界面，完成触摸屏程序的下载和调试。

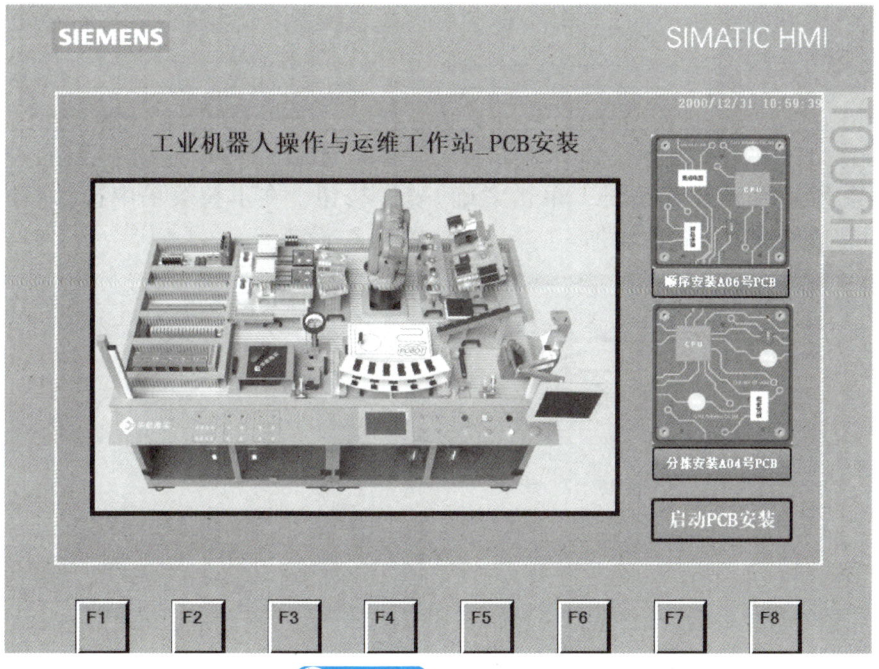

图 4-12　PCB 安装界面

PCB 安装界面的触摸屏变量见表 4-5。

表 4-5　PCB 安装界面的触摸屏变量

硬件设备	地址	说明	对应设备	触摸屏变量名称
PLC	M110.1	PCB 安装启动	触摸屏	PCB 安装启动
	M110.2	选择 A06 号 PCB	触摸屏	选择 A04
	M110.3	选择 A04 号 PCB	触摸屏	选择 A06

➤ 任务实施

1）使用博途软件，打开前序完成组态的工作站PLC程序所在的项目文件。单击“打开项目视图”命令，继续在该PLC程序项目中进行触摸屏程序的编写。

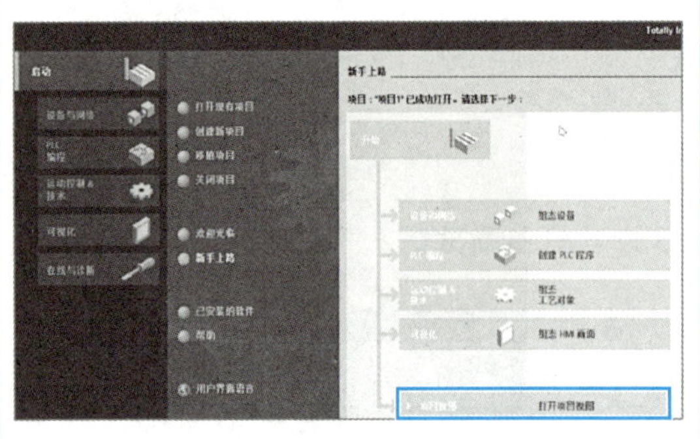

2）双击“项目树”下的“添加新设备”命令，进行触摸屏设备的添加。

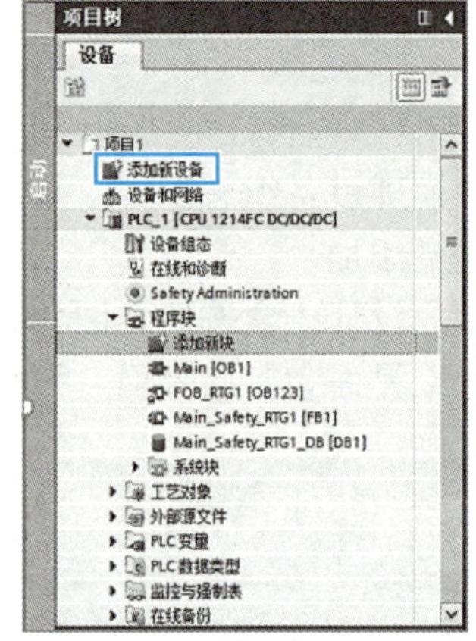

3）在“HMI”标签下，选择对应的KTP900系列触摸屏及其型号，单击“确定”按钮完成触摸屏设备的添加。

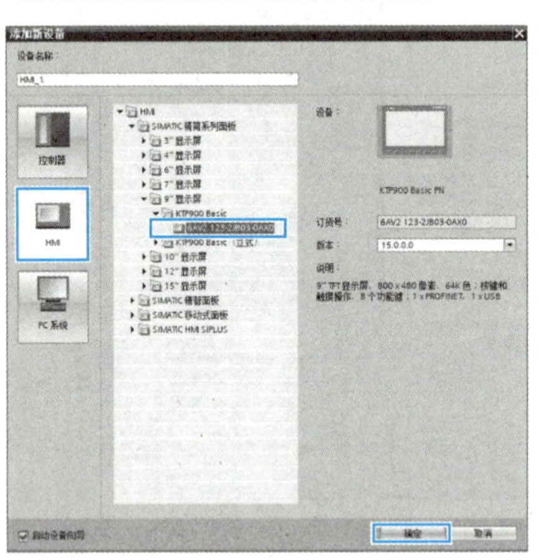

4）弹出“PLC连接”界面，单击“浏览”按钮，在下拉菜单中选择触摸屏连接的PLC设备。

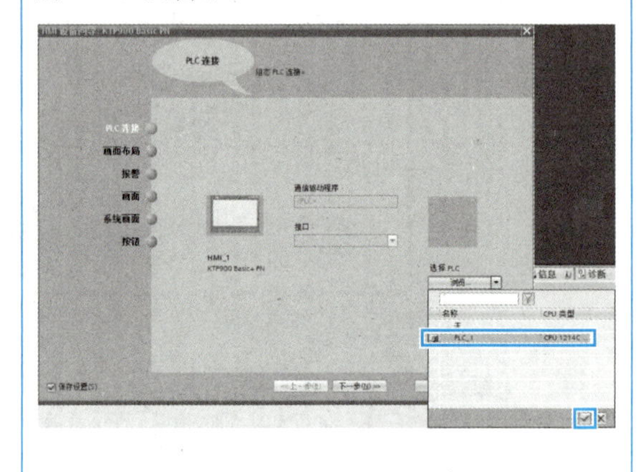

5）单击“完成”按钮，完成PLC与触摸屏的通信配置。

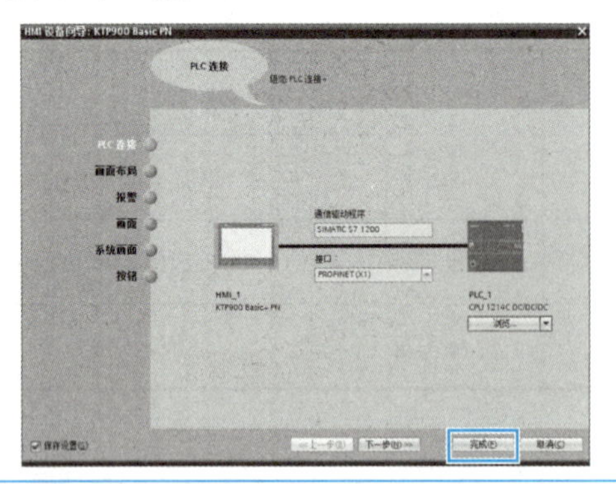

6）在触摸屏设备选项下，打开“画面”选项并双击“添加新画面”命令。

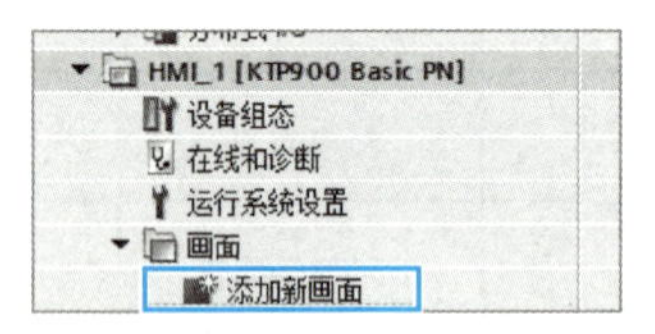

7）右击新建立的画面，在弹出菜单中进行重命名，并单击“定义为起始画面”命令。

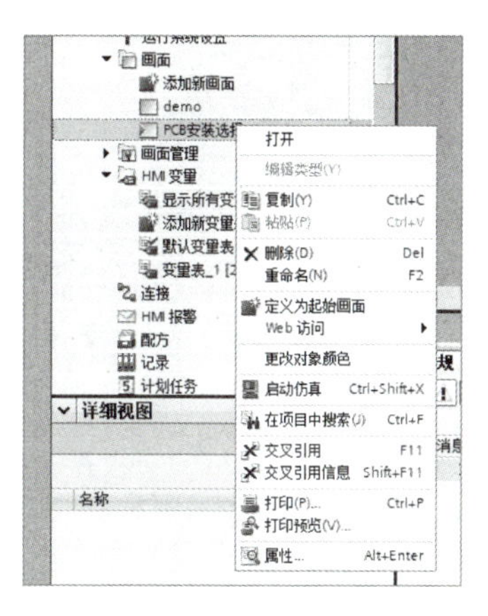

8）双击触摸屏界面，设置背景色，此处设置为“0，134，140”。

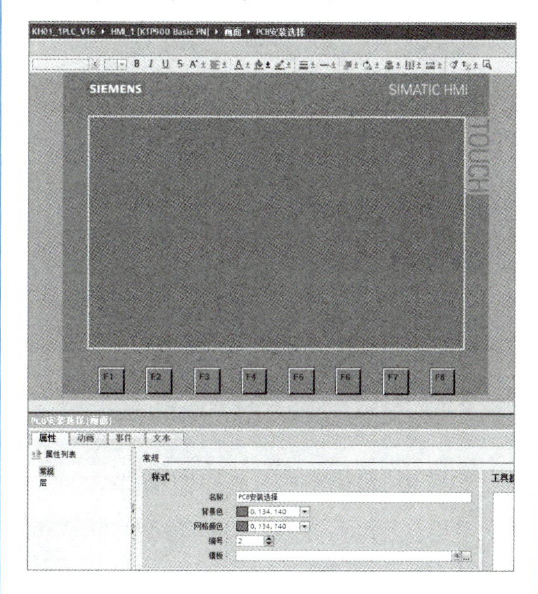

9）添加文本域。

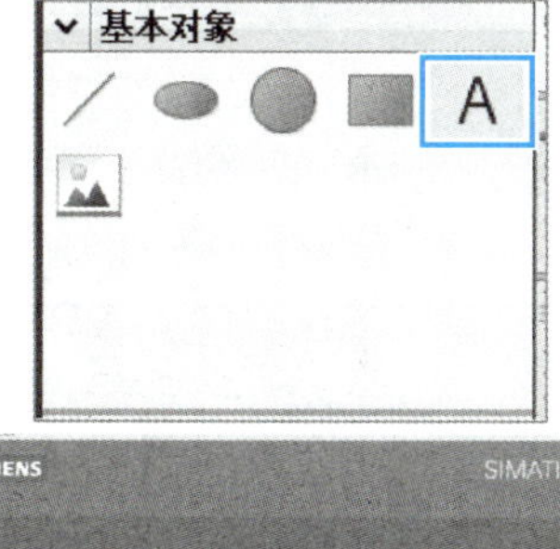

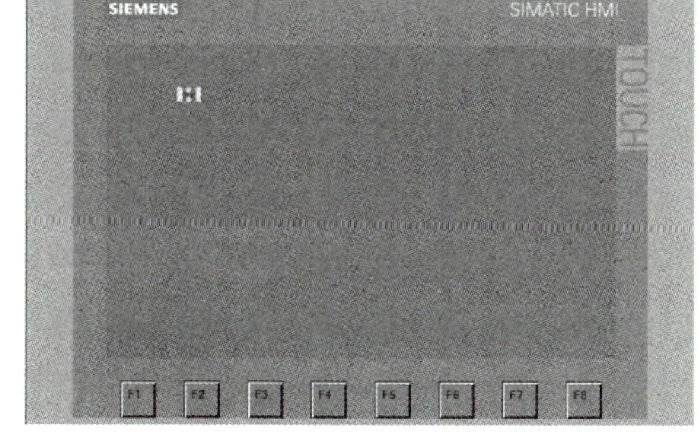

10）添加文本“工业机器人操作与运维工作站_PCB 安装”，设置字体样式为“宋体，25px，style=Bold”，即宋体，25号，加粗。调节文本域到适中的位置。

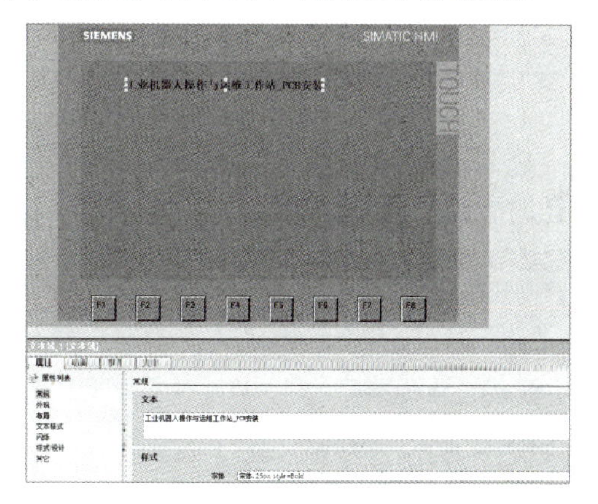

11）添加图形视图插件。

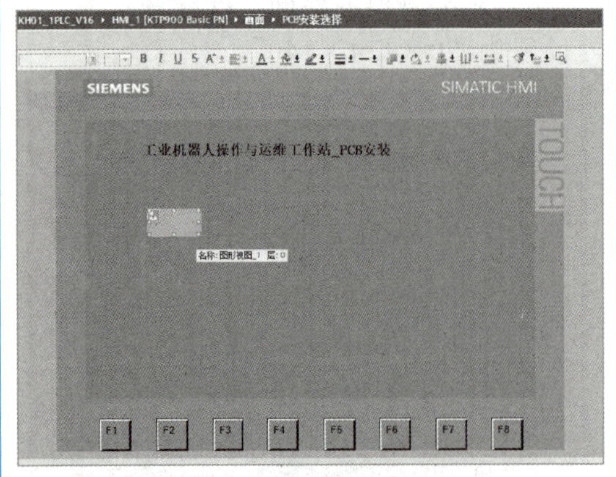

12）设置图形视图插件的属性，调整图片的尺寸，设置图片背景和边框。

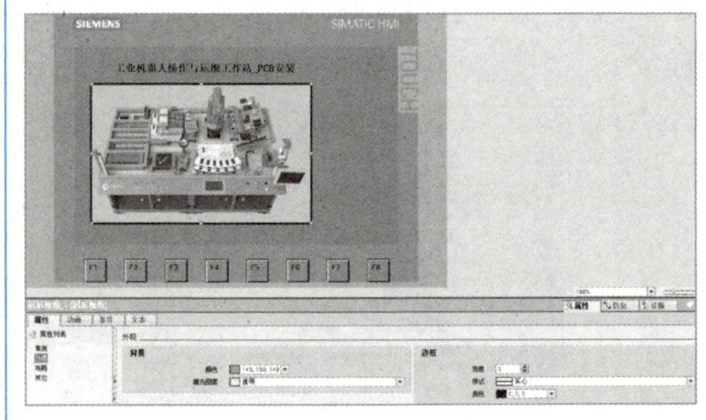

13）添加图形视图和按钮插件。

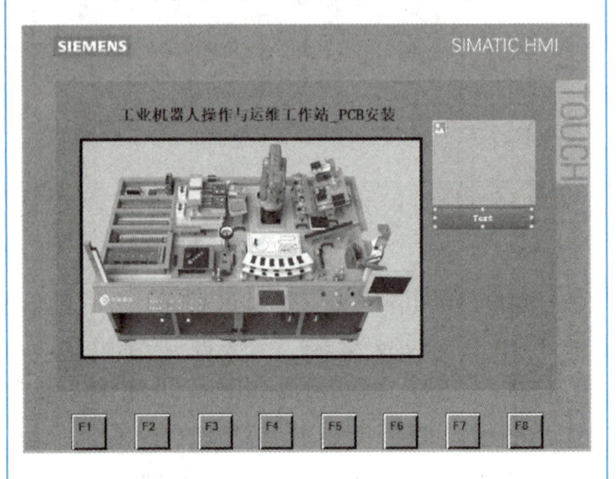

14）设置图形视图插件为A06号PCB的图片，设置按钮的样式。

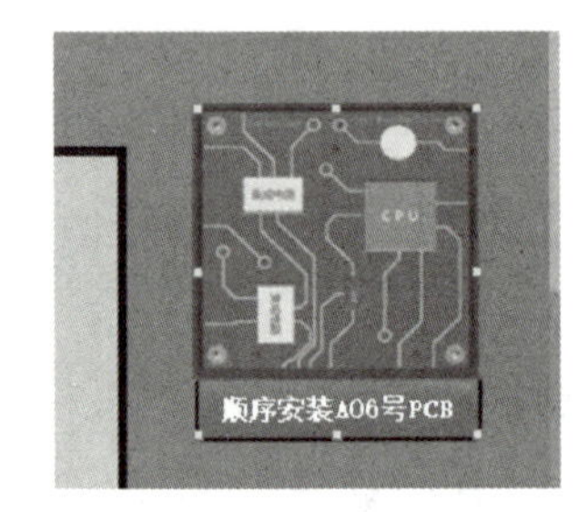

15）进行按钮事件的设置，设置单击按钮时置位“选择A06”变量。

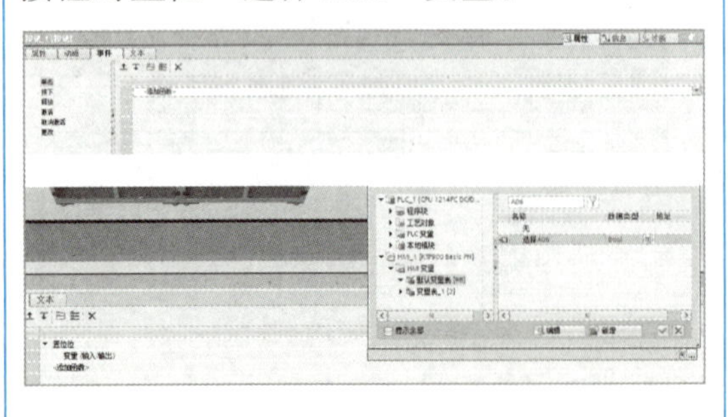

16）使用同样的方法添加A04号PCB的图片和按钮。

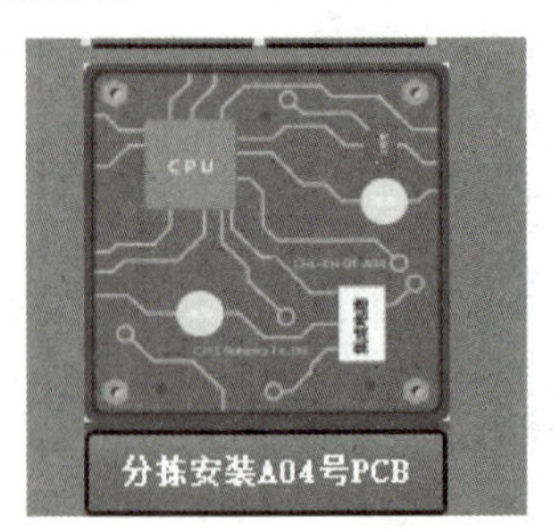

17）添加“启动 PCB 安装”按钮，关联按钮与“PCB 安装启动”变量。完成触摸屏界面程序的设计。

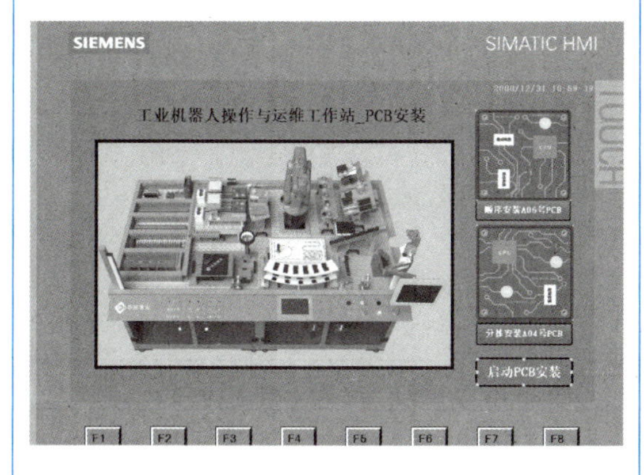

18）参照前面学习的内容，将触摸屏程序下载至设备中，进行触摸屏、PLC 的联合信号调试。前序流程中完成编写的 PLC 程序已经下载到设备中，按下触摸屏上的“顺序安装 A06 号 PCB”或“分拣安装 A04 号 PCB”按钮，然后单击“启动 PCB 安装”按钮，在 PLC 端查看对应信号状态，若信号状态无误则表示通信无误，若出现问题则需要利用监控变量、信号等方式排查问题。

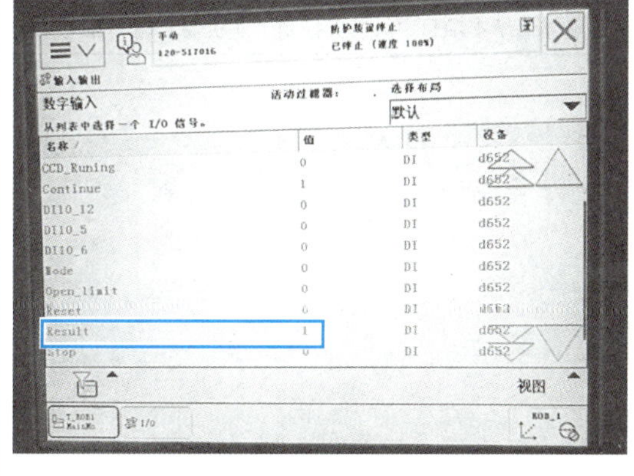

任务评价

任务	配分	评分标准	自评
PCB 安装界面设计和调试	100 分	1）掌握触摸屏界面的功能模块。（10 分）	
		2）能够在组态软件中添加触摸屏设备。（10 分）	
		3）能够添加新画面。（10 分）	
		4）能够设置触摸屏界面为起始画面。（10 分）	
		5）能够在触摸屏界面中添加按钮并设置对应事件。（30 分）	
		6）能够在触摸屏界面中添加并设置文本域。（10 分）	
		7）能够在触摸屏界面中添加并设置图形视图插件。（10 分）	
		8）能够下载触摸屏程序并进行调试。（10 分）	

项目工单

姓名		班级		分数	

1. 当工业机器人处于暂停状态无法启动时，需要如何排查以恢复工业机器人的运行状态？

2. 归纳总结本项目中触摸屏控制工业机器人端 PCB 安装模式选择的方法。

项目 5

视觉检测系统应用

项目导言

随着自动化水平的不断提升，越来越多的先进工厂已逐步采用工业机器人代替工人完成产品的分拣工作，大大提升了生产效率。工业机器人要完成分拣工作就需要像人类一样拥有一双具有辨识能力的“眼睛”，机器视觉可以帮助机器人添上这样一双“眼睛”。机器视觉主要用计算机模拟人的视觉功能，从客观事物的图像中提取信息，进行处理并加以理解，最终用于实际检测和测量。

本项目结合工作站中 PCB 双模式安装工艺流程对视觉检测系统的应用进行学习，包含视觉检测调试、工业机器人与视觉检测系统通信测试和 PCB 智能安装工艺综合联调，由浅入深地学习从设置检测模板到信号传输，再到根据视觉检测结果进行分拣安装的流程。

项目目标

- 能够完成视觉检测系统的成像环境调试。
- 能够按照要求完成对象的颜色和形状检测模板设置。
- 能够完成视觉检测系统的通信设置，实现其与工业机器人系统的通信。
- 掌握实施工业机器人与视觉检测系统通信测试的方法。
- 能够完成 PCB 智能安装工艺程序的规划、编写和联合调试。

新职业——职业技能要求

工作任务	职业技能要求
工作任务 5.1　视觉检测调试	工业机器人系统操作员三级 / 高级工：能创建搬运、码垛、焊接，喷涂、装配、打磨等机器人工作站或系统的运行程序，添加作业指令，进行系统工艺程序编制与调试；能使用视觉图像软件进行机器视觉系统的编程；能根据机器人工作站或系统的实际作业效果，调整周边配套设备，优化机器人的作业位姿、运动轨迹、工艺参数、运行程序等
工作任务 5.2　工业机器人与视觉检测系统通信测试	
工作任务 5.3　PCB 智能安装工艺综合联调	

工业机器人集成应用职业技能等级要求

工作任务	职业技能等级要求
工作任务 5.1　视觉检测调试	工业机器人集成应用（中级）：能完成视觉识别模板的制作；能完成视觉传感器焦距、光圈等参数的调整
工作任务 5.2　工业机器人与视觉检测系统通信测试	工业机器人集成应用（中级）：能完成视觉相机的网络配置与连接；能熟练地切换视觉系统的应用场景，完成视觉检测程序的调用
工作任务 5.3　PCB 智能安装工艺综合联调	工业机器人集成应用（中级）：能完成工业机器人典型工作任务（如搬运码垛、装配等）的程序编写

职业素养

计算机视觉技术有广泛的市场需求，也是当前全球科技竞争中竞争最激烈的战场之一，我国正加大投入抓住新一轮科技革命和产业变革机遇，人才的培养是其中最为关键的一环。从业人员须秉持执着专注、精益求精、一丝不苟和追求卓越的工匠精神，不断推进视觉应用领域技术的迭代和更新。

工作任务 5.1　视觉检测调试

知识沉淀

我们先来学习典型视觉检测系统的组成和软件界面，为后续任务做准备。

1. 视觉检测系统组成

一个典型的视觉检测系统的组成与人类的视觉环境相似，包括光源、镜头、相机、图像采集卡、图像处理软件、I/O 单元等，如图 5-1 所示。

视觉检测系统采用相机将被检测的物体转换成图像信号，图像信号通过图像采集卡传送给专用的图像处理软件，图像处理软件通过一定的矩阵、线性变换，将原始图像画面变换成高对比度图像，根据像素分布和亮度、颜色等信息，转变成数字信号，通过对这些数字信号进行各种运算抽取目标的特征，如面积、数量、位置和长度等，再根据预设的允许度和其他判断条件输出结果，包括尺寸、角度、个数、合格 / 不合格和有 / 无等，实现自动识别功能。最终根据判别的结果控制现场的设备动作或数据统计，方便工艺质量的提高。视觉检测在检测缺陷和防止缺陷产品被配送到消费者的功能方面具有不可估量的价值。

本工作任务中的视觉检测系统用来检测原料盘中异形芯片的外观特征。视觉检测系统与机器人进行通信，从而将检测过程值或检测结果发送至上层控制器，进而决策整个工艺流程的实施方向。

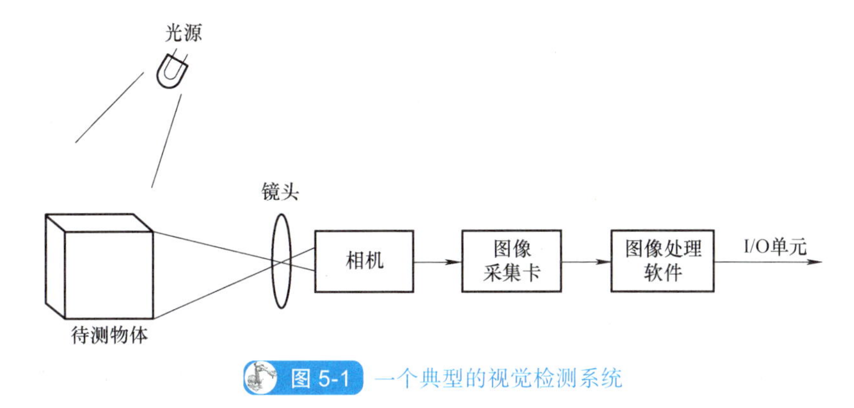

图 5-1　一个典型的视觉检测系统

视觉检测系统目前主要分为两种，即智能视觉和 PC 式机器视觉。本工作站的视觉检测单元搭建的便是 PC 式机器视觉系统，如图 5-2 所示。PC 式机器视觉系统是一种基于 PC（一般为工业 PC）的视觉检测系统，一般由光源、光学镜头、CCD 或 CMOS（互补金属氧化物半导体）相机、图像采集卡、传感器、图像处理软件、控制单元和一台 PC（视觉控制器）构成。此类系统一般尺寸较大，结构较为复杂，但可以实现理想的检测精度和速度。PC 式机器视觉系统各组件功能见表 5-1。

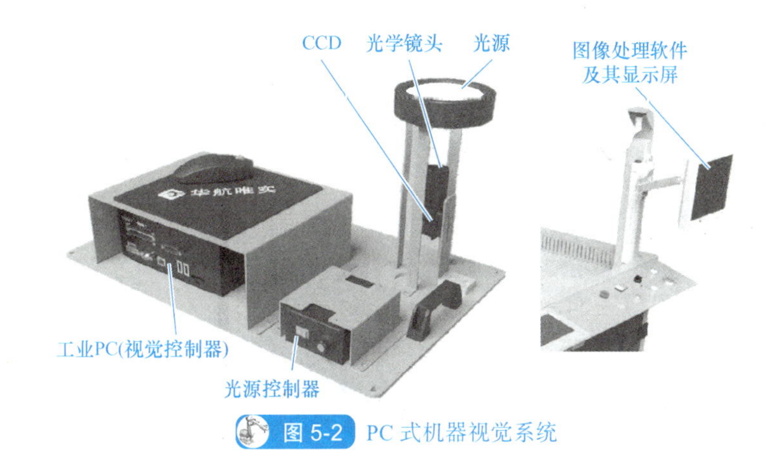

图 5-2　PC 式机器视觉系统

表 5-1　PC 式机器视觉系统各组件功能

序号	组件	功能
1	光源	辅助成像器件，对成像质量起关键作用
2	光学镜头	成像器件，通常视觉检测系统都是由一套或者多套这样的成像系统组成。如果有多路相机，可以通过图像采集卡切换获取图像数据，也可以通过同步控制同时获取多相机通道的数据
3	相机	
4	图像采集卡	通常以插入板卡的形式安装在 PC 中，其主要功能是把相机输出的图像输送给 PC。它将来自相机的模拟或数字信号转换成一定格式的图像数据流，同时可以控制相机的一些参数，如触发信号、曝光和积分时间、快门速度等
5	传感器	通常以光纤开关、接近开关等形式出现，用以判断被测对象的位置和状态，告知图像传感器进行正确的采集

（续）

序号	组件	功能
6	图像处理软件	图像处理软件用来完成对输入图像数据的处理，然后通过一定的运算得出结果，这个输出的结果可能是 PASS/FAIL（通过 / 失败）信号、坐标位置和字符串等
7	控制单元	包含 I/O、运动控制和电平转化单元等。图像处理软件完成图像分析（除非仅用于监控）后，需要和外部单元进行通信以辅助完成对生产过程的控制
8	PC	PC 是 PC 式机器视觉系统的核心，在这里完成图像数据的处理和绝大部分的控制逻辑

在实际的应用中，针对不同的检测任务，PC 式机器视觉系统的组件可有不同程度的增加或删减。例如在本工作站中，视觉检测单元检测功能的触发由机器人控制，在构建视觉检测系统时可以不需要传感器组件。

2. 视觉检测软件界面

本任务所使用的视觉检测系统软件的主界面如图 5-3 所示。

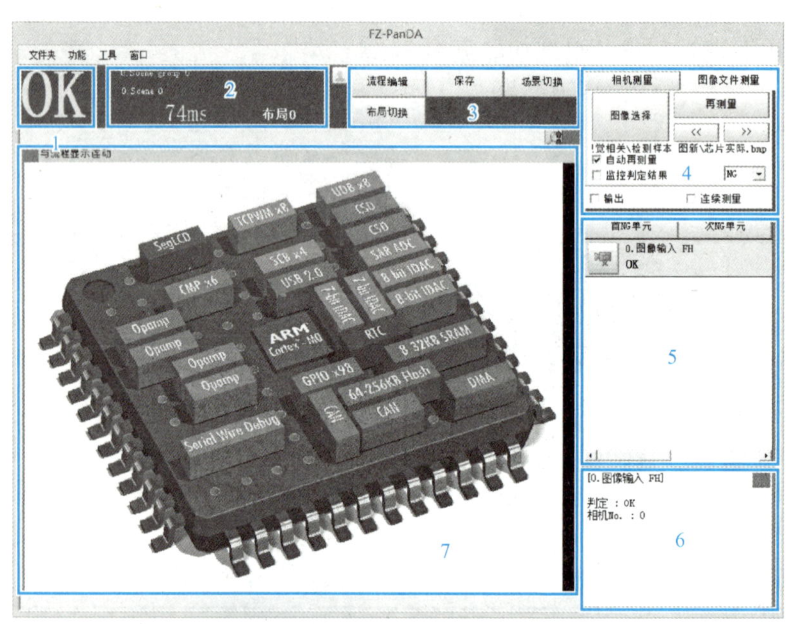

图 5-3　视觉检测系统软件的主界面

软件主界面各窗口功能见表 5-2。

表 5-2　软件主界面各窗口功能

标号	窗口	功能
1	判断显示窗口	显示场景整体的综合判定结果（OK 或 NG），显示的处理单元群中，若任一判定结果为 NG，则显示为 NG
2	信息显示窗口	布局：显示当前显示的布局编号 处理时间：显示测量处理所用时间 场景组名称、场景名称：显示当前显示中的场景组编号、场景编号

（续）

标号	窗口	功能
3	工具窗口	“流程编辑”按钮：启动用于设定测量流程的流程编辑界面 “保存”按钮：将设定数据保存到控制器的闪存中。变更任意设定后，务必单击此按钮，保存设定 “场景切换”按钮：切换场景组或场景 “布局切换”按钮：切换布局编号
4	测量窗口	“相机测量”标签：对相机图像进行试测量 “图像文件测量”标签：再测量保存图像 “输出”选项：要将调整画面中的试测量结果也输出到外部时，勾选该选项；不输出到外部，仅进行传感器和控制器单独的试测量时，取消该项勾选。这个设定用于在显示主画面时，临时变更设定。切换场景或布局后，将不保存测量窗口的“输出”选项中设定的内容，而是应用布局设定的“输出”中的设定内容 “连续测量”选项：希望在调整画面中连续进行试测量时，勾选该选项。勾选“连续测量”选项并单击“再测量”按钮后，将连续重复执行测量
5	流程显示窗口	此窗口将显示测量处理的内容（测量流程中设定的内容） 单击各处理项目的图标，将显示处理项目的参数等要设定的属性画面
6	详细结果显示窗口	此窗口将显示测量结果
7	图像窗口	此窗口将显示已测量的图像，同时将显示选中的处理单元名，或单击“与流程显示连动”按钮

流程编辑界面如图5-4所示。

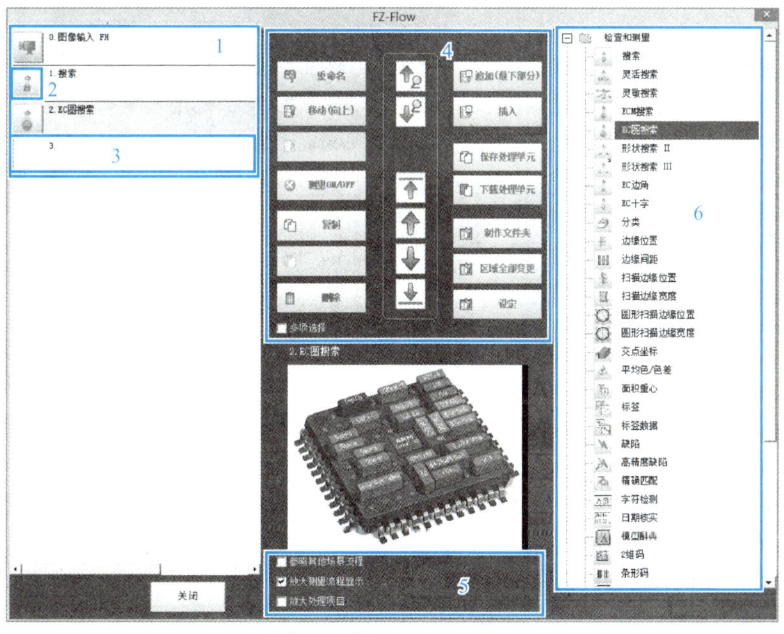

图5-4 流程编辑界面

流程编辑界面各部分功能介绍见表5-3。

表 5-3 流程编辑界面各部分功能介绍

标号	功能	介绍
1	单元列表	此列表显示构成流程的处理单元。通过在单元列表中追加处理项目，可以制作场景的流程
2	属性设定按钮	单击属性设定按钮将显示属性设定界面，在属性设定界面中进行详细设定
3	结束记号	表示流程的结束
4	流程编辑按钮	这些按钮可以对场景内的处理单元进行重新排列或删除
5	显示选项	“参照其他场景流程”选项：若勾选该选项，则可参照同一场景组内的其他场景流程 “放大测量流程显示”选项：若勾选该选项，则以大图标显示单元列表的流程 “放大处理项目”选项：若勾选该选项，则以大图标显示处理项目树形结构图
6	处理项目树形结构图	这是用于选择追加到流程中的处理项目的区域。处理项目按类别以树形结构图显示 单击各项目的“+”按钮，可显示下一层项目。若单击各项目的“-”按钮，则所显示的下一层项目将收起来 当勾选了“参照其他场景流程”选项时，将显示场景选择框和其他场景流程

属性设定界面如图 5-5 所示。

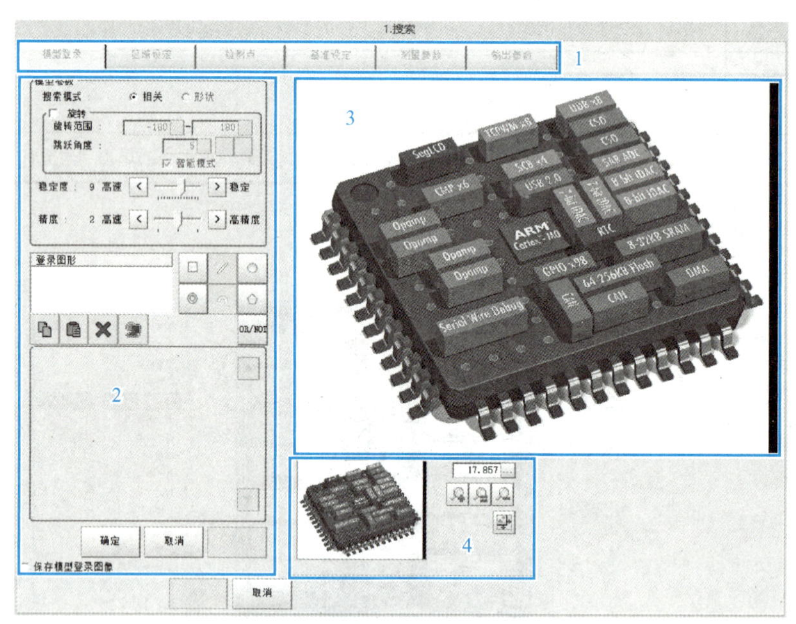

图 5-5 属性设定界面

属性设定界面各区域功能介绍见表 5-4。

表 5-4 属性设定界面各区域功能介绍

标号	区域	功能介绍
1	项目标签区域	此区域显示设定中处理单元的设定项目，从左边的项目起依次进行设定
2	详细区域	设定详细项目
3	图像显示区域	显示相机的图像、图形和坐标等内容
4	缩放浏览区域	放大 / 缩小显示图像

任务实施

1. 成像环境调试

➢ 任务引入

拍摄被测物体关键部位的特征，得到高质量的光学图像，是图像采集的首要“职责”。

本任务要求操纵工业机器人携各类芯片（CPU、集成电路、晶体管和电容）运行到视觉检测区域，进行视觉成像调试，在工业机器人系统中记录视觉检测点位，在视觉检测单元处完成成像环境调试，使成像的轮廓更加清晰，显示更加明亮。

➢ 任务实施

1）手动操纵工业机器人吸取 CPU 芯片，移动到视觉检测区域的拍照位置。

2）单击左上角的“与流程显示连动”按钮，图像模式选择“相机图像动态”，完成设置后即可显示相机的拍摄场景。

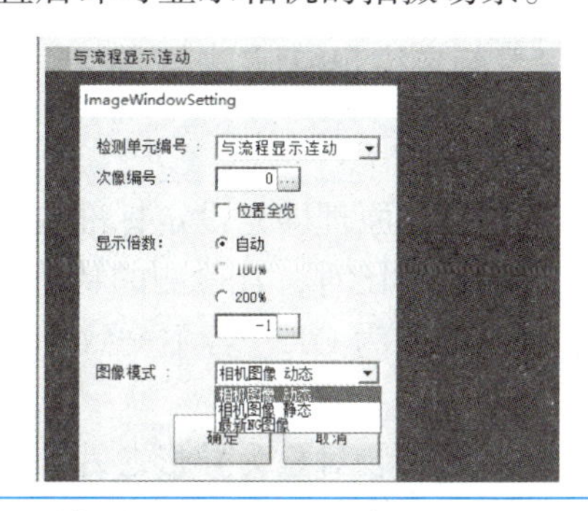

3）观察屏幕中 CPU 芯片的大小和位置是否合适，如果不合适，需要操纵工业机器人调节检测位置。取下吸盘工具上的 CPU 芯片，依次换成集成电路芯片、电容芯片和晶体管芯片，观察它们在屏幕中的大小和位置是否合适，并做类似调整，保证所有芯片在屏幕中的成像大小合适且位置居中。

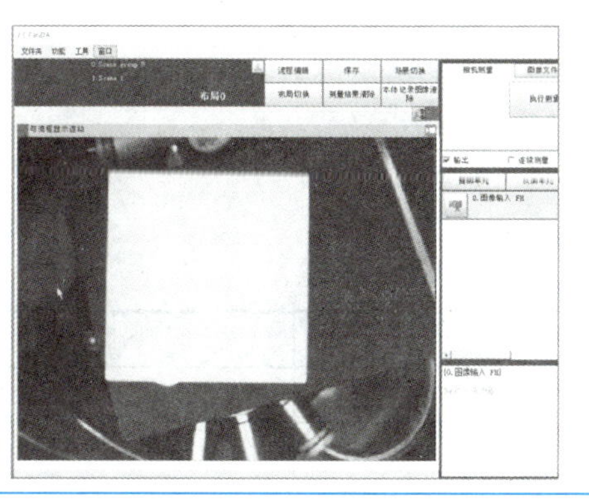

4）旋转光源控制器旋钮，调节光源亮度，微调至人眼观测的最佳状态。松开 1 号锁定螺钉，旋转镜头外圈微调镜头焦距，使图像显示更加清晰。

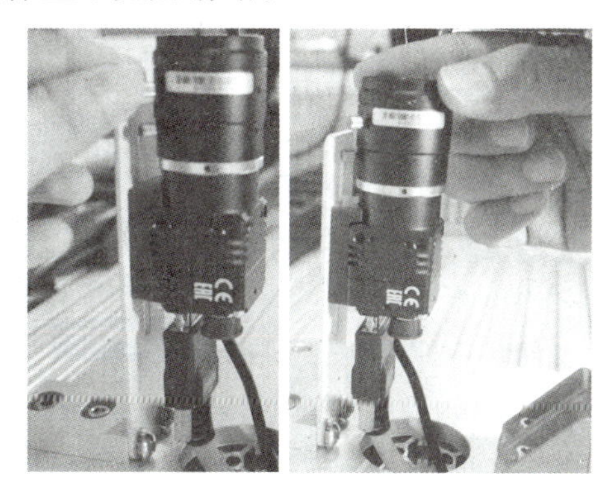

5）松开 2 号锁定螺钉，旋转镜头光圈，调整显示进光量和景深，使图像局部特征显示更加清晰。	6）光源、镜头调节完毕后，屏幕中图像比较清晰，待检测的特征也较为明显。记录 AreaV1 点位位置。
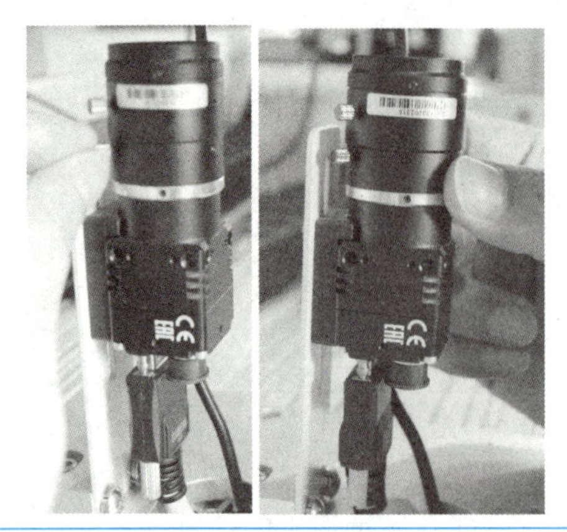	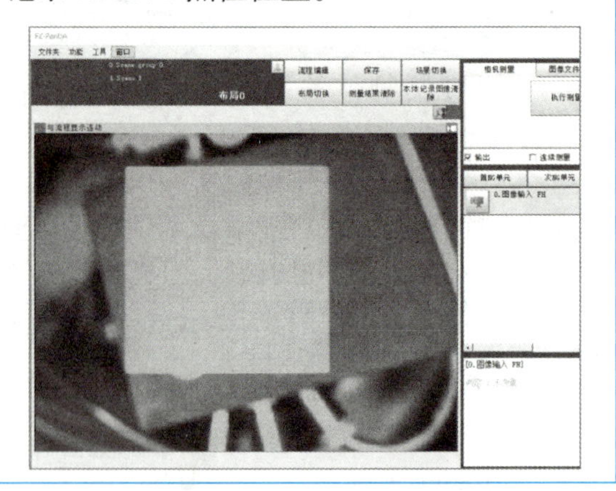

2. 设置颜色检测模板

➤ 任务引入

视觉检测的原理即先设定标准检测模板，然后将视觉检测系统实时拍摄的工件图样与标准模板进行比对，若检测的特征与模板保持一致，则可输出一种检测结果，此时一般综合判定结果为 OK；若不一致，则可输出另外一种检测结果，此时一般综合判定结果为 NG。

工作站的安装对象为异形芯片，芯片的外观决定着产品安装的流程走向，首先进行芯片颜色检测模板的设置。

在工作站异形芯片原料盘的对应芯片存储区域中，随机放置了不同颜色的晶体管芯片和电容芯片，进行 PCB 安装时，由于工艺要求，需要检测出黄色芯片并进行安装，将颜色不符合要求的芯片重新放回原料盘中，下面以晶体管芯片颜色检测模板为例进行颜色检测模板的设置。需要进行颜色检测的芯片如图 5-6 所示。

a) 晶体管芯片　　b) 电容芯片

图 5-6　需要进行颜色检测的芯片

颜色检测模板参数见表 5-5。

表 5-5　颜色检测模板参数

模板对象	模板特征（检测结果为 OK）	场景组	场景
晶体管	颜色 – 黄色	0	3
电容	颜色 – 黄色	0	4

➢ 任务实施

1）单击“场景切换”按钮，选择场景组 0（Scene group 0），新建场景 3（Scene 3）。

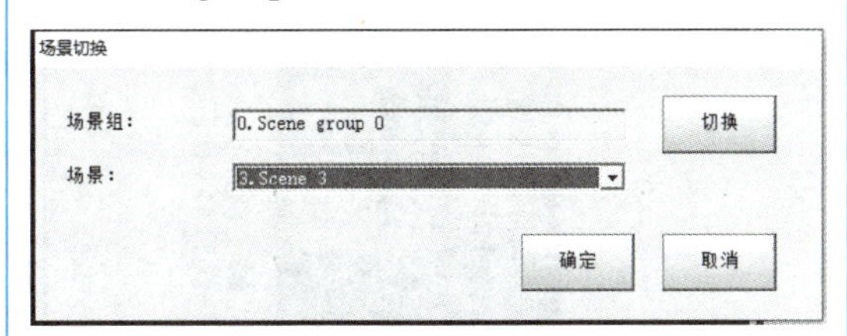

2）在吸盘工具上装上黄色晶体管芯片。

3）单击“流程编辑”按钮，进行视觉检测流程设置，选择“标签”项目，将其插入流程中。

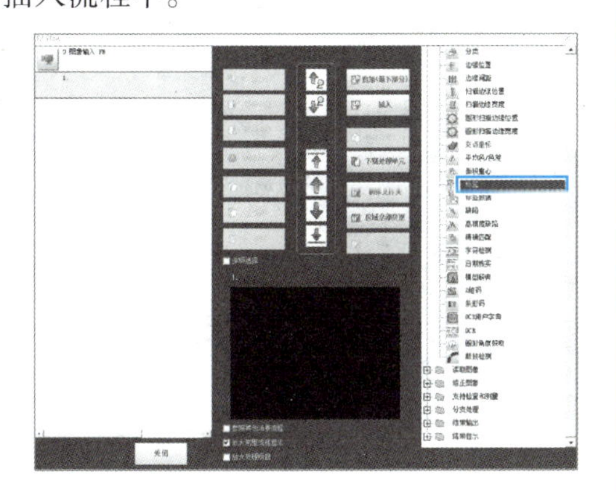

4）单击“标签”按钮，进入属性设置界面，单击“颜色指定”标签，勾选“自动设定”选项，拖动光标在芯片上拾取肉眼观察没有色差的颜色。

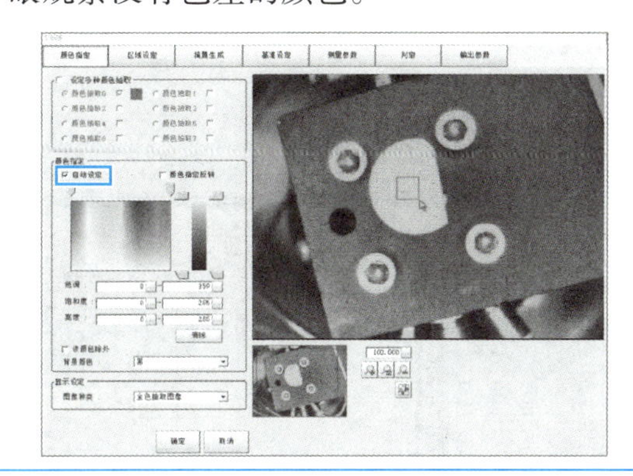

5）单击“区域设定”标签，在“登录图形”处选择长方形，拖动长方形框调整区域大小和位置，保证检测时芯片都在区域内，其余参数使用默认设置，完成后单击“确定”按钮。

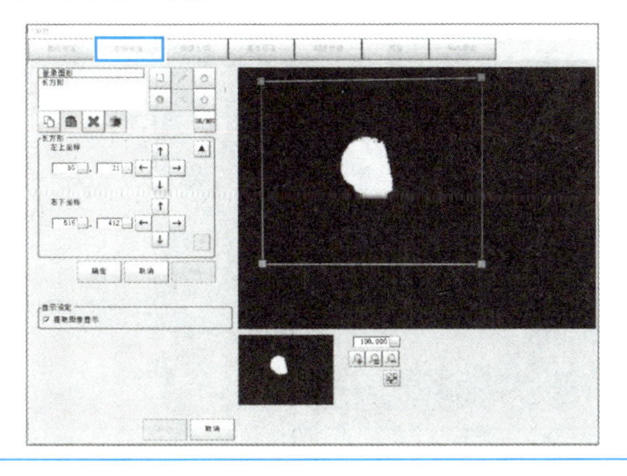

6）单击“判定”标签，判定条件选择“面积”，单击“测量”按钮，显示当前面积测量值。

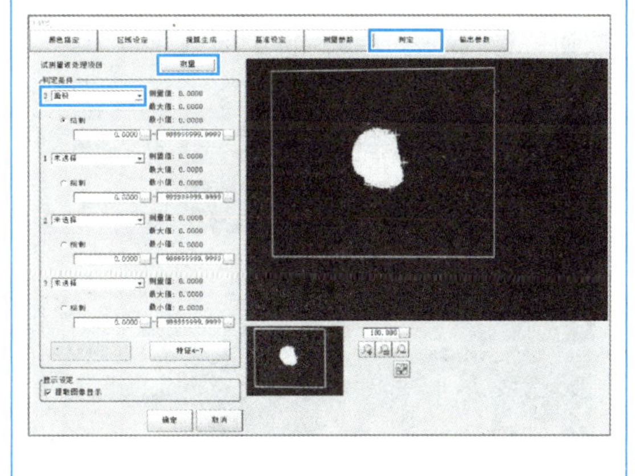

7）将最小值改为1000，避免相同颜色小色块的误检测。

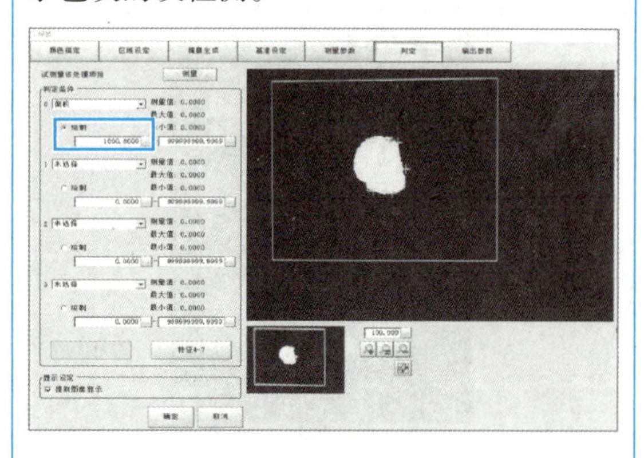

8）在流程编辑界面中插入“并行数据输出”项目。

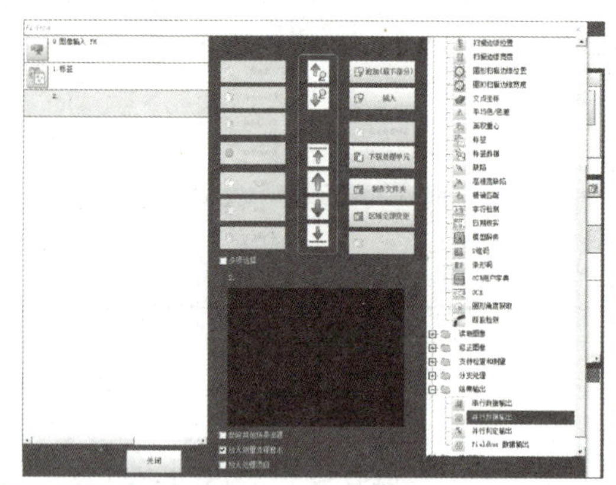

9）在“并行数据输出”的属性设置界面中单击表达式按钮，选择“判定JG”，将标签的综合判定结果通过并行数据输出。

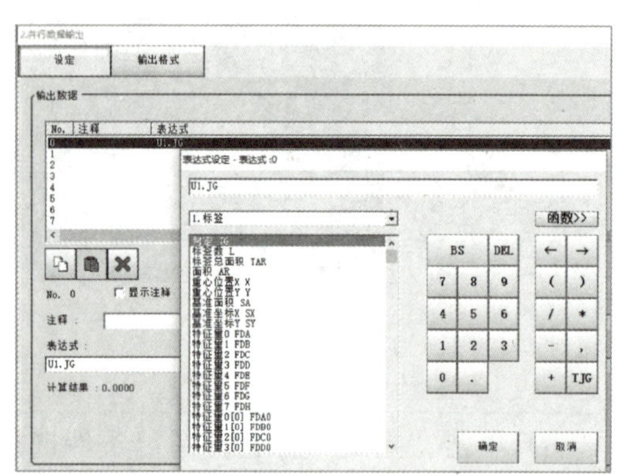

10）保存视觉检测场景。

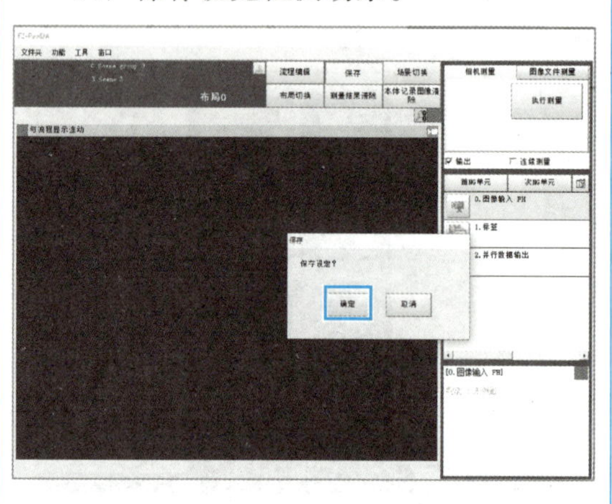

11）手动取下吸盘工具上的晶体管芯片，换上黄色电容芯片，单击“场景切换”按钮，选择场景组0，新建场景4。

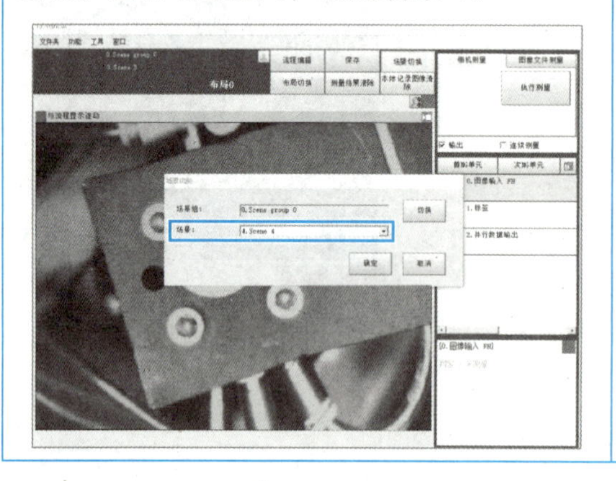

12）参照前面的流程，完成电容芯片颜色检测模板的设置。

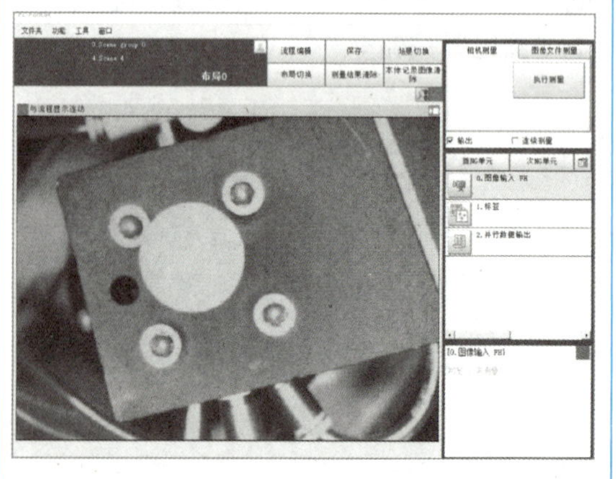

3. 设置形状检测模板

➢ 任务引入

在工作站异形芯片原料盘的对应 CPU 芯片存储区域中，随机放置了集成电路芯片和 CPU 芯片，进行 PCB 安装时，由于工艺要求，需要检测出 CPU 芯片并进行安装，将形状不符合要求的芯片重新放回原料盘中。需要进行形状检测的芯片如图 5-7 所示。

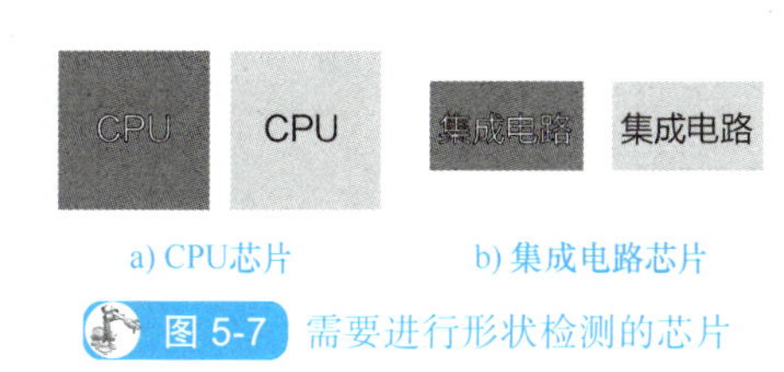

a) CPU芯片　　b) 集成电路芯片

图 5-7　需要进行形状检测的芯片

形状检测模板参数见表 5-6。

表 5-6　形状检测模板参数

模板对象	模板特征（检测结果为 OK）	场景组	场景
CPU	形状 – 正方形	0	1

➢ 任务实施

1）手动操纵工业机器人吸取 CPU 芯片，移动到 AreaV1 点位。单击场景 1 中的“流程编辑”按钮，进行视觉检测流程设置。

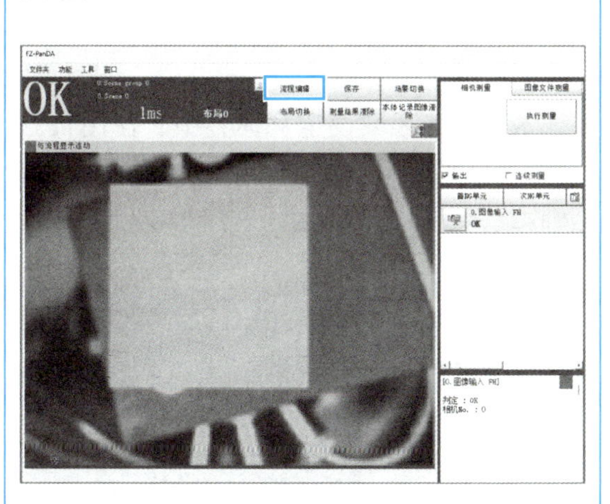

2）选择“修正图像”→“测量前处理”，通过拖动或单击“插入”按钮的方式在流程中插入“测量前处理”项目。

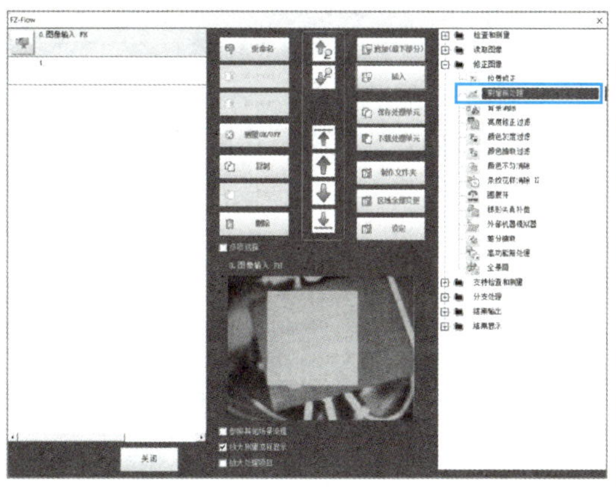

3）单击“测量前处理”按钮，进入属性设置界面，在“测量前处理”的下拉列表框中选择“边缘抽取”。

4）在“区域设定”标签中，使用长方形框来框选需要处理的区域，完成后单击“确定”按钮。

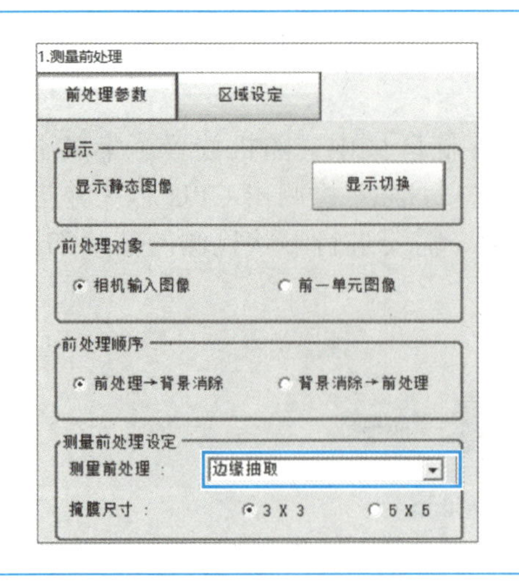

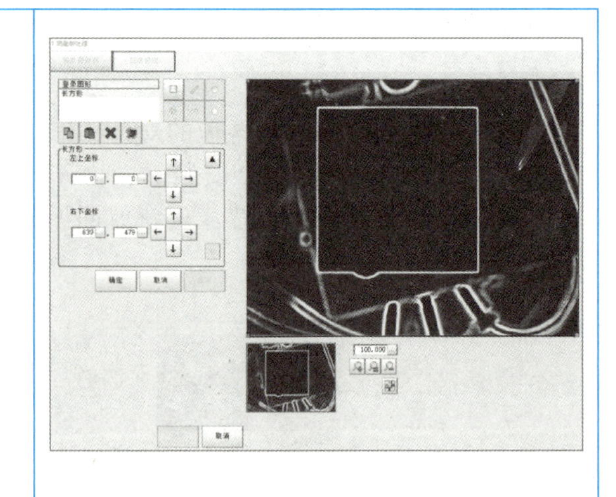

5）选择“形状搜索 Ⅲ项目”，参照步骤 2 将其插入流程中。

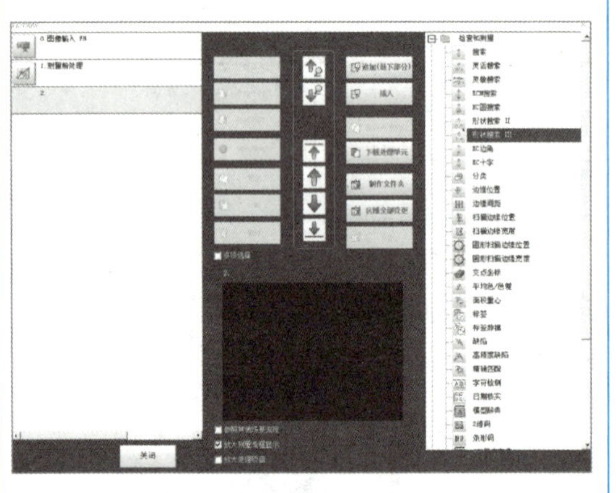

6）进入“形状搜索 Ⅲ”属性设置界面，单击“编辑”按钮。

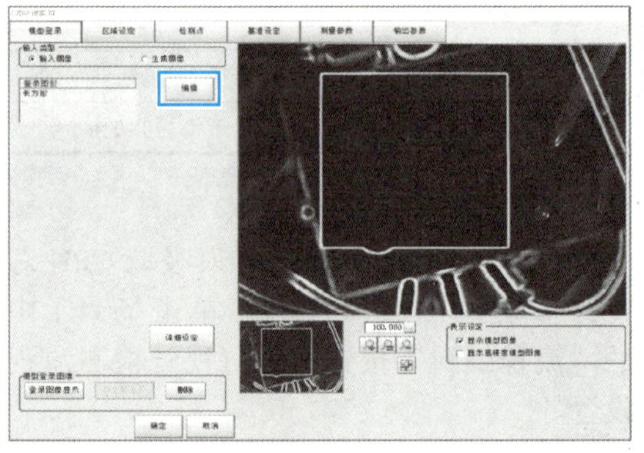

7）选择符合芯片形状的“登陆图形”，此处选择长方形，框选搜索区域，勾选“保存模型登录图像”，单击“确定”按钮。

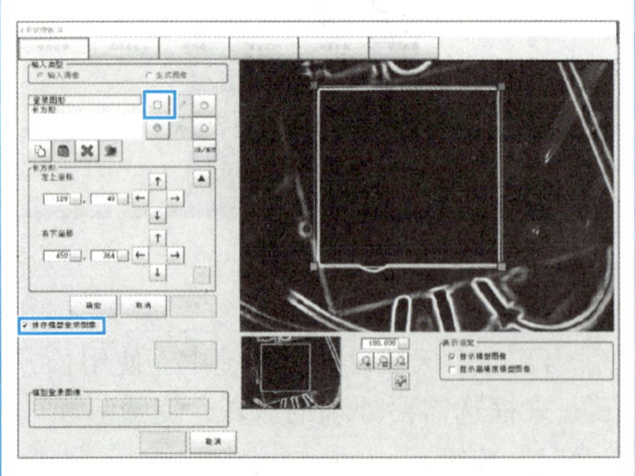

8）在“区域设定”标签中，使用长方形框来框选需要处理的区域，完成后单击“确定”按钮。

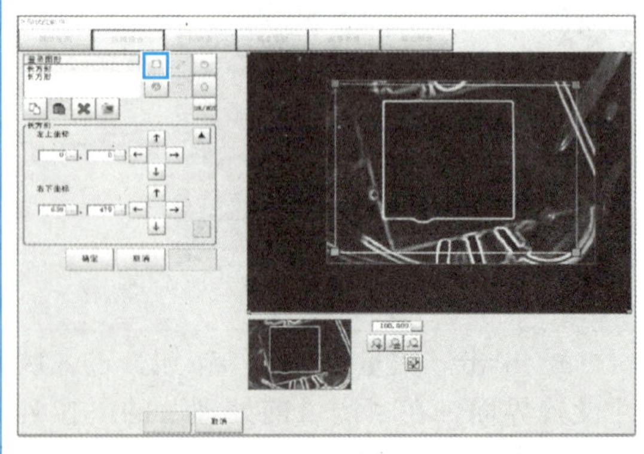

9）单击“测量参数”标签，进入测量参数设定界面，确认勾选“测量条件”中“旋转”，确保当检测芯片与模型登录图像相比有 -180° ～ 180° 的转角时不影响检测结果。

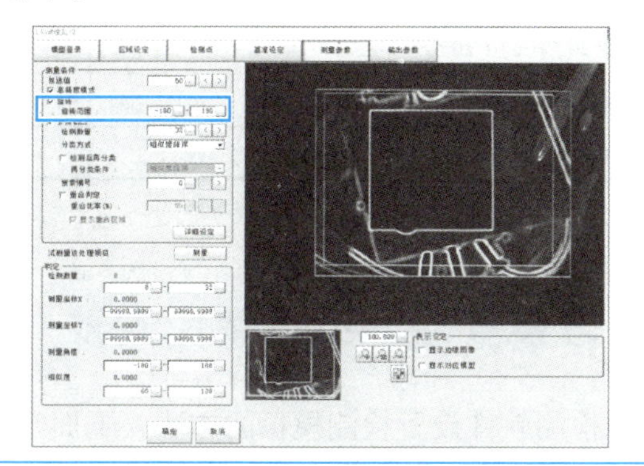

10）将“相似度”修改为 80 ～ 100，完成后单击“确定”按钮。

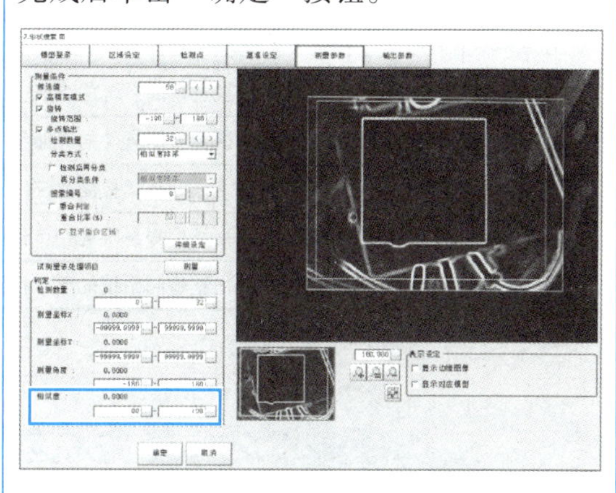

11）参考步骤 2，在流程编辑界面中插入“并行数据输出”项目。

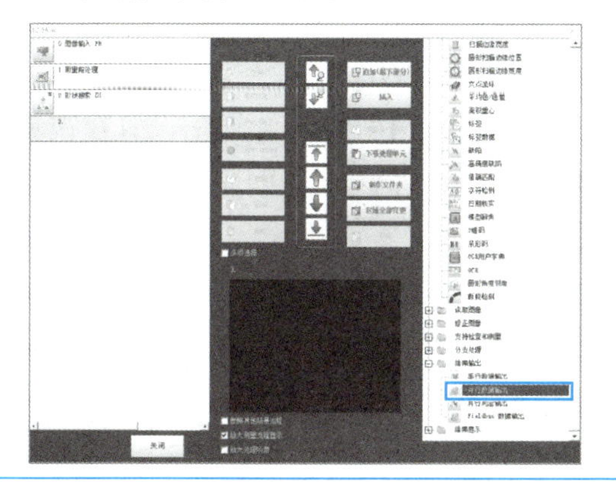

12）进入“并行数据输出”属性设置界面，单击“表达式”按钮。

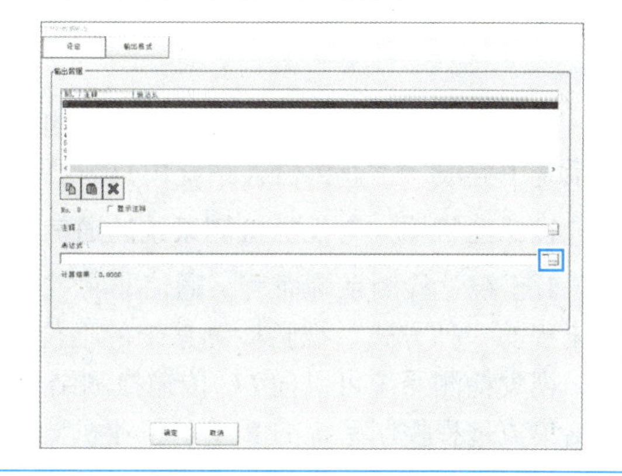

13）选择判定“TJG”，单击“确定”按钮，即将当前项目判定结果输出给工业机器人。

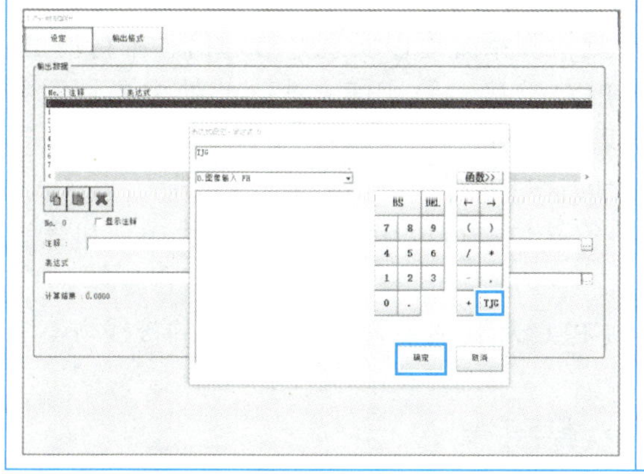

14）单击“保存”按钮，对场景 1 的设定进行保存。

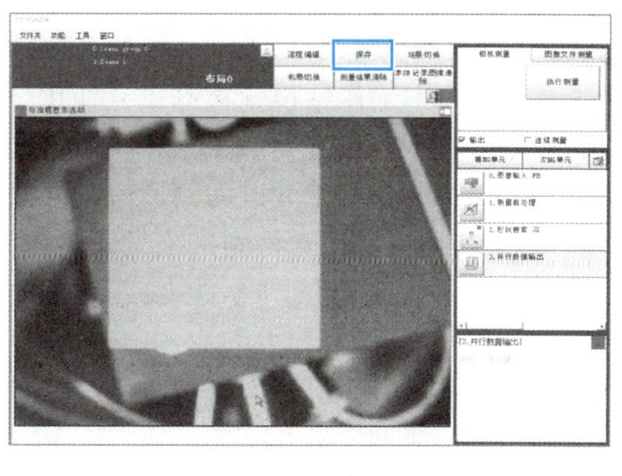

任务评价

任务	配分	评分标准	自评
视觉检测调试	100分	1）掌握视觉检测系统的组成。（20分）	
		2）熟悉视觉检测软件的界面组成。（20分）	
		3）完成工作站视觉检测系统的成像环境调试。（20分）	
		4）完成视觉检测系统的颜色检测模板设置。（20分）	
		5）完成视觉检测系统的形状检测模板设置。（20分）	

工作任务5.2　工业机器人与视觉检测系统通信测试

通过前面的学习，我们已经掌握了利用视觉检测软件设置检测模板的方法，下面学习实施工业机器人与视觉检测系统通信测试的方法，实现工业机器人控制视觉检测场景切换、拍照检测。

知识沉淀

本工作站中，工业机器人与视觉检测系统之间通过并行I/O通信，通信设置在视觉检测系统中完成，工业机器人系统中只需要根据硬件接线完成相关信号的建立。

1. 工业机器人与视觉检测系统的通信

对于视觉检测系统而言，通信非常重要，它是共享数据、支持决策和实现高效率一体化流程的一种方式。视觉检测系统的上位机通常是PC、PLC或工业机器人控制器。联网后，视觉检测系统可以向PC传输检测结果以进行进一步分析。工业中更常见的是直接传输给集成过程控制系统的PLC、工业机器人和其他工厂自动化设备。

（1）通信方式　不同品牌的视觉检测系统支持不同的通信方式，不同品牌的PLC和工业机器人控制器也有不同的接口。要把视觉检测系统集成到工厂的PLC、工业机器人或其他自动化装置上，需要找到一种二者相互支持的通信方式或协议。利用工业机器人、PC等外部装置，可通过各种通信协议控制视觉控制器。视觉控制器通信方式如图5-8所示，本工作站视觉检测单元使用的视觉检测系统可以实现并行通信、串行通信、EtherCAT、EtherNet/IP、TCP和PLC LINK（PLC链接）等通信方式。此处主要针对并行通信、串行通信和工业以太网通信三种方式着重说明。

1）并行通信：视觉检测系统与外部装置之间通过并行接口进行通信。

2）串行通信：通过RS-232或RS-485串行接口，可以用于与绝大多数工业机器人控制器的通信。

3）工业以太网通信：允许通过以太网连接PLC和其他装置，无需复杂的接线方案和价格高昂的网络网关。

以上三种视觉检测系统通信方式的优缺点见表5-7。

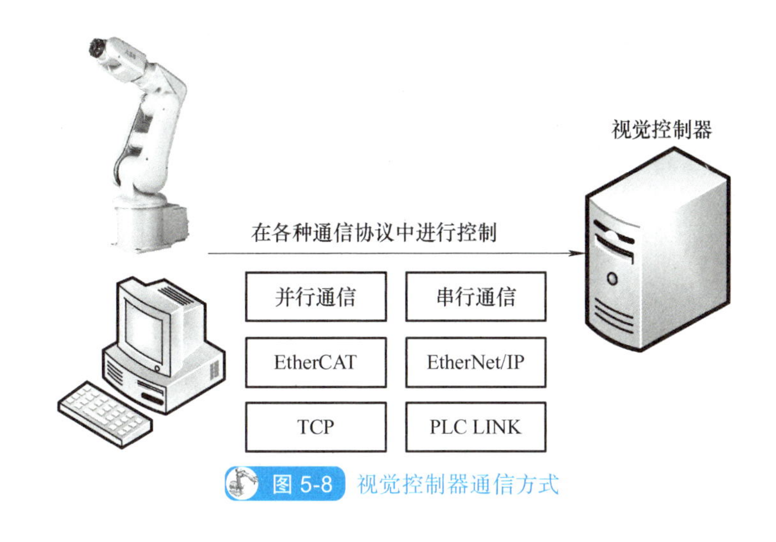

图 5-8　视觉控制器通信方式

表 5-7　视觉检测系统通信方式的优缺点

通信方式	并行通信	串行通信	工业以太网通信
优点	多位数据一起传输，传输速度很快	使用的数据线少，在远距离通信中可以节约通信成本 不存在信号线之间的串扰，而且串行通信还可以采用低压差分信号，大大提高它的抗干扰性，实现更快的传输速度	实时性强。也就是说，一定的时间内发送一个指令一定要被处理，不然系统就会丢失数据
缺点	需要与内存位相匹配的数据线数量，成本很高 在高速传输的状态下，并行接口的几根数据线之间存在串扰，而并行接口需要信号同时发送同时接收，任何一根数据线的延迟都会引起问题	每次只能传输一位数据，传输速度比较慢	对周边温度、干扰要求更高

（2）视觉检测系统的通信面板　视觉检测系统在并行通信设置时，会进行相关 I/O 端口的关联。视觉检测系统通信 I/O 状态界面如图 5-9 所示，对于“输入状态”栏的 STEP0 ～ STEP7、DSA0 ～ DSA7、DI0 ～ DI7、DI LINE0 ～ DI LINE2 输入端口，显示从外部装置向视觉控制器输入的各信号输入状态，当有信号输入时，背景颜色变为红色。对于“输出状态”栏的 RUN、ERR、BUSY 等输出端口，显示各信号的输出状态，当有信号输出时，背景颜色变为红色。另外，对于这些输出端口，即使未执行实际视觉检测，也可以模拟变更 ON/OFF 的状态，为后续视觉检测系统通信测试提供操作依据。视觉检测系统通信 I/O 端口的功能说明（部分）见表 5-8。

对于 DI0 ～ DI7 的输入格式，在单线通信和多线通信时有不同的定义。单线通信时 DI 的输入格式如图 5-10 所示，单线通信时 DI0 ～ DI7 的端口含义见表 5-9。

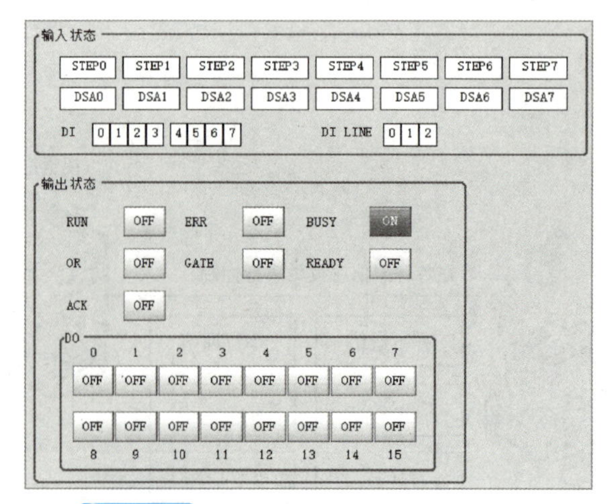

图 5-9 视觉检测系统通信 I/O 状态界面

表 5-8 视觉检测系统通信 I/O 端口的功能说明（部分）

类型	信号	名称	功能说明
输入	STEP0 ～ STEP7	测量触发信号	由外部设备输入，当 STEP 信号启动（OFF 变为 ON）时，执行一次测量
	DSA0 ～ DSA7	数据输出请求信号	同步交换，进行输出控制时使用，要求将测量流程中执行的数据结果输出到外部
	DI0 ～ DI7	命令	从外部装置输入命令，具体用法见表 5-9
	DI LINE0 ～ DI LINE2	命令输入线路指定信号	指定作为对象的线路编号，多线程随机触发模式时可以使用
	ENC	编码器输入（A 相、B 相、Z 相）信号	编码器输入信号
输出	RUN	测量模式中 ON 输出信号	通知信号，表示视觉控制器是否处于运行模式
	BUSY	处理执行中信号	通知信号，表示无法接收外部的输入
	OR	综合判定结果信号	输出综合判定结果
	GATE	数据输出结束信号	通知信号，告知外部控制设备读取测量结果的时间，为 ON 时表示处于可输出数据的状态
	READY	可多路输入信号	通知信号，表示当使用多路输入功能时，处于可输入 STEP 信号的状态
	DO0 ～ DO15	数据输出信号	输出在输出单元的“并行判定输出”“并行数据输出”中所设表达式的计算结果

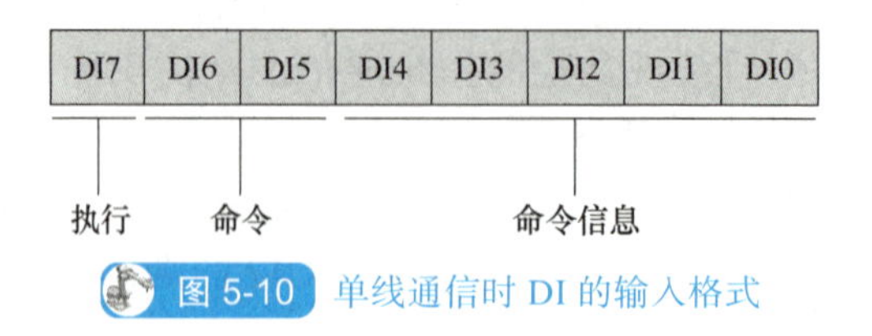

图 5-10 单线通信时 DI 的输入格式

表 5-9 单线通信时 DI0 ～ DI7 的端口含义

项目	说明	输入格式			输入示例
		执行（DI7）	命令（DI6、DI5）	命令信息（DI4 ～ DI0）	
连续测量	输入命令过程中连续测量	1	00	无关	10000000
场景切换	切换要测量的场景	1	01	以二进制数输入场景编号（0 ～ 31）	切换为场景 2：10100010
场景组切换	切换要测量的场景组	1	11	以二进制数输入场景组编号（0 ～ 31）	切换为场景组 2：11100010
测量值清除	清除测量值，但不会清除 OR 信号和 DO 信号	1	10	00000	11000000
错误清除	清除错误输出，ERR 显示灯也被清除	1	10	00001	11000001
OR 信号和 DO 信号清除	清除 OR 信号和 DO 信号	1	10	00010	11000010
解除等待状态	解除并行流程控制处理项目的等待状态	1	10	01111	11001111

2. 视觉检测系统的通信连接

在本工作站中，工业机器人与视觉控制器采用并行通信，对应具体的通信端口连接表见表 5-10，在此我们只须连接对应的端口即可完成视觉检测系统与工业机器人的硬件通信连接。图 5-11 所示为视觉控制器端并行通信电缆的连接情况。

表 5-10 通信端口连接表

硬件设备端口	视觉控制器对应端口
工业机器人 DSQC 652 I/O 板（XS13）DI	GATE 端口
工业机器人 DSQC 652 I/O 板（XS15）DO	OR
	RUN
	STEP0
	DI0 ～ DI3
	DI7
—	DI5

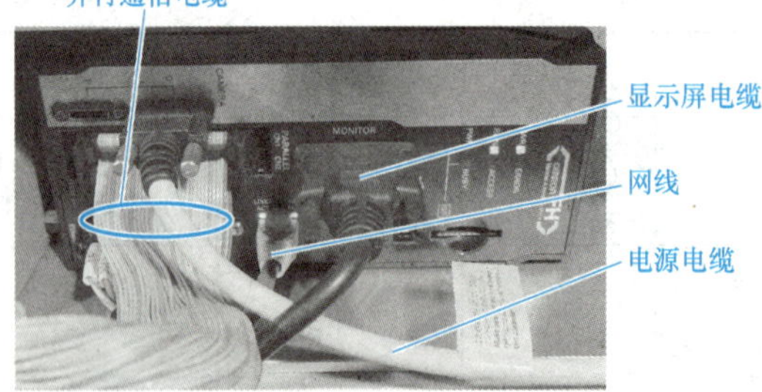

图 5-11 视觉控制器端并行通信电缆的连接情况

任务实施

1. 视觉检测系统通信设置

➢ 任务引入

完成视觉检测系统的硬件通信连接后，即可在视觉检测软件上设置相关的通信参数，通信参数的设置主要包括通信方式、启动时间（信号的输出周期）和信号输出模式（保持或非保持）的设置。

完成视觉检测系统端的通信设置后，即可在工业机器人端编写与视觉检测系统之间的通信程序，进行通信测试。

➢ 任务实施

1）在显示屏上选择“工具”→“系统设置”。

2）单击“启动设定”选项，在通信模块选择为“标准并行 I/O”。

3）保存设置后单击“系统重启”命令。

4）在“系统设置”界面，单击“通信”选项，选择子选项“并行”。

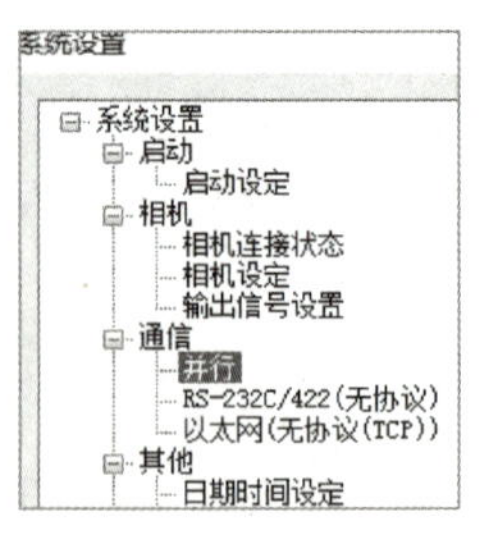

5）将输出极性设置为“OK 时 ON”，即 OR 信号作为判定输出时，结果为 OK 时输出为 ON。

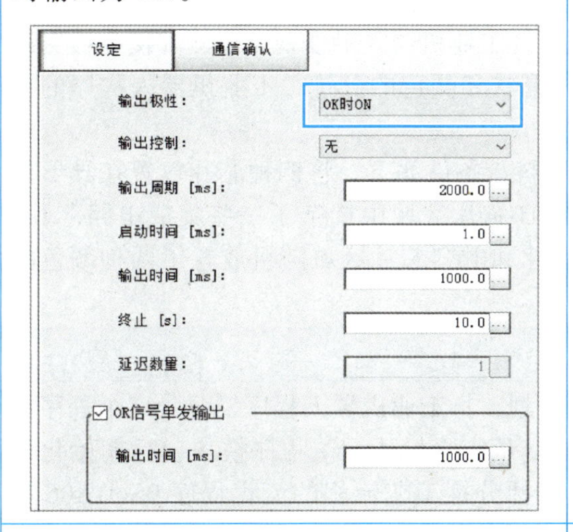

6）输出周期设置为 2000ms，此值应大于启动时间 + 输出时间，并小于测量间隔。

7）启动时间设置为 1ms，即视觉控制器输出信号需要准备的时间。

8）输出时间设置为 1000ms，输出时间即从启动时间结束到 PLC 接收到信号所需要的时间。

9）勾选“OR 信号单发输出”选项，即确认测量结果后，若符合判定输出的 ON 条件，则 OR 信号将在单次输出时间中指定的时间内变为 ON，超过指定的时间后变为 OFF；输出时间设置为 1000ms，即输出状态的保持时间。最后单击“适用”按钮完成设置。

2. PCB 分拣安装程序规划

➢ 任务引入

为了实现工作站中 PCB 的自动分拣安装，需要编写工业机器人与视觉检测系统通信程序、分拣程序和初始化程序，程序分别实现工业机器人触发视觉检测并接收检测结果、工业机器人通过视觉检测完成异形芯片形状和颜色的分拣、工业机器人程序的初始化。

进行 A04 号 PCB 安装前，需要准备的原料盘条件如下：将四种芯片放置在异形芯片原料盘对应区域，原料盘不设置空位；CPU 芯片区域中掺杂了一些集成电路芯片，集成电路芯片区域放满对应芯片，晶体管芯片和电容芯片区域随机放置了两种颜色的芯片。此为启动工艺流程前工作站的初始状态。

➢ 任务实施

根据工艺流程和工业机器人运动路径的规划，将工业机器人程序划分为三个程序模块，包括主程序模块、应用程序模块和点位变量定义模块。主程序模块包括初始化程序 Initialize 和主程序 Main；应用程序模块包括分拣工艺流程的流程程序 PSortA06 和 PSortA04，各流程程序由若干个子程序组成，每个子程序具有自己单独的功能；点位变量定义模块用于声明并保存工业机器人的空间轨迹点位，便于后续程序中点位的直接调用，该模块还定义了程序中使用到的变量。

工作站的 PCB 分拣安装功能程序中，工具安装程序与前序流程中顺序安装芯片的程序相同，可以直接沿用，后续任务中将继续在同一程序模块中建立例行程序，最终实现工业机器人根据输入信号进行 PCB 安装模式的选择，根据视觉检测结果进行分拣安装。PCB 分拣安装程序架构如图 5-12 所示。

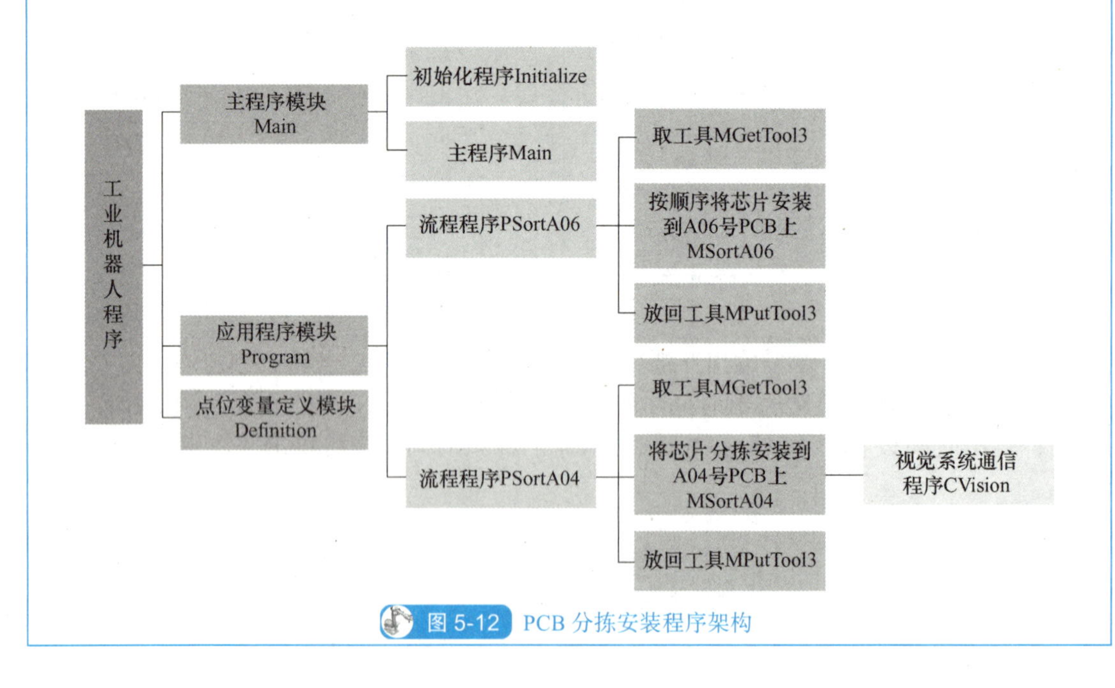

图 5-12 PCB 分拣安装程序架构

MSortA04 为带参数的例行程序，通过连续调用该例行程序实现工业机器人按照形状和颜色分拣芯片，安装到 A04 号 PCB 上。CVision 为带参数的例行程序，该例行程序用于实现工业机器人与视觉检测系统通信，它被分拣程序 MSortA04 调用，实现工业机器人控制视觉检测系统切换场景、拍照。

经过分析工艺流程，工业机器人的运动路径规划如下：

① 工业机器人从工作原点运动到拾取工具位置，进行吸盘工具的安装。

② 随后工业机器人运动到异形芯片原料盘区域，按照 CPU、集成电路、晶体管、电容的芯片顺序，拾取芯片。

③ 将芯片移动到视觉检测点位进行检测，完成检测后将符合形状和颜色要求的芯片安装到 A04 号 PCB 的对应位置，将不符合要求的芯片放回原位。

④ 完成芯片安装后，工业机器人将吸盘工具放回工具存放位置，回到工作原点。

在以上运动路径中，工业机器人大多数点位可以延用前序任务中完成定义的数据，PCB 分拣安装程序新建点位见表 5-11。PCB 分拣安装程序信号见表 5-12。

表 5-11　PCB 分拣安装程序新建点位

名称	功能描述	示意图
A04ChipPos{5}	一维数组，存放 A04 号 PCB 芯片的 5 个放置点位	
AreaV1	视觉检测点位	

表 5-12　PCB 分拣安装程序信号

硬件设备	端口号	名称	功能描述	对应设备
工业机器人输出信号				
工业机器人 DSQC 652 I/O 板（XS14）	3	Bvac_1	破除真空信号，值为 1 时气源送气破除气管内真空，值为 0 时不动作	电磁阀
	7	KH	快换装置动作信号，值为 1 时快换装置内的钢珠缩回，值为 0 时快换装置内的钢珠弹出	工业机器人快换装置
工业机器人 DSQC 652 I/O 板（XS15）	9	Vacuum_2	真空单吸盘打开 / 关闭信号，值为 1 时真空单吸盘打开，值为 0 时真空单吸盘关闭	吸盘工具
	10	AllowPhoto	请求视觉检测系统拍照信号，值为 1 时请求视觉系统进行拍照	视觉检测系统
工业机器人 DSQC 652 I/O 板（XS14）	11 ～ 13	ToCGroData	视觉检测系统场景组切换信号，值为 1、3 和 4 分别表示切换到场景 1 进行 CPU 形状检测，切换到场景 3 进行晶体管颜色检测，切换到场景 4 进行电容颜色检测	视觉检测系统
	15	Scene_Affirm	场景确认信号，值为 1 时确认视觉检测系统已选择指定场景	视觉检测系统
工业机器人输入信号				
工业机器人 DSQC 652 I/O 板（XS12）	1	Area1_Finish	程序运行启动	PLC
	4	DI10_5	急停信号，值为 1 时工业机器人急停	PLC
	7	Result	安装 A04 号 PCB 和 A06 号 PCB 选择结果	PLC
工业机器人 DSQC 652 I/O 板（XS13）	9	VacSen_2	真空单吸盘吸到芯片信号，值为 1 表示真空单吸盘已吸到芯片，值为 0 表示真空单吸盘未吸到芯片	压力开关
	13	CCD_OK	视觉检测 OK 信号，值为 1 表示视觉检测结果为 OK，值为 0 表示视觉检测结果为 NG	视觉检测系统
	14	CCD_Finish	视觉检测完成信号，值为 1 表示视觉检测完成	视觉检测系统

3. 工业机器人与视觉检测系统通信程序编写和调试

➢ 任务引入

采用带参数的例行程序，编写工业机器人与视觉检测系统通信程序 CVision（num SceneNum），分拣安装 PCB 时，通过调用不同参数切换到视觉检测系统中不同的场景并进行检测。例如，当调用 CVision 1 时切换到视觉检测系统场景 1 进行形状检测，当调用 CVision 3、CVision 4 时切换到视觉检测系统中场景 3、场景 4 进行颜色检测。

工业机器人与视觉检测系统通信程序逻辑如图 5-13 所示。

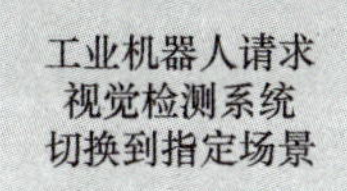

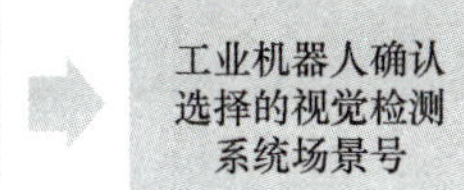

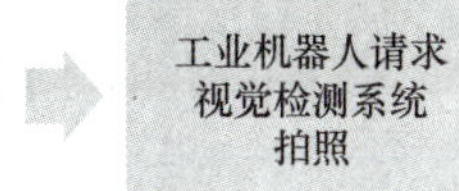

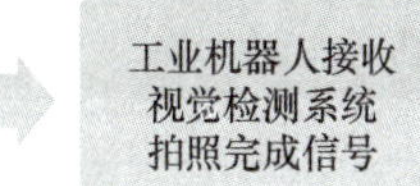

图 5-13 工业机器人与视觉检测系统通信程序逻辑

1）建立带参数的例行程序 CVision（num SceneNum）。

```
171 !
172     PROC CVision(num SceneNum)
173         <SMT>
174     ENDPROC
```

2）添加控制视觉检测系统切换场景的指令和等待时间。

```
!
    PROC CVision(num SceneNum)
        SetGO ToCGroData, SceneNum;
        WaitTime 0.5;
    ENDPROC
!
```

3）置位场景确认信号 Scene_Affirm，添加等待时间。

```
!
    PROC CVision(num SceneNum)
        SetGO ToCGroData, SceneNum;
        WaitTime 0.5;
        Set Scene_Affirm;
        WaitTime 0.5;
    ENDPROC
!
```

4）置位请求视觉检测系统拍照信号，添加等待视觉检测系统拍照完成信号和等待时间。

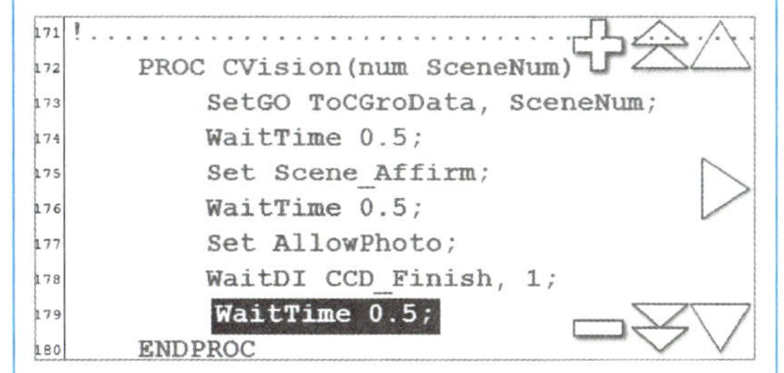

```
171 !
172     PROC CVision(num SceneNum)
173         SetGO ToCGroData, SceneNum;
174         WaitTime 0.5;
175         Set Scene_Affirm;
176         WaitTime 0.5;
177         Set AllowPhoto;
178         WaitDI CCD_Finish, 1;
179         WaitTime 0.5;
180     ENDPROC
```

5）复位场景确认信号和请求视觉检测系统拍照信号，完成程序的编写。

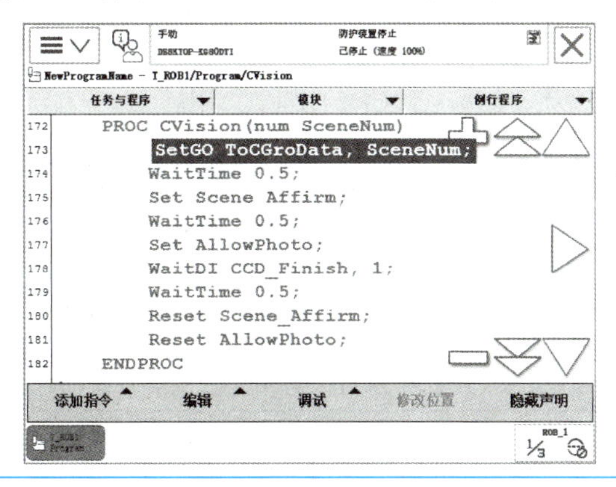

手动 DESKTOP-KG80DTI 防护装置停止 已停止（速度 100%）

NewProgramName - T_ROB1/Program/CVision

任务与程序 | 模块 | 例行程序

```
172     PROC CVision(num SceneNum)
173         SetGO ToCGroData, SceneNum;
174         WaitTime 0.5;
175         Set Scene_Affirm;
176         WaitTime 0.5;
177         Set AllowPhoto;
178         WaitDI CCD_Finish, 1;
179         WaitTime 0.5;
180         Reset Scene_Affirm;
181         Reset AllowPhoto;
182     ENDPROC
```

添加指令 | 编辑 | 调试 | 修改位置 | 隐藏声明

6）进行工业机器人与视觉检测系统的通信测试及程序功能测试。在示教器中打开“输入输出”界面。在视觉检测软件的“系统设置”主菜单中单击“通信”→“并行”，进入并行通信设置界面，然后单击“通信确认”标签，进入 I/O 信号手动测试界面。

在视觉检测软件中手动强制置位再复位 OR 信号，同时在示教器上查看 CCD_OK 信号，若信号值变为 1 则通信无误，若通信异常则需要检查两端的通信设置。

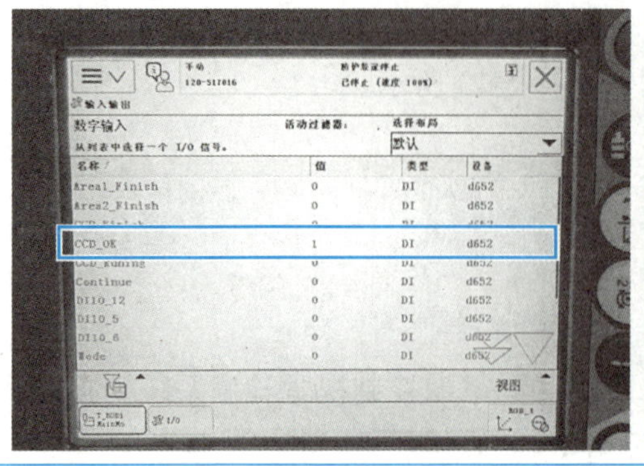

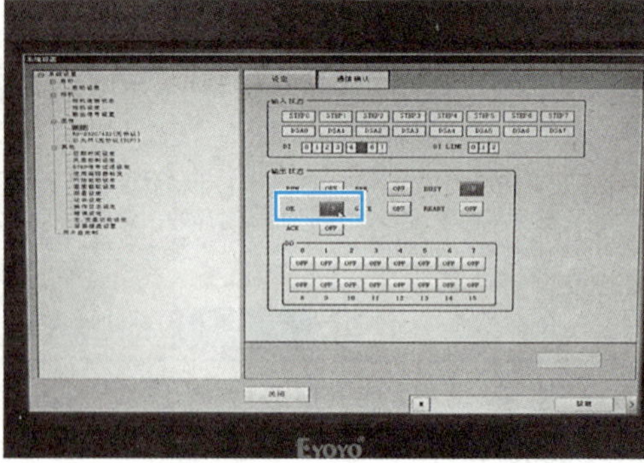

7）在视觉检测软件中手动强制置位再复位 GATE 信号，同时在示教器上查看 CCD_Finish 信号，若信号值变为 1 则通信无误，若通信异常则需要检查两端的通信设置。

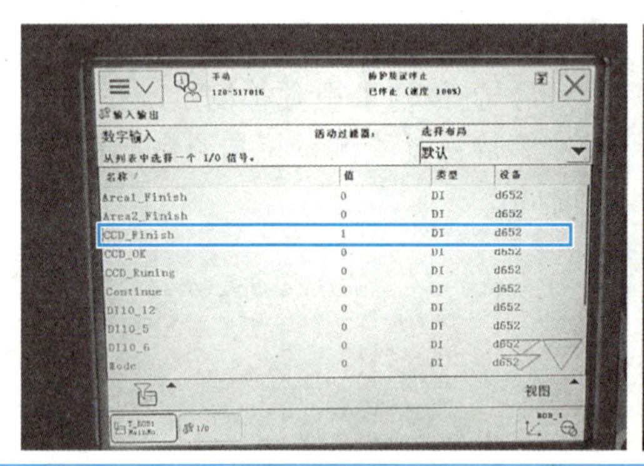

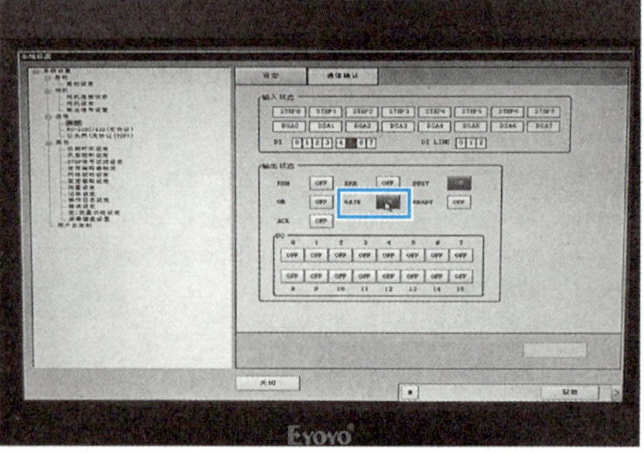

8）运行工业机器人与视觉检测系统通信程序，在主程序中调用例行程序 CVision (num SceneNum)，参数值分别为 1、3、4，然后运行程序，观察视觉检测系统是否切换至对应场景。

任务评价

任务	配分	评分标准	自评
工业机器人与视觉检测系统通信测试	100 分	1）掌握视觉检测系统的通信方式。（20 分）	
		2）熟悉视觉检测系统通信面板的组成和功能。（20 分）	
		3）按照要求完成视觉检测系统的通信测试。（20 分）	
		4）按照要求完成 PCB 分拣安装程序规划。（20 分）	
		5）按照要求完成工业机器人与视觉检测系统之间的通信测试。（20 分）	

工作任务 5.3　PCB 智能安装工艺综合联调

本工作任务将利用 A04 号 PCB 分拣安装程序及前序项目 3 中顺序安装程序，完成工业机器人程序可选择 PCB 安装模式的编写，实现工业机器人端根据 PLC 输出信号执行对应的 PCB 安装模式。

任务实施

➤ 任务引入

在前序任务中已经完成了 PCB 分拣安装程序的规划，以及触摸屏与 PLC 端进行 PCB 安装模式选择程序的编写和调试，本任务将继续进行 PCB 分拣安装程序的编写和调试，然后实施触摸屏、PLC 与工业机器人的联合调试。

A04 号 PCB 分拣安装程序 MSortA04（num posnum）为带参数的例行程序，结合 TEST 条件判断指令中四个不同的 CASE 完成芯片视觉分拣并将芯片安装到 A04 号 PCB 中，PCB 分拣安装程序整体架构如图 5-14 所示。

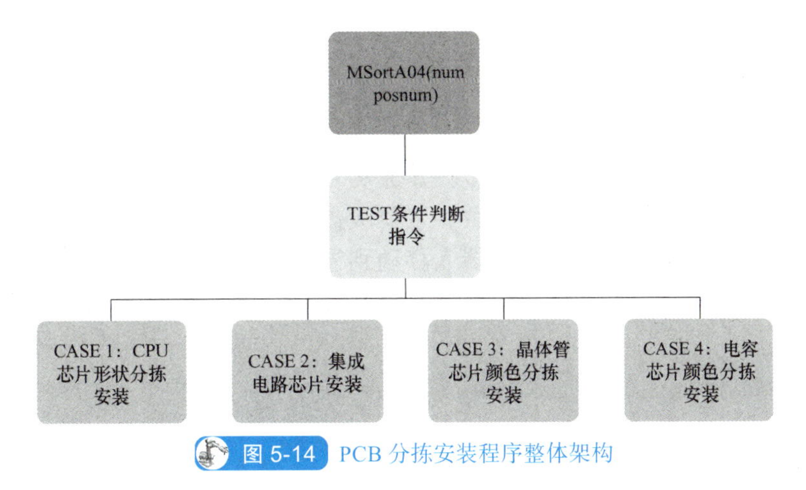

图 5-14　PCB 分拣安装程序整体架构

CPU 芯片形状分拣安装程序位于 CASE 1 中，按照芯片序号依次吸取 CPU 芯片区域的芯片并移动到视觉检测单元进行检测，循环起始值表示工业机器人在该程序段中拾取第一个芯片的位置，程序中需要调用视觉检测程序 CVision（posnum），检测结果信号 CCD_OK=1 时，表示此时吸取的芯片为 CPU 芯片，将芯片安装至 A04 号 PCB 的 A04ChipPos{posnum} 位置；检测结果信号 CCD_OK=0 时，表示此时吸取的为掺杂的集成电路芯片，将该芯片放到原料盘。

集成电路芯片安装程序位于 CASE 2 中，工业机器人只须吸取集成电路芯片中第一块芯片并将其安装到 A04 号 PCB 中，循环起始值表示工业机器人在该程序段中拾取第一个芯片的位置。

晶体管芯片颜色分拣安装程序位于 CASE 3 中，逻辑结构与 CPU 芯片分拣安装程序相似，不同之处在于循环计数起始值不同，此处不再赘述。

两次电容芯片分拣安装程序位于 CASE 4 中，按照芯片顺序依次吸取电容芯片并移动到视觉检测单元进行检测，程序中需要调用视觉检测程序 CVision 4，检测结果信号 CCD_OK=1 时，表示此时电容芯片颜色为黄色，将该芯片安装到 A04 号 PCB 中，并将第一次安装的芯片位置号加 1 赋值给第二次循环的起始值，然后程序跳转到标签处继续执行第二次电容芯片分拣安装；检测结果信号 CCD_OK=0 时，表示此时不是黄色芯片，将该芯片放到原位，继续循环执行该程序。第二次电容芯片分拣安装程序与第一次的程序类似，不同之处在于工业机器人安装完芯片后就直接跳出该例行程序，另外，第二次安装芯片的位置是 5 号位，因此安装时的位置号需在第一次安装位置上加 1。

➤ 任务实施

（1）PCB 分拣安装程序的编写

1）建立带参数的例行程序 MSortA04（num posnum），并添加工业机器人回芯片安装区域工作原点的指令。

```
PROC MSortA04(num posnum)
    MoveAbsL  HomeL\NoEOffs,
    v1000, fine, tool0;
ENDPROC
```

2）添加 TEST 条件判断指令，并添加四种 CASE 情况，在最后一个 CASE 后添加 DEFAULT 指令。

```
TEST posnum
    CASE 1:
    CASE 2:
    CASE 3:
    CASE 4:
    DEFAULT:
ENDTEST
```

3）在 CASE 1 中编写 CPU 芯片形状分拣安装程序。首先添加工业机器人装载吸盘工具状态，移动到原料盘芯片吸取位置，置位吸盘工具控制信号，添加等待吸盘吸到料反馈信号；添加运动指令，使工业机器人移动到视觉检测位置；添加工业机器人吸取芯片前后的过渡点位和移动到视觉检测点位前的过渡点位。

```
PROC MSortA04(num posnum)
  MoveAbsJ HomeL\NoEOffs, v1000, fine, tool0;
  TEST posnum
  CASE 1:
    FOR a FROM NumChipArea1 TO 4 DO
    MoveJ Offs(ChipRawPos{a}, 0, 0, 70), v500, z20, tool0;
    MoveL Offs(ChipRawPos{a}, 0, 0, 30), v500, fine, tool0;
    MoveL ChipRawPos{a}, v100, fine, tool0;
    WaitTime 1;
    SetDO Vacuum_2, 1;
    WaitDi VacSen_2, 1;
    WaitTime 1;
    MoveLOffs(ChipRawPos{a}, 0, 0, 30), v500, fine, tool0;
    MoveL Offs(ChipRawPos{a, 0, 0, 90), v500, z20, tool0;
    MoveJ Offs(AreaV1, 0, 0, 90), v500, z20, tool0;
    MoveJ Offs(AreaV1, 0, 0, 30), v500, fine, tool0;
    MoveL AreaV1, v100, fine, tool0
```

4）调用视觉检测程序 CVision（posnum），添加 IF…ELSE…ENDIF 条件判断语句判断视觉检测结果。在 IF CCD_OK=1 THEN 后添加移动到放芯片位置指令、复位吸盘工具指令、置位破除真空指令和复位破除真空指令，注意添加必要的等待时间，完成形状检测合格 CPU 芯片的安装。同时为 CPU 编号变量加 1，再次调用当前程序段时，将从原料盘中对应的变量序号处开始吸取。最后添加 RETURN 指令跳出循环。

```
  CVision(posnum);
IF CCD_OK=1 THEN
    MoveJ Offs(AreaV1, 0, 0, 30), v500, fine, tool0;
    MoveJ Offs(AreaV1, 0, 0, 90), v500, z20, tool0;
    MoveJ Offs(A04ChipPos{posnum}, 0, 0, 30), v500, z20, tool0;
    MoveJ Offs(A04ChipPos{posnum}, 0, 0, 10), v500, fine, tool0;
    MoveL A04ChipPos{posnum}, v100, fine, tool0;
    WaitTime 0.5;
    Reset Vacuum_2;
    Set Bvac_1;
    WaitTime 0.5;
    MoveJ Offs(A04ChipPos{posnum}, 0, 0, 10), v100, fine, tool0;
    MoveL Offs(A04ChipPos{posnum}, 0, 0, 30), v100, z20, tool0;
    Reset Bvac_1;
    NumChipArea1:=a+1;
    RETURN;
```

5）编写 ELSE 分支中的程序，该程序段实现将掺杂的集成电路芯片放置回原位。

```
ELSE
    MoveJ Offs(AreaV1, 0, 0, 30), v500, fine, tool0;
    MoveJ Offs(AreaV1, 0, 0, 90), v500, z20, tool0;
    MoveJ Offs(ChipRawPos{a}, 0, 0, 90), v500, z20, tool0;
    MoveL Offs(ChipRawPos{a}, 0, 0, 30), v100, fine, tool0;
    MoveL ChipRawPos{a}, v100, fine, tool0;
    ReSet Vacuum_2;
    Set Bvac_1;
    WaitTime 0.5;
    MoveL Offs(ChipRawPos{a}, 0, 0, 30), v100, fine, tool0;
    MoveL Offs(ChipRawPos{a}, 0, 0, 80), v100, z20, tool0;
    ReSet Bvac_1;
  ENDIF
ENDFOR
```

6）在 CASE 2 中编写集成电路芯片安装程序，此处程序与前序顺序安装程序相同，只需要修改安装目标点位，具体如下。

```
CASE 2:
  FOR b FROM NumChipArea2 TO 12 DO
  MoveJ Offs(ChipRawPos{b}, 0, 0, 80), v500, z20, tool0;
  MoveL Offs(ChipRawPos{b}, 0, 0, 30), v500, fine, tool0;
```

```
MoveL ChipRawPos{b}, v100, fine, tool0;
WaitTime 1;
Set Vacuum_2;
WaitTime 1;
WaitDi VacSen_1, 1;
MoveL Offs(ChipRawPos{b}, 0, 0, 30), v500, fine, tool0;
MoveL Offs(ChipRawPos{b}, 0, 0, 80), v500, z20, tool0;
MoveJ Offs(A04ChipPos{posnum}, 0, 0, 30), v500, z20, tool0;
Movel Offs(A04ChipPos{posnum, 0, 0, 10), v500, fine, tool0;
MoveL A04ChipPos{posnum}, v500, fine, tool0;
WaitTime 0.5;
Reset Vacuum_2;
Set Bvac_1;
WaitTime 0.5;
MoveL Offs(A04ChipPos{posnum}, 0, 0, 10), v100, fine, tool0;
MoveL Offs(A04ChipPos{posnum}, 0, 0, 30), v100, z20, tool0;
Reset Bvac_1;
NumChipArea2:=b+1;
RETURN;
ENDFOR
```

7）在 CASE 3 中编写晶体管芯片颜色分拣安装程序，此处编写逻辑与 CPU 芯片形状分拣安装程序类似，修改芯片吸取点位、安装点位即可。

```
CASE 3:
  FOR d FROM NumChipArea4 TO 26 DO
  MoveJ Offs(ChipRawPos{d}, 0, 0, 80), v500, z20, tool0;
  MoveL Offs(ChipRawPos{d}, 0, 0, 30), v500, fine, tool0;
  MoveL ChipRawPos{d}, v100, fine, tool0;
  WaitTime 1;
  SetDO Vacuum_2, 1;
  WaitTime 1;
  WaitDi VacSen_1, 1;
  MoveL Offs(ChipRawPos{d}, 0, 0, 30), v500, fine, tool0;
  MoveL Offs(ChipRawPos{d}, 0, 0, 80), v500, z20, tool0;
  MoveJ Offs(AreaV1, 0, 0, 100), v500, z20, tool0;
  MoveJ Offs(AreaV1, 0, 0, 30), v500, fine, tool0;
  MoveL AreaV1, v100, fine, tool0;
  CVision(posnum);
IF CCD OK=1 THEN
   MoveJ Offs(AreaV1, 0, 0, 30), v500, fine, tool0;
   MoveJ Offs(AreaV1, 0, 0, 100), v500, z20, tool0;
   MoveJ Offs(A04ChipPos{posnum}, 0, 0, 30), v500, z20, tool0;
   MoveJ Offs(A04ChipPos{posnum}, 0, 0, 10), v500, fine, tool0;
```

```
        MoveL A04ChipPos{posnum}, v100, fine, tool0;
        WaitTime0.5;
        Reset Vacuum_2;
        Set Bvac 1;
        WaitTime 0.5;
        MoveJ Offs(A04ChipPos{posnum}, 0, 0, 10), v100, fine, tool0;
        MoveL Offs(A04ChipPos{posnum}, 0, 0, 30), v100, z20, tool0;
        Reset Bvac 1;
        NumChipArea4:=d+1;
        RETURN;
      ELSE
        MoveJ Offs(AreaV1, 0, 0, 30), v500, fine, tool0;
        MoveJ Offs(AreaV1, 0, 0, 100), v500, z20, tool0;
        MoveJ Offs(ChipRawPos{d}, 0, 0, 80), v500, z20, tool0;
        MoveL Offs(ChipRawPos{d}, 0, 0, 30), v100, fine, tool0;
        MoveL ChipRawPos{d}, v100, fine, tool0;
        ReSet Vacuum 2;
        Set Bvac_1;
        WaitTime0.5;
        MoveL Offs(ChipRawPos{d}, 0, 0, 30), v100, fine, tool0;
        MoveL Offs(ChipRawPos{d}, 0, 0, 80), v100, z20, tool0;
        ReSet Bvac_1;
      ENDIF
    ENDFOR
```

8）在 CASE 4 中编写两个电容芯片颜色分拣安装程序。第一个电容芯片颜色分拣安装程序与前序晶体管芯片颜色分拣安装程序类似，修改吸取和安装点位即可。

第二个电容芯片颜色分拣安装需要在第一个芯片安装完成的基础上进行，此处通过联合使用 GOTO 指令和 Label 指令实现，首先在第一个电容芯片安装完成即第一个 FOR 循环后添加标签 AA，然后在第一个电容芯片安装完成后的程序段中添加 GOTO 指令跳转到标签 AA 处。

```
    CASE 4:
      FOR c FROM NumChipArea3 TO 19 DO
      MoveJ Offs(ChipRawPos{c}, 0, 0, 80), v500, z20, tool0;
      MoveL Offs(ChipRawPos{c}, 0, 0, 30), v500, fine, tool0;
      MoveL ChipRawPos{c, v100, fine, tool0;
      WaitTime 1;
      Set Vacuum 2;
      WaitTime 1;
      WaitDi VacSen_1, 1;
      MoveL Offs(ChipRawPos{c}, 0, 0, 30), v500, fine, tool0;
      MoveL Offs(ChipRawPos{c}, 0, 0, 80), v500, z20, tool0;
      MoveJ Offs(AreaV1, 0, 0, 100), v500, z20, tool0;
```

```
MoveJ Offs(AreaV1, 0, 0, 30), v500, fine, tool0;
MoveL AreaV1, v100, fine, tool0;
CVision(posnum);
IF CCD OK=1 THEN
  MoveJ Offs(AreaV1, 0, 0, 30), v500, fine, tool0;
  MoveJ Offs(AreaV1, 0, 0, 100), v500, z20, tool0;
  MoveJ Offs(A04ChipPos{posnum}, 0, 0, 30), v500, z20, tool0;
  MoveJ Offs(A04ChipPos{posnum}, 0, 0, 10), v500, fine, tool0;
  MoveL A04ChipPos{posnum}, v100, fine, tool0;
  WaitTime 0.5;
  Reset Vacuum_2;
  Set Bvac_1;
  WaitTime 0.5;
  MoveJ Offs(A04ChipPos{posnum}, 0, 0, 10), v100, fine, tool0;
  MoveL Offs(A04ChipPos{posnum}, 0, 0, 30), v100, z20, tool0;
  ResetBvac 1;
  NumChipArea3:=c+1;
  GOTO AA;
ELSE
  MoveJ Offs(AreaV1, 0, 0, 30), v500, fine, tool0;
  MoveJ Offs(AreaV1, 0, 0, 100), v500, z20, tool0;
  MoveJ Offs(ChipRawPos{c}, 0, 0, 80), v500, z20, tool0;
  MoveL Offs(ChipRawPos{c}, 0, 0, 30), v500, fine, tool0;
  MoveL ChipRawPos{c}, v100, fine, tool0;
  ReSet Vacuum_2;
  Set Bvac_1;
  WaitTime0.5;
  MoveL Offs(ChipRawPos{c}, 0, 0, 30), v100, fine, tool0;
  MoveL Offs(ChipRawPos{c}, 0, 0, 80), v100, z20, tool0;
  ReSet Bvac 1;
ENDIF
ENDFOR
AA:
```

9）第二个电容芯片颜色分拣安装程序参照前序晶体管芯片颜色分拣安装程序编写，需要注意的是由于两个电容芯片颜色分拣安装程序处于同一个 CASE 中，所以在 A04 号 PCB 的安装点位处变量需要加 1，即第二个电容芯片的安装点位为 A04ChipPos{posnum+1}。

```
AA:
 FOR c FROM NumChipArea3 TO 19 DO
 MoveJ Offs(ChipRawPos{c}, 0, 0, 80), v500, z20, tool0;
 MoveL Offs(ChipRawPos{c}, 0, 0, 30), v500, fine, tool0;
 MoveL ChipRawPos{c}, v100, fine, tool0;
 WaitTime 1;
```

```
    Set Vacuum 2;
    WaitTime 1;
    WaitDi VacSen_1, 1;
    MoveL Offs(ChipRawPos{c}, 0, 0, 30), v500, fine, tool0;
    MoveL Offs(ChipRawPos{c}, 0, 0, 80), v500, z20, tool0;
    MoveJ Offs(AreaV1, 0, 0, 100), v500, z20, tool0;
    MoveJ Offs(AreaV1, 0, 0, 30), v500, fine, tool0;
    MoveL AreaV1, v100, fine, tool0;
    CVision(posnum);
    IF CCD OK=1 THEN
      MoveJ Offs(AreaV1, 0, 0, 30), v500, fine, tool0;
      MoveJ Offs(AreaV1, 0, 0, 100), v500, z20, tool0;
      MoveJ Offs(A04ChipPos{posnum+1}, 0, 0, 30), v500, z20, tool0;
      MoveJ Offs(A04ChipPos{posnum+1}, 0, 0, 10), v500, fine, tool0;
      MoveL A04ChipPos{posnum+1}, v100, fine, tool0;
      WaitTime 0.5;
      Reset Vacuum_2;
      Set Bvac_1;
      WaitTime 0.5;
      MoveJ Offs(A04ChipPos{posnum+1}, 0, 0, 10), v100, fine, tool0;
      MoveL Offs(A04ChipPos{posnum+1}, 0, 0, 30), v100, z20, tool0;
      ResetBvac 1;
      NumChipArea4:=C+1;
      RETURN;
    ELSE
      MoveJ Offs(AreaV1, 0, 0, 30), v500, fine, tool0;
      MoveJ Offs(AreaV1, 0, 0, 100), v500, z20, tool0;
      MoveJ Offs(ChipRawPos{c}, 0, 0, 80), v500, z20, tool0;
      MoveL Offs(ChipRawPos{c}, 0, 0, 30), v500, fine, tool0;
      MoveL ChipRawPos{c}, v100, fine, tool0;
      ReSet Vacuum 2;
      Set Bvac_1;
      WaitTime0.5;
      MoveL Offs(ChipRawPos{c}, 0, 0, 30), v100, fine, tool0;
      MoveL Offs(ChipRawPos{c}, 0, 0, 80), v100, z20, tool0;
      ReSet Bvac 1;
     ENDIF
    ENDFOR
  MoveAbsJ Home1\NoEOffs, v1000, fine, tool0;
```

10）按照 A04 号 PCB 分拣安装流程，完成 PSortA04() 程序中例行程序的调用。

```
PROC PSortA040
 MGetTool3;
 MSortA04 1;
 MSortA04 2;
```

```
  MSortA04 3;
  MSortA04 4;
  MPutTool3;
ENDPROC
```

（2）初始化和主程序的编写

1）编写初始化程序，实现工业机器人运动到安全点位，限制其角加速度、速度，初始化芯片序号变量，进行相关信号的恢复，确保工业机器人系统处于待工作状态。

```
PROC Initilize()
    MoveAbsJ  Home5\NoEOffs,
    v1000, fine, tool0;
    AccSet 50, 100;
    VelSet 70, 800;
    NumChipArea1:=1;
    NumChipArea2:=5;
    NumChipArea3:=20;
    NumChipArea4:=13;
    SetGO  ToCGroData, 0;
    Set Scene Affirm;
    WaitTime 1;
    Reset KH;
    Reset Bvac 1;
    Reset Scene Affirm;
    ResetAllowPhoto;
    Reset Vacuum_2;
ENDPROC
```

2）在主程序中依次调用初始化程序，然后添加指令等待 PLC 端信号 Area1_Finish 为 1 时启动运行。若信号 Result 为 1，则执行 PSortA06 程序，进行 A06 号 PCB 的安装；若信号 Result 为 0，则进行 A04 号 PCB 的安装。

```
PROC Main()
  Initilize;
  WaitDI Area1_Finish, 1;
  IF Result = 1 THEN
    PSortA06;
  ELSEIF Result =0 THEN
      PSortA04;
  ENDIF
ENDPROC
```

（3）PCB 智能安装工艺应用综合调试

1）调试前，需要确保触摸屏、PLC、工业机器人之间的通信正常，完成对应的通信调试。选择顺序安装 A06 号 PCB 时，工业机器人端信号 Result 为 1；选择分拣安装 A04 号 PCB 时，工业机器人端信号 Result 为 0。调试界面和安装界面分别如图 5-15 和图 5-16 所示。

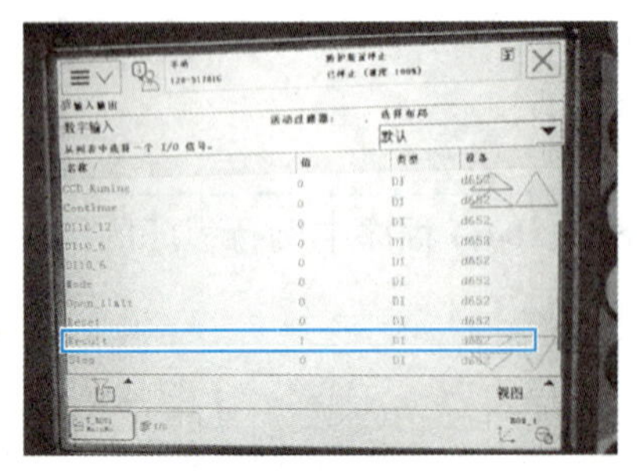

 图 5-15 调试界面

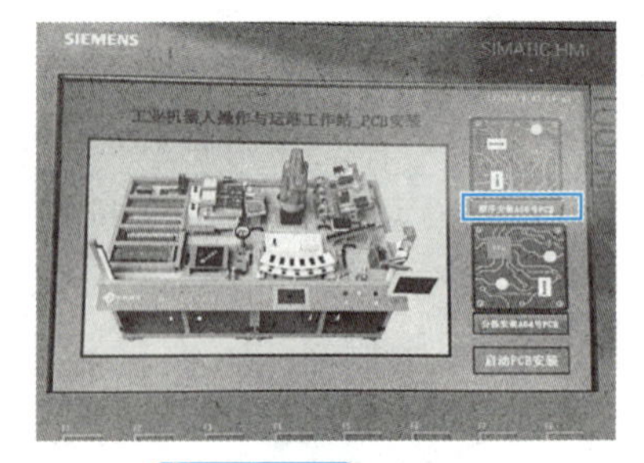

 图 5-16 安装界面

2）在手动运行状态下完成工业机器人端程序的调试运行。需要注意的是，原料盘按照要求放置芯片后，才可进行对应安装模式的调试。手动调试运行确认无误后才可进行自动运行，如图 5-17 所示。

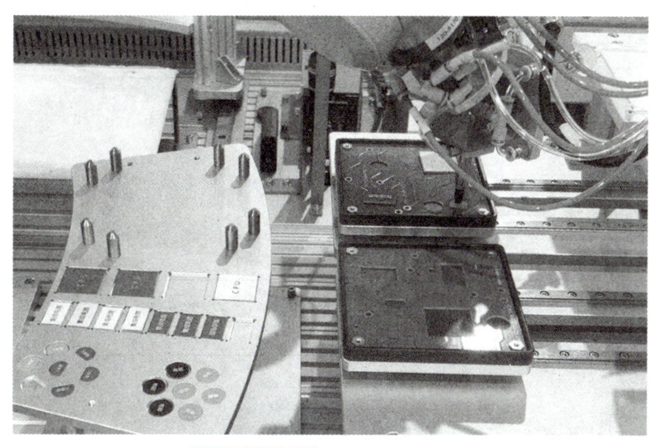

图 5-17　手动调试运行

3）完成工业机器人程序的手动调试运行后，进行自动模式下的调试运行。将控制器模式开关转到自动模式，并在示教器上单击“确定”按钮，完成确认模式更改的操作。然后在调试界面单击“PP 移至 Main”命令，将程序指针移动至主程序。按下电动机起动按钮，按前进一步按钮，可逐步运行分拣安装程序。

程序运行无误后，恢复原料盘，按启动按钮，直接连续运行主程序。在触摸屏中选择安装模式，验证程序功能，如程序出现错误，需要及时使用紧急停止按钮停止运行，及时进行点位示教和程序调整。

任务评价

任务	配分	评分标准	自评
PCB 智能安装工艺综合联调	100 分	1）编写程序，实现 CPU 芯片形状分拣安装。（10 分）	
		2）编写程序，实现晶体管芯片颜色分拣安装。（10 分）	
		3）编写程序，实现电容芯片颜色分拣安装。（20 分）	
		4）编写程序，实现 A04 号 PCB 分拣安装。（10 分）	
		5）编写程序，实现工业机器人根据输入信号执行对应的工艺流程。（30 分）	
		6）进行触摸屏、PLC、工业机器人之间的通信测试。（10 分）	
		7）完成 PCB 智能安装工艺应用综合调试。（10 分）	

项目工单

姓名		班级		分数	

1. 在视觉检测系统的场景组 0 场景 2 中编写程序，实现集成电路芯片的检测，红色集成电路芯片检测结果为 OK，其他颜色芯片为 NG。

2. 参考项目内容，规划工业机器人程序架构，实现 A04 号 PCB 的视觉分拣安装，要求安装红色 CPU 芯片、红色集成电路芯片、蓝色电容芯片和红色晶体管芯片。

项目 6

集成系统调试与维护

项目导言

机器人集成系统作为技术集成度高、应用环境复杂、操作维护较为专业的高端装备，有着多层次的人才需求。近年来，国内企业和科研机构加大智能制造领域技术研究和研制方向的人才引进与培养力度，在硬件基础与技术水平上取得了显著提升，但现场调试、维护操作和运行管理等应用型人才的培养力度依然有所欠缺。

本项目围绕工业机器人系统运维员、工业机器人系统操作员职业的岗位需求，充分结合工业机器人集成应用职业技能等级标准以及全国职业院校技能大赛机器人系统集成组赛项规程中集成系统调试与维护的相关技能实施，设置数据备份与还原和设备点检与调试两个任务。

项目目标

- 能够正确对工业机器人系统进行备份与还原。
- 能够对 PLC 和触摸屏设备程序进行备份与还原。
- 能够备份视觉检测系统检测模板。
- 掌握实施工业机器人本体点检的方法。
- 掌握实施安全光栅传感器检查的方法。

新职业——职业技能要求

工作任务	职业技能要求
工作任务 6.1　数据备份与还原	工业机器人系统运维员三级 / 高级工：能使用示教器备份和恢复工业机器人的系统 工业机器人系统操作员四级 / 中级工：能备份和恢复 / 加载机器人系统文件、程序文件等
工作任务 6.2　设备点检与调试	工业机器人系统运维员四级 / 中级工：能检查工业机器人本体外观；能使用扭矩扳手等工具检查工业机器人本体安装位置和紧固状态；能使用噪声检测仪等工具检查工业机器人本体各轴噪声、振动等运行状况；能检查工业机器人的零位位置；能检查工业机器人本体齿轮箱、手腕等漏油或渗油状况；能检查工业机器人本体各轴限位挡块的安全性；能检查工业机器人本体温度、湿度等运行环境；能检查工业机器人安全标识等信息标签

工业机器人集成应用职业技能等级要求

工作任务	职业技能等级要求
工作任务 6.1　数据备份与还原	工业机器人集成应用（初级）：能按照维护保养手册要求，进行工业机器人软件参数的设置和备份；能按照维护保养手册要求，进行工业机器人周边电气设备软件参数的设置和备份、线路的检查或更换
工作任务 6.2　设备点检与调试	工业机器人集成应用（初级）：能按照维护保养手册要求，进行工业机器人的日常点检，做好维护记录

职业素养

进行工业机器人集成系统的调试与维护是设备应用领域必备环节，从业人员需要严格执行安全生产规章制度和岗位操作规程，具备设备点检与维护的意识，具备数据备份与还原的技能，为安全生产提供后勤保障。

工作任务 6.1　数据备份与还原

工作站中，具备控制器的设备包含工业机器人系统、PLC、触摸屏和视觉检测系统，进行工作站新装及维修后，进行数据和程序的还原是必备流程，下面我们先来学习相关设备中备份文件的类型和内容，再进行备份与还原操作。

知识沉淀

1. 工业机器人系统备份文件包含的内容

在对工业机器人进行操作前备份工业机器人系统，可以有效地避免由操作人员误删工业机器人系统文件引起的故障。除此之外，当工业机器人系统无法重启或者安装新系统时，可以通过还原机器人系统的备份文件解决。

需要注意的是，系统备份文件具有唯一性，只能恢复到原来进行备份操作的工业机器人系统，否则会引起故障。

工业机器人系统备份文件包含的内容见表 6-1。

表 6-1　工业机器人系统备份文件包含的内容

文件夹	文件描述
Backinfo	包含要从媒体库中重新创建系统软件和选项所需的信息
Home	包含系统主目录中内容的复制件
Rapid	为系统程序存储器中的每个任务创建了一个子文件夹，每个任务文件夹包含单独的程序模块文件夹和系统模块文件夹
Syspar	包含系统配置文件

2. 视觉检测系统中的数据保存

视觉检测系统中可使用的保存区域说明见表 6-2。

表 6-2　视觉检测系统中可使用的保存区域说明

保存区域		说明	保存操作
控制器	本体闪存	通过“保存于本体”功能记录设定数据（系统数据、场景数据和场景组数据）的区域。切断电源后也能保持设定数据。当控制器重新启动时，控制器对闪存内设定数据的读取为有效	单击“功能”→“保存于本体”或“保存于本体”按钮
	本体内存（RAM）	利用记录功能，在记录图像时暂时存储图像的区域。该存储器为环形存储器，若达到最大可存数量，则最先保存的图像将依次被覆盖	单击“功能”→“保存于文件”或“功能”→“画面截取”
	本体内存虚拟硬盘（RAMDisk）	可作为暂时的文件保存位置使用。切断控制器电源时，数据将被清除 由于是控制器内部存储器，因此保存、读取文件的速度比外部存储器更快。FH 及 FZ5-11 □□时固定为 256MB，FZ5-L3 □□时固定为 40MB。内存虚拟硬盘的数据可通过 FTP（文件传输协议）与外部设备之间进行收发	
外部存储器	USB 存储器	为防万一，对设定数据进行备份，将其复制到其他控制器以及在读入 PC 时使用	
	SD 卡（仅限 FH）		
	联网的计算机共享文件夹		

任务实施

1. 工业机器人系统备份

➢ 任务引入

工业机器人系统备份文件中存有所有存储在运行内存中的 RAPID 程序和系统参数。

工业机器人系统备份的具体方法如下。

➢ 任务实施

1）连接 USB 存储设备与示教器，进入“备份与恢复”界面。

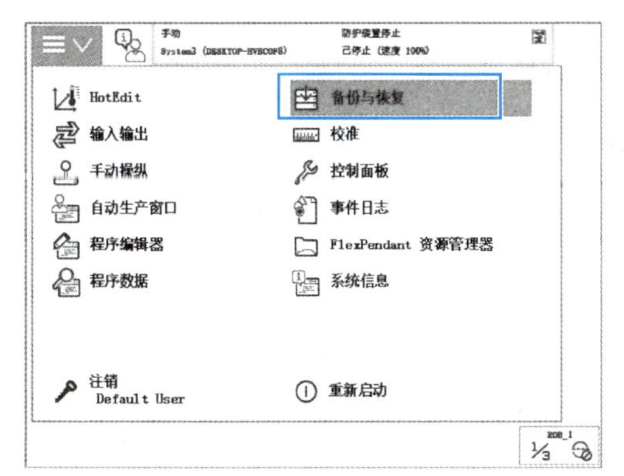

2）单击“备份当前系统”命令。

3）进入“备份当前系统”界面，单击“ABC”按钮可设置系统备份文件夹的名称，单击“…”按钮可以选择备份路径（工业机器人硬盘或USB存储设备）。

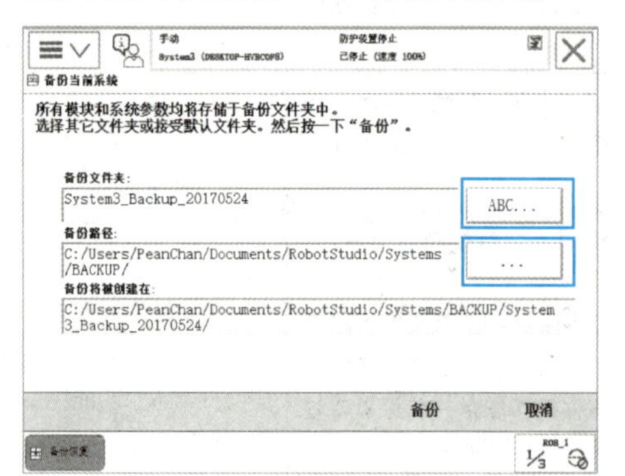

4）单击“ABC”按钮，设置备份文件夹名，单击“确定”按钮完成设置。

5）单击“…”按钮，通过单击相应的按钮，选择备份路径，完成后单击“确定”按钮。

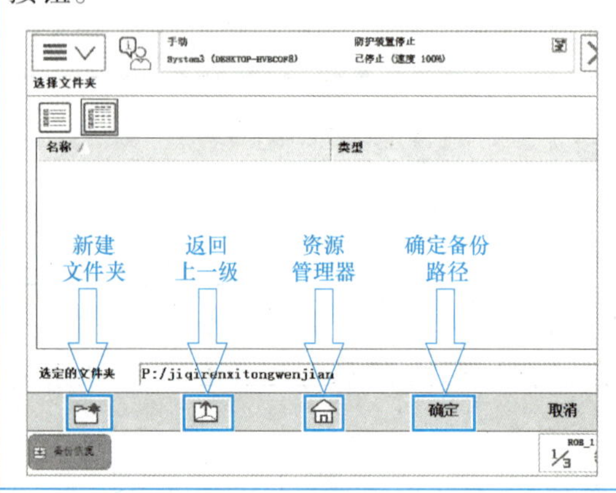

6）单击“备份”按钮，即可对工业机器人系统进行备份。

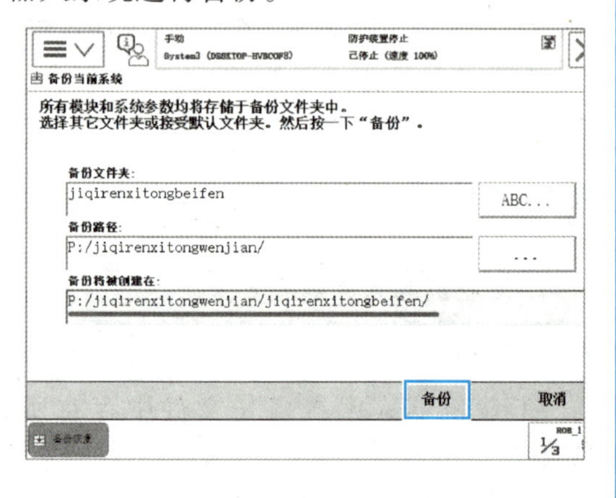

7）“备份当前系统”界面出现“创建备份。请等待！”画面，等待文件备份完成，画面消失后，即完成了对工业机器人系统的备份。

8）工业机器人系统备份文件被导出保存到USB存储设备中。

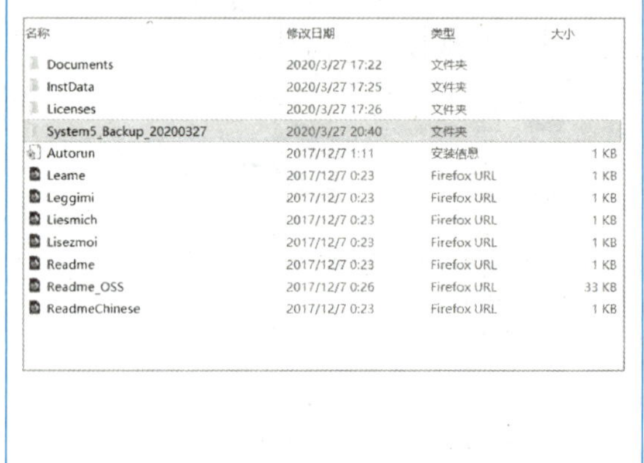

2. PLC 和触摸屏程序的备份

在前面的学习内容中，我们已经学习了 PLC 和触摸屏程序的下载方法，即将在 PC 端组态软件中完成编写的程序下载到现场设备中的方法，本任务学习将现场设备中的程序上传即备份至 PC 中的方法。

➤ 任务引入

PLC、触摸屏文件的备份一般指将设备中的程序上传到装有组态软件的 PC 中，此处以西门子 S7–1200 系列 PLC 程序的备份为例进行学习。

需要注意的是，在进行程序的备份前，需完成 PLC 与 PC 之间的通信硬件接线，然后设置 PC 的 IP 地址，使其与 PLC 处于同一网段，且地址不重合。

➤ 任务实施

1）打开博途软件，创建新项目，添加新设备 Device Proxy。

2）依次在菜单栏中单击“在线”→“将设备作为新站上传（硬件和软件）”。

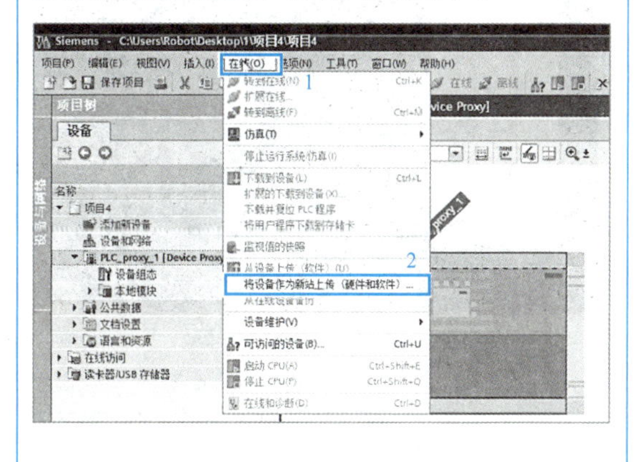

3）按照图示设置接口信息后，单击“开始搜索”按钮。

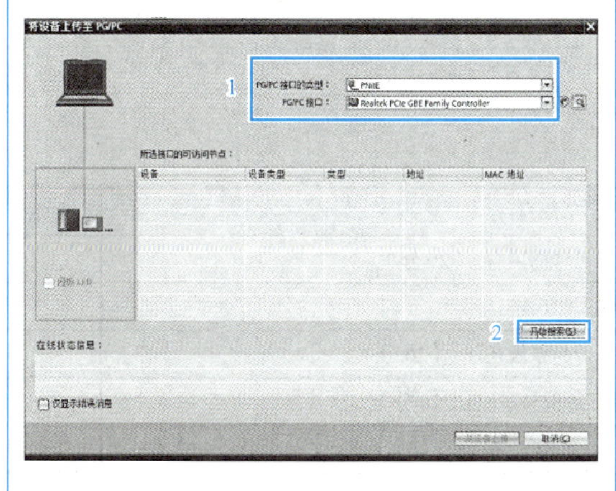

4）选择需要进行程序备份的设备，单击“从设备上传”按钮，完成程序的上传，即完成备份。

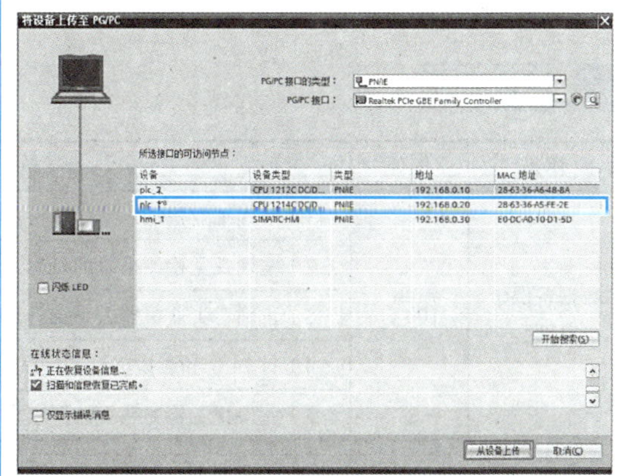

3. 视觉检测系统的备份

➤ 任务引入

完成视觉检测系统的编程与调试后需要及时进行系统的备份，当视觉检测系统无法重启或者安装新系统时，可以通过还原视觉检测系统备份文件的方式解决。

➤ 任务实施

1）将 USB 存储设备插入视觉控制器 USB 接口中，打开“功能”菜单，单击“保存文件”命令。

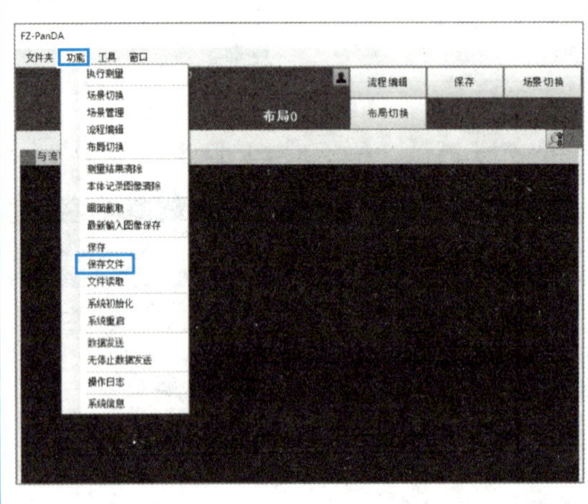

2）选择保存对象，如“系统设定 + 场景组 0 数据”，选择保存位置，完成后单击“确定”按钮。

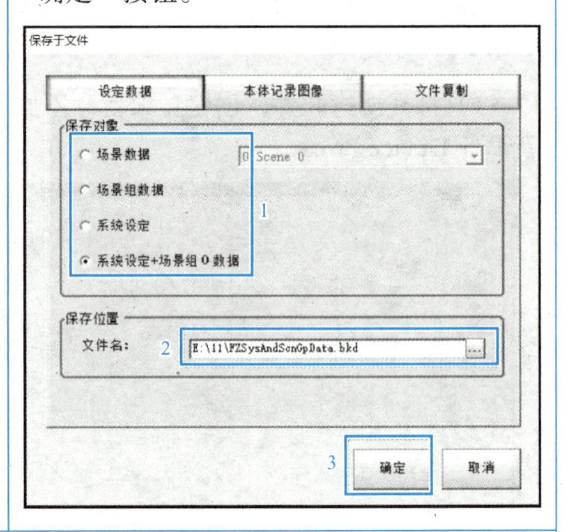

3）完成文件的备份。

任务评价

任务	配分	评分标准	自评
数据备份与还原	100 分	1）掌握工业机器人系统备份文件包含的内容。（20 分）	
		2）掌握视觉检测系统的备份方式。（20 分）	
		3）正确对工业机器人系统进行备份与系统还原。（20 分）	
		4）对 PLC 和触摸屏设备程序进行备份与还原。（20 分）	
		5）备份视觉检测系统检测模板。（20 分）	

工作任务 6.2 设备点检与调试

设备长期运行时，为了确保其稳定运行和性能优化，对设备进行有计划的日常点检和周期性维护保养显得尤为重要。这涉及一系列设备，包括但不限于工业机器人、外部传感器、视觉检测系统和 PLC 控制系统。为了保障维护过程的安全性和规范性，我们需要遵守相关的规章制度，制定科学合理的维护计划。

知识沉淀

1. 工业机器人系统维护

不同型号的工业机器人其保养工作有所差异，无论是否经常使用工业机器人，都需要对工业机器人本体进行常规检查，记录是否出现故障和问题影响工业机器人本体的运行，并按照标准的工艺流程完成工业机器人本体故障和问题的记录及简单处理。通过检修和维护，使工业机器人的性能保持在稳定的状态。

（1）工业机器人本体维护计划　进行工业机器人本体维护之前，操作人员需要掌握工业机器人系统常规维护制度、工业机器人系统维护间隔和对应机型的维护计划。

1）工业机器人系统常规维护制度。操作人员应以主人翁的态度，做到正确使用、精心维护，用严肃的态度和科学的方法维护好设备，坚持维护为主、维护与检修并重的原则，严格执行岗位责任制，确保在用设备完好。

通过岗位练兵和技术学习，操作人员对所使用的设备做到“四懂”“三会”（懂结构、懂原理、懂性能、懂用途；会使用、会维护保养、会排除故障），并有权制止他人私自动用自己岗位的设备；对未采取防范措施或未经主管部门审批，超负荷使用的设备，有权停止使用；发现设备运转不正常、超期未检修、安全装置不符合规定，应立即上报，如若不立即处理并采取相应措施，应立即停止使用。

操作人员必须做好下列各项工作：

① 正确使用设备，严格遵守操作规程，起动前认真准备，起动中反复检查，停止后妥善处理，运行中做好观察，认真执行操作指标，不准超温、超压、超速和过载运行。

② 精心维护、严格执行巡回检查制，定时按巡回检查路线，对设备进行仔细检查，发现问题及时解决，排除隐患，若无法解决，则应及时上报。

③ 做好设备清洁、润滑，保持零件、附件和工具完整无缺。

④ 掌握设备故障的预防、判断和紧急处理措施，保持安全防护装置完整好用。

⑤ 设备按计划运行，定期切换，配合检维修人员做好设备的检维修工作，使其保持完好状态，保证随时可起动运行。对备用设备要定时检查，做好防冻和防凝等工作。

⑥ 认真填写设备运行记录和操作日记。

⑦ 保持设备和环境清洁卫生。

2）工业机器人系统维护间隔。工业机器人本体维护间隔取决于执行维护活动的类型和工业机器人系统的工作条件，以 ABB IRB 120 型工业机器人为例，其维护间隔如下：

① 不论工业机器人系统运行与否，都应在以月为计数的时间间隔内进行本体的维护。

② 当频繁使用工业机器人系统时，需经常对工业机器人本体实施日常检查和维护。

③ 工业机器人的服务信息系统（Service Information System，SIS）将根据典型的工业机器人系统工作循环规定维护间隔，维护间隔会因各个部件的负载强度不同存在差异。

3）对应机型的维护计划。工业机器人系统由工业机器人本体和控制器机柜组成，必须定期对其进行维护，以确保其功能正常。ABB IRB 120 型工业机器人的维护计划见表 6-3。

表 6-3　ABB IRB 120 型工业机器人的维护计划

序号	维护活动	设备	维护间隔
1	检查	工业机器人本体	定期检查异常磨损或污染，对于洁净机器人需每日检查
2	检查	检查关节轴 1 ～ 3 轴处的阻尼器	定期检查
3	检查	电缆线束	定期检查
4	检查	同步带	36 个月
5	检查	塑料盖	定期检查
6	检查	机械停止销	定期检查
7	更换	电池组	36 个月或电池低电量警告时更换
8	清洁	工业机器人本体	定期清洁

需要注意以下四点：

① “定期检查”实际的间隔可以不遵守工业机器人制造商的规定。此间隔取决于工业机器人的操作周期、工作环境和运动模式。通常来说，环境污染越严重，运动模式越苛刻（电缆线束弯曲越严重），“定期检查”间隔也越短。

② 检修工作（包括拆卸工业机器人部件）应始终在清洁室区域之外进行，以防杂质影响清洁。

③ 当需要更换电池时，将会显示电池低电量警告（38213 电池电量低）。建议在电池更换完毕前保持控制器电源打开，以避免工业机器人不同步。

④ 当电池的剩余后备容量（工业机器人电源关闭）不足 2 个月时，将显示电池低电量警告。通常，若工业机器人电源每周关闭 2 天，则新电池的使用寿命为 36 个月，若工业机器人电源每天关闭 16 小时，则新电池的使用寿命为 18 个月。通过关闭服务例行程序可延长电池使用寿命。

（2）控制器维护计划　工业机器人控制器必须进行定期维护才能确保功能。维护计划明确规定了维护活动和维护间隔，维护间隔取决于设备的工作环境，较为清洁的环境可以延长维护间隔，IRC5 Compact 控制器维护计划见表 6-4。

表 6-4　IRC5 Compact 控制器维护计划

序号	设备	维护活动	维护间隔
1	完整的控制器	检查	12 个月
2	系统风扇	检查	6 个月

（续）

序号	设备	维护活动	维护间隔
3	示教器	清洁	—
4	紧急停止按钮（示教器和操作面板）	功能测试	12 个月
5	模式开关	功能测试	12 个月
6	使能装置	功能测试	12 个月
7	电动机接触器 K42、K43	功能测试	12 个月
8	制动接触器 K44	功能测试	12 个月
9	自动停止（若使用则测试）	功能测试	12 个月
10	常规停止（若使用则测试）	功能测试	12 个月
11	安全部件	翻新	20 年

2. 工作站传感器故障诊断及处理

（1）安全光栅故障诊断　为了保护操作人员的人身安全，工业机器人系统需配备物理隔离防护装置，如安全光栅和安全门开关等，这些装置一般与三色报警灯联合使用。

安全光栅又名光栅传感器、光电保护器、光电保护装置、安全光幕等，在工业机器人系统中安装安全光栅，并将信号传输给三色报警灯，三色报警灯可根据信号做出相应显示，提示工作站当前的工作状态。当操作人员进入安全光栅检测范围内时，工业机器人会紧急停止，同时三色报警灯会出现红灯闪烁，从而保护人身安全。当安全光栅检测范围内无物体侵入时，三色报警灯显示绿色，表示工作站运转正常。安全光栅简化模型如图 6-1 所示。

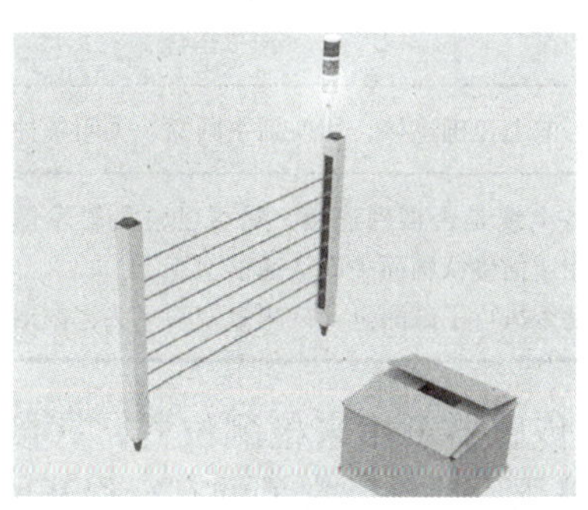

a) 安全光栅未触发

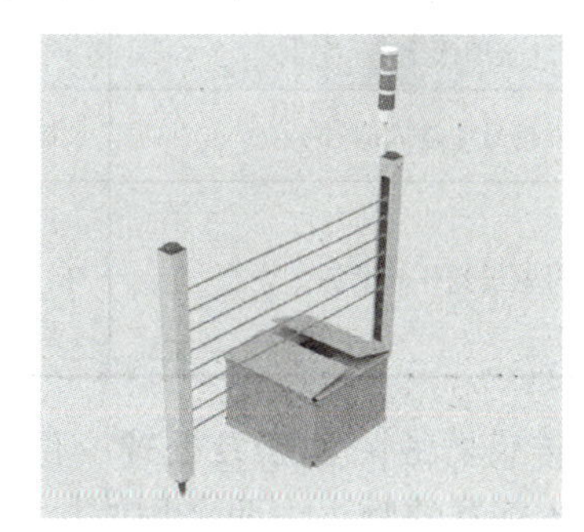

b) 安全光栅触发

图 6-1　安全光栅简化模型

（2）视觉检测系统故障诊断及处理　视觉检测系统作为集成设备的重要组成部分，其故障主要出现在启动、操作和通信时，这三种情况的故障现象及其处理措施见表 6-5 ～表 6-7。

表 6-5　启动时故障现象及其处理措施

序号	故障现象	处理措施
1	电源指示灯不亮	连接电源，调整电压（DC 24V，-15% ~ 10%）
2	监视器不显示	检查监视器电源，正确连接电缆，如仍不显示则更换
3	不显示 FH（相机图像输入）画面	确认相机连接电缆，再启动及初始化，如仍无法显示，应确认数据是否损坏，并与售后联系
4	监视器图像模糊	检查电缆并正确连接，检查周边电源和电磁干扰并排除
5	相机图像不显示	打开镜头盖，检查相机电缆连接，调整光圈
6	启动速度慢	检查启动时是否连接了 LAN，如果启动时连接了 LAN，启动可能需要一段时间

表 6-6　操作时故障现象及其处理措施

序号	故障现象	采取措施
1	监视器不显示测量结果或者无法保存数据	检查是否在主画面，不在主画面应调整；如仍不显示，应查看控制器内存卡是否已无内存，应将资料转存，以释放存储空间
2	测量时无法更新显示	当 STEP 信号的输入间隔较短时，或者执行连续测量过程中为了优先考虑测量，都可能无法更新测量结果的显示。连续测量结束时，显示最后测量的结果。如果将黑白用设定擅自变成彩色用设定，会出现测量 NG（图像不匹配）。在图像未输入状态下，不可进入设定画面，并按 OK 按钮结束。要重新设定，应在输入图像的状态下，进入设定画面，然后按 OK 按钮结束

表 6-7　通信时故障现象及其处理措施

序号	故障现象	采取措施
1	不接收触发信号（输入信号）	确认各电缆正确连接，切换到主画面，关闭各种设定画面
2	无法将信号输出到外部设备	确认各电缆是否正确连接、是否已输入触发信号、信号线是否断开，可在通信确认画面中确认通信状态 确认是否执行了试测量，试测量期间无法将数据输出到外部设备

（3）位置传感器故障诊断及处理　位置传感器可用来检测位置，有接触式和接近式两种。接触式传感器的触头由两个物体接触挤压而动作，常见的有行程开关、二维矩阵式位置传感器等。接近式传感器（即接近开关）是指当物体与其接近到设定距离时就可以发出“动作”信号的开关，无须与物体直接接触。接近开关有很多种类，主要有电磁式、光电式、差动变压器式、电涡流式、电容式、干簧式和霍尔式等。

工作站中的位置传感器如图 6-2 所示，位置传感器故障处理措施见表 6-8。

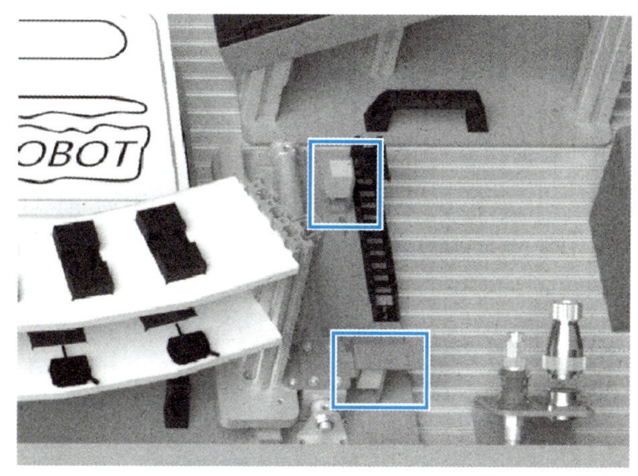

图 6-2　工作站中的位置传感器

表 6-8　位置传感器故障处理措施

序号	故障处理措施
1	检查硬件接线 欧姆龙接近开关分为两线制和三线制两种。两线制接近开关直接与负载串联后接通到电源上。三线制接近开关有两种接线方法，即 NPN 型和 PNP 型其相同之处在于都是在电源正极接棕线，负载接黑线，电源负极接蓝线
2	调整传感器的位置，直到检测到感应信号为止
3	若执行步骤 1、2 后位置传感器仍处于故障状态，则需要参照产品手册中的方法更换位置传感器

3. PLC 故障诊断及处理

西门子 PLC 留有 PC 通信接口，通过专用伺服编程器可以解决几乎所有的软件故障。PLC 的硬件故障较为直观地就能发现，基本的维修方法就是更换模块。但是，根据故障指示灯和故障现象判断故障模块是检修的关键，盲目更换会带来不必要的损失。

（1）电源模块故障诊断及处理　一个工作正常的电源模块工作指示灯（如“AC”“24VDC”“5VDC”和“BATT”等）应该是绿色长亮的，哪一个灯的颜色发生了变化、闪烁或熄灭，就表示哪一部分的电源有问题。电源模块故障原因及其处理措施见表 6-9。

表 6-9　电源模块故障原因及其处理措施

序号	故障原因	处理措施
1	“AC”灯熄灭表示，无工作电源	检查电源熔丝是否熔断，更换时应用同规格、同型号的熔丝，操作应遵循安全注意事项
2	“5VDC”“24VDC”灯熄灭表示无相应的直流电源输出	检查控制器中所有单元的各个 LED 指示灯 检查主计算机上的全部状态信号
3	“BATT”变色灯是后备电源指示灯，绿色表示正常，黄色表示电量低，红色表示故障	黄灯亮时应更换后备电池，手册规定两到三年需更换锂电池一次；红灯亮时表示后备电源系统故障，需要更换整个模块

（2）I/O 模块故障诊断及处理　PLC 的输入模块一般由光电耦合电路组成；输出模块根据型号不同有继电器输出、晶体管输出和光电输出等。每一个 I/O 点都有相应的发光二极管指示。有输入信号但该点不亮或确定有输出但输出灯不亮时，则怀疑 I/O 模块出现故障。I/O 模块有 6 ～ 24 个点，如果只是因为一个点的损坏就更换整个模块，在经济上不合算。通常的做法是找备用点替代，然后在程序中更改相应的地址。但要注意，程序较大将使查找具体地址有困难。特别需要注意的是，无论是更换输入模块还是更换输出模块，都要在 PLC 断电的情况下进行。

（3）CPU 模块故障诊断及处理　通用型 S7 PLC 的 CPU 模块上往往包括通信接口、EPROM 插槽和故障指示灯等，故障的隐蔽性更大，因为更换 CPU 模块的费用很大，所以对它的故障分析、判断要尤为仔细，需要专业的维修人员进行检测处理。

任务实施

1. 工业机器人系统常规检查

➢ 任务引入

对工业机器人系统进行常规检查，以确保工业机器人本体处于可以正常运行的状态，检查事项包含工业机器人本体（含布线、机械停止装置、阻尼器、同步带、塑料盖）和控制器。

➢ 任务实施

（1）工业机器人本体检查

1）进入工业机器人工作区域之前，关闭以下工业机器人连接：①工业机器人的电源。②工业机器人的液压源。③工业机器人的气源。

2）目视检查工业机器人布线，包含工业机器人与控制器机柜之间的布线，查看是否存在磨损、切割或挤压损坏，若检测到磨损或损坏，则更换布线。

3）目测检查机械停止装置，当出现下列情况时，需要进行更换：①弯曲。②松动。③损坏。

需要注意的是，减速机与机械停止装置的碰撞可导致两者的使用寿命缩短。

4）检查所有阻尼器是否出现以下类型的损坏：①裂纹。②现有印痕超过 1mm。③检查所有连接螺钉是否变形。

若检测到任何损坏，则必须更换新的阻尼器。

5）拆除工业机器人本体外盖，露出工业机器人本体中的同步带，检查是否磨损或损坏，检查同步带轮是否损坏，若检测到任何磨损或损坏，则必须更换该部件。检查每条同步带的张力，若张力不正确，则需进行调整。

轴 3 张力如下：新带张力 F 为 18 ～ 19.7N，旧带张力 F 为 12.5 ～ 14.3N。轴 5 张力如下：新带张力 F 为 7.6 ～ 8.4N，旧带张力 F 为 5.3 ～ 6.1N。

6）检查塑料盖是否存在裂纹或者其他类型的损坏，如果检测到裂纹或损坏，则更换塑料盖。

（2）控制器检查

1）检查控制器上连线和布线，以确认接线准确并且布线没有损坏。

2）检查系统风扇和控制器机柜表面的通风孔，以确保其干净清洁，控制器散热正常。

2. 安全光栅检查

➢ 任务引入

安全光栅检查一般分为四步，检查指示灯、对光、检测安全光栅和试运行，具体检查步骤如下。

➢ 任务实施

1）在安装过程中确保安全光栅处于断电状态，安装完成后给安全光栅供电，看此时安全光栅指示灯是否全亮。

2）确保安全光栅处于开启状态，调整好发光器和受光器的位置，一定要平行对正，使受光器上所有的红色指示灯变成蓝色。

3）检测安全光栅的每一束光束，遮挡住每一束光束时，受光器的蓝色指示灯灭，红色指示灯亮；不遮挡时则是相反状态。

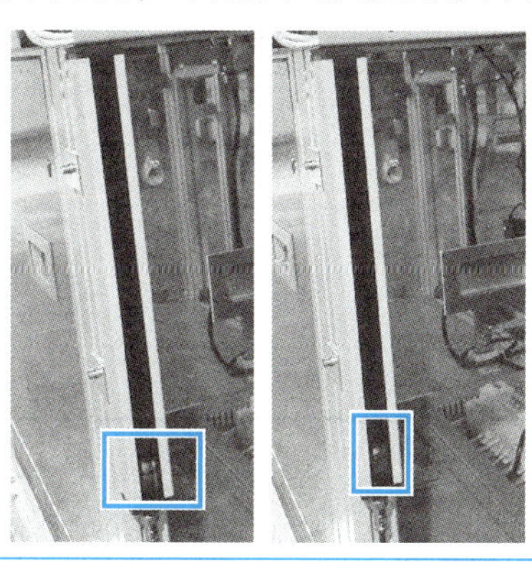

4）正确调试好，安全光栅进入试运行状态。

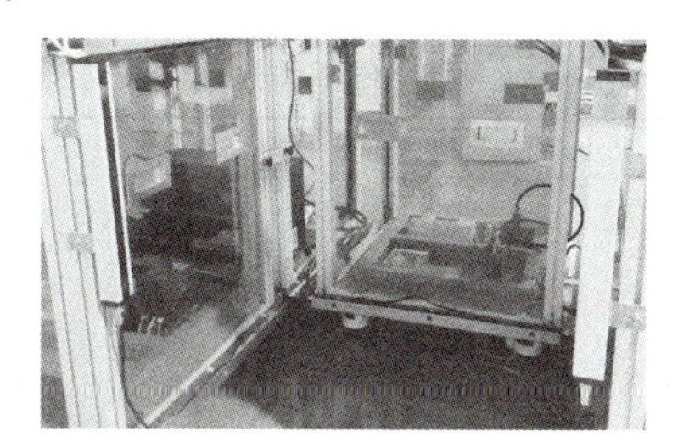

任务评价

任务	配分	评分标准	自评
设备点检与调试	100分	1）熟悉工业机器人系统的维护计划。（20分）	
		2）能够列举工作站中的传感器类型，掌握基本的传感器故障诊断与处理方法。（20分）	
		3）掌握PLC设备的故障诊断与处理方法。（20分）	
		4）完成工业机器人系统常规检查。（20分）	
		5）检查安全光栅功能。（20分）	

项目工单

姓名		班级		分数	

1. 指出ABB IRB 120型工业机器人本体中的机械限位装置。

2. 说明位置传感器的类型及其在工作站中的作用。

3. 简述备份视觉检测系统检测模板的方法。

附录 A 工作站电气原理图

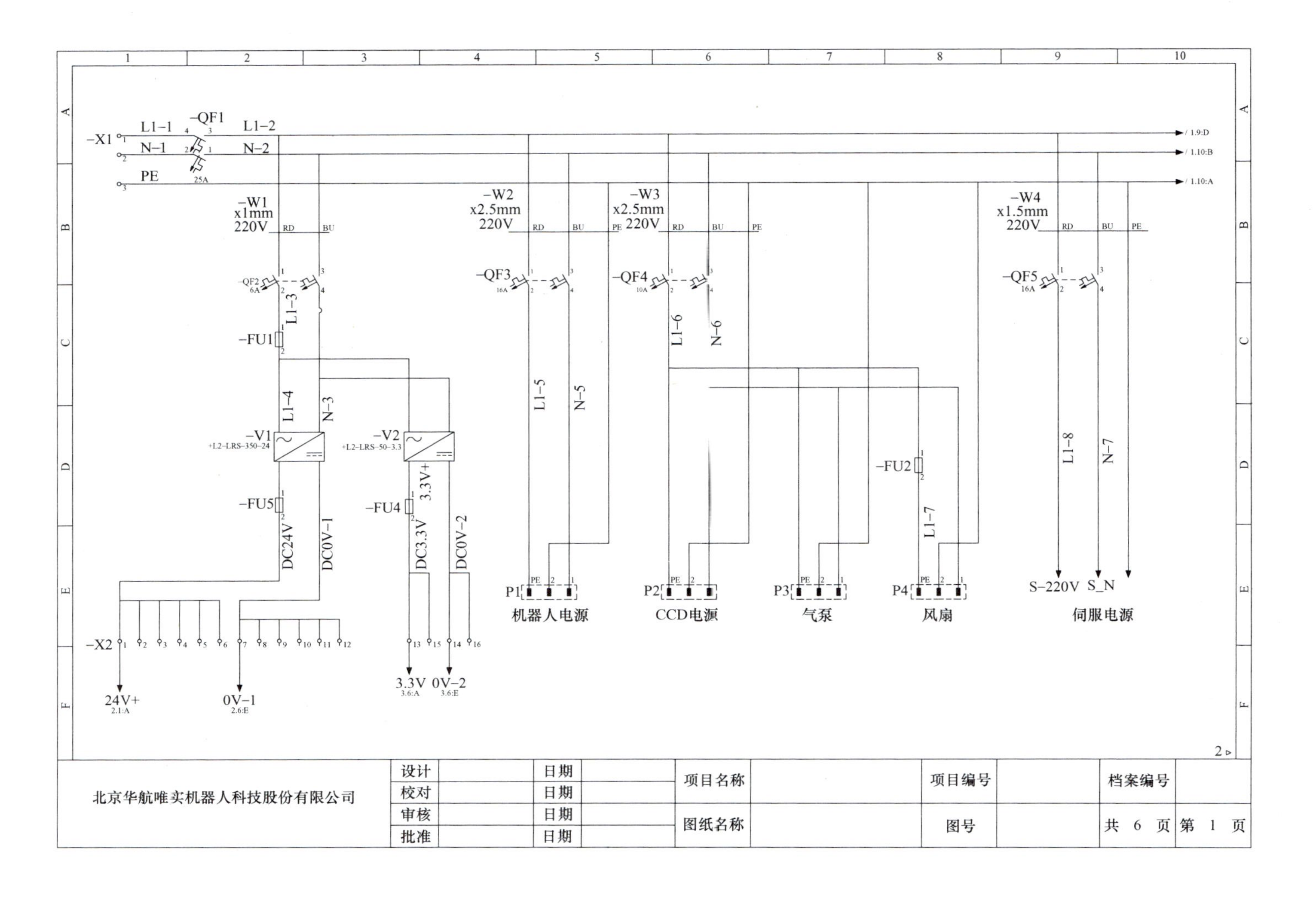

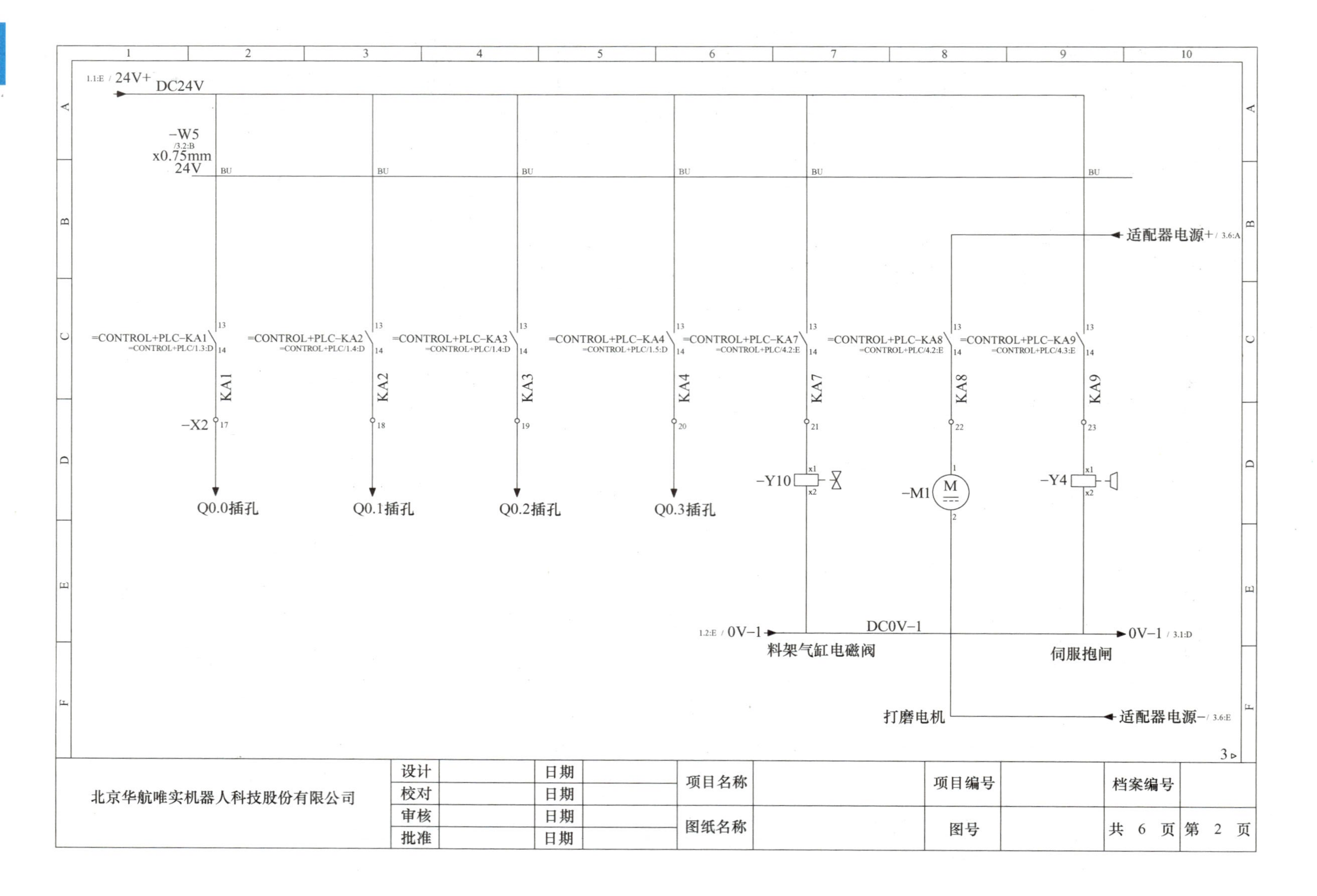
24V+
DC24V
-W5
x0.75mm
24V
BU
=CONTROL+PLC-KA1
=CONTROL+PLC/1.3:D
KA1
-X2
Q0.0插孔
=CONTROL+PLC-KA2
=CONTROL+PLC/1.4:D
KA2
Q0.1插孔
=CONTROL+PLC-KA3
=CONTROL+PLC/1.4:D
KA3
Q0.2插孔
=CONTROL+PLC-KA4
=CONTROL+PLC/1.5:D
KA4
Q0.3插孔
=CONTROL+PLC-KA7
=CONTROL+PLC/4.2:E
KA7
-Y10
=CONTROL+PLC-KA8
=CONTROL+PLC/4.2:E
KA8
-M1
M
=CONTROL+PLC-KA9
=CONTROL+PLC/4.3:E
KA9
-Y4
适配器电源+
0V-1
DC0V-1
0V-1
料架气缸电磁阀
伺服抱闸
打磨电机
适配器电源-
北京华航唯实机器人科技股份有限公司
设计
校对
审核
批准
日期
项目名称
图纸名称
项目编号
图号
档案编号
共 6 页 第 2 页

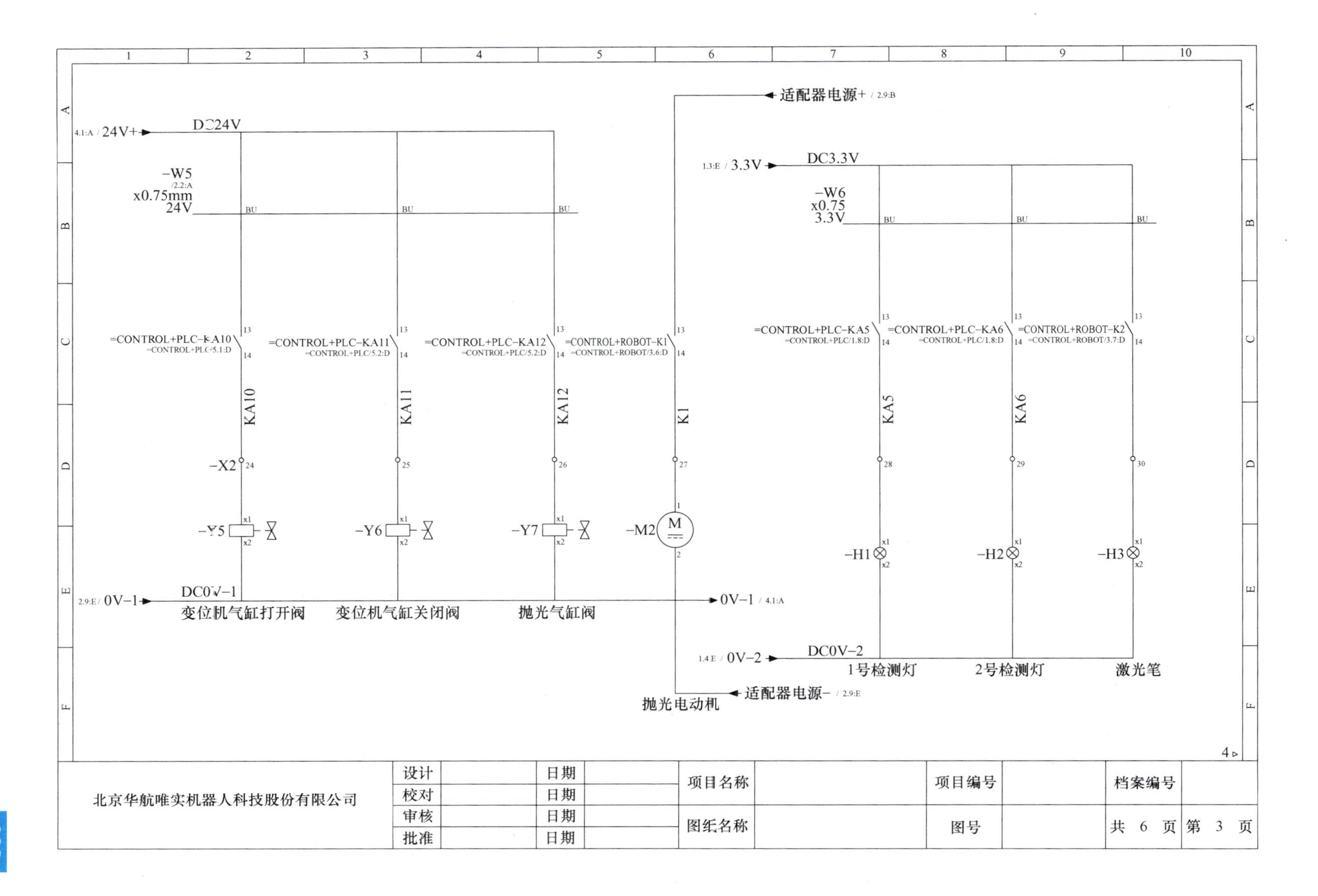

24V+
DC24V
-W5
x0.75mm
24V
适配器电源+
3.3V
DC3.3V
-W6
x0.75
3.3V
=CONTROL+PLC-KA10
=CONTROL+PLC-KA11
=CONTROL+PLC-KA12
=CONTROL+ROBOT-K1
=CONTROL+PLC-KA5
=CONTROL+PLC-KA6
=CONTROL+ROBOT-K2
KA10
KA11
KA12
K1
KA5
KA6
-X2
-Y5
-Y6
-Y7
-M2
-H1
-H2
-H3
0V-1
DC0V-1
变位机气缸打开阀
变位机气缸关闭阀
抛光气缸阀
0V-2
DC0V-2
1号检测灯
2号检测灯
激光笔
适配器电源-
抛光电动机
北京华航唯实机器人科技股份有限公司
设计
校对
审核
批准
日期
项目名称
图纸名称
项目编号
图号
档案编号
共 6 页
第 3 页

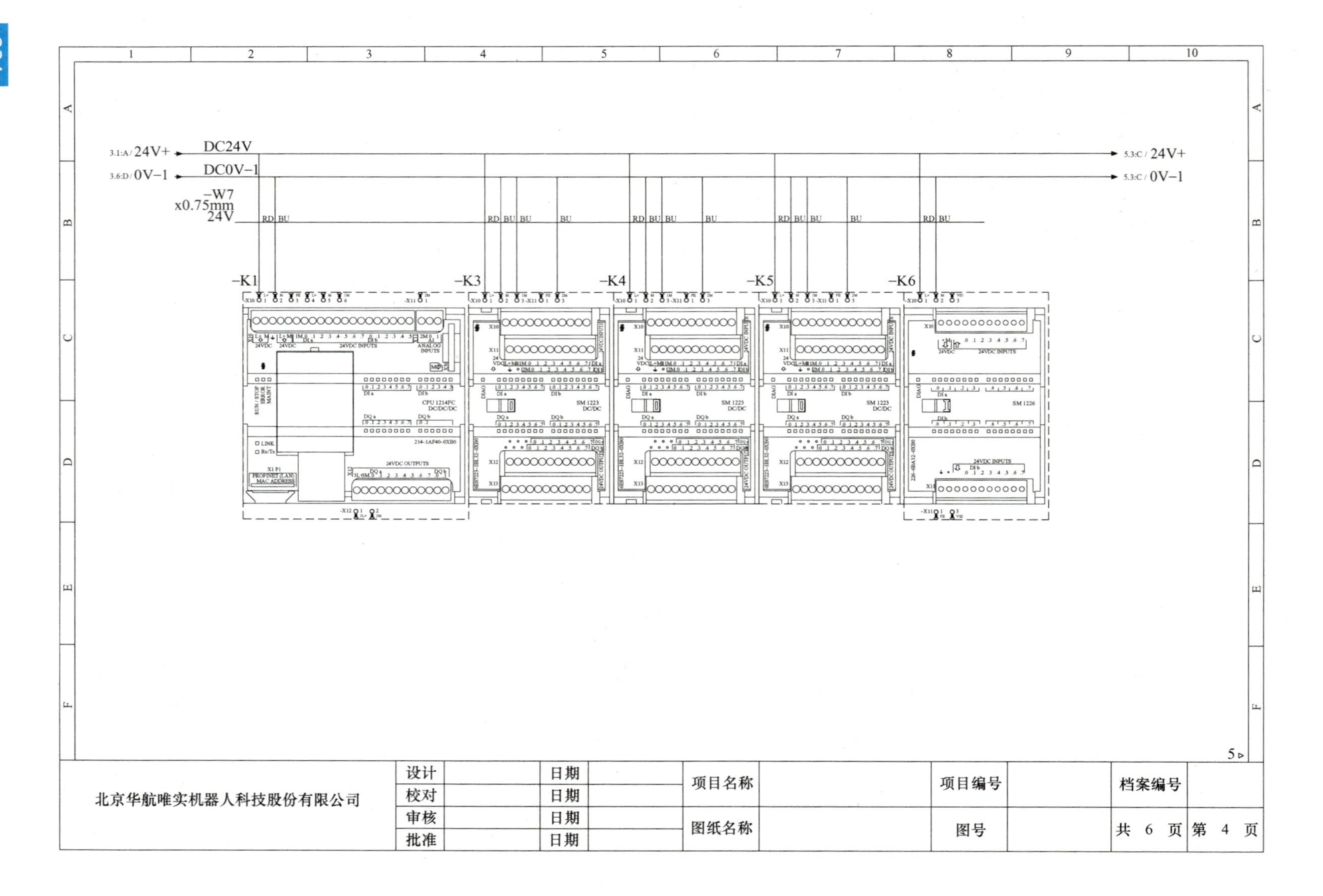
3.1:A / 24V+
3.6:D / 0V-1
DC24V
DC0V-1
-W7
x0.75mm
24V
5.3:C / 24V+
5.3:C / 0V-1
RD BU
BU
-K1
-K3
-K4
-K5
-K6
CPU 1214FC DC/DC/DC
SM 1223 DC/DC
SM 1226
北京华航唯实机器人科技股份有限公司
设计
校对
审核
批准
日期
日期
日期
日期
项目名称
图纸名称
项目编号
图号
档案编号
共 6 页 第 4 页

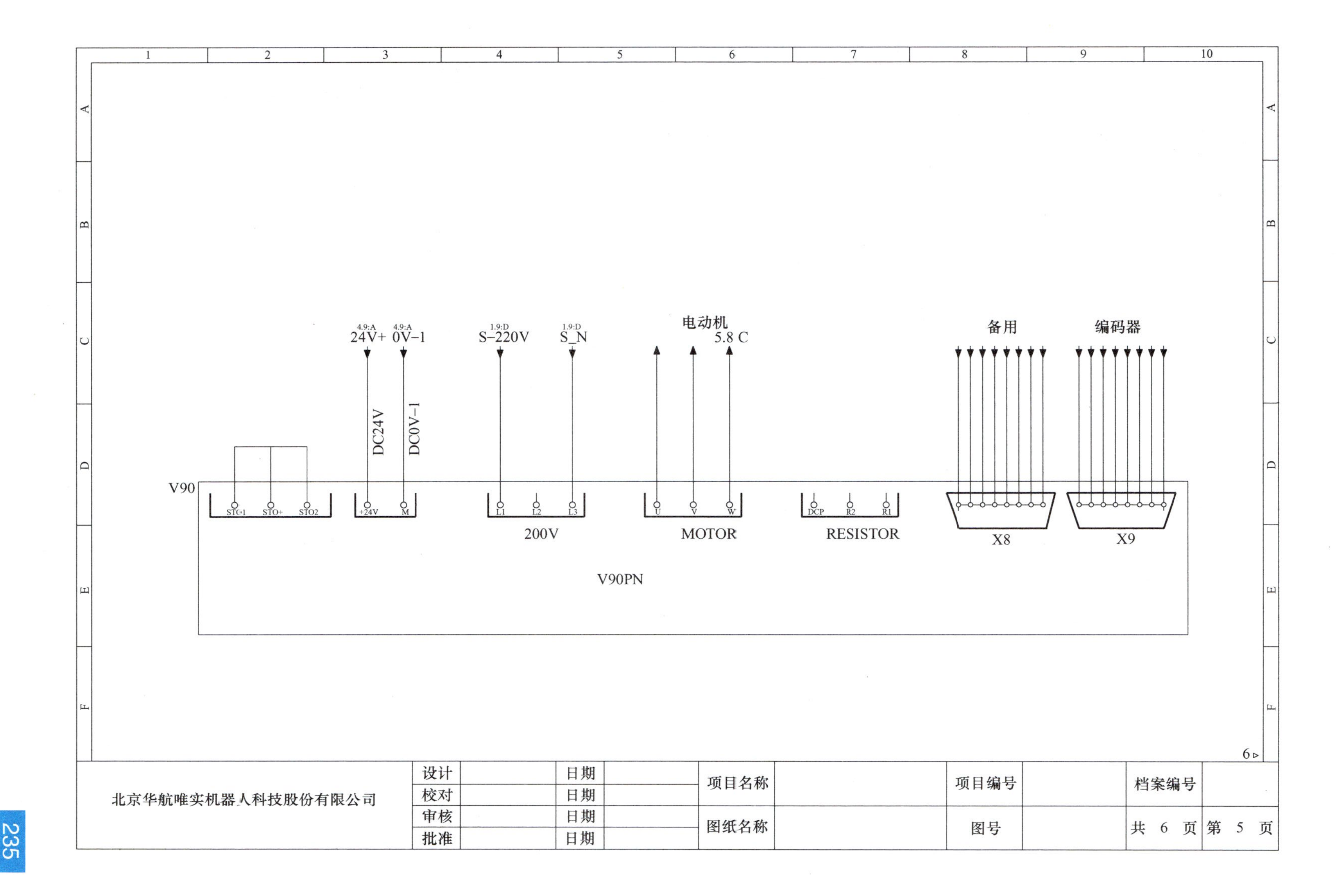

4.9:A
24V+
4.9:A
0V-1
1.9:D
S-220V
1.9:D
S_N
电动机
5.8 C
备用
编码器
DC24V
DC0V-1
V90
STO1
STO+
STO2
+24V
M
L1
L2
L3
200V
U
V
W
MOTOR
DCP
R2
R1
RESISTOR
X8
X9
V90PN
北京华航唯实机器人科技股份有限公司
设计
校对
审核
批准
日期
项目名称
图纸名称
项目编号
图号
档案编号
共 6 页
第 5 页

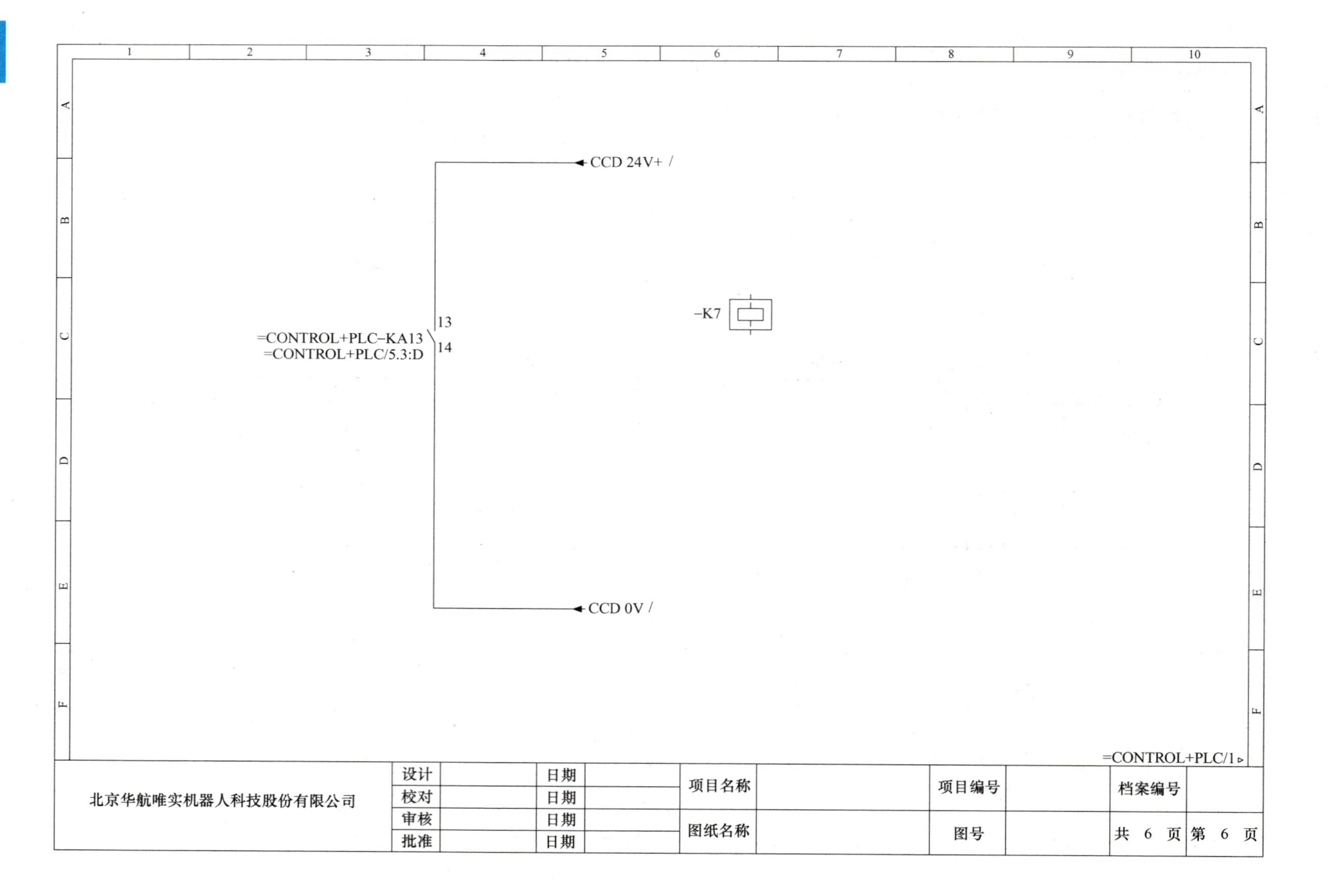

CCD 24V+ /
-K7
13
14
=CONTROL+PLC-KA13
=CONTROL+PLC/5.3:D
CCD 0V /
=CONTROL+PLC/1
北京华航唯实机器人科技股份有限公司
设计
校对
审核
批准
日期
日期
日期
日期
项目名称
图纸名称
项目编号
图号
档案编号
共 6 页
第 6 页

附录 B　工作站气动原理图

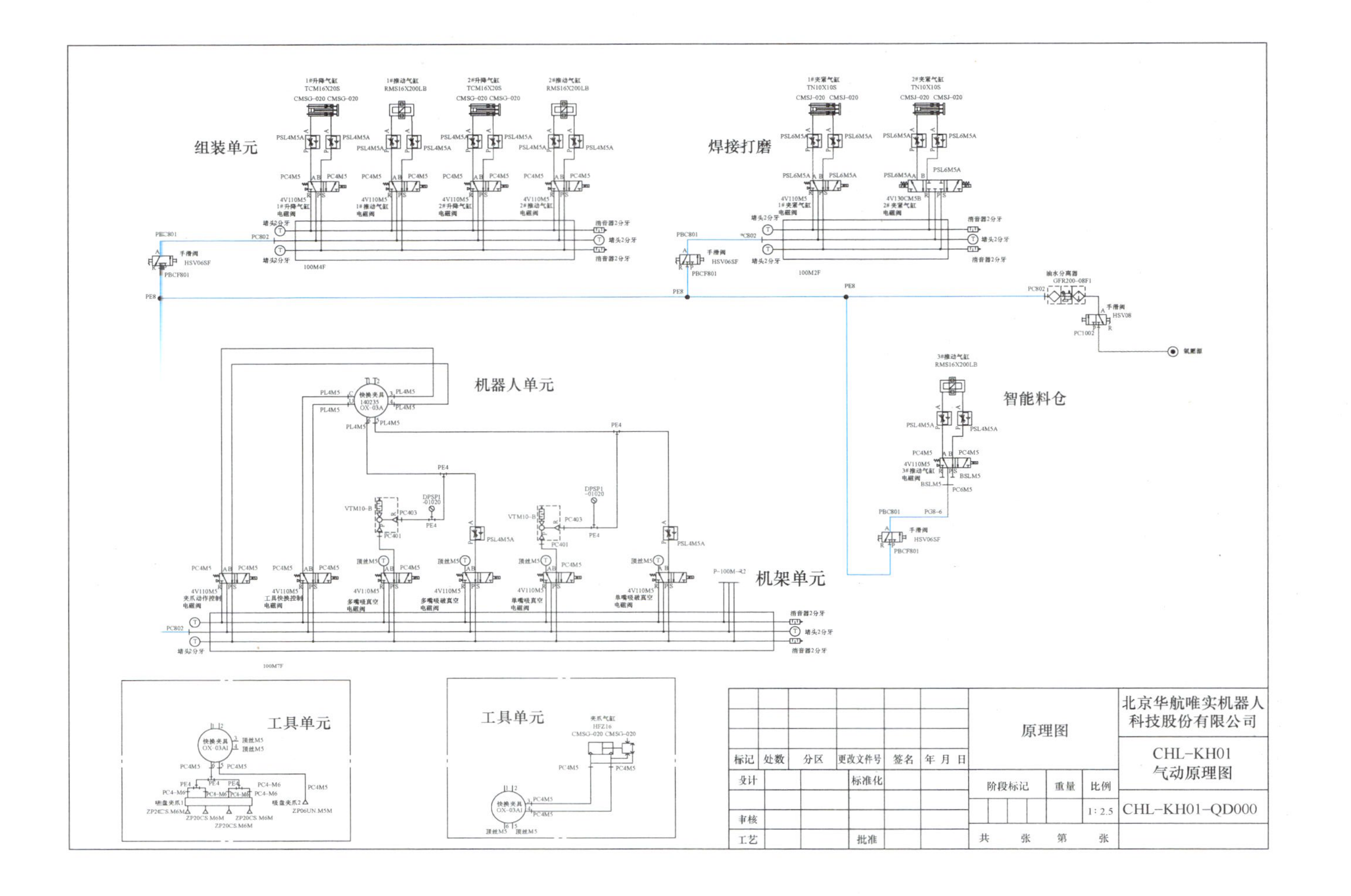

参考文献

[1] 北京华航唯实机器人科技股份有限公司 . 工业机器人集成应用：ABB　初级 [M]. 北京：高等教育出版社，2021.

[2] 北京华航唯实机器人科技股份有限公司 . 工业机器人集成应用：ABB　中级 [M]. 北京：高等教育出版社，2020.

[3] 北京华航唯实机器人科技股份有限公司 . 工业机器人集成应用：ABB　高级 [M]. 北京：高等教育出版社，2022.

[4] 王东辉，金宁宁，曹坤洋 . 工业机器人操作编程与运行维护：初级 [M]. 北京：北京理工大学出版社，2021.

[5] 王美娇，楚雪平，曹坤洋 . 工业机器人操作编程与运行维护：中级 [M]. 北京：北京理工大学出版社，2021.

[6] 王东辉，金宁宁，曹坤洋 . 工业机器人操作编程与运行维护：高级 [M]. 北京：北京理工大学出版社，2021.

[7] 夏智武，刘浪，李慧 . 工业机器人技术基础 [M]. 2 版 . 北京：高等教育出版社，2018.

[8] 张春芝，钟柱培，张大维 . 工业机器人操作与编程 [M]. 2 版 . 北京：高等教育出版社，2021.